教育部高等农林院校理科基础课程
教学指导委员会推荐示范教材

高等农林教育"十三五"规划教材

线性代数学习指导

Guidance for Linear Algebra

第2版

梁保松　马巧云　主编

中国农业大学出版社
·北京·

内容简介

本书是与教育部高等农林院校理科基础课程教学指导委员会推荐示范教材《线性代数》(第2版)(梁保松、陈振主编)配套使用的学习指导书。其主要内容有:行列式、矩阵、线性方程组、相似矩阵、二次型。

本书内容按章编写,每章分四个部分:内容提要、范例解析、自测题、考研题解析。

本书可作为学生的指导书和教师的参考书,还可以作为考研复习书供考研者使用。

图书在版编目(CIP)数据

线性代数学习指导/梁保松,马巧云主编. —2版. —北京:中国农业大学出版社,2017.12
ISBN 978-7-5655-1960-4

Ⅰ.①线… Ⅱ.①梁…②马… Ⅲ.线性代数-高等学校-教学参考资料 Ⅳ.O151.2

中国版本图书馆CIP数据核字(2017)第306219号

书　名　线性代数学习指导　第2版
作　者　梁保松　马巧云　主编

策划编辑　张秀环　董夫才　　**责任编辑**　张秀环
封面设计　郑　川
出版发行　中国农业大学出版社
社　址　北京市海淀区圆明园西路2号　　**邮政编码**　100193
电　话　发行部 010-62818525,8625　　读者服务部 010-62732336
编辑部 010-62732617,2618　　出　版　部 010-62733440
网　址　http://www.caupress.cn　　**E-mail** cbsszs@cau.edu.cn
经　销　新华书店
印　刷　北京鑫丰华彩印有限公司
版　次　2018年1月第2版　2018年1月第1次印刷
规　格　787×1 092　16开本　13.75印张　340千字
定　价　36.00元

教育部高等农林院校理科基础课程教学指导委员会
推荐示范教材编审指导委员会

教育部高等农林院校理科基础课程教学指导委员会
推荐数学类示范教材编审指导委员会

第 2 版编写人员

主　编　梁保松　马巧云

副主编　苏金梅　毕守东　蔡淑云　王小春
　　　　　吕振环　郑国萍　唐　彦

编　者　（以姓氏拼音为序）

毕守东（安徽农业大学）
蔡淑云（北华大学）
陈玉珍（河南科技学院）
陈忠维（沈阳农业大学）
郭卫平（河北科技师范学院）
梁保松（河南农业大学）
吕振环（沈阳农业大学）
马巧云（河南农业大学）
石仁淑（延边大学）
苏金梅（内蒙古农业大学）
苏克勤（河南农业大学）
唐　彦（东北林业大学）
王国胜（河北科技师范学院）
王　瑞（河南农业大学）
王小春（北京林业大学）
王亚伟（河南农业大学）
赵营峰（河南科技学院）
郑国萍（河北科技师范学院）

第 1 版编写人员

主　编　梁保松　苏金梅

副主编　毕守东　蔡淑云　王小春

　　　　　吕振环　郑国萍　唐　彦

编　者　（以姓氏拼音为序）

毕守东（安徽农业大学）

蔡淑云（北华大学）

陈玉珍（河南科技学院）

陈忠维（沈阳农业大学）

郭卫平（河北科技师范学院）

梁保松（河南农业大学）

吕振环（沈阳农业大学）

石仁淑（延边大学）

苏金梅（内蒙古农业大学）

苏克勤（河南农业大学）

唐　彦（东北林业大学）

王国胜（河北科技师范学院）

王　瑞（河南农业大学）

王小春（北京林业大学）

王亚伟（河南农业大学）

赵营峰（河南科技学院）

郑国萍（河北科技师范学院）

出版说明

在教育部高教司农林医药处的关怀指导下，由教育部高等农林院校理科基础课程教学指导委员会（以下简称“基础课教指委”）推荐的本科农林类专业数学、物理、化学基础课程系列示范性教材现在与广大师生见面了。这是近些年全国高等农林院校为贯彻落实“质量工程”有关精神，广大一线教师深化改革，积极探索加强基础、注重应用、提高能力、培养高素质本科人才的立项研究成果，是具体体现“基础课教指委”组织编制的相关课程教学基本要求的物化成果。其目的在于引导深化高等农林教育教学改革，推动各农林院校紧密联系教学实际和培养人才需求，创建具有特色的数理化精品课程和精品教材，大力提高教学质量。

课程教学基本要求是高等学校制定相应课程教学计划和教学大纲的基本依据，也是规范教学和检查教学质量的依据，同时还是编写课程教材的依据。“基础课教指委”在教育部高教司农林医药处的统一部署下，经过批准立项，于2007年底开始组织农林院校有关数学、物理、化学基础课程专家成立专题研究组，研究编制农林类专业相关基础课程的教学基本要求，经过多次研讨和广泛征求全国农林院校一线教师意见，于2009年4月完成教学基本要求的编制工作，由“基础课教指委”审定并报教育部农林医药处审批。

为了配合农林类专业数理化基础课程教学基本要求的试行，“基础课教指委”统一规划了名为“教育部高等农林院校理科基础课程教学指导委员会推荐示范教材”（以下简称“推荐示范教材”）。“推荐示范教材”由“基础课教指委”统一组织编写出版，不仅确保教材的高质量，同时也使其具有比较鲜明的特色。

一、“推荐示范教材”与教学基本要求并行 教育部专门立项研究制定农林类专业理科基础课程教学基本要求，旨在总结农林类专业理科基础课程教育教学改革经验，规范农林类专业理科基础课程教学工作，全面提高教育教学质量。此次农林类专业数理化基础课程教学基本要求的研制，是迄今为止参与院校和教师最多、研讨最为深入、时间最长的一次教学研讨过程，使教学基本要求的制定具有扎实的基础，使其具有很强的针对性和指导性。通过“推荐示范教材”的使用推动教学基本要求的试行，既体现了“基础课教指委”对推行教学基本要求的决心，又体现了对“推荐示范教材”的重视。

二、规范课程教学与突出农林特色兼备 长期以来各高等农林院校数理化基础课程在教学计划安排和教学内容上存在着较大的趋同性和盲目性，课程定位不准，教学不够规范，必须科学地制定课程教学基本要求。同时由于农林学科的特点和专业培养目标、培养规格的不同，对相关数理化基础课程要求必须突出农林类专业特色。这次编制的相关课程教学基本要求最大限度地体现了各校在此方面的探索成果，“推荐示范教材”比较充分反映了农林类专业教学改革的新成果。

三、教材内容拓展与考研统一要求接轨 2008 年教育部实行了农学门类硕士研究生统一入学考试制度。这一制度的实行，促使农林类专业理科基础课程教学要求作必要的调整。“推荐示范教材”充分考虑了这一点，各门相关课程教材在内容上和深度上都密切配合这一考试制度的实行。

四、多种辅助教材与课程基本教材相配 为便于导教导学导考，我们以提供整体解决方案的模式，不仅提供课程主教材，还将逐步提供教学辅导书和教学课件等辅助教材，以丰富的教学资源充分满足教师和学生的需求，提高教学效果。

乘着即将编制国家级“十二五”规划教材建设项目之机，“基础课教指委”计划将“推荐示范教材”整体运行，以教材的高质量和新型高效的运行模式，力推本套教材列入“十二五”国家级规划教材项目。

“推荐示范教材”的编写和出版是一种尝试，赢得了许多院校和老师的参与和支持。在此，我们衷心地感谢积极参与的广大教师，同时真诚地希望有更多的读者参与到“推荐示范教材”的进一步建设中，为推进农林类专业理科基础课程教学改革，培养适应经济社会发展需要的基础扎实、能力强、素质高的专门人才做出更大贡献。

中国农业大学出版社

2010 年 8 月

第 2 版前言

本书是《线性代数》(第 2 版)(梁保松、陈振主编)的配套学习辅导教材。作为教育部高等农林院校理科基础课程教学指导委员会推荐示范教材,自 2009 年出版以来,先后重印多次,深受教师和学生的好评。

为适应高等农林院校线性代数教学的新要求,本书在第 1 版的基础上,按照教育部高等农林院校理科基础课程教学指导委员会对数学课程的基本要求,结合近年来教学与研究的实践,听取了广大读者的意见,修订了部分题目的解法,增加了部分全国硕士研究生入学统一考试试题。适合高等农林院校农科、工科、经济、管理类专业本科生教学使用,也可作为研究生入学考试的参考书和各类技术人员的自学读物。

本书的编写按照配套学习教材的要求,以系统把握知识结构、增强综合运用能力、提高学习效果为宗旨,内容按照教材的章节顺序依次进行,按章编写。保持了第 1 版的体系结构,秉承方便实用、注重能力培养的原则,例题和习题更丰富,更能启迪读者思考掌握基本概念和基本理论,有助于拓宽读者的视野,培养利用基本方法解决各种实际问题的能力,以适应现代化农林科学对农林人才数学素质的要求。

最后,对中国农业大学出版社为本书的顺利出版所付出的辛勤劳动和大力支持表示衷心的感谢。

限于我们的水平,难免有不妥之处,敬请专家、同行和读者批评指正。

编　者

2017 年 11 月

第 1 版前言

本书是教育部高等农林院校理科基础课程教学指导委员会推荐示范教材《线性代数》(梁保松、苏金梅主编)的配套使用教材。按照教指委创建精品课程和精品教材的要求，本书对总体框架进行了整合，内容按章编写，每章结构如下：

一、内容提要 此版块对每一章、节必须掌握的概念、性质和公式进行了归纳，供证明、计算时查阅。

二、范例解析 此版块对每章、节题型进行了分类解析，并对每种题型的解题思路、技巧进行了归纳总结，有些题给出了多种解法，对容易出错的地方还作了详尽注解。

三、自测题 此版块配置了适量难易程度适中的习题并给出了参考答案，所选题型是编者多年教学实践中积累的成果，供读者自测本章内容掌握的程度。

四、考研题解析 此版块涵盖了 1987—2010 年的考研试题，并作了详尽解答，供有志考研的读者选用。

本书在编写的过程中注意专题讲述与范例解析相结合，注重数学思维与数学方法的论述，以求思想观点、方法上的融会贯通。尤以“注意”的形式对相关专题加以分析和延拓，这是本书的特色。本书还具有概念清晰、内容全面、方法多样、综合性强等特点。

本书是编者在长期教学实践中积累的教学资料与经验之汇编，是在深入研究教学大纲与研究生数学考试大纲之后撰写而成的。我们期望本书不仅是广大学生学习数学的指导书、教师教学的参考书，而且也是报考硕士研究生者的一册广度与深度均较为合适的复习书，更期望能使读者在思维方法与解决问题能力等方面都有相当程度的提高。错漏之处，敬请各位同仁与朋友们斧正，我们不胜感激！

编　者

2010 年 6 月

目录 CONTENTS

Chapter 1 第 1 章 行列式

Determinant

内容提要

一、n 阶行列式

1. 排列的逆序与奇偶性

定义 1 在一个 n 级排列 $i_1i_2\cdots i_n$ 中，若一个大的数排在一个小数的前面，则称这两个数构成一个逆序. 一个排列中逆序个数的总和，称为这个排列的逆序数，记为 $\tau(i_1i_2\cdots i_n)$.

逆序数为奇数的排列称为奇排列，逆序数为偶数的排列称为偶排列.

定义 2 一个排列中的某两个数 i,j 互换位置，其余的数不动，得到一个新的排列. 对于排列所施行的这样的一个变换称为一次对换，用 (i,j) 表示. 相邻两个数的对换称为邻换.

定理 1 一次对换改变排列的奇偶性.

推论 1 奇排列变成自然排列的对换次数为奇数，偶排列变成自然排列的对换次数为偶数.

推论 2 $n\geqslant 2$ 时，全体 n 级排列中，奇排列和偶排列的个数相等，各为 $\frac{n!}{2}$ 个.

2. n 阶行列式的定义

定义 1 n^2 个数 $a_{ij}(i=1,2,\cdots,n;j=1,2,\cdots,n)$ 排成 n 行 n 列，称记号

$$D=\begin{vmatrix} a_{11} & a_{12} & \cdots & a_{1n} \\ a_{21} & a_{22} & \cdots & a_{2n} \\ \vdots & \vdots & \ddots & \vdots \\ a_{n1} & a_{n2} & \cdots & a_{nn} \end{vmatrix} = \sum_{i_1i_2\cdots i_n}(-1)^{\tau(i_1i_2\cdots i_n)}a_{1i_1}a_{2i_2}\cdots a_{ni_n} \tag{1}$$

为 n 阶行列式，简记为 $D=\det(a_{ij})$ 或 $D=|a_{ij}|$. 其中 $\sum\limits_{i_1i_2\cdots i_n}$ 表示对所有 n 级排列求和.

(1)式的右边的每一项乘积 $a_{1i_1}a_{2i_2}\cdots a_{ni_n}$ 中的每一个元素取自 D 中不同行不同列. 当行下标按自然顺序排列时,相应的列下标是 $1,2,\cdots,n$ 的一个 n 级排列 $i_1i_2\cdots i_n$,若是偶排列,则该排列对应的项取正号;若是奇排列,则取负号,用 $(-1)^{\tau(i_1i_2\cdots i_n)}$ 表示. 行列式 D 中共有 $n!$ 个乘积项.

二、行列式的性质

性质 1 行列式与它的转置行列式相等.

性质 2 交换行列式的两行(或两列),行列式改变符号.

推论 如果行列式有两行(列)完全相同,则行列式等于零.

性质 3 用一个数 k 乘行列式,等于行列式某一行(列)的所有元素都乘以 k. 也可以说,如果行列式某一行(列)的元素有公因子,则可以将公因子提到行列式外面.

推论 1 如果行列式有一行(列)元素全为零,则该行列式等于零.

推论 2 如果行列式有两行(列)的对应元素成比例,则这个行列式等于零.

性质 4 如果行列式的某一行(列)元素都可以表示为两项的和,则这个行列式可以表示为两个行列式的和.

性质 5 行列式的第 i 行(列)元素的 k 倍加到第 j 行(列)的对应元素上,行列式的值不变.

三、行列式按行(列)展开

定义 1 在 n 阶行列式 D 中任意取定 k 行和 k 列,位于这些行列交叉处的元素所构成的 k 阶行列式叫做行列式 D 的一个 k 阶子式.

定义 2 在 n 阶行列式 D 中划去元素 a_{ij} 所在的第 i 行和第 j 列的元素,剩余的元素按原次序构成的一个 $n-1$ 阶行列式,称为 a_{ij} 的余子式,记为 M_{ij}. 称 $(-1)^{i+j}M_{ij}$ 为 a_{ij} 的代数余子式,记为 A_{ij}. 即 $A_{ij}=(-1)^{i+j}M_{ij}$.

定义 3 在 n 阶行列式 D 中,任取 k 行 $(i_1<i_2<\cdots<i_k)$ 与 k 列 $(j_1<j_2<\cdots<j_k)$,将这些行与列相交处的元素按原来相对位置构成的 k 阶行列式

$$\begin{vmatrix} a_{i_1j_1} & a_{i_1j_2} & \cdots & a_{i_1j_k} \\ a_{i_2j_1} & a_{i_2j_2} & \cdots & a_{i_2j_k} \\ \vdots & \vdots & & \vdots \\ a_{i_kj_1} & a_{i_kj_2} & \cdots & a_{i_kj_k} \end{vmatrix}$$

称为该行列式的一个 k 阶子式,记为 N. 划去这些行和列后所剩下的元素依次构成的一个 $n-k$ 阶子式,称为 N 的余子式,记为 M. 称

$$A=(-1)^{i_1+\cdots+i_k+j_1+\cdots+j_k}M$$

为 N 的代数余子式.

定理 1 一个 n 阶行列式 D,如果其第 i 行(或第 j 列)的元素除 a_{ij} 外都为 0,则行列式 D 等于 a_{ij} 与它的代数余子式的乘积,即 $D=a_{ij}A_{ij}$.

定理 2 行列式等于它的任一行(列)的所有元素与它们对应的代数余子式乘积的和,即

$$D = a_{i1}A_{i1} + a_{i2}A_{i2} + \cdots + a_{in}A_{in} = \sum_{t=1}^{n} a_{it}A_{it} \quad (i = 1,2,\cdots,n),$$

$$D = a_{1j}A_{1j} + a_{2j}A_{2j} + \cdots + a_{nj}A_{nj} = \sum_{t=1}^{n} a_{tj}A_{tj} \quad (j = 1,2,\cdots,n).$$

定理 3 行列式的某一行(列)的元素与另外一行(列)对应元素的代数余子式的乘积之和等于零.

定理 4(拉普拉斯定理) 在 n 阶行列式 D 中,任取 k 行(列),则由这 k 行(列)元素所有的 k 阶子式与其代数余子式的乘积之和等于行列式 D.

四、克莱姆法则

定理 1(克莱姆(Cramer)法则) 含有 n 个未知量、n 个方程的线性方程组,当其系数行列式 $|\mathbf{A}|\neq 0$ 时,有且仅有一个解

$$x_1 = D_1/|\mathbf{A}|, x_2 = D_2/|\mathbf{A}|, \cdots, x_n = D_n/|\mathbf{A}|.$$

其中,D_j 是把系数行列式 $|\mathbf{A}|$ 的第 j 列换为方程组的常数列 $b_1, b_2, \cdots, b_n$ 所得到的 n 阶行列式($j=1,2,3,\cdots,n$).

定理 2 n 个方程 n 个未知量的齐次线性方程组有非零解的充分必要条件是方程组的系数行列式等于零.

范例解析

例 1 在 6 阶行列式 $D_6 = |a_{ij}|_{6\times 6}$ 中,证明 $a_{51}a_{32}a_{13}a_{44}a_{65}a_{26}$ 是 D_6 的一项,并求这项应带的符号.

解 调换项中元素位置,使行下标为自然排列,得 $a_{51}a_{32}a_{13}a_{44}a_{65}a_{26} = a_{13}a_{26}a_{32}a_{44}a_{51}a_{65}$. 此时右端列下标排列为 362415. 因为右端是位于 D_6 的不同行不同列的 6 个元素的乘积,故它是 D_6 的一项. 该项所带符号可由右端列下标排列的逆序数的奇偶性确定. 因 $\tau(362415) = 8$,故所给项应带正号.

例 2 问 $a_{11}a_{22}a_{33}a_{44}$, $a_{13}a_{14}a_{44}a_{21}$ 是不是下列 4 阶行列式 D_4 中的项. 若是应带什么符号?

$$D_4 = \begin{vmatrix} a_{11} & a_{22} & a_{33} & a_{44} \\ a_{21} & a_{32} & a_{23} & a_{34} \\ a_{31} & a_{14} & a_{42} & a_{43} \\ a_{12} & a_{41} & a_{13} & a_{24} \end{vmatrix}.$$

解 注意到 a_{ij} 的下标并不表示 a_{ij} 在 D 中的位置,不能形式地根据下标判别所给两项是不是 D 中的项. 应根据这些元素实际在 D_4 中所处位置的行下标,列下标来判定.

由于 a_{11}, a_{22} 均位于 D_4 的第一行,即为同行元素,$a_{11}a_{22}a_{33}a_{44}$ 不是 D_4 的项. 而 $a_{13}a_{14}a_{44}a_{21}$ 中 4 元素依次位于 D_4 中的第 4,3,1,2 行,第 3,2,4,1 列. 因而它们是位于 D_4 中不同行不同

列 4 个元素的乘积，故 $a_{13}a_{14}a_{44}a_{21}$ 是 D_4 中一项，因 $\tau(4312)+\tau(3241)=5+4=9$，故这一项在 D_4 中带负号.

例 3 一个 n 阶行列式中等于零的元素的个数如果比 n^2-n 多，则此行列式的值等于零，为什么？

解 根据行列式定义，行列式的每一项都是 n 个元素的连乘积. 而 n 阶行列式共有 n^2 个元素，若等于零的元素个数大于 n^2-n，那么不等于零的元素个数就小于 $n^2-(n^2-n)=n$ 个，因而该行列式的每一项至少含一个零元素，所以每项都等于零，故此行列式的值等于零.

例 4 求多项式

$$f(x)=\begin{vmatrix} 5x & 1 & 2 & 3 \\ x & x & 1 & 2 \\ 1 & 2 & x & 3 \\ x & 1 & 2 & 2x \end{vmatrix}$$

中 x^4 和 x^3 项的系数.

解 $f(x)$ 中含 x 为因子的元素有 $a_{11}=5x, a_{21}=x, a_{22}=x, a_{33}=x, a_{41}=x, a_{44}=2x$. 因而，含有 x 为因子的元素 a_{ij} 的列下标只能取 $j_1=1, j_2=1,2, j_3=3, j_4=1,4$.

于是含 x^4 的项中元素 a_{ij} 的列下标只能取 $j_1=1, j_2=2, j_3=3, j_4=4$，相应的 4 元排列只有一个自然顺序排列 1234，故含 x^4 的项为

$$(-1)^{\tau(1234)}a_{11}a_{22}a_{33}a_{44}=(-1)^0 5x\cdot x\cdot x\cdot 2x=10x^4.$$

含 x^3 项中元素 a_{ij} 的列下标只能取 $j_2=1, j_3=3, j_4=4$ 与 $j_2=2, j_3=3, j_4=1$. 相应的 4 元排列只有 2134，4231，含 x^3 的相应项为

$$(-1)^{\tau(2134)}a_{12}a_{21}a_{33}a_{41}=-2x^3, (-1)^{\tau(4231)}a_{14}a_{22}a_{33}a_{41}=-3x^3,$$

故 $f(x)$ 中 x^3 的系数为 $-2-3=-5$，x^4 的系数为 10.

例 5 计算下列行列式：

$$(1) D_n=\begin{vmatrix} 1 & 1 & 1 & \cdots & 1 \\ 1 & 2 & 1 & \cdots & 1 \\ 1 & 1 & 3 & \cdots & 1 \\ \vdots & \vdots & \vdots & & \vdots \\ 1 & 1 & 1 & \cdots & n \end{vmatrix}; (2) D_n=\begin{vmatrix} 1 & 2 & 3 & 4 & 5 & \cdots & n-1 & n \\ 1 & 1 & 2 & 3 & 4 & \cdots & n-2 & n-1 \\ 1 & a & 1 & 2 & 3 & \cdots & n-3 & n-2 \\ 1 & a & a & 1 & 2 & \cdots & n-4 & n-3 \\ \vdots & \vdots & \vdots & \vdots & \vdots & & \vdots & \vdots \\ 1 & a & a & a & a & \cdots & a & 1 \end{vmatrix}.$$

解 (1) D_n 中第 1 行的元素相同，将其他各行改写成两分行之和，去掉与第 1 行成比例的分行，得

$$D_n=\begin{vmatrix} 1 & 1 & 1 & \cdots & 1 \\ 1+0 & 1+1 & 1+0 & \cdots & 1+0 \\ 1+0 & 1+0 & 1+2 & \cdots & 1+0 \\ \vdots & \vdots & \vdots & & \vdots \\ 1+0 & 1+0 & 1+0 & \cdots & 1+(n-1) \end{vmatrix}=\begin{vmatrix} 1 & 1 & 1 & \cdots & 1 \\ 0 & 1 & 0 & \cdots & 0 \\ 0 & 0 & 2 & \cdots & 0 \\ \vdots & \vdots & \vdots & & \vdots \\ 0 & 0 & 0 & \cdots & n-1 \end{vmatrix}$$

$=1\cdot 1\cdot 2\cdots(n-1)=(n-1)!$.

(2)D_n 虽有第 1 列元素相同，但将其他各列写成两分列之和，使其一分列与第 1 列成比例，去掉成比例的分列后，并不能将行列式化简，因此自第 n 列起，后列减去前列，再去掉与第 1 列成比例的分列，即得三角形行列式

$$D_n \xlongequal[i=1,2,\cdots,n-1]{c_{i+1}-c_i} \begin{vmatrix} 1 & 1 & 1 & 1 & \cdots & 1 & 1 \\ 1 & 0 & 1 & 1 & \cdots & 1 & 1 \\ 1 & a-1 & 1-a & 1 & \cdots & 1 & 1 \\ 1 & a-1 & 0 & 1-a & \cdots & 1 & 1 \\ \vdots & \vdots & \vdots & \vdots & & \vdots & \vdots \\ 1 & a-1 & 0 & 0 & \cdots & 1-a & 1 \\ 1 & a-1 & 0 & 0 & \cdots & 0 & 1-a \end{vmatrix}$$

$$= \begin{vmatrix} 1 & 0 & 0 & 0 & \cdots & 0 & 0 \\ 1 & -1 & 0 & 0 & \cdots & 0 & 0 \\ 1 & a-2 & -a & 0 & \cdots & 0 & 0 \\ 1 & a-2 & -1 & -a & \cdots & 0 & 0 \\ \vdots & \vdots & \vdots & \vdots & & \vdots & \vdots \\ 1 & a-2 & -1 & -1 & \cdots & -a & 0 \\ 1 & n-2 & -1 & -1 & \cdots & -1 & -a \end{vmatrix} =(-1)(-a)^{n-2}=(-1)^{n-1}a^{n-2}.$$

例 6　证明

$$D_4=\begin{vmatrix} a^2 & (a+1)^2 & (a+2)^2 & (a+3)^2 \\ b^2 & (b+1)^2 & (b+2)^2 & (b+3)^2 \\ c^2 & (c+1)^2 & (c+2)^2 & (c+3)^2 \\ d^2 & (d+1)^2 & (d+2)^2 & (d+3)^2 \end{vmatrix}=0.$$

证　将 D_4 的第 2、3、4 列展开，去掉与第 1 列成比例的分列，得

$$D_4=\begin{vmatrix} a^2 & 2a+1 & 4a+4 & 6a+9 \\ b^2 & 2b+1 & 4b+4 & 6b+9 \\ c^2 & 2c+1 & 4c+4 & 6c+9 \\ d^2 & 2d+1 & 4d+4 & 6d+9 \end{vmatrix} \xlongequal[\text{成比例的分列}]{\text{去掉与第 2 列}} \begin{vmatrix} a^2 & 2a+1 & 2 & 4a+8 \\ b^2 & 2b+1 & 2 & 4b+8 \\ c^2 & 2c+1 & 2 & 4c+8 \\ d^2 & 2d+1 & 2 & 4d+8 \end{vmatrix}$$

$$\xlongequal[\text{成比例的分列}]{\text{去掉与第 3 列}} \begin{vmatrix} a^2 & 2a & 2 & 4a \\ b^2 & 2b & 2 & 4b \\ c^2 & 2c & 2 & 4c \\ d^2 & 2d & 2 & 4d \end{vmatrix} \xlongequal{\text{2、4 两列成比例}} 0.$$

例 7 计算 n 阶行列式

$$D_n=\begin{vmatrix} a & 1 & 1 & \cdots & 1 & 1 \\ 1 & a & 1 & \cdots & 1 & 1 \\ 1 & 1 & a & \cdots & 1 & 1 \\ \vdots & \vdots & \vdots & & \vdots & \vdots \\ 1 & 1 & 1 & \cdots & a & 1 \\ 1 & 1 & 1 & \cdots & 1 & a \end{vmatrix}$$

解 D_n 的行、列的和都等于 $a+n-1$，先将各列加到第 1 列，再化成三角形行列式. 有

$$D_n=\begin{vmatrix} a+n-1 & 1 & 1 & \cdots & 1 & 1 \\ a+n-1 & a & 1 & \cdots & 1 & 1 \\ a+n-1 & 1 & a & \cdots & 1 & 1 \\ \vdots & \vdots & \vdots & & \vdots & \vdots \\ a+n-1 & 1 & 1 & \cdots & a & 1 \\ a+n-1 & 1 & 1 & \cdots & 1 & a \end{vmatrix}=(a+n-1)\begin{vmatrix} 1 & 1 & 1 & \cdots & 1 & 1 \\ 1 & a & 1 & \cdots & 1 & 1 \\ 1 & 1 & a & \cdots & 1 & 1 \\ \vdots & \vdots & \vdots & & \vdots & \vdots \\ 1 & 1 & 1 & \cdots & a & 1 \\ 1 & 1 & 1 & \cdots & 1 & a \end{vmatrix}$$

$$\xlongequal[i=2,3,\cdots,n]{r_i-r_1}(a+n-1)\begin{vmatrix} 1 & 1 & 1 & \cdots & 1 & 1 \\ 0 & a-1 & 0 & \cdots & 0 & 0 \\ 0 & 0 & a-1 & \cdots & 0 & 0 \\ \vdots & \vdots & \vdots & & \vdots & \vdots \\ 0 & 0 & 0 & \cdots & a-1 & 0 \\ 0 & 0 & 0 & \cdots & 0 & a-1 \end{vmatrix}$$

$$=(a+n-1)(a-1)^{n-1}.$$

例 8 设 $D=\begin{vmatrix} 1 & 2 & 3 & 4 \\ 5 & 6 & 7 & 8 \\ 2 & 3 & 4 & 5 \\ 6 & 7 & 8 & 9 \end{vmatrix}$，求 $3A_{12}+7A_{22}+4A_{32}+8A_{42}$. 其中 A_{i2} 为 D 中元素 a_{i2}（$i=1,2,3,4$）的代数余子式.

解法一 因 A_{i2} 为 D 中元素 a_{i2} 的代数余子式（$i=1,2,3,4$），故将 D 中第 2 列元素依次换为 3,7,4,8 即得

$$3A_{12}+7A_{22}+4A_{32}+8A_{42}=\begin{vmatrix} 1 & 3 & 3 & 4 \\ 5 & 7 & 7 & 8 \\ 2 & 4 & 4 & 5 \\ 6 & 8 & 8 & 9 \end{vmatrix}=0.$$

解法二 因 3,7,4,8 恰为 D 中第 3 列元素，而 A_{12}，A_{22}，A_{32}，A_{42} 为 D 中第 2 列元素的代数余子式，故 $3A_{12}+7A_{22}+4A_{32}+8A_{42}$ 表示 D 中第 3 列元素与第 2 列的对应元素的代数余

子式乘积的和，故 $3A_{12}+7A_{22}+4A_{32}+8A_{42}=0$.

例 9 已知 5 阶行列式

$$D_5=\begin{vmatrix}1&2&3&4&5\\2&2&2&1&1\\3&1&2&4&5\\1&1&1&2&2\\4&3&1&5&0\end{vmatrix}=27,$$

求 $A_{41}+A_{42}+A_{43}$ 和 $A_{44}+A_{45}$. 其中 $A_{4j}(j=1,2,3,4,5)$ 为 D_5 中第 4 行第 j 列元素的代数余子式.

解 由已知条件得

$$\begin{cases}(1\cdot A_{41}+1\cdot A_{42}+1\cdot A_{43})+(2\cdot A_{44}+2\cdot A_{45})=27,\\(2\cdot A_{41}+2\cdot A_{42}+2\cdot A_{43})+(1\cdot A_{44}+1\cdot A_{45})=0.\end{cases}$$

解上面方程得 $A_{41}+A_{42}+A_{43}=-9$; $A_{44}+A_{45}=18$.

例 10 计算 n 阶行列式

$$D_n=\begin{vmatrix}x&-1&0&\cdots&0&0&0\\0&x&-1&\cdots&0&0&0\\\vdots&\vdots&\vdots&&\vdots&\vdots&\vdots\\0&0&0&\cdots&x&-1&0\\0&0&0&\cdots&0&x&-1\\a_n&a_{n-1}&a_{n-3}&\cdots&a_3&a_2&a_1\end{vmatrix}.$$

解 将第 $2,3,\cdots,n$ 列依次乘以 $x,x^2,\cdots,x^{n-1}$ 后都加到第 1 列，再按第 1 列展开得：

$$D_n=\begin{vmatrix}0&-1&0&\cdots&0&0\\0&x&-1&\cdots&0&0\\\vdots&\vdots&\vdots&&\vdots&\vdots\\0&0&0&\cdots&x&-1\\\sum_{i=1}^{n}a_ix^{n-i}&a_{n-1}&a_{n-2}&\cdots&a_2&a_1\end{vmatrix}=\sum_{i=1}^{n}a_ix^{n-i}(-1)^{(n-2)}.$$

例 11 计算行列式

$$(1)D_n=\begin{vmatrix}a&0&\cdots&0&1\\0&a&\cdots&0&0\\\vdots&\vdots&&\vdots&\vdots\\0&0&\cdots&a&0\\1&0&\cdots&0&a\end{vmatrix};(2)D_{2n}=\begin{vmatrix}a&&&&&&&b\\&a&&&&&b&\\&&\ddots&&&\iddots&&\\&&&a&b&&&\\&&&b&a&&&\\&&\iddots&&&\ddots&&\\&b&&&&&a&\\b&&&&&&&a\end{vmatrix}.$$

解 (1)按第1行展开：

$$D_n=a\begin{vmatrix}a&0&\cdots&0&0\\0&a&\cdots&0&0\\\vdots&\vdots&&\vdots&\vdots\\0&0&\cdots&a&0\\0&0&\cdots&0&a\end{vmatrix}+(-1)^{1+n}\begin{vmatrix}0&a&0&\cdots&0&0\\0&0&a&\cdots&0&0\\\vdots&\vdots&\vdots&&\vdots&\vdots\\0&0&0&\cdots&0&a\\1&0&0&\cdots&0&0\end{vmatrix}$$

$$=a\times a^{n-1}+(-1)^{1+n}(-1)^{n-1+1}\begin{vmatrix}a&0&\cdots&0&0\\0&a&\cdots&0&0\\\vdots&\vdots&&\vdots&\vdots\\0&0&\cdots&a&0\\0&0&\cdots&0&a\end{vmatrix}_{(n-2)\times(n-2)}$$

$$=a^n+(-1)^{2n+1}a^{n-2}=a^{n-2}(a^2-1).$$

(2)按第1行展开得两个$2n-1$阶行列式，再将这两个$2n-1$阶行列式都按最后一行展开，得递推关系式：$D_{2n}=(a^2-b^2)D_{2n-2}$.

同理，$D_{2n-2}=(a^2-b^2)D_{2n-4}$，$D_{2n-4}=(a^2-b^2)D_{2n-6}$，…，$D_2=\begin{vmatrix}a&b\\b&a\end{vmatrix}=a^2-b^2$，

故 $$D_{2n}=(a^2-b^2)D_{2n-2}=(a^2-b^2)^2D_{2n-4}=\cdots=(a^2-b^2)^{n-1}D_2=(a^2-b^2)^n.$$

例 12 计算行列式

$$(1)D_n=\begin{vmatrix}1&1&\cdots&1\\2&2^2&\cdots&2^n\\3&3^2&\cdots&3^n\\\vdots&\vdots&&\vdots\\n&n^2&\cdots&n^n\end{vmatrix};(2)D_4=\begin{vmatrix}1&1&1&1\\a_1&a_2&a_3&a_4\\a_1^2&a_2^2&a_3^2&a_4^2\\a_1^4&a_2^4&a_3^4&a_4^4\end{vmatrix}.$$

解 (1)$$D_n\xlongequal[\text{出公因数}]{\text{从各行提}}\begin{vmatrix}1&1&\cdots&1\\1&2&\cdots&2^{n-1}\\1&3&\cdots&3^{n-1}\\\vdots&\vdots&&\vdots\\1&n&\cdots&n^{n-1}\end{vmatrix}\cdot n!\xlongequal{\text{转置}}n!\begin{vmatrix}1&1&1&\cdots&1\\1&2&3&\cdots&n\\1&2^2&3^2&\cdots&n^2\\\vdots&\vdots&\vdots&&\vdots\\1&2^{n-1}&3^{n-1}&\cdots&n^{n-1}\end{vmatrix}$$

$$=n!\prod_{1\leqslant j<i\leqslant n}(a_i-a_j)$$
$$=n!\ (2-1)(3-1)\cdots(n-1)(3-2)(4-2)\cdots(n-2)\cdots(n-(n-1))$$
$$=n!\ [1\cdot2\cdots(n-1)][1\cdot2\cdots(n-2)]\cdots2!\,1!$$
$$=1!\,2!\,3!\ \cdots(n-2)!\,(n-1)!\,n!.$$

(2)这个行列式很像范德蒙行列式，就缺$a_i^3(i=1,2,3,4)$的一行，因此，给D_4加上一行和一列，配成范德蒙行列式，有

$$D_5(x)=\begin{vmatrix}1&1&1&1&1\\a_1&a_2&a_3&a_4&x\\a_1^2&a_2^2&a_3^2&a_4^2&x^2\\a_1^3&a_2^3&a_3^3&a_4^3&x^3\\a_1^4&a_2^4&a_3^4&a_4^4&x^5\end{vmatrix}=(x-a_1)(x-a_2)(x-a_3)(x-a_4)\prod_{1\leqslant j<i\leqslant 4}(a_i-a_j).$$

由行列式 $D_5(x)$ 按第5列的展开式知，原行列式 D_4 是 $D_5(x)$ 中 x^3 的系数的相反数，而由上式右端知 x^3 的系数为 $-(\sum_{i=1}^{4}a_i)\prod_{1\leqslant j<i\leqslant 4}(a_i-a_j)$. 故 $D_4=(\sum_{i=1}^{4}a_i)\prod_{1\leqslant j<i\leqslant 4}(a_i-a_j)$.

例 13 计算 $D_4=\begin{vmatrix}1&1&2&3\\1&2-x^2&2&3\\2&3&1&5\\2&3&1&9-x^2\end{vmatrix}$.

解 当 $x=\pm1$ 时，第1,2行的对应元素相同，所以 $D_4=0$，因此 D_4 中含有因式 $(x-1)(x+1)$；又当 $x=\pm2$ 时，第3,4行对应元素相同，所以 $D_4=0$. 可见 D_4 中含有 $(x-2)(x+2)$ 因式. 由于 D_4 的项中含 x 的最高次数为4，所以

$$D_4=A(x-1)(x+1)(x-2)(x+2),$$

其中 A 为待定常数.

而由行列式的定义知，D_4 中含 x^4 的项为 $a_{1j_1}a_{22}a_{3j_3}a_{44}$，$j_1,j_3$ 取数码1,3的排列对应的项. 即 $j_1=1,j_3=3$ 或 $j_1=3,j_3=1$，所对应的项为

$$(-1)^{\tau}a_{11}a_{22}a_{33}a_{44}=1\times(2-x^2)\times1\times(9-x^2)=x^4+\cdots$$

$$(-1)^{\tau}a_{13}a_{22}a_{31}a_{44}=(-1)^3\times2\times(2-x^2)\times2\times(9-x^2)=-4x^4+\cdots$$

于是 D_4 中 x^4 的系数为 $A=1-4=-3$. 所以 $D_4=-3(x-1)(x+1)(x-2)(x+2)$.

例 14 解方程

$$\begin{vmatrix}1&1&1&\cdots&1\\1&1-x&1&\cdots&1\\1&1&2-x&\cdots&1\\\vdots&\vdots&\vdots&&\vdots\\1&1&1&\cdots&(n-1)-x\end{vmatrix}=0.$$

解 当 $x=0,1,2,\cdots,(n-2)$ 时，左端的行列式有两列相同，故其值为零. 因此左边的行列式等于 $Ax(x-1)\cdots(x-n+2)$，原方程变为 $Ax(x-1)\cdots(x-n+2)=0$，其根为 $x_1=0$，$x_2=1,\cdots,x_{n-1}=n-2$.

例 15 已知1 326,2 743,5 005,3 874都能被13整除，不计算行列式的值，试证

$$D_4=\begin{vmatrix}1&3&2&6\\2&7&4&3\\5&0&0&5\\3&8&7&4\end{vmatrix}$$

能被 13 整除.

证 把 D_4 的第 1 行看成一个四位数,其千位数字是 1,百位数字是 3,十位数字是 2,个位数字是 6,即 1 326;同样将 D_4 的第 2,3,4 行也分别看成四位数 2 743,5 005,3 874.

为使 D_4 的第 4 列上各元素变成这四个四位数,将第 1,2,3 列分别乘以 10^3,10^2,10 且都加到第 4 列,得

$$D_4=\begin{vmatrix}1&3&2&1\,326\\2&7&4&2\,743\\5&0&0&5\,005\\3&8&7&3\,874\end{vmatrix},$$

由题设,上面的行列式第 4 列各元素都能被 13 整除,即第 4 列有公因数 13,故 D_4 能被 13 整除.

例 16 λ 为何值时,下述齐次线性方程组只有零解.

$$\begin{cases}\lambda x_1+x_2-x_3=0;\\x_1+\lambda x_2-x_3=0;\\2x_1-x_2+x_3=0.\end{cases}$$

解 当系数行列式 $D=\begin{vmatrix}\lambda&1&-1\\1&\lambda&-1\\2&-1&1\end{vmatrix}\xlongequal{c_2+c_3}\begin{vmatrix}\lambda&0&-1\\1&\lambda-1&-1\\2&0&1\end{vmatrix}=(\lambda-1)(\lambda+2)\neq0$ 时,

即 $\lambda\neq1$ 且 $\lambda\neq-2$ 时,上述方程组仅有零解.

例 17 判定方程组$\begin{cases}(a^2-2)x_1+x_2-2x_3=0;\\-5x_1+(a^2+3)x_2-3x_3=0;\\x_1+(a^2+2)x_3=0.\end{cases}$是否仅有零解.

解 因系数行列式

$$D=\begin{vmatrix}a^2-2&1&-2\\-5&a^2+3&-3\\1&0&a^2+2\end{vmatrix}\xlongequal[c_1-c_3]{c_1+c_2}\begin{vmatrix}a^2+1&1&-2\\a^2+1&a^2+3&-3\\-(a^2+1)&0&a^2+2\end{vmatrix}$$

$$=(a^2+1)\begin{vmatrix}1&1&-2\\1&a^2+3&-3\\-1&0&a^2+2\end{vmatrix}\xlongequal[r_3+r_1]{r_2-r_1}(a^2+1)\begin{vmatrix}1&1&-2\\0&a^2+2&-1\\0&1&a^2\end{vmatrix}$$

$$=(a^2+1)^3>0,$$

故所给齐次线性方程组只有零解.

例 18 问 λ 为何值时,下述齐次线性方程组有非零解.

$$\begin{cases}2x_1+\lambda x_2+x_3=0;\\(\lambda-1)x_1-x_2+2x_3=0;\\4x_1+x_2+4x_3=0.\end{cases}$$

解 齐次线性方程组的系数行列式为

$$D=\begin{vmatrix}2&\lambda&1\\ \lambda-1&-1&2\\ 4&1&4\end{vmatrix}\xlongequal[r_3-4r_1]{r_2-2r_1}\begin{vmatrix}2&\lambda&1\\ \lambda-5&-1-2\lambda&0\\ -4&1-4\lambda&0\end{vmatrix}$$

$$=(-1)^{1+3}\cdot 1\times\begin{vmatrix}\lambda-5&-1-2\lambda\\ -4&1-4\lambda\end{vmatrix}=(9-4\lambda)(\lambda-1).$$

令 $D=0$，得 $\lambda=9/4$，$\lambda=1$. 所以当 $\lambda=9/4$，或 $\lambda=1$ 时，所给方程组有非零解.

例 19 设 $a_1,a_2,\cdots,a_{n-1}$ 是互不相等的实数，问 λ 为何值时，下述齐次线性方程组有非零解.

$$\begin{cases}x_1+\lambda x_2+\lambda^2x_3+\cdots+\lambda^{n-1}x_n=0;\\ x_1+a_1x_2+a_1^2x_3+\cdots+a_1^{n-1}x_n=0;\\ x_1+a_2x_2+a_2^2x_3+\cdots+a_2^{n-1}x_n=0;\\ \qquad\vdots\\ x_1+a_{n-1}x_2+a_{n-1}^2x_3+\cdots+a_{n-1}^{n}x_n=0.\end{cases}$$

解 系数行列式为 $D(\lambda)=\begin{vmatrix}1&\lambda&\lambda^2&\cdots&\lambda^{n-1}\\ 1&a_1&a_1^2&\cdots&a_1^{n-1}\\ 1&a_2&a_2^2&\cdots&a_2^{n-1}\\ \vdots&\vdots&\vdots&&\vdots\\ 1&a_{n-1}&a_{n-1}^2&\cdots&a_{n-1}^{n-1}\end{vmatrix}$.

当 $\lambda=a_i(i=1,2,\cdots,n-1)$ 时，因为 $D(a_i)$ 中有两行相同，所以 $D(a_i)=0$. 故当 $\lambda=a_i(i=1,2,\cdots,n-1)$ 时，方程组有非零解.

例 20 用展开的方法证明 $\begin{vmatrix}a_{11}&a_{12}&0&0\\ a_{21}&a_{22}&0&0\\ *_1&*_2&b_{11}&b_{12}\\ *_3&*_4&b_{21}&b_{22}\end{vmatrix}=\begin{vmatrix}a_{11}&a_{12}\\ a_{21}&a_{22}\end{vmatrix}\cdot\begin{vmatrix}b_{11}&b_{12}\\ b_{21}&b_{22}\end{vmatrix}$，其中“$*_i$”为任意数，$i=1,2,3,4$.

解 令上式左端的行列式为 D_4. 按其第一行展开，得

$$D_4=a_{11}\begin{vmatrix}a_{22}&0&0\\ *_2&b_{11}&b_{12}\\ *_4&b_{21}&b_{22}\end{vmatrix}-a_{12}\begin{vmatrix}a_{21}&0&0\\ *_1&b_{11}&b_{12}\\ *_2&b_{21}&b_{22}\end{vmatrix}=a_{11}a_{22}\begin{vmatrix}b_{11}&b_{12}\\ b_{21}&b_{22}\end{vmatrix}-a_{12}a_{21}\begin{vmatrix}b_{11}&b_{12}\\ b_{21}&b_{22}\end{vmatrix}$$

$$=(a_{11}a_{22}-a_{21}a_{22})\begin{vmatrix}b_{11}&b_{12}\\ b_{21}&b_{22}\end{vmatrix}=\begin{vmatrix}a_{11}&a_{22}\\ a_{21}&a_{22}\end{vmatrix}\begin{vmatrix}b_{11}&b_{12}\\ b_{21}&b_{22}\end{vmatrix}.$$

自测题

一、填空题

(1) 已知 $a_{14}\,a_{2j}\,a_{31}\,a_{42}$ 是四阶行列式中的一项，则 $j=$ ________；该项所带符号

为________.

(2)已知 $f(x)=\begin{vmatrix} -x & 3 & 1 & 3 & 0 \\ x & 3 & 2x & 11 & 4 \\ -1 & x & 0 & 4 & 3x \\ 2 & 21 & 4 & x & 5 \\ 1 & -7x & 3 & -1 & 2 \end{vmatrix}$,则 $f(x)$ 中 x^4 的系数=________.

(3)设 A_{ij} 是 n 阶行列式 D 中元素 a_{ij} 的代数余子式,则 $\sum_{k=1}^{n} a_{ik}A_{jk}=$________.

(4)各列元素之和为0的 n 阶行列式之值等于________.

(5)若将 n 阶行列式 D 中的每个元素添上负号得一新行列式 Δ,则 $\Delta=$________ D.

(6)设 $|\boldsymbol{A}|=\begin{vmatrix} 1 & 2 & 3 & 4 \\ 2 & 3 & 4 & 1 \\ 3 & 4 & 1 & 2 \\ 4 & 1 & 2 & 3 \end{vmatrix}$,则

①$A_{12}+2A_{22}+3A_{32}+4A_{42}=$________;②$A_{31}+2A_{32}+A_{34}=$________.

(7)若 $\begin{vmatrix} \lambda-3 & -2 & 2 \\ k & \lambda+1 & -k \\ -4 & -2 & \lambda+3 \end{vmatrix}=0$,则 $\lambda=$________.

(8)设 α、β、γ 是三次方程 $x^3+px+q=0$ 的根,则 $D=\begin{vmatrix} \alpha & \beta & \gamma \\ \gamma & \alpha & \beta \\ \beta & \gamma & \alpha \end{vmatrix}=$________.

二、选择题

(1)行列式 $D_4=\begin{vmatrix} 0 & 1 & 0 & 5 \\ 0 & 2 & 2 & 6 \\ 3 & 3 & 0 & 7 \\ 0 & 4 & 0 & 8 \end{vmatrix}$ 的值为(　　).

(A)-12;　　(B)-24;　　(C)-36;　　(D)-72.

(2)行列式 $D_5=\begin{vmatrix} 4 & 3 & 0 & 0 & 0 \\ 1 & 4 & 3 & 0 & 0 \\ 0 & 1 & 4 & 3 & 0 \\ 0 & 0 & 1 & 4 & 3 \\ 0 & 0 & 0 & 1 & 4 \end{vmatrix}$ 的值为(　　).

(A)264;　　(B)364;　　(C)-264;　　(D)-364.

(3)方程 $f(x)=\begin{vmatrix} x-2 & x-1 & x-2 & x-3 \\ 2x-2 & 2x-1 & 2x-2 & 2x-3 \\ 3x-3 & 3x-2 & 4x-5 & 3x-5 \\ 4x & 4x-3 & 5x-7 & 4x-3 \end{vmatrix}=0$ 的根的个数为(　　).

(A)1;　　(B)2;　　(C)3;　　(D)4.

(4) 如果$\begin{cases}3x+ky-z=0\\4y+z=0\\kx-5y-z=0\end{cases}$有非零解，则 $k=$(　　).

(A) $k=0$；　(B) $k=1$；　(C) $k=-1$；　(D) $k=-3$.

三、计算与证明题

(1) 计算下列行列式

① $D_n=\begin{vmatrix}1&1&1&\cdots&1\\1&2&1&\cdots&1\\1&1&3&\cdots&1\\\vdots&\vdots&\vdots&&\vdots\\1&1&1&\cdots&n\end{vmatrix}$；② $\Delta_{n+1}=\begin{vmatrix}a+x_1&a&\cdots&a&a\\a&a+x_2&\cdots&a&a\\\vdots&\vdots&&\vdots&\vdots\\a&a&\cdots&a+x_n&a\\a&a&\cdots&a&a\end{vmatrix}$.

(2) 设四阶行列式 D_4 的第 2 行元素分别为 $1,-5,0,8$. ①当 $|D_4|=4$，并且第 2 行的元素所对应的代数余子式分别为 $4,a,-3,2$ 时，求 a 的值；②当第 4 行元素对应的余子式依次为 $4,a,-3,2$ 时，求 a 的值.

(3) 用行列式的性质，证明 $D_3=\begin{vmatrix}1&0&4\\3&2&5\\4&1&6\end{vmatrix}$ 能被 13 整除.

(4) 设 a,b,c 为互异实数，证明行列式 $D=\begin{vmatrix}a&b&c\\a^2&b^2&c^2\\b+c&c+a&a+b\end{vmatrix}$ 为 0 的充分必要条件是 $a+b+c=0$.

(5) 设 $f(x)=\begin{vmatrix}1&x-1&2x-1\\1&x-2&3x-2\\1&x-3&4x-3\end{vmatrix}$，证明存在 $\xi\in(0,1)$，使 $f'(\xi)=0$.

(6) 解方程 $\begin{vmatrix}a_1&a_2&a_3&a_4+x\\a_1&a_2&a_3+x&a_4\\a_1&a_2+x&a_3&a_4\\a_1+x&a_2&a_3&a_4\end{vmatrix}=D_4(x)=0$.

□ 自测题参考答案

一、填空题

解　(1) 据行列式定义，该项是不同行不同列元素的乘积，因此必有 $j=3$. 由于 $a_{14},a_{23},a_{31},a_{42}$ 的列指标排列为 (4312)，$\tau(4312)=3+2+0=5$ 是奇数，所以该项带负号.

(2) $f(x)$ 中含 x 为因子的元素有

$$a_{11}=-x, a_{21}=x, a_{23}=2x, a_{32}=x, a_{35}=3x, a_{44}=x, a_{52}=-7x.$$

因而，含有 x 为因子的元素 a_{ij_i} 的列下标只能取：

$$j_1=1; j_2=1,3; j_3=2,5; j_4=4; j_5=2.$$

于是，含 x^4 的项中元素 a_{ij_i} 的列下标只能取 $j_1=1, j_2=3, j_3=2, j_4=4$ 与 $j_2=1, j_3=5, j_4=4, j_5=2$；相应的 5 元排列只有 13245，31542，含 x^4 的相应项为

$$(-1)^{\tau(13245)} a_{11}a_{23}a_{32}a_{44}a_{55}=4x^4,\ (-1)^{\tau(31542)} a_{13}a_{21}a_{35}a_{44}a_{52}=21x^4,$$

故 $f(x)$ 中 x^4 的系数为 $21+4=25$.

(3)由行列式按行(列)展开定理有 $\begin{cases} D, i=j; \\ 0, i\neq j. \end{cases}$

(4)由条件，将该行列式的行相加，则该行列式某行的元素全为零，由行列式的性质，该行列式的值为零.

(5)从行列式 Δ 中每行提出公因子(-1)，则 $\Delta=(-1)^n D$.

(6)①由于 $a_{11}=1, a_{21}=2, a_{31}=3, a_{41}=4$，有

$$A_{12}+2A_{22}+3A_{32}+4A_{42}=a_{11}A_{12}+a_{21}A_{22}+a_{31}A_{32}+a_{41}A_{42}=0.$$

②因为 A_{ij} 与元素 a_{ij} 的大小无关，可构造一个行列式(用 A_{3j} 的系数置换 $|\boldsymbol{A}|$ 第 3 行的元素)，即 $|\boldsymbol{B}|=\begin{vmatrix} 1 & 2 & 3 & 4 \\ 2 & 3 & 4 & 1 \\ 1 & 2 & 0 & 1 \\ 4 & 1 & 2 & 3 \end{vmatrix}$，则行列式 $|\boldsymbol{A}|$ 与 $|\boldsymbol{B}|$ 第三行元素的代数余子式是一样的，一方面，对 $|\boldsymbol{B}|$ 按第三行展开有 $|\boldsymbol{B}|=A_{31}+2A_{32}+A_{34}$，对行列式 $|\boldsymbol{B}|$ 恒等变形，有

$$|\boldsymbol{B}|=\begin{vmatrix} 1 & 2 & 3 & 4 \\ 2 & 3 & 4 & 1 \\ 1 & 2 & 0 & 1 \\ 4 & 1 & 2 & 3 \end{vmatrix}=\begin{vmatrix} 1 & 2 & 3 & 4 \\ 2 & 3 & 4 & 1 \\ 0 & 0 & -3 & -3 \\ 4 & 1 & 2 & 3 \end{vmatrix}=\begin{vmatrix} 1 & 2 & 3 & 1 \\ 2 & 3 & 4 & -3 \\ 0 & 0 & -3 & 0 \\ 4 & 1 & 2 & 1 \end{vmatrix}=-3\begin{vmatrix} 1 & 2 & 1 \\ 2 & 3 & -3 \\ 4 & 1 & 1 \end{vmatrix}$$

$$=-3\begin{vmatrix} 1 & 0 & 0 \\ 2 & -1 & -5 \\ 4 & -7 & -3 \end{vmatrix}=96,$$

所以 $A_{31}+2A_{32}+A_{34}=96$.

(7)把第 3 列加至第 1 列，第 1 列有公因式 $\lambda-1$.

$$\begin{vmatrix} \lambda-3 & -2 & 2 \\ k & \lambda+1 & -k \\ -4 & -2 & \lambda+3 \end{vmatrix}=\begin{vmatrix} \lambda-1 & -2 & 2 \\ 0 & \lambda+1 & -k \\ \lambda-1 & -2 & \lambda+3 \end{vmatrix}=\begin{vmatrix} \lambda-1 & -2 & 2 \\ 0 & \lambda+1 & -k \\ 0 & 0 & \lambda+1 \end{vmatrix}=(\lambda-1)(\lambda+1)^2=0,$$

所以 λ 为 $1, -1, -1$.

(8)D 的行和都等于 $\alpha+\beta+\gamma$，先把各列都加到第一列，提出公因式，有

$$D=\begin{vmatrix}\alpha+\beta+\gamma & \beta & \gamma\\ \alpha+\beta+\gamma & \alpha & \beta\\ \alpha+\beta+\gamma & \gamma & \alpha\end{vmatrix}=(\alpha+\beta+\gamma)\begin{vmatrix}1 & \beta & \gamma\\ 1 & \alpha & \beta\\ 1 & \gamma & \alpha\end{vmatrix},$$

因 α、β、γ 是方程 $x^3+0x^2+px+q=0$ 的根，由根与系数的关系知 $\alpha+\beta+\gamma=0$，从而 $D=0$.

二、选择题

解 (1)根据行列式的性质，有

$$D_4=(-1)^{2+3}\times2\times\begin{vmatrix}0 & 1 & 5\\ 3 & 3 & 7\\ 0 & 4 & 8\end{vmatrix}=(-2)\times\begin{vmatrix}0 & 1 & 5\\ 3 & 3 & 7\\ 0 & 4 & 8\end{vmatrix}=(-1)^{1+2}\times3\times(-2)\times\begin{vmatrix}1 & 5\\ 4 & 8\end{vmatrix}$$

$$=6\times(8-20)=-72,$$

故应选(D).

(2)对于这类三对角线行列式通常可用递推法，例如按第 1 列展开，有

$$D_5=4\begin{vmatrix}4 & 3 & 0 & 0\\ 1 & 4 & 3 & 0\\ 0 & 1 & 4 & 3\\ 0 & 0 & 1 & 4\end{vmatrix}-\begin{vmatrix}3 & 0 & 0 & 0\\ 1 & 4 & 3 & 0\\ 0 & 1 & 4 & 3\\ 0 & 0 & 1 & 4\end{vmatrix}=4D_4-3D_3$$

于是 $D_5-D_4=3(D_4-D_3)=3^2(D_3-D_2)=3^3(D_2-D_1)=3^5$，那么

$$D_5=D_4+3^5=D_3+3^4+3^5=D_2+3^3+3^4+3^5=D_1+3^2+3^3+3^4+3^5=364.$$

故选(B).

(3)问方程 $f(x)=0$ 有几个根，也就是问 $f(x)$ 是 x 的几次多项式. 为此应先对 $f(x)$ 作恒等变形. 将第 1 列的 -1 倍分别加至第 2、3、4 列，得

$$f(x)=\begin{vmatrix}x-2 & 1 & 0 & -1\\ 2x-2 & 1 & 0 & -1\\ 3x-3 & 1 & x-2 & -2\\ 4x & -3 & x-7 & -3\end{vmatrix},$$

再将第 2 列加至第 4 列，行列式的右上角为 0. 用拉普拉斯展开式，从而知应选(B).

(4)方程组的系数行列式

$$D=\begin{vmatrix}3 & k & -1\\ 0 & 4 & 1\\ k & -5 & -1\end{vmatrix}$$

将第三行的(-1)倍加于第一行，第三行加于第二行，得

$$D=\begin{vmatrix}3-k & 5+k & 0\\ k & -1 & 0\\ k & -5 & -1\end{vmatrix},$$

按第三列展开，得 $D=k^2+4k+3=(k+1)(k+3)$. 若方程组有非零解，则 $D=0$，故 $k=-1$ 或 $k=3$. 选(C)、(D).

三、计算与证明题

解 (1)①**解法一** D_n 中第 1 行元素全部相同，将其他各行改写成两分行之和，去掉与第 1 行成比例的分行，得

$$D_n=\begin{vmatrix} 1 & 1 & 1 & \cdots & 1 \\ 1+0 & 1+1 & 1+0 & \cdots & 1+0 \\ 1+0 & 1+0 & 1+2 & \cdots & 1+0 \\ \vdots & \vdots & \vdots & & \vdots \\ 1+0 & 1+0 & 1+0 & \cdots & 1+n-1 \end{vmatrix}=\begin{vmatrix} 1 & 1 & 1 & \cdots & 1 \\ 0 & 1 & 0 & \cdots & 0 \\ 0 & 0 & 2 & \cdots & 0 \\ \vdots & \vdots & \vdots & & \vdots \\ 0 & 0 & 0 & \cdots & n-1 \end{vmatrix}=(n-1)!.$$

解法二 D_n 中第 1 列元素也全部相同，各列中去掉与第 1 列成比例的分列，D_n 即可化成下三角行列式，得到解法一的结果.

②**解法一** Δ_{n+1} 中去掉与第 n 列成比例的分列得

$$\Delta_{n+1}=\begin{vmatrix} x_1 & 0 & \cdots & 0 & a \\ 0 & x_2 & \cdots & 0 & a \\ \vdots & \vdots & & \vdots & \vdots \\ 0 & 0 & \cdots & x_n & a \\ 0 & 0 & \cdots & 0 & a \end{vmatrix}=a\prod_{i=1}^{n}x_i.$$

解法二 去掉与第 n 行成比例的分行得到解法一中结果.

(2)①依题意可设 D_4 为

$$D_4=\begin{vmatrix} a_{11} & a_{12} & a_{13} & a_{14} \\ 1 & -5 & 0 & 8 \\ a_{31} & a_{32} & a_{33} & a_{34} \\ a_{41} & a_{42} & a_{43} & a_{44} \end{vmatrix}=4,$$

根据代数余子式的知识有 $a_{21}A_{21}+a_{22}A_{22}+a_{23}A_{23}+a_{24}A_{24}=D_4$，即

$$1\times4+(-5)a+0\times(-3)+8\times2=4.$$

所以 $4-5a+16=4$，$a=16/5$.

②根据余子式的知识，有

$$a_{41}\times(-1)^{4+1}M_{41}+a_{42}\times(-1)^{4+2}M_{42}+a_{43}\times(-1)^{4+3}M_{43}+a_{44}\times(-1)^{4+4}M_{44}=|\boldsymbol{A}|.$$

因为 $a_{41}, a_{42}, a_{43}, a_{44}$ 具体数字未知，所以我们作行列式 $|\boldsymbol{A}|$ 为

$$|\boldsymbol{A}|=\begin{vmatrix} a_{11} & a_{12} & a_{13} & a_{14} \\ 1 & -5 & 0 & 8 \\ a_{31} & a_{32} & a_{33} & a_{34} \\ 1 & -5 & 0 & 8 \end{vmatrix}=0.$$

显然$|\boldsymbol{A}|$的第 4 行的余子式与 D_4 的第 4 行元素的余子式相同,因此有

$$1\cdot(-1)^{4+1}\cdot 4+(-5)\cdot(-1)^{4+2}\cdot a+0\cdot(-1)^{4+3}\cdot(-3)+8\cdot(-1)^{4+4}\cdot 2=0.$$

即$-4-5a+16=0, a=12/5$.

证 (3)$104=13\times 8, 325=13\times 25, 416=13\times 32$,所以

$$D_3 \xlongequal[\text{都加到第 3 列上去}]{\text{第 1 列乘以 100,第 2 列乘以 10}} \begin{vmatrix} 1 & 0 & 104 \\ 3 & 2 & 325 \\ 4 & 1 & 416 \end{vmatrix} = 13\times\begin{vmatrix} 1 & 0 & 8 \\ 3 & 2 & 25 \\ 4 & 1 & 32 \end{vmatrix},$$

所以 D_3 能被 13 整除.

证 (4)因为

$$D \xlongequal{r_3+r_1} \begin{vmatrix} a & b & c \\ a^2 & b^2 & c^2 \\ a+b+c & a+b+c & a+b+c \end{vmatrix} = (a+b+c)\begin{vmatrix} a & b & c \\ a^2 & b^2 & c^2 \\ 1 & 1 & 1 \end{vmatrix}$$

$$=(a+b+c)\begin{vmatrix} 1 & 1 & 1 \\ a & b & c \\ a^2 & b^2 & c^2 \end{vmatrix} = (a+b+c)(c-a)(c-b)(b-a).$$

又由 a,b,c 为互异的实数,故 $D=0$ 的充分必要条件是 $a+b+c=0$.

证 (5)$f(x)$是关于 x 的二次多项式,在$[0,1]$上连续,在$(0,1)$内可导,于是

$$f(0)=\begin{vmatrix} 1 & -1 & -1 \\ 1 & -2 & -2 \\ 1 & -3 & -3 \end{vmatrix}=0, f(1)=\begin{vmatrix} 1 & 0 & 1 \\ 1 & -1 & 1 \\ 1 & -2 & 1 \end{vmatrix}=0.$$

根据罗尔定理,存在 $\xi\in(0,1)$使 $f'(\xi)=0$.

解 (6)

$$D_4(x) \xlongequal[\text{加到第 1 列}]{\text{第 2、3、4 列}} \begin{vmatrix} \sum_{i=1}^{4} a_i + x & a_2 & a_3 & a_4 + x \\ \sum_{i=1}^{4} a_i + x & a_2 & a_3 + x & a_4 \\ \sum_{i=1}^{4} a_i + x & a_2 + x & a_3 & a_4 \\ \sum_{i=1}^{4} a_i + x & a_2 & a_3 & a_4 \end{vmatrix}$$

$$\xlongequal[\text{把第 1 列的}(-a_i)\text{倍加到第 } i \text{ 列}]{\text{提出第 1 列的公因式后,再}} \left(\sum_{i=1}^{4} a_i + x\right)\begin{vmatrix} 1 & 0 & 0 & x \\ 1 & 0 & x & 0 \\ 1 & x & 0 & 0 \\ 1 & 0 & 0 & 0 \end{vmatrix} = 0,$$

即$\left(\sum_{i=1}^{4} a_i + x\right)x^3 = 0$,其解为 $x_1 = x_2 = x_3 = 0, x_4 = -\sum_{i=1}^{4} a_i$.

考研题解析

(1)计算行列式 $D_4=\begin{vmatrix}1&1&1&0\\1&1&0&1\\1&0&1&1\\0&1&1&1\end{vmatrix}$.

解 D_4 的行和列和相等，将各列都加到第1列，得

$$D_4=3\begin{vmatrix}1&1&1&0\\1&1&0&1\\1&0&1&1\\1&1&1&1\end{vmatrix}=3\begin{vmatrix}1&0&0&-1\\1&0&-1&0\\1&-1&0&0\\1&0&0&0\end{vmatrix}=3(-1)^{4(4-1)/2}\cdot(-1)^3=-3.$$

(2)计算 $\Delta_4=\begin{vmatrix}1&-1&1&x-1\\1&-1&x+1&-1\\1&x-1&1&-1\\x+1&-1&1&-1\end{vmatrix}$.

解 Δ_4 仅各行的和相等，将各列都加到第1列，得

$$\Delta_4=x\begin{vmatrix}1&-1&1&x-1\\1&-1&x+1&-1\\1&x-1&1&-1\\1&-1&1&-1\end{vmatrix}=x\begin{vmatrix}1&0&0&x\\1&0&x&0\\1&x&0&0\\1&0&0&0\end{vmatrix}=x(-)^{4(4-1)/2}x^3=x^4.$$

注意 最后一个等式利用了结果：

$$\begin{vmatrix}a_{11}&\cdots&a_{1\cdot n-1}&a_{1n}\\a_{21}&\cdots&a_{2\cdot n-1}&0\\\vdots&&\vdots&\vdots\\a_{n1}&\cdots&0&0\end{vmatrix}=\begin{vmatrix}0&\cdots&0&a_{1n}\\0&\cdots&a_{2\cdot n-1}&a_{2n}\\\vdots&&\vdots&\vdots\\a_{n1}&\cdots&a_{n\cdot n-1}&a_{nn}\end{vmatrix}=(-1)^{n(n-1)/2}a_{1n}a_{2\cdot n-1}\cdots a_{n1}.$$

(3)4阶行列式 $\begin{vmatrix}a_1&0&0&b_1\\0&a_2&b_2&0\\0&b_3&a_3&0\\b_4&0&0&a_4\end{vmatrix}$ 的值等于________.

(A) $a_1a_2a_3a_4-b_1b_2b_3b_4$；　　(B) $a_1a_2a_3a_4+b_1b_2b_3b_4$；

(C) $(a_1a_2-b_1b_2)(a_3a_4-b_3b_4)$；　　(D) $(a_2a_3-b_2b_3)(a_1a_4-b_1b_4)$.

解法一 令所给四阶行列式为 Δ_4. 按第一行展开得

$$\Delta_4=a_1\begin{vmatrix}a_2&b_2&0\\b_3&a_3&0\\0&0&a_4\end{vmatrix}+(-1)^{1+4}b_1\begin{vmatrix}0&a_2&b_2\\0&b_3&a_3\\b_4&0&0\end{vmatrix}$$

$=a_1a_4(a_2a_3-b_2b_3)-b_1b_4(a_2a_3-b_2b_3)=(a_2a_3-b_2b_3)(a_1a_4-b_1b_4)$. 故(D)对.

解法二 为迅速准确找出选项,可令 a_1,b_1,b_4,a_4 中任一个等于零. 例如令 $b_1=0$,这时按第 1 行展开,有 $\Delta_4=a_1\begin{vmatrix}a_2&b_2&0\\b_3&a_3&0\\0&0&a_4\end{vmatrix}=a_1a_4(a_2a_3-b_2b_3)$. 在所给的四个选项中当 $b_1=0$ 时,只有(D)成立,故仅(D)入选.

(4)n 阶行列式 $\begin{vmatrix}a&b&0&\cdots&0&0\\0&a&b&\cdots&0&0\\0&0&a&\cdots&0&0\\\vdots&\vdots&\vdots&&\vdots&\vdots\\0&0&0&\cdots&a&b\\b&0&0&\cdots&0&a\end{vmatrix}=$________.

解 按第 1 列展开,有

$$D=a\begin{vmatrix}a&b&&&\\&a&\ddots&&\\&&\ddots&\ddots&\\&&&a&b\\&&&&a\end{vmatrix}+b(-1)^{n+1}\begin{vmatrix}b&&&&\\a&b&&&\\&\ddots&\ddots&&\\&&\ddots&b&\\&&&a&b\end{vmatrix}=a^n+(-1)^{n+1}b^n.$$

(5)五阶行列式

$$D=\begin{vmatrix}1-a&a&0&0&0\\-1&1-a&a&0&0\\0&-1&1-a&a&0\\0&0&-1&1-a&a\\0&0&0&-1&1-a\end{vmatrix}=\_\_\_\_\_\_\_\_.$$

解 对于三对角型 $\begin{vmatrix}a&b&&\\c&a&b&\\&c&a&b\\&&c&a\end{vmatrix}$ 行列式,主要用递推法,对于本题,注意到第 2 至 4 行的数为相反数,故可把第 2 至 5 列均加至第 1 列,得

$$D_5=\begin{vmatrix}1&a&0&0&0\\0&1-a&a&0&0\\0&-1&1-a&a&0\\0&0&-1&1-a&a\\-a&0&0&-1&1-a\end{vmatrix}$$

$$=\begin{vmatrix}1-a & a & 0 & 0\\ -1 & 1-a & a & 0\\ 0 & -1 & 1-a & a\\ 0 & 0 & -1 & 1-a\end{vmatrix}$$

$$+(-a)(-1)^{5+1}\begin{vmatrix}a & 0 & 0 & 0\\ 1-a & a & 0 & 0\\ -1 & 1-a & a & 0\\ 0 & -1 & 1-a & a\end{vmatrix}.$$

即 $D_5=D_4+(-a)(-1)^{5+1}a^4$. 类似地, $D_4=D_3+(-a)(-1)^{4+1}a^3$, $D_3=D_2+(-a)(-1)^{3+1}a^2$. 将这三个等式相加得 $D=D_5=D_2-a^3+a^4-a^5$, 而 $D_2=\begin{vmatrix}1-a & a\\ -1 & 1-a\end{vmatrix}=1-a+a^2$, 所以 $D=1-a+a^2-a^3+a^4-a^5$.

(6)设 n 阶矩阵

$$\boldsymbol{A}=\begin{bmatrix}0 & 1 & 1 & \cdots & 1 & 1\\ 1 & 0 & 1 & \cdots & 1 & 1\\ 1 & 1 & 0 & \cdots & 1 & 1\\ \vdots & \vdots & \vdots & & \vdots & \vdots\\ 1 & 1 & 1 & \cdots & 0 & 1\\ 1 & 1 & 1 & \cdots & 1 & 0\end{bmatrix},$$

则 $|\boldsymbol{A}|=$________.

解 把 2,3,…,n 各行均加至第 1 行,则第 1 行有公因数 $n-1$,提取公因数 $n-1$ 后,再把第 1 行的 -1 倍加至第 2,3,…,n 各行,可化为上三角行列式. 即

$$|\boldsymbol{A}|=(n-1)\begin{vmatrix}1 & 1 & 1 & \cdots & 1 & 1\\ 0 & -1 & 0 & \cdots & 0 & 0\\ 0 & 0 & -1 & \cdots & 0 & 0\\ \vdots & \vdots & \vdots & & \vdots & \vdots\\ 0 & 0 & 0 & \cdots & -1 & 0\\ 0 & 0 & 0 & \cdots & 0 & -1\end{vmatrix}=(-1)^{n-1}(n-1).$$

(7)记行列式 $\begin{vmatrix}x-2 & x-1 & x-2 & x-3\\ 2x-2 & 2x-1 & 2x-2 & 2x-3\\ 3x-3 & 3x-2 & 4x-5 & 3x-5\\ 4x & 4x-3 & 5x-7 & 4x-3\end{vmatrix}$ 为 $f(x)$,则方程 $f(x)=0$ 的根的个数为________.

(A)1; (B)2; (C)3; (D)4.

解 问方程 $f(x)=0$ 有几个根,也就是问 $f(x)$ 是 x 的几次多项式. 将第 1 列的 -1 倍依次加至其余各列,有

$$f(x)=\begin{vmatrix} x-2 & 1 & 0 & -1 \\ 2x-2 & 1 & 0 & -1 \\ 3x-3 & 1 & x-2 & -2 \\ 4x & -3 & x-7 & -3 \end{vmatrix} \xlongequal{c_4+c_2} \begin{vmatrix} x-2 & 1 & 0 & 0 \\ 2x-2 & 1 & 0 & 0 \\ 3x-3 & 1 & x-2 & -1 \\ 4x & -3 & x-7 & -6 \end{vmatrix}.$$

由拉普拉斯展开式知 $f(x)$是 2 次多项式，故应选(B).

注意 由于行列式中各项均含有 x，若直接展开是繁琐的，故一定要先恒等变形；也不要错误地认为 $f(x)$一定是 4 次多项式.

(8)设行列式 $D=\begin{vmatrix} 3 & 0 & 4 & 0 \\ 2 & 2 & 2 & 2 \\ 0 & -7 & 0 & 0 \\ 5 & 3 & -2 & 2 \end{vmatrix}$，则第 4 行各元素余子式之和的值为________.

解 按余子式定义，即求下列 4 个行列式值之和

$$\begin{vmatrix} 0 & 4 & 0 \\ 2 & 2 & 2 \\ -7 & 0 & 0 \end{vmatrix}+\begin{vmatrix} 3 & 4 & 0 \\ 2 & 2 & 2 \\ 0 & 0 & 0 \end{vmatrix}+\begin{vmatrix} 3 & 0 & 0 \\ 2 & 2 & 2 \\ 0 & -7 & 0 \end{vmatrix}+\begin{vmatrix} 3 & 0 & 4 \\ 2 & 2 & 2 \\ 0 & -7 & 0 \end{vmatrix}=-56+0+42-14=-28.$$

(9)计算 n 阶行列式

$$D_n=\begin{vmatrix} 0 & 1 & 1 & \cdots & 1 & 1 \\ 1 & 0 & 1 & \cdots & 1 & 1 \\ 1 & 1 & 0 & \cdots & 1 & 1 \\ \vdots & \vdots & \vdots & & & \vdots \\ 1 & 1 & 1 & \cdots & 1 & 0 \end{vmatrix}.$$

解法一 各列的和相等，将各行加到第 1 行，提取公因式去掉与第 1 行成比例的分行，得

$$D_n=(n-1)\begin{vmatrix} 1 & 1 & 1 & \cdots & 1 \\ 1 & 0 & 1 & \cdots & 1 \\ 1 & 1 & 0 & \cdots & 1 \\ \vdots & \vdots & \vdots & & \vdots \\ 1 & 1 & 1 & \cdots & 0 \end{vmatrix}=(n-1)\begin{vmatrix} 1 & 1 & 1 & \cdots & 1 \\ 0 & -1 & 0 & \cdots & 0 \\ 0 & 0 & -1 & \cdots & 0 \\ \vdots & \vdots & \vdots & & \vdots \\ 0 & 0 & 0 & \cdots & -1 \end{vmatrix}$$
$$=(-1)^{n-1}(n-1).$$

解法二 将各行加到第 n 行，提取公因式，去掉与第 n 行成比例的分行，也得同样结果.

解法三 因各行和也相等，将各列都加到第 1 列，也得到同样结果.

(10)设行列式 $D_n=\begin{vmatrix}2a & 1 & & & & \\ a^2 & 2a & 1 & & & \\ & a^2 & 2a & 1 & & \\ & & \ddots & \ddots & \ddots & \\ & & & a^2 & 2a & 1 \\ & & & & a^2 & 2a\end{vmatrix}$，证明 $D_n=(n+1)a^n$.

证 用归纳法. 当 $n=1$ 时 $D_1=2a$，命题正确；当 $n=2$ 时，$D_2=\begin{vmatrix}2a & 1 \\ a^2 & 2a\end{vmatrix}=3a^2$，命题正确. 设 $n<k$ 时 $D_n=(n+1)a^n$，命题正确. 当 $n=k$ 时，按第一列展开，则有

$$D_k=2a\begin{vmatrix}2a & 1 & & & & \\ a^2 & 2a & 1 & & & \\ & a^2 & 2a & 1 & & \\ & & \ddots & \ddots & \ddots & \\ & & & a^2 & 2a & 1 \\ & & & & a^2 & 2a\end{vmatrix}_{k-1}+a^2(-1)^{2+1}\begin{vmatrix}1 & 0 & & & & \\ a^2 & 2a & 1 & & & \\ & a^2 & 2a & 1 & & \\ & & \ddots & \ddots & \ddots & \\ & & & a^2 & 2a & 1 \\ & & & & a^2 & 2a\end{vmatrix}_{k-1}$$

$$=2aD_{k-1}-a^2D_{k-2}=2a(ka^{k-1})-a^2((k-1)a^{k-2})=(k+1)a^k.$$

所以 $D_n=(n+1)a^n$.

评注 本题关于三对角线行列式的计算通常用递推法(1996 年数 4 考题中出现过).

例如，本题按第 1 列展开，有

$$D_n=2aD_{n-1}-a^2D_{n-2},$$

得 $D_n-aD_{n-1}=aD_{n-1}-a^2D_{n-2}=a(D_{n-1}-aD_{n-2})$.

从而 $D_n-aD_{n-1}=a(D_{n-1}-aD_{n-2})=a^2(D_{n-2}-aD_{n-3})$

$=\cdots=a^{n-2}(D_2-aD_1)=a^n$.

那么 $D_n=aD_{n-1}+a^n=a(aD_{n-2}+a^{n-1})+a^n$

$=\cdots=a^{n-2}D_1+(n-1)a^n=(n+1)a^n$.

Chapter 2 第2章
矩　阵
Matrix

内容提要

一、矩阵的概念

$m\times n$ 个数 $a_{ij}=(i=1,2,\cdots,m;j=1,2,\cdots,n)$ 按照一定的次序排成的 m 行 n 列的矩形数表

$$\begin{bmatrix} a_{11} & a_{12} & \cdots & a_{1n} \\ a_{21} & a_{22} & \cdots & a_{2n} \\ \vdots & \vdots & & \vdots \\ a_{m1} & a_{m2} & \cdots & a_{mn} \end{bmatrix},$$

称为 m 行 n 列矩阵,简称 $m\times n$ 矩阵,记作 $A_{m\times n}$ 或 $(a_{ij})_{m\times n}$. 其中 a_{ij} 称为矩阵 $\boldsymbol{A}$ 的第 i 行第 j 列元素. 若 $m=n$,则称 $\boldsymbol{A}$ 是 n 阶方阵或 n 阶矩阵.

(1)**同型矩阵**　如果矩阵 $\boldsymbol{A}$ 与 $\boldsymbol{B}$ 的行数相等,列数也相等,则称 $\boldsymbol{A}$ 与 $\boldsymbol{B}$ 是同型矩阵.

(2)**零矩阵**　如果矩阵 $\boldsymbol{A}$ 中所有元素都是 0,则称其为零矩阵,记作 $\boldsymbol{O}$.

(3)**矩阵相等**　同型矩阵 $\boldsymbol{A}=\boldsymbol{B}\Leftrightarrow a_{ij}=b_{ij}(\forall i,j)$.

(4)**方阵的行列式**　对于 n 阶矩阵 $\boldsymbol{A}=(a_{ij})$,其元素可构造 n 阶行列式

$$\begin{vmatrix} a_{11} & a_{12} & \cdots & a_{1n} \\ a_{21} & a_{22} & \cdots & a_{2n} \\ \vdots & \vdots & & \vdots \\ a_{n1} & a_{n2} & \cdots & a_{nn} \end{vmatrix},$$

称为方阵 $\boldsymbol{A}$ 的行列式,记作 $|\boldsymbol{A}|$.

二、几类特殊方阵

(1)**对角矩阵**　设 $\boldsymbol{A}$ 是阶 n 矩阵,如 $a_{ij}\equiv 0(\forall i\neq j)$,则称其为对角矩阵,记为 $\boldsymbol{\Lambda}$.

(2)**单位矩阵** 主对角线上的元素全等于1的n阶对角矩阵,称为n阶单位矩阵,记为$\boldsymbol{E}$.

(3)**数量矩阵** 主对角线上的元素全为非零常数k的n阶对角矩阵称为数量矩阵,记为$k\boldsymbol{E}$.

(4)**对称矩阵** 设$\boldsymbol{A}$是n阶矩阵,如$\boldsymbol{A}^{\mathrm{T}}=\boldsymbol{A}$,即$a_{ij}=a_{ji}(\forall i,j)$,则称$\boldsymbol{A}$是对称矩阵.

(5)**反对称矩阵** 设$\boldsymbol{A}$是n阶矩阵,如$\boldsymbol{A}^{\mathrm{T}}=-\boldsymbol{A}$,即$a_{ij}=-a_{ji}$,则称$\boldsymbol{A}$是反对称矩阵($a_{ii}\equiv 0$).

(6)**逆矩阵** 设$\boldsymbol{A}$是n阶矩阵,如存在n阶矩阵$\boldsymbol{B}$,使$\boldsymbol{AB}=\boldsymbol{BA}=\boldsymbol{E}$,则称$\boldsymbol{A}$是可逆矩阵,$\boldsymbol{B}$是$\boldsymbol{A}$的逆矩阵,$\boldsymbol{A}$的逆矩阵唯一,记为$\boldsymbol{A}^{-1}$.

(7)**正交矩阵** 设$\boldsymbol{A}$是n阶矩阵,如$\boldsymbol{AA}^{\mathrm{T}}=\boldsymbol{A}^{\mathrm{T}}\boldsymbol{A}=\boldsymbol{E}$,则称$\boldsymbol{A}$是正交矩阵(注:$\boldsymbol{A}$是正交矩阵等阶于$\boldsymbol{A}^{-1}=\boldsymbol{A}^{\mathrm{T}}$).

(8)**伴随矩阵** 设$\boldsymbol{A}$是n阶矩阵,由行列式$|\boldsymbol{A}|$的代数余子式所构成的形如

$$\begin{bmatrix} A_{11} & A_{21} & \cdots & A_{n1} \\ A_{12} & A_{22} & \cdots & A_{n2} \\ \vdots & \vdots & & \vdots \\ A_{1n} & A_{2n} & \cdots & A_{nn} \end{bmatrix}$$

的矩阵,称为$\boldsymbol{A}$的伴随矩阵,记为$\boldsymbol{A}^*$.

三、矩阵的运算

1. 矩阵的线性运算 矩阵的加法和数乘称为矩阵的线性运算.

关于矩阵的运算,应注意以下问题:

(1)矩阵的乘法一般没有交换律,即$\boldsymbol{AB}\neq\boldsymbol{BA}$,因此对乘法要特别注意运算次序;

(2)关于数的代数恒等式或命题,矩阵不一定成立,例如,设$\boldsymbol{A},\boldsymbol{B},\boldsymbol{C}$均为$n$阶方阵,则$(\boldsymbol{A}+\boldsymbol{B})^2=\boldsymbol{A}^2+\boldsymbol{AB}+\boldsymbol{BA}+\boldsymbol{B}^2\neq\boldsymbol{A}^2+2\boldsymbol{AB}+\boldsymbol{B}^2$,$(\boldsymbol{AB})^2=(\boldsymbol{AB})(\boldsymbol{AB})\neq\boldsymbol{A}^2\boldsymbol{B}^2$,$(\boldsymbol{AB})^k\neq\boldsymbol{A}^k\boldsymbol{B}^k$($k$为自然数),$(\boldsymbol{A}+\boldsymbol{B})(\boldsymbol{A}-\boldsymbol{B})\neq\boldsymbol{A}^2-\boldsymbol{B}^2$,当且仅当$\boldsymbol{A}$与$\boldsymbol{B}$可交换,即$\boldsymbol{AB}=\boldsymbol{BA}$时,等号才成立;

(3)$\boldsymbol{AB}=\boldsymbol{O}\nRightarrow\boldsymbol{A}=\boldsymbol{O}$或$\boldsymbol{B}=\boldsymbol{O}$,当且仅当$\boldsymbol{B}$可逆或$\boldsymbol{A}$可逆时,命题才成立;

(4)$\boldsymbol{AB}=\boldsymbol{AC}\nRightarrow\boldsymbol{B}=\boldsymbol{C}$,当且仅当$\boldsymbol{A}$可逆时,命题才成立;

(5)$\boldsymbol{A}^2=\boldsymbol{A}\nRightarrow\boldsymbol{A}=\boldsymbol{E}$或$\boldsymbol{A}=\boldsymbol{O}$,当且仅当$\boldsymbol{A}$可逆时,有$\boldsymbol{A}=\boldsymbol{E}$;当且仅当$\boldsymbol{A}-\boldsymbol{E}$可逆,有$\boldsymbol{A}=\boldsymbol{O}$;

(6)注意数乘矩阵与数乘行列式的区别$|k\boldsymbol{A}|=k^n|\boldsymbol{A}|$;

(7)$\boldsymbol{A}^2=\boldsymbol{O}\nRightarrow\boldsymbol{A}=\boldsymbol{O}$,仅当$\boldsymbol{A}$为对称阵,即$\boldsymbol{A}^{\mathrm{T}}=\boldsymbol{A}$时,命题才成立.

2. 关于逆矩阵的运算

(1)$(\boldsymbol{A}^{-1})^{-1}=\boldsymbol{A}$; (2)$(k\boldsymbol{A})^{-1}=\dfrac{1}{k}\boldsymbol{A}^{-1}$($k$为非零常数);

(3)$(\boldsymbol{AB})^{-1}=\boldsymbol{B}^{-1}\boldsymbol{A}^{-1}$,推广:$(\boldsymbol{A}_1\boldsymbol{A}_2\cdots\boldsymbol{A}_s)^{-1}=\boldsymbol{A}_s^{-1}\boldsymbol{A}_{s-1}^{-1}\cdots\boldsymbol{A}_2^{-1}\boldsymbol{A}_1^{-1}$;

(4)$(\boldsymbol{A}^{-1})^{\mathrm{T}}=(\boldsymbol{A}^{\mathrm{T}})^{-1}$; (5)$|\boldsymbol{A}^{-1}|=|\boldsymbol{A}|^{-1}$.

3. 关于矩阵转置的运算

(1) $(\boldsymbol{A}^{\mathrm{T}})^{\mathrm{T}}=\boldsymbol{A}$；　(2) $(k\boldsymbol{A})^{\mathrm{T}}=k\boldsymbol{A}^{\mathrm{T}}$（$k$ 为任意实数）；

(3) $(\boldsymbol{AB})^{\mathrm{T}}=\boldsymbol{B}^{\mathrm{T}}\boldsymbol{A}^{\mathrm{T}}$；　(4) $(\boldsymbol{A}+\boldsymbol{B})^{\mathrm{T}}=\boldsymbol{A}^{\mathrm{T}}+\boldsymbol{B}^{\mathrm{T}}$.

4. 关于伴随矩阵的运算

(1) $\boldsymbol{A}^*\boldsymbol{A}=\boldsymbol{A}\boldsymbol{A}^*=|\boldsymbol{A}|\boldsymbol{E}$；　$(\boldsymbol{AB})^*=\boldsymbol{B}^*\boldsymbol{A}^*$；

(2) $(\boldsymbol{A}^*)^*=|\boldsymbol{A}|^{n-2}\boldsymbol{A}$；　$|\boldsymbol{A}^*|=|\boldsymbol{A}|^{n-1}\ (n\geqslant 2)$；

(3) $(k\boldsymbol{A})^*=k^{n-1}\boldsymbol{A}^*$；　$(\boldsymbol{A}^*)^{\mathrm{T}}=(\boldsymbol{A}^{\mathrm{T}})^*$；

(4) $r(\boldsymbol{A}^*)=\begin{cases} n, 若\ r(\boldsymbol{A})=n; \\ 1, 若\ r(\boldsymbol{A})=n-1; \\ 0, 若\ r(\boldsymbol{A})<n-1. \end{cases}$

(5) 若 $\boldsymbol{A}$ 可逆，则 $(\boldsymbol{A}^*)^{-1}=(\boldsymbol{A}^{-1})^*=\dfrac{1}{|\boldsymbol{A}|}\boldsymbol{A}$，$\boldsymbol{A}^*=|\boldsymbol{A}|\boldsymbol{A}^{-1}$.

5. 关于方阵行列式的运算

(1) $|\boldsymbol{A}^{\mathrm{T}}|=|\boldsymbol{A}|^{\mathrm{T}}=|\boldsymbol{A}|$；　(2) $|k\boldsymbol{A}|=k^n|\boldsymbol{A}|$；　(3) $|\boldsymbol{AB}|=|\boldsymbol{A}||\boldsymbol{B}|$.

一般地，若 $\boldsymbol{A}_1,\boldsymbol{A}_2,\cdots,\boldsymbol{A}_k$ 都是 n 阶方阵，则 $|\boldsymbol{A}_1\boldsymbol{A}_2\cdots\boldsymbol{A}_k|=|\boldsymbol{A}_1||\boldsymbol{A}_2|\cdots|\boldsymbol{A}_k|$.

四、矩阵可逆的充分必要条件

n 阶方阵 $\boldsymbol{A}$ 可逆 $\Leftrightarrow$ 存在 n 阶方阵 $\boldsymbol{B}$，有 $\boldsymbol{AB}=\boldsymbol{BA}=\boldsymbol{E}\Leftrightarrow|\boldsymbol{A}|\neq 0$

$\Leftrightarrow r(\boldsymbol{A})=n\Leftrightarrow\boldsymbol{A}$ 的列（行）向量组线性无关

$\Leftrightarrow$ 齐次方程组 $\boldsymbol{Ax}=\boldsymbol{O}$ 只有零解

$\Leftrightarrow\forall\boldsymbol{b}$，非齐次方程组 $\boldsymbol{Ax}=\boldsymbol{b}$ 总有唯一解

$\Leftrightarrow\boldsymbol{A}$ 的特征值全不为 0.

五、分块矩阵的主要结果

(1) 设 $\boldsymbol{A}=\begin{bmatrix}\boldsymbol{A}_1 & & & \\ & \boldsymbol{A}_2 & & \\ & & \ddots & \\ & & & \boldsymbol{A}_s\end{bmatrix}$，则 $|\boldsymbol{A}|=\begin{vmatrix}\boldsymbol{A}_1 & & & \\ & \boldsymbol{A}_2 & & \\ & & \ddots & \\ & & & \boldsymbol{A}_s\end{vmatrix}=|\boldsymbol{A}_1||\boldsymbol{A}_2|\cdots|\boldsymbol{A}_s|$；

特别地，若 $\boldsymbol{A}_1,\boldsymbol{A}_2$ 分别为 m 阶和 n 阶方阵，则

$$\begin{vmatrix}\boldsymbol{A}_1 & \\ & \boldsymbol{A}_2\end{vmatrix}=|\boldsymbol{A}_1||\boldsymbol{A}_2|,\quad\begin{vmatrix} & \boldsymbol{A}_1 \\ \boldsymbol{A}_2 & \end{vmatrix}=(-1)^{m\times n}|\boldsymbol{A}_1||\boldsymbol{A}_2|.$$

(2) 若 $|\boldsymbol{A}|\neq 0$，则 $\boldsymbol{A}^{-1}=\begin{bmatrix}\boldsymbol{A}_1^{-1} & & & \\ & \boldsymbol{A}_2^{-1} & & \\ & & \ddots & \\ & & & \boldsymbol{A}_s^{-1}\end{bmatrix}$.

特别地，$\begin{bmatrix}\boldsymbol{A}_1 & \\ & \boldsymbol{A}_2\end{bmatrix}^{-1}=\begin{bmatrix}\boldsymbol{A}_1^{-1} & \\ & \boldsymbol{A}_2^{-1}\end{bmatrix}$，$\begin{bmatrix} & \boldsymbol{A}_1 \\ \boldsymbol{A}_2 & \end{bmatrix}^{-1}=\begin{bmatrix} & \boldsymbol{A}_2^{-1} \\ \boldsymbol{A}_1^{-1} & \end{bmatrix}$.

(3)若 $\boldsymbol{A},\boldsymbol{B}$ 分别为 m 阶和 n 方阵，$*$ 表示非零矩阵，则

$$\begin{vmatrix}\boldsymbol{A} & \boldsymbol{O}\\ * & \boldsymbol{B}\end{vmatrix}=\begin{vmatrix}\boldsymbol{A} & *\\ \boldsymbol{O} & \boldsymbol{B}\end{vmatrix}=|\boldsymbol{A}|\cdot|\boldsymbol{B}|,\begin{vmatrix}\boldsymbol{O} & \boldsymbol{A}\\ \boldsymbol{B} & *\end{vmatrix}=\begin{vmatrix}* & \boldsymbol{A}\\ \boldsymbol{B} & \boldsymbol{O}\end{vmatrix}=(-1)^{m\times n}|\boldsymbol{A}|\cdot|\boldsymbol{B}|.$$

六、矩阵的初等变换和初等矩阵

1. 矩阵的初等变换

矩阵的行初等变换指的是下面三种变换：

(1)**换法变换**：交换矩阵的某两行；

(2)**倍法变换**：用不为零的数 k 乘矩阵某一行的所有元素；

(3)**消法变换**：将矩阵某一行元素的 k 倍加到另一行对应元素上去.

如果将上述定义中的“行”换成“列”，即对矩阵的列作上面三种变换，就称为矩阵的列初等变换. 矩阵的行初等变换和列初等变换，统称为矩阵的初等变换.

2. 初等矩阵　单位矩阵 $\boldsymbol{E}$ 经过一次初等变换得到的矩阵称为初等矩阵.

(1)**换法矩阵**：单位矩阵 $\boldsymbol{E}$ 的 i,j 两行(列)交换一次得到的矩阵称为换法矩阵，用 $\boldsymbol{P}_{ij}$ 表示.

(2)**倍法矩阵**：用非零常数 k 乘以单位矩阵 $\boldsymbol{E}$ 的第 i 行(列)得到的矩阵称为倍法矩阵，用 $\boldsymbol{M}_i(k)$ 表示.

(3)**消法矩阵**：常数 k 乘 $\boldsymbol{E}$ 的第 i 行(列)，再加到第 j 行(列)上去所得到的矩阵称为行(列)消法矩阵，分别用 $\boldsymbol{E}_{ij}(k)$，$\boldsymbol{E}_{ij}^{\mathrm{T}}(k)$ 表示.

初等矩阵具有如下性质：

(1)**初等矩阵是可逆矩阵**. 这是因为 $|\boldsymbol{P}_{ij}|=-1$，$|\boldsymbol{M}_i(k)|=k\neq 0$，$|\boldsymbol{E}_{ij}(k)|=1$.

(2)**初等矩阵的逆矩阵仍然是同类型的初等矩阵.**

$$\boldsymbol{P}_{ij}^{-1}=\boldsymbol{P}_{ij},\boldsymbol{M}_i^{-1}(k)=\boldsymbol{M}_i(k^{-1}),\boldsymbol{E}_{ij}^{-1}(k)=\boldsymbol{E}_{ij}(-k).$$

(3)**用初等矩阵 $\boldsymbol{P}$ 左(右)乘 $\boldsymbol{A}$，所得 $\boldsymbol{PA}(\boldsymbol{AP})$ 就相当于 $\boldsymbol{A}$ 作了一次与 $\boldsymbol{P}$ 同样的行(列)变换.**

定理　若 n 阶矩阵 $\boldsymbol{A}$ 可逆，则可以通过行初等变换将 $\boldsymbol{A}$ 化为单位矩阵 $\boldsymbol{E}$.

推论　方阵 $\boldsymbol{A}$ 可逆的充分必要条件是 $\boldsymbol{A}$ 可以表示为有限个初等矩阵的乘积.

七、矩阵的秩

1. 定义　若矩阵 $\boldsymbol{A}$ 有一个 r 阶子式不为零，而所有 $r+1$ 阶子式(如果存在的话)全等于零，则 r 称为矩阵 $\boldsymbol{A}$ 的秩，记作 $r(\boldsymbol{A})$ 或 r_A.

对 n 阶方阵 $\boldsymbol{A}$，若 $|\boldsymbol{A}|\neq 0$，则 $r(\boldsymbol{A})=n$；若 $|\boldsymbol{A}|=0$，则 $r(\boldsymbol{A})<n$，反之亦然.

2. 用初等变换求矩阵的秩

定理　初等变换不改变矩阵的秩.

定理　设 $\boldsymbol{P},\boldsymbol{Q}$ 分别为 m 阶和 n 阶可逆阵，则对于任一 $m\times n$ 矩阵 $\boldsymbol{A}$，都有 $r(\boldsymbol{PAQ})=r(\boldsymbol{A})$.

定理　任何一个秩为 r 的矩阵 $\boldsymbol{A}=(a_{ij})_{m\times n}$ 都可以通过行初等变换化为行阶梯形矩阵 $\boldsymbol{B}_r$，且 $\boldsymbol{B}_r$ 的非零行数为 r.

推论 若 $r(\boldsymbol{A})=r$，则必存在可逆矩阵 $\boldsymbol{P},\boldsymbol{Q}$，使得 $\boldsymbol{PAQ}=\begin{bmatrix}\boldsymbol{E}_r & \boldsymbol{O}\\ \boldsymbol{O} & \boldsymbol{O}\end{bmatrix}$.

定理 两矩阵乘积的秩不大于各因子矩阵的秩，即 $r(\boldsymbol{AB})\leqslant\min\{r(\boldsymbol{A}),r(\boldsymbol{B})\}$.

定理 设 $\boldsymbol{A},\boldsymbol{B}$ 均为 n 阶方阵，则 $r(\boldsymbol{AB})\geqslant r(\boldsymbol{A})+r(\boldsymbol{B})-n$.

推论 设 $\boldsymbol{A},\boldsymbol{B}$ 分别为 $m\times n$ 和 $n\times p$ 矩阵，$\boldsymbol{AB}=\boldsymbol{O}$，则 $r(\boldsymbol{A})+r(\boldsymbol{B})\leqslant n$.

定理 设 $\boldsymbol{A},\boldsymbol{B}$ 为 $m\times n$ 矩阵，则 $r(\boldsymbol{A}+\boldsymbol{B})\leqslant r(\boldsymbol{A})+r(\boldsymbol{B})$.

八、等价矩阵

定义 如果矩阵 $\boldsymbol{A}$ 经过初等变换化为矩阵 $\boldsymbol{B}$，则称 $\boldsymbol{A}$ 与 $\boldsymbol{B}$ 等价，记作 $\boldsymbol{A}\cong\boldsymbol{B}$.

矩阵的等价具有以下性质：

(1)**自反性**：$\boldsymbol{A}\cong\boldsymbol{A}$；

(2)**对称性**：若 $\boldsymbol{A}\cong\boldsymbol{B}$，则 $\boldsymbol{B}\cong\boldsymbol{A}$；

(3)**传递性**：若 $\boldsymbol{A}\cong\boldsymbol{B},\boldsymbol{B}\cong\boldsymbol{C}$，则 $\boldsymbol{A}\cong\boldsymbol{C}$.

定理 设 $\boldsymbol{A},\boldsymbol{B}$ 是同型矩阵，则 $\boldsymbol{A}\cong\boldsymbol{B}$ 的充分必要条件是 $r(\boldsymbol{A})=r(\boldsymbol{B})$.

推论 n 阶方阵 $\boldsymbol{A}$ 可逆的充分必要条件是 $\boldsymbol{A}\cong\boldsymbol{E}$.

定理 $m\times n$ 矩阵 $\boldsymbol{A},\boldsymbol{B}$ 等价的充分必要条件是，存在满秩矩阵 $\boldsymbol{P},\boldsymbol{Q}$，使得 $\boldsymbol{B}=\boldsymbol{PAQ}$.

范例解析

例 1 已知 $\boldsymbol{A}=\begin{bmatrix}\lambda & 1 & 0\\ 0 & \lambda & 1\\ 0 & 0 & \lambda\end{bmatrix}$，求 $\boldsymbol{A}^n$.

解 由于 $\boldsymbol{A}=\lambda\boldsymbol{E}+\boldsymbol{J}$，其中 $\boldsymbol{J}=\begin{bmatrix}0 & 1 & 0\\ 0 & 0 & 1\\ 0 & 0 & 0\end{bmatrix}$，而

$$\boldsymbol{J}^2=\begin{bmatrix}0 & 1 & 0\\ 0 & 0 & 1\\ 0 & 0 & 0\end{bmatrix}\begin{bmatrix}0 & 1 & 0\\ 0 & 0 & 1\\ 0 & 0 & 0\end{bmatrix}=\begin{bmatrix}0 & 0 & 1\\ 0 & 0 & 0\\ 0 & 0 & 0\end{bmatrix},\boldsymbol{J}^3=\boldsymbol{J}^2\boldsymbol{J}=\begin{bmatrix}0 & 0 & 1\\ 0 & 0 & 0\\ 0 & 0 & 0\end{bmatrix}\begin{bmatrix}0 & 1 & 0\\ 0 & 0 & 1\\ 0 & 0 & 0\end{bmatrix}=\begin{bmatrix}0 & 0 & 0\\ 0 & 0 & 0\\ 0 & 0 & 0\end{bmatrix},$$

进而知 $\boldsymbol{J}^4=\boldsymbol{J}^5=\cdots=\boldsymbol{O}$. 于是

$$\boldsymbol{A}^n=(\lambda\boldsymbol{E}+\boldsymbol{J})^n=\lambda^n\boldsymbol{E}+C_n^1\lambda^{n-1}+C_n^2\lambda^{n-2}\boldsymbol{J}^2=\begin{bmatrix}\lambda^n & C_n^1\lambda^{n-1} & C_n^2\lambda^{n-2}\\ & \lambda^n & C_n^1\lambda^{n-1}\\ & & \lambda^n\end{bmatrix}.$$

例 2 已知 $\boldsymbol{A}=\begin{bmatrix}3 & 1 & & & \\ & 3 & 1 & & \\ & & 3 & & \\ & & & 3 & -1\\ & & & -9 & 3\end{bmatrix}$，求 $\boldsymbol{A}^n$.

解 将 $\boldsymbol{A}$ 分块为 $\begin{bmatrix}\boldsymbol{B} & \boldsymbol{O}\\ \boldsymbol{O} & \boldsymbol{C}\end{bmatrix}$，则 $\boldsymbol{A}^n=\begin{bmatrix}\boldsymbol{B}^n & \boldsymbol{O}\\ \boldsymbol{O} & \boldsymbol{C}^n\end{bmatrix}$. 又 $\boldsymbol{B}=\begin{bmatrix}3 & 1 & \\ & 3 & 1\\ & & 3\end{bmatrix}$，$\boldsymbol{C}=\begin{bmatrix}3 & -1\\ -9 & 3\end{bmatrix}$，

由 $\boldsymbol{B}=3\boldsymbol{E}+\boldsymbol{J}$，又 $\boldsymbol{J}^3=\boldsymbol{J}^4=\cdots=\boldsymbol{O}$（参看例 1），于是

$$\boldsymbol{B}^n=(3\boldsymbol{E}+\boldsymbol{J})^n=3^n\boldsymbol{E}+\mathrm{C}_n^1 3^{n-1}\boldsymbol{J}+\mathrm{C}_n^2 3^{n-2}\boldsymbol{J}^2.$$

而 $\boldsymbol{C}=\begin{bmatrix}1\\ -3\end{bmatrix}(3-1)$，$\boldsymbol{C}^2=6\boldsymbol{C}$，$\cdots$，$\boldsymbol{C}^n=6^{n-1}\boldsymbol{C}$，所以

$$\boldsymbol{A}^n=\begin{bmatrix}3^n & \mathrm{C}_n^1\cdot 3^{n-1} & \mathrm{C}_n^2\cdot 3^{n-2} & & \\ & 3^n & \mathrm{C}_n^1\cdot 3^{n-1} & & \\ & & 3^n & & \\ & & & 3\cdot 6^{n-1} & -6^{n-1}\\ & & & -9\cdot 6^{n-1} & 3\cdot 6^{n-1}\end{bmatrix}.$$

例 3 已知 $\boldsymbol{AP}=\boldsymbol{PB}$，其中 $\boldsymbol{B}=\begin{bmatrix}1 & 0 & 0\\ 0 & 0 & 0\\ 0 & 0 & -1\end{bmatrix}$，$\boldsymbol{P}=\begin{bmatrix}1 & 0 & 0\\ 2 & -1 & 0\\ 2 & 1 & 1\end{bmatrix}$，求 $\boldsymbol{A}$ 及 $\boldsymbol{A}^5$.

解 因为 $\boldsymbol{P}$ 可逆，且 $\boldsymbol{P}^{-1}=\begin{bmatrix}1 & 0 & 0\\ 2 & -1 & 0\\ -4 & 1 & 1\end{bmatrix}$，所以

$$\boldsymbol{A}=\boldsymbol{PBP}^{-1}=\begin{bmatrix}1 & 0 & 0\\ 2 & -1 & 0\\ 2 & 1 & 1\end{bmatrix}\begin{bmatrix}1 & 0 & 0\\ 0 & 0 & 0\\ 0 & 0 & -1\end{bmatrix}\begin{bmatrix}1 & 0 & 0\\ 2 & -1 & 0\\ -4 & 1 & 1\end{bmatrix}=\begin{bmatrix}1 & 0 & 0\\ 2 & 0 & 0\\ 6 & -1 & -1\end{bmatrix}.$$

由于 $\boldsymbol{A}^2=\boldsymbol{PBP}^{-1}\boldsymbol{PBP}^{-1}=\boldsymbol{PB}^2\boldsymbol{P}^{-1}$，所以 $\boldsymbol{A}^5=\boldsymbol{PB}^5\boldsymbol{P}^{-1}=\boldsymbol{PBP}^{-1}=\boldsymbol{A}$.

例 4 设 $\boldsymbol{A}=\begin{bmatrix}(n-1)/n & -1/n & \cdots & -1/n\\ -1/n & (n-1)/n & \cdots & -1/n\\ \vdots & \vdots & & \vdots\\ -1/n & -1/n & \cdots & -1/n\end{bmatrix}_{n\times n}$，求 $\boldsymbol{A}^m$.

解 因为 $\boldsymbol{A}=\boldsymbol{E}-\dfrac{1}{n}\boldsymbol{B}$，其中 $\boldsymbol{B}=\begin{bmatrix}1 & 1 & \cdots & 1\\ 1 & 1 & \cdots & 1\\ \vdots & \vdots & & \vdots\\ 1 & 1 & \cdots & 1\end{bmatrix}$，易直接算出 $\boldsymbol{B}^2=n\boldsymbol{B}$.

故 $\boldsymbol{A}^2=\left(\boldsymbol{E}-\dfrac{1}{n}\boldsymbol{B}\right)^2=\boldsymbol{E}^2-\dfrac{2}{n}\boldsymbol{EB}+\dfrac{1}{n^2}\cdot\boldsymbol{B}^2=\boldsymbol{E}-\dfrac{2}{n}\boldsymbol{B}+\dfrac{1}{n}\boldsymbol{B}=\boldsymbol{E}-\dfrac{1}{n}\boldsymbol{B}=\boldsymbol{A}$. 于是

$$\boldsymbol{A}^3=\boldsymbol{A}^2\cdot\boldsymbol{A}=\boldsymbol{A}\cdot\boldsymbol{A}=\boldsymbol{A}^2=\boldsymbol{A},\ \boldsymbol{A}^m=\boldsymbol{A}^2\cdot\boldsymbol{A}\cdots\boldsymbol{A}=\boldsymbol{A}.$$

此例说明，存在 $\boldsymbol{A}\neq\boldsymbol{E}$，使得 $\boldsymbol{A}^m=\boldsymbol{A}$. 如果 $\boldsymbol{A}^2=\boldsymbol{A}$，称 $\boldsymbol{A}$ 为幂等方阵.

例 5 已知四阶矩阵 $\boldsymbol{A}=\begin{bmatrix}1&1&1&1\\2&2&2&2\\3&3&3&3\\4&4&4&4\end{bmatrix}$，求 $\boldsymbol{A}^{100}$.

解 由于 $r(\boldsymbol{A})=1$，故 $\boldsymbol{A}$ 可写成两个矩阵的乘积，

$$\boldsymbol{A}=\begin{bmatrix}1&1&1&1\\2&2&2&2\\3&3&3&3\\4&4&4&4\end{bmatrix}=\begin{bmatrix}1\\2\\3\\4\end{bmatrix}[1,1,1,1],$$

故 $\boldsymbol{A}^{100}=\begin{bmatrix}1\\2\\3\\4\end{bmatrix}[1,1,1,1]\begin{bmatrix}1\\2\\3\\4\end{bmatrix}[1,1,1,1]\cdots\begin{bmatrix}1\\2\\3\\4\end{bmatrix}[1,1,1,1]$. 由于 $[1,1,1,1]\begin{bmatrix}1\\2\\3\\4\end{bmatrix}=10$，即

$$\boldsymbol{A}^{100}=10^{99}\boldsymbol{A}=10^{99}\begin{bmatrix}1&1&1&1\\2&2&2&2\\3&3&3&3\\4&4&4&4\end{bmatrix}.$$

例 6 设矩阵 $\boldsymbol{A}=\begin{bmatrix}1&2&1\\3&4&2\\1&2&2\end{bmatrix}$，已知矩阵 $\boldsymbol{B}$ 与 $\boldsymbol{A}$ 满足关系式 $\boldsymbol{AB}=\boldsymbol{A}+\boldsymbol{B}$，试求 $\boldsymbol{B}$.

解 $|\boldsymbol{A}|=-2\neq0$，可知 $\boldsymbol{A}^{-1}$ 存在. 由 $\boldsymbol{AB}=\boldsymbol{A}+\boldsymbol{B}$，得 $\boldsymbol{B}=(\boldsymbol{E}-\boldsymbol{A}^{-1})^{-1}$. 又

$$\boldsymbol{A}^{-1}=\begin{bmatrix}-2&1&0\\2&-\frac{1}{2}&-\frac{1}{2}\\-1&0&1\end{bmatrix},\boldsymbol{E}-\boldsymbol{A}^{-1}=\begin{bmatrix}3&-1&0\\-2&\frac{3}{2}&\frac{1}{2}\\1&0&0\end{bmatrix},$$

故得 $\boldsymbol{B}=\begin{bmatrix}3&-1&0\\-2&\frac{3}{2}&\frac{1}{2}\\1&0&0\end{bmatrix}^{-1}=\begin{bmatrix}0&0&1\\-1&0&3\\3&2&-5\end{bmatrix}$.

例 7 设 $\boldsymbol{A}$ 是 n 阶反对称矩阵，若 $\boldsymbol{A}$ 可逆，则 n 必是偶数.

证 因为是反对称矩阵，$\boldsymbol{A}^{\mathrm{T}}=-\boldsymbol{A}$，$|\boldsymbol{A}|=|\boldsymbol{A}^{\mathrm{T}}|=|-\boldsymbol{A}|=(-1)^n|\boldsymbol{A}|$. 如果 n 是奇数，必有 $|\boldsymbol{A}|=-|\boldsymbol{A}|$，即 $|\boldsymbol{A}|=0$，与 $\boldsymbol{A}$ 可逆矛盾，所以 n 必为偶数.

例 8 设 $\boldsymbol{A}^2=\boldsymbol{A}$，$\boldsymbol{A}\neq\boldsymbol{E}$，证明 $|\boldsymbol{A}|=0$.

证 若 $|\boldsymbol{A}|\neq0$，则 $\boldsymbol{A}$ 可逆，$\Rightarrow\boldsymbol{A}=\boldsymbol{A}^{-1}\boldsymbol{A}^2=\boldsymbol{A}^{-1}\boldsymbol{A}=\boldsymbol{E}$. 此与条件 $\boldsymbol{A}\neq\boldsymbol{E}$ 矛盾，故 $|\boldsymbol{A}|=0$.

错证一 由行列式乘法，得 $|\boldsymbol{A}|^2=|\boldsymbol{A}|$，即 $|\boldsymbol{A}|(|\boldsymbol{A}|-1)=0$，因 $\boldsymbol{A}\neq\boldsymbol{E}$，故 $|\boldsymbol{A}|\neq1$，从而 $|\boldsymbol{A}|=0$.

错证二 由 $\boldsymbol{A}(\boldsymbol{A}-\boldsymbol{E})=\boldsymbol{O}$，得 $|\boldsymbol{A}|\cdot|\boldsymbol{A}-\boldsymbol{E}|=\boldsymbol{O}$，因 $\boldsymbol{A}-\boldsymbol{E}\neq\boldsymbol{O}$，故 $|\boldsymbol{A}-\boldsymbol{E}|\neq0$，从而

$|A|=0$.

错证三 由 $A(A-E)=O$,因为 $A-E\neq O$,故 $A=O$,从而 $|A|=0$.

注意 前两种错误证明,主要是没弄清 $A\neq B$ 时,$|A|$ 与 $|B|$ 究竟有何联系?第三种错误在于把矩阵运算与数字运算相混淆,当 $AB=O$ 时,得不到 $A=O$ 或 $B=O$ 的结论.

例 9 已知 A 是 $2n+1$ 阶正交矩阵,即 $AA^T=A^TA=E$,证明 $|E-A^2|=0$.

证 由行列式乘法公式,得 $|A|^2=|A|\cdot|A^T|=|AA^T|=|E|=1$.

(1)若 $|A|=1$,则 $|E-A|=|AA^T-A|=|A(A^T-E^T)|=|A|\cdot|A-E|=|-(E-A)|$

$$=(-1)^{2n+1}|E-A|=-|E-A|,\text{从而}|E-A|=0.$$

(2)若 $|A|=-1$,则由 $|E+A|=|AA^T+A|=|A(A^T+E^T)|=|A|\cdot|A+E|=-|E+A|$ 得 $|E+A|=0$. 又因 $|E-A^2|=|(E-A)(E+A)|=|E-A|\cdot|E-A|$,所以不论 $|A|$ 等于 $+1$ 或 -1,总有 $|E-A^2|=0$.

例 10 设 n 阶矩阵 A 的行列式 $|A|=a\neq 0$,而 A^* 为 A 的伴随矩阵,求(1) $|A^*|$;(2)$(kA)^*$.

解 (1)因 $A^*=|A|A^{-1}=aA^{-1}$,两端取行式得 $|A^*|=|aA^{-1}|=a^n|A^{-1}|=a^n|A|^{-1}=a^{n-1}$.

(2)由 $A^*=\begin{bmatrix}A_{11} & A_{21} & \cdots & A_{n1}\\ A_{12} & A_{22} & \cdots & A_{n2}\\ \vdots & \vdots & & \vdots\\ A_{1n} & A_{2n} & \cdots & A_{nn}\end{bmatrix}$

知,A_{ij} 是 A 的 $n-1$ 阶子式,因而 $(kA)^*$ 的每个元素都是矩阵 kA 的 $n-1$ 阶子式,故每个元素都可提取 $(n-1)$ 个公因式 k,也就是说 kA 中的元素 ka_{ij} 的代数余子式为 $k^{n-1}A_{ij}$,即

$$(kA)^*=\begin{bmatrix}k^{n-1}A_{11} & k^{n-1}A_{21} & \cdots & k^{n-1}A_{n1}\\ k^{n-1}A_{12} & k^{n-1}A_{22} & \cdots & k^{n-1}A_{n2}\\ \vdots & \vdots & & \vdots\\ k^{n-1}A_{1n} & k^{n-1}A_{2n} & \cdots & k^{n-1}A_{nn}\end{bmatrix}=k^{n-1}A^*.$$

注意 要熟记此结论,该结论在考研中经常出现.

例 11 对任意 n 阶方阵 A、B,若 $AB=A+B$,求证:$AB=BA$.

证 由于 $(A-E)(B-E)=AB-A-B+E=E$,故 $(A-E)^{-1}=B-E$,

从而 $(B-E)(A-E)=E$,即 $BA-B-A+E=E$,$BA=A+B$,从而有 $AB=BA$.

例 12 设 A、B 为 n 阶正交矩阵,且 $|A|+|B|=0$,求 $|A+B|$.

解 由 A、B 为正交矩阵,则有 $AA^T=A^TA=E$,$BB^T=B^TB=E$,故

$$A+B=AB^TB+AA^TB=A(B^T+A^T)B=A(B+A)^TB.$$

两边取行列式有 $|A+B|=|A|\,|(B+A)^T|\,|B|=|A|\,|A+B|\,|B|$,即 $|A+B|(1-|A|\,|B|)=0$.

由 $AA^T=E$,$|A|+|B|=0$,得 $|A|^2=1$,$|B|=-|A|$,则 $|A|\,|B|=-1$,即

$$|A+B|(1-|A|\,|B|)=2|A+B|=0,$$

故 $|A+B|=0$.

例 13 设矩阵 $A=\begin{bmatrix}1 & 3\\-2 & 1\end{bmatrix}$，$B=\begin{bmatrix}1 & -2 & 3\\4 & 2 & 1\end{bmatrix}$，矩阵 X 满足 $A^*X=B$，试求矩阵 X.

解 $|A|=7\neq 0$，则由 $A^*X=B$，$\Rightarrow AA^*X=AB$，$\Rightarrow |A|X=AB$. 而

$$AB=\begin{bmatrix}1 & 3\\-2 & 1\end{bmatrix}\begin{bmatrix}1 & -2 & 3\\4 & 2 & 1\end{bmatrix}=\begin{bmatrix}13 & 4 & 6\\2 & 6 & -5\end{bmatrix},$$

故 $X=\frac{1}{|A|}AB=\frac{1}{7}\begin{bmatrix}13 & 4 & 6\\2 & 6 & -5\end{bmatrix}=\begin{bmatrix}\frac{13}{7} & \frac{4}{7} & \frac{6}{7}\\ \frac{2}{7} & \frac{6}{7} & -\frac{5}{7}\end{bmatrix}$.

例 14 设矩阵 A 的伴随矩阵 $A^*=\begin{bmatrix}1 & 0 & 0\\1 & 2 & 4\\0 & 0 & 2\end{bmatrix}$，若 $|A|>0$，$AB+(A^{-1})^*B(A^*)^*=E$，求矩阵 B.

解 由 $AA^*=|A|E$，$|A|>0$，故 $|A^*|=|A|^{n-1}$，$(A^*)^*=|A|^{n-2}A$，$(A^{-1})^*=(A^*)^{-1}$.

由已知得 $|A^*|=4$，故由 $|A^*|=|A|^{3-1}=|A|^2$，且 $|A|>0$，得 $|A|=2$，$AB+(A^{-1})^*B(A^*)^*=E$ 可化为 $AB+(A^*)^{-1}B\times 2A=E$，左乘 A^*，得 $2B+2BA=A^*$. 于是有 $2B(E+A)=A^*$，由于 A^* 可逆，故 B 与 $E+A$ 均可逆，从而 $B=\frac{1}{2}A^*(A+E)^{-1}$.

由 $A=\left[\frac{A^*}{|A|}\right]^{-1}=2(A^*)^{-1}=\begin{bmatrix}2 & 0 & 0\\-1 & 1 & -2\\0 & 0 & 1\end{bmatrix}$，得 $(A+E)^{-1}=\frac{1}{6}\begin{bmatrix}2 & 0 & 0\\1 & 3 & 3\\0 & 0 & 3\end{bmatrix}$，故

$$B=\frac{1}{6}\begin{bmatrix}1 & 0 & 0\\2 & 3 & 9\\0 & 0 & 3\end{bmatrix}.$$

例 15 设 A 为 n 阶矩阵，A^* 为 A 的伴随矩阵，证明 A 满秩的充要条件是 A^* 为满秩矩阵.

证 必要性，即证 A^* 为满秩矩阵. 事实上，由 $AA^*=|A|E$，得 $|A||A^*|=|A|^n$，由题设 A 为满秩矩阵，故 $|A|\neq 0$. 显然有 $|A^*|\neq 0$，故 A^* 为满秩矩阵.

充分性，即若 A^* 满秩，则 A 也满秩. 用反证法证之. 若 A 为降秩，可分两种情况讨论：

(1) A 为降秩且 $A=O$，这时有 $A^*=O$，与 A^* 满秩矛盾；

(2) A 为降秩且 $A\neq O$，由 $|A|=0$，得 $AA^*=|A|E=O$. 又因 A^* 为满秩矩阵，故 $(A^*)^{-1}$ 存在，于是有 $AA^*(A^*)^{-1}=O\cdot(A^*)^{-1}=O$，即 $A=O$，这与 $A\neq O$ 矛盾.

由(1)，(2)知 A 不可能为降秩，因而只能为满秩矩阵.

例 16 设 $A=\begin{bmatrix}1 & 1 & 1 & 1\\1 & 1 & -1 & -1\\1 & -1 & 1 & -1\\1 & -1 & -1 & 1\end{bmatrix}$，(1)求 A^2；(2)证明 A 可逆，且求 A^{-1}；(3)求 $(A^*)^{-1}$.

解 (1)直接计算,得 $A^2=4E$;(2)由 $A(A/4)=E$,故 A 可逆,且 $A^{-1}=A/4$;

(3)$A^*=|A|A^{-1}$,故 $(A^*)^{-1}=(|A|A^{-1})^{-1}=A/|A|$,算得 $|A|=-16$,故 $(A^*)^{-1}=-A/16$.

例 17 若方阵 A 不是单位矩阵,且 $A^2=A$,则 A 为不可逆矩阵.

证 用反证法.若 A 可逆,则有 $A^{-1}A=E$.由已知 $A^2=A$ 得 $A^{-1}A^2=E$,即 $A=E$.此与 A 不是单位矩阵矛盾,故 A 不可逆.

例 18 设方阵 A 满足 $A^3-A^2+2A-E=O$,证明 A 及 $E-A$ 均可逆,并求 A^{n-1} 和 $(E-A)^{-1}$.

证 由 $A^3-A^2+2A-E=O$ 得 $A(A^2-A+2E)=E$,$\Rightarrow |A|\,|A^2-A+2E|=1\neq 0$.故 A 为可逆矩阵,且 $A^{-1}=(A^2-A+2E)$.再由 $A^3-A^2+2A-E=O$ 得 $(E-A)(A^2+2E)=E$,故 $E-A$ 也可逆,且 $(E-A)^{-1}=A^2+2E$.

例 19 设矩阵 $A=\begin{bmatrix}4&2&3\\1&1&0\\-1&2&3\end{bmatrix}$,且 $AB=A+2B$,求矩阵 B.

解 因为 $AB=A+2B$,所以 $AB-2B=A$,即 $(A-2E)B=A$.又因为 $|A-2E|\neq 0$,所以 $B=(A-2E)^{-1}A$,即

$$B=\begin{bmatrix}2&2&3\\1&-1&0\\-1&2&1\end{bmatrix}^{-1}\begin{bmatrix}4&2&3\\1&1&0\\-1&2&3\end{bmatrix}=\begin{bmatrix}1&-4&-3\\1&-5&-3\\-1&6&4\end{bmatrix}\begin{bmatrix}4&2&3\\1&1&0\\-1&2&3\end{bmatrix}=\begin{bmatrix}3&-8&-6\\2&-9&-6\\-2&12&9\end{bmatrix}.$$

例 20 已知 $A=\begin{bmatrix}1&0&0\\0&0&1\\0&1&0\end{bmatrix}$,$B=\begin{bmatrix}1&1&1\\0&1&1\\0&0&1\end{bmatrix}$,求 $(AB)^{-1}$.

解 $(AB)^{-1}=B^{-1}A^{-1}=\begin{bmatrix}1&-1&0\\0&1&-1\\0&0&1\end{bmatrix}\begin{bmatrix}1&0&0\\0&0&1\\0&1&0\end{bmatrix}=\begin{bmatrix}1&0&-1\\0&-1&1\\0&1&0\end{bmatrix}$.

例 21 已知 $A^6=E$,试求 A^{11},其中 $A=\begin{bmatrix}\frac{1}{2}&-\frac{\sqrt{3}}{2}\\\frac{\sqrt{3}}{2}&\frac{1}{2}\end{bmatrix}$.

解 对矩阵等式恒等变形得 $A^6=E\cdot A^6=A^6\cdot A^6=A\cdot A^{11}=E$.故 $A^{11}=A^{-1}$,而 A 又为正交矩阵,$A^{-1}=A^{\mathrm{T}}$,从而 $A^{11}=A^{-1}=\begin{bmatrix}\frac{1}{2}&\frac{\sqrt{3}}{2}\\-\frac{\sqrt{3}}{2}&\frac{1}{2}\end{bmatrix}$.

例 22 已知 A_1,A_4 分别为 m,n 阶可逆矩阵,证明 $M_1=\begin{bmatrix}A_1&O\\A_3&A_4\end{bmatrix}$可逆,并求 M_1^{-1}.

证 因为 M_1 为分块下三角阵,其逆矩阵如存在,则仍为分块下三角阵,且其主对角线上的分块矩阵为 M_1 主对角线上相应分块矩阵的逆矩阵,故可设

$$\begin{bmatrix} A_1 & O \\ A_3 & A_4 \end{bmatrix}\begin{bmatrix} A_1^{-1} & O \\ X_3 & A_4^{-1} \end{bmatrix}=\begin{bmatrix} E_m & O \\ O & E_n \end{bmatrix}.$$

将等式左端乘开，比较对应元素得 $A_3A_1^{-1}+A_4X_3=O$，即 $X_3=-A_4^{-1}A_3A_1^{-1}$，故

$$M_1^{-1}=\begin{bmatrix} A_1^{-1} & O \\ -A_4^{-1}A_3A_1^{-1} & A_4^{-1} \end{bmatrix}. \tag{$*$}$$

注意 (1)($*$)式可作为公式记忆.利用它可简便地求出该类分块矩阵的逆矩阵.

(2)可逆分块子块位于对角线上的另一情况是，若

$$M_2=\begin{bmatrix} A_1 & A_2 \\ A_3 & O \end{bmatrix}(A_2,A_3\text{ 可逆})\text{，则 } M_2^{-1}=\begin{bmatrix} O & A_3^{-1} \\ A_2^{-1} & -A_2^{-1}A_1A_3^{-1} \end{bmatrix}.$$

例 23 求矩阵 $M_1=\begin{bmatrix} 1 & 1 & 0 & 0 \\ 1 & 2 & 0 & 0 \\ 3 & 7 & 2 & 3 \\ 2 & 5 & 1 & 2 \end{bmatrix}$ 的逆矩阵.

解 设 $A_1=\begin{bmatrix} 1 & 1 \\ 1 & 2 \end{bmatrix}$，$A_2=O$，$A_3=\begin{bmatrix} 3 & 7 \\ 2 & 5 \end{bmatrix}$，$A_4=\begin{bmatrix} 2 & 3 \\ 1 & 2 \end{bmatrix}$，则 A_1，A_4 可逆，且

$$A_1^{-1}=\begin{bmatrix} 2 & -1 \\ -1 & 1 \end{bmatrix},A_4^{-1}=\begin{bmatrix} 2 & -3 \\ -1 & 2 \end{bmatrix}.$$

故 $M_1^{-1}=\begin{bmatrix} A_1^{-1} & O \\ -A_4^{-1}A_3A_1^{-1} & A_4^{-1} \end{bmatrix}=\begin{bmatrix} 2 & -1 & 0 & 0 \\ -1 & 1 & 0 & 0 \\ -1 & 1 & 2 & -3 \\ 1 & -2 & -1 & 2 \end{bmatrix}$.

例 24 讨论 λ 取值的范围，确定下列矩阵的秩

$$A=\begin{bmatrix} 1 & \lambda & -1 & 2 \\ 2 & -1 & \lambda & 5 \\ 1 & 10 & -6 & 1 \end{bmatrix}.$$

解 $A\xrightarrow[r_2+(-2)r_1]{r_3+(-1)r_1}\begin{bmatrix} 1 & \lambda & -1 & 2 \\ 0 & -1-2\lambda & \lambda+2 & 1 \\ 0 & 10-\lambda & -5 & -1 \end{bmatrix}\xrightarrow{C_4\leftrightarrow C_2}\begin{bmatrix} 1 & 2 & -1 & \lambda \\ 0 & 1 & \lambda+2 & -1-2\lambda \\ 0 & -1 & -5 & 10-\lambda \end{bmatrix}$

$\xrightarrow{r_3+r_2}\begin{bmatrix} 1 & 2 & -1 & \lambda \\ 0 & 1 & \lambda+2 & -1-2\lambda \\ 0 & 0 & \lambda-3 & 9-3\lambda \end{bmatrix}$，故当 $\lambda\neq3$ 时，秩$(A)=3$；$\lambda=3$ 时，秩$(A)=2$.

例 25 确定 x 与 y 的值，使下列矩阵 A 的秩为 2.

$$A=\begin{bmatrix} 1 & 1 & 1 & 1 & 1 \\ 3 & 2 & 1 & -3 & x \\ 0 & 1 & 2 & 6 & 3 \\ 5 & 4 & 3 & -1 & y \end{bmatrix}.$$

解 显然 $\boldsymbol{A}$ 中有 2 阶子式不等于零，故秩$(\boldsymbol{A})\geqslant 2$，为使秩$(\boldsymbol{A})=2$，必须使 $\boldsymbol{A}$ 的任何一个三阶子式均为零，特别应使下列含 x 与 y 的三阶行列式

$$\begin{vmatrix}1 & 1 & 1\\1 & -3 & x\\2 & 6 & 3\end{vmatrix}=-4x,\quad\begin{vmatrix}1 & 1 & 1\\2 & 6 & 3\\3 & -1 & y\end{vmatrix}=4y-8$$

为零. 由此解出 $x=0,y=2$.

例 26 求下列矩阵的秩

$$\boldsymbol{A}=\begin{bmatrix}1 & 1 & 1 & 1 & 1\\a_1 & a_2 & a_3 & a_4 & a_5\\a_1^2 & a_2^2 & a_3^2 & a_4^2 & a_5^2\\a_1^3 & a_2^3 & a_3^3 & a_4^3 & a_5^3\\(a_1+1)^3 & (a_2+1)^3 & (a_3+1)^3 & (a_4+1)^3 & (a_5+1)^3\end{bmatrix}$$

其中 $i\neq j$ 时，$a_i\neq a_j(i,j=1,2,3,4,5)$.

解 矩阵 $\boldsymbol{A}$ 是一个 5 阶方阵，因其第 5 行是第 1,2,3,4 行的线性组合，故$|\boldsymbol{A}|=0$，即 5 阶子式等于零. 再看 $\boldsymbol{A}$ 中是否有 4 阶子式不为零. 因为 $i\neq j$ 时，$a=\dfrac{1}{2},b=-\dfrac{\sqrt{3}}{2},c=\dfrac{\sqrt{3}}{2}$故 4 阶范德蒙行列式

$$\boldsymbol{D}_4=\begin{vmatrix}1 & 1 & 1 & 1\\a_1 & a_2 & a_3 & a_4\\a_1^2 & a_2^2 & a_3^2 & a_4^2\\a_1^3 & a_2^3 & a_3^3 & a_4^3\end{vmatrix}\neq 0,$$

因而 $\boldsymbol{A}$ 中不等于零的子式的最高阶数为 4，故秩$(\boldsymbol{A})=4$.

例 27 求矩阵 $\boldsymbol{A}=\begin{bmatrix}2 & -4 & 3 & -3 & 5\\1 & -2 & 1 & 5 & 3\\1 & -2 & 4 & -34 & 0\end{bmatrix}$的秩.

解 $\boldsymbol{A}\xrightarrow{r_1\leftrightarrow r_3}\begin{bmatrix}1 & -2 & 4 & -34 & 0\\1 & -2 & 1 & 5 & 3\\2 & -4 & 3 & -3 & 5\end{bmatrix}\xrightarrow[r_3+(-2)r_1]{r_2+(-1)r_1}\begin{bmatrix}1 & -2 & 4 & -34 & 0\\0 & 0 & -3 & 39 & 3\\0 & 0 & -5 & 65 & 5\end{bmatrix}=\boldsymbol{A}_1$.

因 $\boldsymbol{A}_1$ 中有二阶子式$\begin{vmatrix}1 & 4\\0 & -3\end{vmatrix}\neq 0$，而 $\boldsymbol{A}_1$ 的第 2,3 行成比例，故 $\boldsymbol{A}_1$ 的所有三阶子式都等于零. 故秩$(\boldsymbol{A}_1)=2$，所以秩$(\boldsymbol{A})=$秩$(\boldsymbol{A}_1)=2$.

例 28 设 $\boldsymbol{A}=[a_{ij}]_{n\times n}(n\geqslant 2)$，试证

$$\text{秩}(\boldsymbol{A}^*)=\begin{cases}n,\text{当秩}(\boldsymbol{A})=n\text{ 时};\\0,\text{当秩}(\boldsymbol{A})<n-1\text{ 时};\\1,\text{当秩}(\boldsymbol{A})=n-1\text{ 时}.\end{cases}$$

证 (1)当秩$(\boldsymbol{A})=n$ 时，$|\boldsymbol{A}|\neq 0$，由 $\boldsymbol{A}\boldsymbol{A}^*=|\boldsymbol{A}|\boldsymbol{E}$，得秩$(\boldsymbol{A}^*)=$秩$(\boldsymbol{A}\boldsymbol{A}^*)=$秩$(|\boldsymbol{A}|\boldsymbol{E})=n$.

(2)当秩$(\boldsymbol{A})<n-1$ 时，由矩阵秩的定义，$\boldsymbol{A}$ 中所有 $n-1$ 阶子式全为零，即 $\boldsymbol{A}^*$ 中所有元

素为零，亦即 $A^*=O$，故秩$(A^*)=0$.

(3) 当秩$(A)=n-1$ 时，由定义知 A 中至少有一个 $n-1$ 阶子式不等于零，故 $A^*\neq O$，从而秩$(A^*)\geqslant 1$；另一方面，因秩$(A)=n-1$，故 A 中所有 n 阶子式（只有一个即 $|A|$）都等于零，从而 $|A|=0$，所以 $AA^*=|A|E=O$，于是秩(A)+秩$(A^*)\leqslant n$，而秩$(A)=n-1$，故$(A^*)\leqslant 1$，所以秩$(A^*)=1$.

例 29 设 A 为 n 阶矩阵，且 $A^2=A$，若秩$(A)=r$，证明秩$(A-E)=n-r$，其中 E 为 n 阶单位阵.

证 由 $A^2=A,\Rightarrow A(A-E)=O,\Rightarrow$秩$(A)$+秩$(A-E)\leqslant n$. 又 $E=E-A+A$，故

$$n=\text{秩}(E)=\text{秩}(E-A+A)\leqslant\text{秩}(E-A)+\text{秩}(A)=\text{秩}(A-E)+\text{秩}(A),$$

即秩$(A-E)$+秩$(A)=n$. 由题设秩$(A)=r$，故秩$(A-E)=n-r$.

例 30 设 P 为 m 阶可逆矩阵，Q 为 n 阶可逆矩阵，A 为 $m\times n$ 矩阵，试证秩(PA)=秩(A)，秩(AQ)=秩(A).

证 因 P 为可逆矩阵，故可表成有限个初等矩阵的乘积，即 $P=P_1P_2\cdots P_5$（P_i 为初等矩阵），两边右乘 A，得 $PA=P_1P_2\cdots P_sA$.

因在矩阵 A 的左边乘以一个 m 阶初等矩阵，相当于对矩阵 A 进行一次初等行变换，故 PA 是 A 经过 s 次初等行变换后得到的矩阵，而矩阵经初等变换后其秩不变，故秩(PA)=秩(A).

同法可证，秩(AQ)=秩(A).

例 31 设 A 为 $m\times n$ 矩阵，B 为 $n\times m$ 矩阵，且 $m>n$，证明秩$(AB)<m$.

证 因 $m>n$，故秩$(A)\leqslant n$，秩$(B)\leqslant n$，利用矩阵乘积的秩不超过每个因子矩阵的秩，有

$$\text{秩}(AB)<\min[\text{秩}(A),\text{秩}(B)]\leqslant n.\ \text{由}\ m>n,\ \text{得秩}(AB)<m.$$

例 32 设 $f(x)=a_0+a_1x+a_2x^2+\cdots+a_mx^m$，$A=[a_{ij}]_{n\times n}$，若 $f(0)=0$，则秩$(f(A))\leqslant$秩(A).

证 为证秩$(f(A))\leqslant$秩(A)，只需将 $f(A)$ 改写成 $f(A)=A\cdot g(A)$ 的形式. 事实上，由 $f(0)=0$，得到 $a_0=0$，于是 $f(x)=a_1x+a_2x^2+\cdots+a_mx^m=x(a_1+a_2x+\cdots+a_mx^{m-1})$，故

$$f(A)=A(a_1E+a_2A+\cdots+a_mA^{m-1})=A\cdot g(A).$$

例 33 设 $A=\begin{bmatrix}a_{11}&a_{12}&a_{13}\\a_{21}&a_{22}&a_{23}\\a_{31}&a_{32}&a_{33}\end{bmatrix}$，$B=\begin{bmatrix}a_{21}&a_{22}+ka_{23}&a_{23}\\a_{31}&a_{32}+ka_{33}&a_{33}\\a_{11}&a_{12}+ka_{13}&a_{13}\end{bmatrix}$，$P_1=\begin{bmatrix}0&1&0\\0&0&1\\1&0&0\end{bmatrix}$，$P_2=\begin{bmatrix}1&0&0\\0&1&0\\0&k&1\end{bmatrix}$，则 $A=$________.

(A) $P_1^{-1}BP_2^{-1}$；　(B) $P_2^{-1}BP_1^{-1}$；　(C) $P_1^{-1}P_2^{-1}B$；　(D) $BP_1^{-1}P_2^{-1}$.

解 因被选择的四个矩阵乘积均是可逆矩阵与 B 相乘，故可考虑 B 经过哪些初等变换变至矩阵 A. 易看出

$$B\xrightarrow{r_2\leftrightarrow r_3}\begin{bmatrix}a_{21}&a_{22}+ka_{23}&a_{23}\\a_{11}&a_{12}+ka_{13}&a_{13}\\a_{31}&a_{32}+ka_{33}&a_{33}\end{bmatrix}\xrightarrow{r_1\leftrightarrow r_2}\begin{bmatrix}a_{11}&a_{12}+ka_{13}&a_{13}\\a_{21}&a_{22}+ka_{23}&a_{23}\\a_{31}&a_{32}+ka_{33}&a_{33}\end{bmatrix}\xrightarrow{c_2+(-k)c_3}A.$$

将上述等变换用矩阵乘积表示为

$$\begin{bmatrix}0&1&0\\1&0&0\\0&0&1\end{bmatrix}\begin{bmatrix}1&0&0\\0&0&1\\0&1&0\end{bmatrix}B\begin{bmatrix}1&0&0\\0&1&0\\0&-k&1\end{bmatrix}=A\text{，即}\begin{bmatrix}0&0&1\\1&0&0\\0&1&0\end{bmatrix}B\begin{bmatrix}1&0&0\\0&1&0\\0&-k&1\end{bmatrix}=A.$$

注意到 $P_1^{-1}=\begin{bmatrix}0&1&0\\0&0&1\\1&0&0\end{bmatrix}^{-1}=\begin{bmatrix}0&0&1\\1&0&0\\0&1&0\end{bmatrix}$，$P_2^{-1}=\begin{bmatrix}1&0&0\\0&1&0\\1&k&1\end{bmatrix}^{-1}=\begin{bmatrix}1&0&0\\0&1&0\\0&-k&1\end{bmatrix}$，

故 $P_1^{-1}BP_2^{-1}=A$，因而(A)正确，其余都不正确.

自测题

一、填空题

(1)已知 A 是一个 $n\times n$ 矩阵，且 $A^m=E$，其中 m 为正整数，E 为 n 阶单位矩阵. 若将 A 中的 n^2 个元素 a_{ij} 用其代数余子式 A_{ij} 代替，得到的矩阵记为 B，则 $B^m=$________.

(2)设 n 阶方阵 A,B 满足关系式 $A=(B+E)/2$，且 $A^2=A$，则 $B^2=$________.

(3)将矩阵 $A=\begin{bmatrix}1&1&2\\2&2&1\\1&2&3\end{bmatrix}$ 表示为一个对称矩阵 $B=$________与一个反对称矩阵 $C=$________的和.

(4)设 n 阶方阵 A、B、C，且 $AB=BC=CA=E$，则 $A^2+B^2+C^2=$________.

(5)设矩阵 $A=P^{100}\begin{bmatrix}a_{11}&a_{12}&a_{13}\\a_{21}&a_{22}&a_{23}\\a_{31}&a_{32}&a_{33}\end{bmatrix}P^m$（$m$ 为自然数），其中 $P=\begin{bmatrix}0&0&1\\0&1&0\\1&0&0\end{bmatrix}$，则 $A=$________.

(6)设 n 阶方阵 A 可逆，B 是 A 经过交换第 i 行和第 j 行后得到的矩阵，则 $AB^{-1}=$________.

(7)设 A,B 均为 n 阶方阵，$|A|=2$，$|B|=-3$，则 $|2A^*B^{-1}|=$________.

(8)设 A 为可逆矩阵，且 $A^2=|A|E$，则 $(A^{-1})^*=$________.

(9)设 A、B 为四阶方阵，且 $|A|=2$，$|B|=1/2$，则 $|(AB)^*|=$________.

(10)设 A 为三阶方阵，且 $|A|=1/8$，则 $|(A/3)^{-1}-8A^*|=$________.

(11)已知矩阵 $A=\begin{bmatrix}0&a_1&0&\cdots&0\\0&0&a_2&\cdots&0\\\vdots&\vdots&\vdots&&\vdots\\0&0&0&\cdots&a_{n-1}\\a_n&0&0&\cdots&0\end{bmatrix}$，其中 $a_i\neq0$（$i=1,2,\cdots,n$），则

$(\boldsymbol{A}^*)^{-1}=$________.

(12)设 $\boldsymbol{A}=\begin{bmatrix}1&0&0\\2&2&0\\3&4&5\end{bmatrix}$，$\boldsymbol{A}^*$ 是 $\boldsymbol{A}$ 的伴随矩阵，则 $(\boldsymbol{A}^*)^{-1}=$________.

(13)设 $\boldsymbol{A}$ 为 3 阶方阵，且 $|\boldsymbol{A}|=2$，则 $|4\boldsymbol{A}^{-1}+\boldsymbol{A}^*|=$________.

(14)已知 $\boldsymbol{A}=\begin{bmatrix}1&-2\\-3&2\end{bmatrix}$，$\boldsymbol{B}=\begin{bmatrix}1&1\\-1&1\end{bmatrix}$，$\boldsymbol{C}=\begin{bmatrix}\boldsymbol{A}&\boldsymbol{O}\\\boldsymbol{O}&\boldsymbol{B}^{-1}\end{bmatrix}$，$\boldsymbol{C}^*$ 是 $\boldsymbol{C}$ 的伴随矩阵，则 $|\boldsymbol{C}^*|=$________.

(15)设 $\boldsymbol{A}=\begin{bmatrix}1&0\\2&-1\end{bmatrix}$，$f(x)=\begin{vmatrix}x+2&-1\\1&x\end{vmatrix}$，则 $f(\boldsymbol{A})=$________.

(16)设 $\boldsymbol{A}$ 为 n 阶正交矩阵，其中 n 为奇数且 $|\boldsymbol{A}|=1$，则 $|\boldsymbol{E}-\boldsymbol{A}|=$________.

(17)已知 $\boldsymbol{A},\boldsymbol{B}$ 为 n 阶可逆矩阵，且有 $(\boldsymbol{AB}-2\boldsymbol{E})^{-1}=\boldsymbol{AB}-2\boldsymbol{E}$ 和 $\boldsymbol{AB}-\boldsymbol{E}$ 可逆，则 $\boldsymbol{AB}=$________.

(18)已知 $\boldsymbol{A}=\begin{bmatrix}1&-2&3&1&4\\2&1&2&-3&1\\3&6&15&-9&12\\1&5&2&3&7\\2&-3&-1&-5&1\end{bmatrix}$，则 $A_{11}+2A_{12}+5A_{13}-3A_{14}+4A_{15}=$________.

(19)设 $\boldsymbol{A}=\begin{bmatrix}a&1&1\\-1&1&0\\1&2&1\end{bmatrix}$，$\boldsymbol{B}=\begin{bmatrix}1&2&3\\2&1&1\\0&0&1\end{bmatrix}$，已知 $r(\boldsymbol{AB})=2$，则 $a=$________.

(20)已知矩阵 $\boldsymbol{A}=\begin{bmatrix}1&2&-1\\3&-1&0\\2&x&1\end{bmatrix}$，$\boldsymbol{B}$ 是三阶非零矩阵，若 $\boldsymbol{AB}=\boldsymbol{O}$，则 $r(\boldsymbol{B})=$________.

(21)设 $\boldsymbol{A}$ 是 4×3 矩阵，且 $r(\boldsymbol{A})=2$. 又知矩阵 $\boldsymbol{B}=\begin{bmatrix}1&2&0&0\\3&4&0&0\\0&0&2&3\\0&0&5&6\end{bmatrix}$，则 $r(\boldsymbol{BA})=$________.

(22)设四阶方阵 $\boldsymbol{A}$ 的秩为 2，则其伴随矩阵 $\boldsymbol{A}^*$ 的秩为________.

二、选择题

(1)设 $\boldsymbol{A}$ 为 n 阶反对称矩阵，$\boldsymbol{A}^*$ 为 $\boldsymbol{A}$ 的伴随矩阵，则下列结论正确的是(　　).

(A)$\boldsymbol{A}^*$ 为对称矩阵；

(B)$\boldsymbol{A}^*$ 为反对称矩阵；

(C)当 n 为偶数时，$\boldsymbol{A}^*$ 为对称矩阵；n 为奇数时，$\boldsymbol{A}^*$ 为反对称矩阵；

(D)当 n 为偶数时，$\boldsymbol{A}^*$ 为反对称矩阵；n 为奇数时，$\boldsymbol{A}^*$ 为对称矩阵.

(2)设 $\boldsymbol{A}$ 为 n 阶矩阵($n>3$)，$r(\boldsymbol{A})=2$，$\boldsymbol{A}^*$ 是 $\boldsymbol{A}$ 的伴随矩阵，则下列命题中正确的是(　　).

(A)$r(\boldsymbol{A}^*)=0$；　　(B)$r(\boldsymbol{A}^*)=1$；　　(C)$r(\boldsymbol{A}^*)=n-1$；　　(D)以上都不对.

(3)设 $\boldsymbol{\alpha}_1,\boldsymbol{\alpha}_2,\boldsymbol{\alpha}_3,\boldsymbol{\alpha},\boldsymbol{\beta}$ 均为四维列向量，$\boldsymbol{A}=(\boldsymbol{\alpha}_1,\boldsymbol{\alpha}_2,\boldsymbol{\alpha}_3,\boldsymbol{\alpha})$，$\boldsymbol{B}=(\boldsymbol{\alpha}_1,\boldsymbol{\alpha}_2,\boldsymbol{\alpha}_3,\boldsymbol{\beta})$ 且 $|\boldsymbol{A}|=2$，$|\boldsymbol{B}|=3$，则 $|\boldsymbol{A}-3\boldsymbol{B}|$ 等于(　　).

(A) -7；　(B) -241；　(C) 326；　(D) 56.

(4)若 n 阶方阵 $\boldsymbol{A}$ 满足 $\boldsymbol{A}^2=\boldsymbol{E}$，则 $r(\boldsymbol{A}+\boldsymbol{E})+r(\boldsymbol{A}-\boldsymbol{E})$ 为(　　).

(A)小于 n；　(B)等于 n；　(C)大于 n；　(D)不能确定.

(5)设 $\boldsymbol{A}$、$\boldsymbol{B}$ 为 n 阶方阵，满足等式 $\boldsymbol{AB}=\boldsymbol{O}$，则必有(　　).

(A) $\boldsymbol{A}=\boldsymbol{O}$ 或 $\boldsymbol{B}=\boldsymbol{O}$；　(B) $\boldsymbol{A}+\boldsymbol{B}=\boldsymbol{O}$；

(C) $|\boldsymbol{A}|=0$ 或 $|\boldsymbol{B}|=0$；　(D) $|\boldsymbol{A}|+|\boldsymbol{B}|=0$.

(6)设 $\boldsymbol{A}$ 为 n 阶矩阵，且有 $\boldsymbol{A}^2=\boldsymbol{A}$ 成立，则下面命题中正确的是(　　).

(A) $\boldsymbol{A}=\boldsymbol{O}$；　(B) $\boldsymbol{A}=\boldsymbol{E}$；

(C)若 $\boldsymbol{A}$ 不可逆，则 $\boldsymbol{A}=\boldsymbol{O}$；　(D)若 $\boldsymbol{A}$ 可逆，则 $\boldsymbol{A}=\boldsymbol{E}$.

(7)设 3 阶方阵 $\boldsymbol{A}\neq\boldsymbol{O}$，$\boldsymbol{B}=\begin{bmatrix}1&3&5\\2&4&t\\3&5&3\end{bmatrix}$，且 $\boldsymbol{AB}=\boldsymbol{O}$，则 t 的值为(　　).

(A) 2；　(B) 3；　(C) 4；　(D) 5.

(8)设矩阵 $\boldsymbol{A}=\begin{bmatrix}1&2&3\\4&5&6\\7&8&9\end{bmatrix}$，$\boldsymbol{P}=\begin{bmatrix}0&0&1\\0&1&0\\1&0&0\end{bmatrix}$，$\boldsymbol{Q}=\begin{bmatrix}1&0&0\\0&0&1\\0&1&0\end{bmatrix}$，则 $\boldsymbol{P}^{100}\boldsymbol{AQ}^{101}$ 为(　　).

(A) $\begin{bmatrix}1&2&3\\4&5&6\\7&8&9\end{bmatrix}$；　(B) $\begin{bmatrix}1&3&2\\4&6&5\\7&9&8\end{bmatrix}$；　(C) $\begin{bmatrix}3&2&1\\6&5&4\\9&8&7\end{bmatrix}$；　(D) $\begin{bmatrix}3&2&1\\9&8&7\\6&5&4\end{bmatrix}$.

(9)设 $\boldsymbol{A}$，$\boldsymbol{B}$ 都是 n 阶非零矩阵，且 $\boldsymbol{AB}=\boldsymbol{O}$，则 $\boldsymbol{A}$ 和 $\boldsymbol{B}$ 的秩(　　).

(A)必有一个等于零；　(B)都小于 n；

(C)一个小于 n，一个等于 n；　(D)都为 n.

(10)设 n 阶方阵 $\boldsymbol{A}$ 经初等变换后所得方阵记为 $\boldsymbol{B}$，则(　　).

(A) $|\boldsymbol{A}|=|\boldsymbol{B}|$；　(B) $|\boldsymbol{A}|\neq|\boldsymbol{B}|$；

(C) $|\boldsymbol{A}||\boldsymbol{B}|>0$；　(D)若 $|\boldsymbol{A}|=0$，则 $|\boldsymbol{B}|=0$.

(11)已知 n 阶方阵 $\boldsymbol{A}$ 和常数 k，且 $|\boldsymbol{A}|=d$，则 $|k\boldsymbol{AA}^{\mathrm{T}}|$ 的值为(　　).

(A) kd^2；　(B) k^2d^2；　(C) k^nd；　(D) k^nd^2.

(12)已知 $\boldsymbol{A}$ 为 n 阶可逆对称方阵，则必有(　　).

(A) $\boldsymbol{A}^{-1}=\boldsymbol{A}^{\mathrm{T}}$；　(B) $|\boldsymbol{A}|=0$；　(C) $\boldsymbol{A}^{\mathrm{T}}=-\boldsymbol{A}$；　(D) $\boldsymbol{A}^{\mathrm{T}}\boldsymbol{A}^{-1}=\boldsymbol{E}$.

(13)设 $\boldsymbol{A}$ 为 n 阶可逆矩阵，则 $|(3\boldsymbol{A})^*|$ 的值等于(　　).

(A) $|\boldsymbol{A}|^{n-1}$；　(B) $3^{n^2}|\boldsymbol{A}|^{n-1}$；　(C) $3^{(n-1)n}|\boldsymbol{A}|^{n-1}$；　(D) $3^{2n-1}|\boldsymbol{A}|^{n-1}$.

(14)设 $\boldsymbol{A}$、$\boldsymbol{B}$ 为同阶可逆矩阵，则(　　).

(A) $\boldsymbol{AB}=\boldsymbol{BA}$；　(B)存在可逆矩阵 $\boldsymbol{P}$，使 $\boldsymbol{P}^{-1}\boldsymbol{AP}=\boldsymbol{B}$；

(C)存在可逆矩阵 $\boldsymbol{C}$，使得 $\boldsymbol{C}^{\mathrm{T}}\boldsymbol{AC}=\boldsymbol{B}$；　(D)存在可逆矩阵 $\boldsymbol{P}$ 和 $\boldsymbol{Q}$，使得 $\boldsymbol{PAQ}=\boldsymbol{B}$.

(15)已知 n 阶矩阵 $\boldsymbol{A}$、$\boldsymbol{B}$、$\boldsymbol{C}$，其中 $\boldsymbol{B}$，$\boldsymbol{C}$ 均可逆，且 $2\boldsymbol{A}=\boldsymbol{AB}^{-1}+\boldsymbol{C}$，则 $\boldsymbol{A}=$(　　).

(A) $\boldsymbol{C}(2\boldsymbol{E}-\boldsymbol{B})$；　(B) $\boldsymbol{C}(\boldsymbol{E}/2-\boldsymbol{B})$；　(C) $\boldsymbol{C}(2\boldsymbol{B}-\boldsymbol{E})^{-1}\boldsymbol{C}$；　(D) $\boldsymbol{C}(2\boldsymbol{B}-\boldsymbol{E})^{-1}\boldsymbol{B}$.

(16)设 $\boldsymbol{A}=(a_{ij})$ 是 $s\times r$ 矩阵,$\boldsymbol{B}=(b_{ij})$ 是 $r\times s$ 矩阵,如果 $\boldsymbol{BA}=\boldsymbol{E}_r$,则必有(　　).

(A)$r>s$;　　(B)$r<s$;　　(C)$r\leqslant s$;　　(D)$r\geqslant s$.

(17)已知 $\boldsymbol{A}=\begin{bmatrix}1&2&3\\2&4&6\\3&6&t\end{bmatrix}$,$\boldsymbol{B}$ 为三阶非零矩阵,且满足 $\boldsymbol{AB}=\boldsymbol{O}$,则下列正确的是(　　).

(A)$t=9$ 时,$\boldsymbol{B}$ 的秩必为 1;　　(B)$t=9$ 时,$\boldsymbol{B}$ 的秩必为 2;

(C)$t\neq 9$ 时,$\boldsymbol{B}$ 的秩必为 1;　　(D)$t\neq 9$ 时,$\boldsymbol{B}$ 的秩必为 2.

(18)设 $\boldsymbol{A}$ 是五阶方阵,且 $|\boldsymbol{A}|=2$,则 $|-|\boldsymbol{A}|\boldsymbol{A}|$ 的值为(　　).

(A)4;　　(B)-4;　　(C)64;　　(D)-64.

(19)设 $\boldsymbol{A},\boldsymbol{B}$ 为 n 阶可逆矩阵,且 $\boldsymbol{AB}=\boldsymbol{BA}$,则下列结论中不正确的是(　　).

(A)$\boldsymbol{AB}^{-1}=\boldsymbol{B}^{-1}\boldsymbol{A}$;　　(B)$\boldsymbol{A}^{-1}\boldsymbol{B}=\boldsymbol{BA}^{-1}$;　　(C)$\boldsymbol{A}^{-1}\boldsymbol{B}^{-1}=\boldsymbol{B}^{-1}\boldsymbol{A}^{-1}$;　　(D)$\boldsymbol{B}^{-1}\boldsymbol{A}=\boldsymbol{A}^{-1}\boldsymbol{B}$.

(20)设 $\boldsymbol{C}=\left(\frac{1}{2},0,\cdots,0,\frac{1}{2}\right)_{1\times n}$,$\boldsymbol{A}=\boldsymbol{E}-\boldsymbol{C}^{\mathrm{T}}\boldsymbol{C}$,$\boldsymbol{B}=\boldsymbol{E}+2\boldsymbol{C}^{\mathrm{T}}\boldsymbol{C}$,则 $\boldsymbol{AB}$ 等于(　　).

(A)$\boldsymbol{O}$;　　(B)$-\boldsymbol{E}$;　　(C)$\boldsymbol{E}-\boldsymbol{C}^{\mathrm{T}}\boldsymbol{C}$;　　(D)$\boldsymbol{E}$.

(21)设 $\boldsymbol{A}$ 是 $m\times n$ 矩阵,且 $m>n$,则必有(　　).

(A)$|\boldsymbol{A}^{\mathrm{T}}\boldsymbol{A}|\neq 0$;　　(B)$|\boldsymbol{A}^{\mathrm{T}}\boldsymbol{A}|=0$;　　(C)$|\boldsymbol{AA}^{\mathrm{T}}|\neq 0$;　　(D)$|\boldsymbol{AA}^{\mathrm{T}}|=0$.

(22)设 $\boldsymbol{A}$、$\boldsymbol{B}$ 均为 n 阶方阵,$\boldsymbol{E}+\boldsymbol{AB}$ 可逆,则 $\boldsymbol{E}+\boldsymbol{BA}$ 也可逆,且 $(\boldsymbol{E}+\boldsymbol{BA})^{-1}$ 为(　　).

(A)$\boldsymbol{E}+\boldsymbol{A}^{-1}\boldsymbol{B}^{-1}$;　　(B)$\boldsymbol{E}+\boldsymbol{B}^{-1}\boldsymbol{A}^{-1}$;

(C)$\boldsymbol{E}-\boldsymbol{B}(\boldsymbol{E}+\boldsymbol{AB})^{-1}\boldsymbol{A}$;　　(D)$\boldsymbol{B}(\boldsymbol{E}+\boldsymbol{AB})^{-1}\boldsymbol{A}$.

(23)设矩阵 $\boldsymbol{A}=\begin{bmatrix}1-a&a&0&-a\\-1&2&1&-1\\2-a&a-2&-1&1-a\end{bmatrix}$,其中 a 是任意常数,则 $r(\boldsymbol{A})$ 为(　　).

(A)3;　　(B)2;

(C)1;　　(D)与 a 的取值有关.

(24)设 $\boldsymbol{A}$、$\boldsymbol{B}$ 均为 n 阶方阵,且 $\boldsymbol{B}^2=\boldsymbol{B}$,$\boldsymbol{A}=\boldsymbol{B}+\boldsymbol{E}$,则有(　　).

(A)$\boldsymbol{A}$ 不可逆;　　(B)$\boldsymbol{A}$ 可逆,且 $\boldsymbol{A}^{-1}=(3\boldsymbol{E}-\boldsymbol{A})/2$;

(C)$\boldsymbol{A}$ 可逆,且 $\boldsymbol{A}^{-1}=2\boldsymbol{E}-\boldsymbol{A}$;　　(D)不能确定.

三、计算与证明题

(1)设 $\boldsymbol{A}$ 是 n 阶方阵($n\geqslant 2$),求证 $(\boldsymbol{A}^*)^*=\begin{cases}\boldsymbol{A}, & 当\ n=2\ 时;\\ |\boldsymbol{A}|^{n-2}\boldsymbol{A}, & 当\ n>2\ 时.\end{cases}$

(2)设 $\boldsymbol{A}$ 为非零实矩阵,$(\boldsymbol{A}^*)$ 是 $\boldsymbol{A}$ 的伴随矩阵,且 $\boldsymbol{A}^*=\boldsymbol{A}^{\mathrm{T}}$,证明 $\boldsymbol{A}$ 为可逆矩阵.

(3)设矩阵 $\boldsymbol{A}=\begin{bmatrix}2&3\\-2&1\end{bmatrix}$,$\boldsymbol{B}=\begin{bmatrix}1&-2&3\\4&2&1\end{bmatrix}$,且已知矩阵 $\boldsymbol{X}$ 满足 $\boldsymbol{A}^*\boldsymbol{X}=\boldsymbol{B}$,其中 $\boldsymbol{A}^*$ 为 $\boldsymbol{A}$ 的伴随矩阵,试求矩阵 $\boldsymbol{X}$.

(4)已知 $\boldsymbol{A}$、$\boldsymbol{B}$、$\boldsymbol{C}$ 分别为 $m\times n$、$n\times p$、$p\times s$ 矩阵,$r(\boldsymbol{A})=n$,$r(\boldsymbol{C})=p$,且 $\boldsymbol{ABC}=\boldsymbol{O}$,证明 $\boldsymbol{B}=\boldsymbol{O}$.

(5)设方阵 $\boldsymbol{A}$ 满足 $\boldsymbol{A}^3-\boldsymbol{A}^2+2\boldsymbol{A}-\boldsymbol{E}=\boldsymbol{O}$,证明 $\boldsymbol{A}$ 及 $\boldsymbol{E}-\boldsymbol{A}$ 均可逆,并求 $\boldsymbol{A}^{-1}$ 和 $(\boldsymbol{E}-\boldsymbol{A})^{-1}$.

(6)若方阵 $\boldsymbol{A}$ 不是单位矩阵,且 $\boldsymbol{A}^2=\boldsymbol{A}$,则 $\boldsymbol{A}$ 为不可逆矩阵.

(7)设 $\boldsymbol{A}$、$\boldsymbol{B}$、$\boldsymbol{C}$、$\boldsymbol{D}$ 为 $n(n\geqslant 1)$ 阶方阵，若矩阵 $\boldsymbol{G}=\begin{bmatrix}\boldsymbol{A} & \boldsymbol{B}\\ \boldsymbol{C} & \boldsymbol{D}\end{bmatrix}$，且 $\boldsymbol{AC}=\boldsymbol{CA}$，$\boldsymbol{AD}=\boldsymbol{CB}$，又行列式 $|\boldsymbol{A}|\neq 0$，求证：$n\leqslant r(\boldsymbol{G})<2n$，其中 $r(\boldsymbol{G})$ 是 $\boldsymbol{G}$ 的秩.

(8)设 $\boldsymbol{A}$、$\boldsymbol{B}$ 均为 n 阶方阵，且 $\boldsymbol{B}$ 可逆，满足 $\boldsymbol{A}^2+\boldsymbol{AB}+\boldsymbol{B}^2=\boldsymbol{O}$，证 $\boldsymbol{A}$ 与 $\boldsymbol{A}+\boldsymbol{B}$ 均为可逆矩阵.

(9)设 $\boldsymbol{A}=\begin{bmatrix}0 & 1 & 0\\ a & 0 & c\\ b & 0 & \frac{1}{2}\end{bmatrix}$，①$a,b,c$ 满足什么条件矩阵 $\boldsymbol{A}$ 的秩为 3；②a,b,c 取何值时，$\boldsymbol{A}$ 是对称的矩阵；③取一组 a,b,c 使得 $\boldsymbol{A}$ 为正交矩阵.

(10)已知对于 n 阶方阵 $\boldsymbol{A}$，存在自然数 k，使得 $\boldsymbol{A}^k=\boldsymbol{O}$，试证明矩阵 $\boldsymbol{E}-\boldsymbol{A}$ 可逆，并写出其逆矩阵的表达式($\boldsymbol{E}$ 为 n 阶单位阵).

□ 自测题参考答案

一、填空题

解 (1)依题意，得 $\boldsymbol{B}=(\boldsymbol{A}^*)^{\mathrm{T}}$. 又由 $\boldsymbol{A}^m=\boldsymbol{E}$，$\Rightarrow|\boldsymbol{A}^m|=1$，故 $|\boldsymbol{A}|\neq 0$，$\boldsymbol{A}$ 为可逆矩阵. $\boldsymbol{B}=(\boldsymbol{A}^*)^{\mathrm{T}}=(|\boldsymbol{A}|\boldsymbol{A}^{-1})^{\mathrm{T}}=|\boldsymbol{A}|(\boldsymbol{A}^{\mathrm{T}})^{-1}$，故 $\boldsymbol{B}^m=|\boldsymbol{A}|^m[(\boldsymbol{A}^{\mathrm{T}})^{-1}]^m=[(\boldsymbol{A}^m)^{\mathrm{T}}]^{-1}=\boldsymbol{E}$.

(2)由 $\boldsymbol{A}=(\boldsymbol{B}+\boldsymbol{E})/2$，得 $\boldsymbol{B}=2\boldsymbol{A}-\boldsymbol{E}$，从而由 $\boldsymbol{A}^2=\boldsymbol{A}$，$\boldsymbol{B}^2=(2\boldsymbol{A}-\boldsymbol{E})^2=4\boldsymbol{A}^2-4\boldsymbol{A}+\boldsymbol{E}$. 得 $\boldsymbol{B}^2=\boldsymbol{E}$.

(3)设 $\boldsymbol{A}=\boldsymbol{B}+\boldsymbol{C}$，$\boldsymbol{B}$ 为对称矩阵，$\boldsymbol{C}$ 为反对称矩阵. 由 $\boldsymbol{A}^{\mathrm{T}}=(\boldsymbol{B}+\boldsymbol{C})^{\mathrm{T}}=\boldsymbol{B}-\boldsymbol{C}$，得 $\begin{cases}\boldsymbol{A}=\boldsymbol{B}+\boldsymbol{C};\\ \boldsymbol{A}^{\mathrm{T}}=\boldsymbol{B}-\boldsymbol{C}.\end{cases}$

解之，得 $\boldsymbol{B}=(\boldsymbol{A}+\boldsymbol{A}^{\mathrm{T}})/2$，$\boldsymbol{C}=(\boldsymbol{A}-\boldsymbol{A}^{\mathrm{T}})/2$. 显然 $\boldsymbol{B}$ 为对称矩阵，$\boldsymbol{C}$ 为反对称矩阵，因而

$$\boldsymbol{B}=\frac{1}{2}\begin{bmatrix}1 & 1 & 2\\ 2 & 2 & 1\\ 1 & 2 & 3\end{bmatrix}+\frac{1}{2}\begin{bmatrix}1 & 2 & 1\\ 1 & 2 & 2\\ 2 & 1 & 3\end{bmatrix}=\begin{bmatrix}1 & \frac{3}{2} & \frac{3}{2}\\ \frac{3}{2} & 2 & \frac{3}{2}\\ \frac{3}{2} & \frac{3}{2} & 3\end{bmatrix},$$

$$\boldsymbol{C}=\frac{1}{2}\begin{bmatrix}1 & 1 & 2\\ 2 & 2 & 1\\ 1 & 2 & 3\end{bmatrix}-\frac{1}{2}\begin{bmatrix}1 & 2 & 1\\ 1 & 2 & 2\\ 2 & 1 & 3\end{bmatrix}=\begin{bmatrix}0 & -\frac{1}{2} & \frac{1}{2}\\ \frac{1}{2} & 0 & -\frac{1}{2}\\ -\frac{1}{2} & \frac{1}{2} & 0\end{bmatrix}.$$

注意 上述结论非常重要，考研题中极易出现，要熟记，任一方阵 $\boldsymbol{A}$ 均可表示为一对称阵 $(\boldsymbol{A}+\boldsymbol{A}^{\mathrm{T}})/2$ 和一反对称阵 $(\boldsymbol{A}-\boldsymbol{A}^{\mathrm{T}})/2$ 之和.

(4)由 $AB=BC=CA=E\Rightarrow E=(AB)(CA)=A(BC)A=A^2$,

$$\Rightarrow E=(BC)(AB)=B(CA)B=B^2,\Rightarrow E=(CA)(BC)=C(AB)C=C^2.$$

故 $A^2+B^2+C^2=3E$.

(5)矩阵 A 左乘 P,相当于交换 1,3 行的位置. 左乘 A 的 100 次幂,相当于交换 100 次 1,3 行的位置. 同理,右乘 P 的 m 次幂相当于交换 m 次 1,3 列的位置,故

当 $m=2k$ 时,$A=\begin{bmatrix}a_{11}&a_{12}&a_{13}\\a_{21}&a_{22}&a_{23}\\a_{31}&a_{32}&a_{33}\end{bmatrix}$;当 $m=2k+1$ 时,$A=\begin{bmatrix}a_{13}&a_{12}&a_{11}\\a_{23}&a_{22}&a_{21}\\a_{33}&a_{32}&a_{31}\end{bmatrix}$.

(6)由于 A 可逆,则 $|A|\neq 0$. 显然 $|B|=-|A|\neq 0$,故 B 为可逆矩阵,且有 $B=E(i,j)A$,其中 $E(i,j)$ 是单位矩阵 E 交换第 i 行和第 j 行后得到的初等方阵,故

$$AB^{-1}=A[E(i,j)A]^{-1}=AA^{-1}[E(i,j)]^{-1}=[E(i,j)]^{-1}=E(i,j).$$

(7)由 $AA^*=|A|E$,即 $A^*=|A|A^{-1}$. 故

$$|2A^*B^{-1}|=|2|A|A^{-1}B^{-1}|=|4A^{-1}B^{-1}|=4^n|A^{-1}B^{-1}|=\frac{4^n}{|AB|}=-\frac{4^n}{6}=-\frac{2^{2n-1}}{3}.$$

(8)由于 A 为可逆矩阵,则 $A^*=|A|A^{-1}$. 又 $A^2=|A|E$,则 $A=|A|A^{-1}$. 故

$$A^*=A.\ (A^{-1})^*=(A^*)^{-1}=A^{-1}.$$

(9)由于 $|A|\neq 0,|B|\neq 0$,故 A,B 均为可逆矩阵. 而 $(AB)^*=|AB|(AB)^{-1}$,故

$$|(AB)^*|=||AB|(AB)^{-1}|=|AB|^4|(AB)^{-1}|=|AB|^3=[|A||B|]^3=1.$$

(10)$A^*=|A|A^{-1}=A^{-1}/8$,则

$$\left|\left(\frac{A}{3}\right)^{-1}-8A^*\right|=|3A^{-1}-A^{-1}|=|2A^{-1}|=2^3|A^{-1}|=8\times 1/|A|=8\times 8=64.$$

(11)$|A|=(-1)^{n+1}a_1a_2\cdots a_n\neq 0$,故 A 为可逆矩阵,

$$(A^*)^{-1}=(|A|A^{-1})^{-1}=\frac{1}{|A|}A=\frac{(-1)^{n+1}}{a_1a_2\cdots a_n}A.$$

(12)由 $AA^*=A^*A=|A|E$,有 $A^*=|A|A^{-1}$. 故 $(A^*)^{-1}=\frac{1}{|A|}(A^{-1})^{-1}=\frac{1}{|A|}A=\frac{1}{10}A$.

(13)因为 $A(4A^{-1}+A^*)=4E+AA^*=4E+|A|E=4E+2E=6E$,两边取行列式有 $|A||4A^{-1}+A^*|=|6E|$,即 $2|4A^{-1}+A^*|=6^3=216$,故 $|4A^{-1}+A^*|=108$.

(14)由 $CC^*=|C|E$,C 为四阶方阵且为可逆矩阵,故 $|C^*|=|C|^{n-1}=|C|^3$.

又 $|A|=\begin{vmatrix}1&-2\\-3&2\end{vmatrix}=-4$,$|B|=\begin{vmatrix}1&1\\-1&1\end{vmatrix}=2$,$|B^{-1}|=\frac{1}{2}$,$|C|=|A||B^{-1}|=-4\times\frac{1}{2}=-2$,故 $|C^*|=(-2)^3=-8$.

(15)由于 $f(x)=x^2+2x+1=(x+1)^2$,故 $f(A)=(A+E)^2=\begin{bmatrix}2&0\\2&0\end{bmatrix}^2=\begin{bmatrix}4&0\\4&0\end{bmatrix}$.

(16)因为 A 为正交矩阵,即有 $A^TA=E$,且有 $|A|=1$. 故

$$|\boldsymbol{E}-\boldsymbol{A}|=|\boldsymbol{A}^{\mathrm{T}}\boldsymbol{A}-\boldsymbol{A}|=|\boldsymbol{A}^{\mathrm{T}}-\boldsymbol{E}||\boldsymbol{A}|=|\boldsymbol{A}^{\mathrm{T}}-\boldsymbol{E}|=|\boldsymbol{A}-\boldsymbol{E}|=(-1)^n|\boldsymbol{E}-\boldsymbol{A}|,$$

因而有$|\boldsymbol{E}-\boldsymbol{A}|=(-1)^n|\boldsymbol{E}-\boldsymbol{A}|$. 由于 n 为奇数,故$|\boldsymbol{E}-\boldsymbol{A}|=0$.

(17)由$(\boldsymbol{AB}-2\boldsymbol{E})^{-1}=\boldsymbol{AB}-2\boldsymbol{E}$,有$(\boldsymbol{AB}-2\boldsymbol{E})^2=\boldsymbol{E}$,$(\boldsymbol{AB})^2-4\boldsymbol{AB}+4\boldsymbol{E}=\boldsymbol{E}$,

$$(\boldsymbol{AB})^2-4\boldsymbol{AB}+3\boldsymbol{E}=\boldsymbol{O},(\boldsymbol{AB}-\boldsymbol{E})(\boldsymbol{AB}-3\boldsymbol{E})=\boldsymbol{O}.$$

由 $\boldsymbol{AB}-\boldsymbol{E}$ 可逆,两边左乘$(\boldsymbol{AB}-\boldsymbol{E})^{-1}$,有 $\boldsymbol{AB}-3\boldsymbol{E}=\boldsymbol{O}$,即 $\boldsymbol{AB}=3\boldsymbol{E}$.

(18)注意到 $a_{31}=3,a_{32}=6,a_{33}=15,a_{34}=-9,a_{35}=12$,则由行列式的性质知

$$a_{31}\boldsymbol{A}_{11}+a_{32}\boldsymbol{A}_{12}+a_{33}\boldsymbol{A}_{13}+a_{34}\boldsymbol{A}_{14}+a_{35}\boldsymbol{A}_{15}=\boldsymbol{O},$$

即 $3\boldsymbol{A}_{11}+6\boldsymbol{A}_{12}+15\boldsymbol{A}_{13}-9\boldsymbol{A}_{14}+12\boldsymbol{A}_{15}=3(\boldsymbol{A}_{11}+2\boldsymbol{A}_{12}+5\boldsymbol{A}_{13}-3\boldsymbol{A}_{14}+4\boldsymbol{A}_{15})=\boldsymbol{O}$,故

$$\boldsymbol{A}_{11}+2\boldsymbol{A}_{12}+5\boldsymbol{A}_{13}-3\boldsymbol{A}_{14}+4\boldsymbol{A}_{15}=\boldsymbol{O}.$$

(19)由 $r(\boldsymbol{AB})=2$,故$|\boldsymbol{AB}|=0$,即$|\boldsymbol{A}||\boldsymbol{B}|=0$. 故$|\boldsymbol{A}|$与$|\boldsymbol{B}|$中至少有一个为 0.

而$|\boldsymbol{B}|\neq0$,则$|\boldsymbol{A}|=0$. $|\boldsymbol{A}|=\begin{vmatrix}a&1&1\\-1&1&0\\1&2&1\end{vmatrix}=\begin{vmatrix}a-1&-1&0\\-1&1&0\\1&2&1\end{vmatrix}=\begin{vmatrix}a-1&-1\\-1&1\end{vmatrix}=a-2=0$. 故$a=2$.

(20)由于 $\boldsymbol{B}$ 是非零矩阵,即 $r(\boldsymbol{B})\geqslant1$. 又由 $\boldsymbol{AB}=\boldsymbol{O}$,故有 $r(\boldsymbol{A})+r(\boldsymbol{B})\leqslant3$. 而$\begin{vmatrix}1&2\\3&-1\end{vmatrix}\neq0$,故 $r(\boldsymbol{A})\geqslant2$. 由上可知,$r(\boldsymbol{A})=2,r(\boldsymbol{B})=1$.

(21)令 $\boldsymbol{C}=\boldsymbol{BA}$,则 $r(\boldsymbol{C})\leqslant r(\boldsymbol{A})=2$.

又因为$|\boldsymbol{B}|=\begin{vmatrix}1&2\\3&4\end{vmatrix}\cdot\begin{vmatrix}2&3\\5&6\end{vmatrix}=6\neq0$,故由 $\boldsymbol{C}=\boldsymbol{BA}$,得 $\boldsymbol{A}=\boldsymbol{B}^{-1}\boldsymbol{C}$,则要 $r(\boldsymbol{A})\leqslant r(\boldsymbol{C})$因而有 $r(\boldsymbol{C})=r(\boldsymbol{BA})=r(\boldsymbol{A})=2$.

(22)由于四阶方阵 $\boldsymbol{A}$ 的秩为 2,故 $\boldsymbol{A}$ 中的任意三阶子式均为 0. 从而 $\boldsymbol{A}$ 的所有代数余子式均为 0,即 $\boldsymbol{A}^*=\boldsymbol{O}$. 故 $r(\boldsymbol{A}^*)=0$.

二、选择题

解 (1)由$(\boldsymbol{A}^*)^{\mathrm{T}}=(\boldsymbol{A}^{\mathrm{T}})^*=(-\boldsymbol{A})^*=(-1)^{n-1}\boldsymbol{A}^*$,故当 n 为偶数时,$(\boldsymbol{A}^*)^{\mathrm{T}}=-\boldsymbol{A}^*$,即 $\boldsymbol{A}^*$ 为反对称矩阵;当 n 为奇数时,$(\boldsymbol{A}^*)^{\mathrm{T}}=\boldsymbol{A}^*$,即 $\boldsymbol{A}^*$ 为对称矩阵. 选(D).

(2)因

$$r(\boldsymbol{A}^*)=\begin{cases}n & r(\boldsymbol{A})=n;\\1 & r(\boldsymbol{A})=n-1;\\0 & r(\boldsymbol{A})<n-1.\end{cases}$$

则由 $r(\boldsymbol{A})=2\leqslant3-1<n-1$,故 $r(\boldsymbol{A}^*)=0$. 正确答案为(A).

(3)由 $\boldsymbol{A}-3\boldsymbol{B}=(\boldsymbol{\alpha}_1,\boldsymbol{\alpha}_2,\boldsymbol{\alpha}_3,\boldsymbol{\alpha})-3(\boldsymbol{\alpha}_1,\boldsymbol{\alpha}_2,\boldsymbol{\alpha}_3,\boldsymbol{\beta})=(\boldsymbol{\alpha}_1,\boldsymbol{\alpha}_2,\boldsymbol{\alpha}_3,\boldsymbol{\alpha})-(3\boldsymbol{\alpha}_1,3\boldsymbol{\alpha}_2,3\boldsymbol{\alpha}_3,3\boldsymbol{\beta})$
$=(-2\boldsymbol{\alpha}_1,-2\boldsymbol{\alpha}_2,-2\boldsymbol{\alpha}_3,\boldsymbol{\alpha}-3\boldsymbol{\beta})$.

即$|\boldsymbol{A}-3\boldsymbol{B}|=|-2\boldsymbol{\alpha}_1,-2\boldsymbol{\alpha}_2,-2\boldsymbol{\alpha}_3,\boldsymbol{\alpha}-3\boldsymbol{\beta}|=(-2)^3|\boldsymbol{\alpha}_1,\boldsymbol{\alpha}_2,\boldsymbol{\alpha}_3,\boldsymbol{\alpha}-3\boldsymbol{\beta}|$
$=(-2)^3[|\boldsymbol{\alpha}_1,\boldsymbol{\alpha}_2,\boldsymbol{\alpha}_3,\boldsymbol{\alpha}|-3|\boldsymbol{\alpha}_1,\boldsymbol{\alpha}_2,\boldsymbol{\alpha}_3,\boldsymbol{\beta}|]=-8\times(2-3\times3)=-8\times(-7)=56$.

故正确答案为(A).

(4)由 $A^2=E$,有 $(A+E)(A-E)=O$,故 $r(A+E)+r(A-E)\leqslant n$. 由

$$(A+E)+(E-A)=2E,\text{故 } r(A+E)+r(E-A)\geqslant n.$$

即 $r(A+E)+r(A-E)\geqslant n$. 故 $r(A+E)+r(A-E)=n$. 正确答案为(B).

(5)因为 A、B 均为方阵,由矩阵乘法的行列式性质知 $|AB|=|A||B|=0$,所以必有 $|A|=0$ 或 $|B|=0$,故选(C).

(6)由 $A^2=A$,得 $A(A-E)=O$. 若 A 可逆,两边左乘 A^{-1},得 $A-E=O$. 即 $A=E$. 故正确答案为(D).

(7)由 $AB=O$,得 $r(A)+r(B)\leqslant 3$,而 $A\neq O$,故 $r(A)\geqslant 1$,$r(B)\leqslant 2$,则 $|B|=0$,即

$$|B|=\begin{vmatrix}1&3&5\\2&4&t\\3&5&3\end{vmatrix}=-(t-4)=0,$$

即 $t=4$,选(C).

(8)由于 P、Q 均为初等矩阵,左乘矩阵 A 相当于把 A 的第 1、3 行交换位置,它的 100 次幂左乘 A,即把 A 的 1、3 行交换 100 次,结果仍为 A;同样,右乘矩阵 Q 相当于把 A 的第 2、3 列交换位置,它的 101 次幂右乘 A,相当于把 A 的第 2、3 列交换 101 次,结果是 A 的第 2、3 列交换了位置. 故 $P^{100}AQ^{101}$ 相当于将 A 的第 2、3 列交换了位置. 选(B).

(9)由于 A,B 都是非零矩阵,故 $r(A)>0$,$r(B)>0$,故可排除(A);由 $AB=O$ 知 $r(A)+r(B)\leqslant n$. 由 $r(A)>0$,$r(B)>0$ 知,(C)和(D)均不正确. 故选(B).

(10)因为经初等变换后所得矩阵与原矩阵等价,故它们有相同的秩,即 $r(A)=r(B)$. 故若 $|A|=0$,则 $r(A)<n$,因此 $r(B)<n$,$|B|=0$. 正确答案为(D).

(11)$|kAA^{\mathrm T}|=k^n|AA^{\mathrm T}|=k^n|A||A^{\mathrm T}|=k^n|A|^2=k^nd^2$,选(D).

(12)由 A 为可逆对称方阵,则 $A=A^{\mathrm T}$,右乘 A^{-1},即有 $A^{\mathrm T}A^{-1}=E$,故(D)为正确答案. 事实上,由 $A^{-1}=A^{\mathrm T}$,知 A 为正交矩阵,故(A)错误. 由 A 为可逆矩阵,(B)显然错误. 由(C)可推出 A 为反对称矩阵.

(13)由于 $(kA)^*=k^{n-1}A^*$,故 $|(3A)^*|=|3^{n-1}A^*|=(3^{n-1})^n|A^*|=3^{n(n-1)}|A|^{n-1}$. 故正确答案为(C).

(14)由 A、B 可逆,则可取 $P=A^{-1}$,$Q=B$,则有 $PAQ=A^{-1}AB=B$,故(D)成立.

(15)由 $2A=AB^{-1}+C$,$\Rightarrow 2A-AB^{-1}=C$,$\Rightarrow A(2E-B^{-1})=C$. 又 C 可逆,$2E-B^{-1}$ 可逆,$\Rightarrow A=C(2E-B^{-1})^{-1}$,$\Rightarrow A=C[2B^{-1}B-B^{-1}]^{-1}=C[B^{-1}(2B-E)]^{-1}=C(2B-E)^{-1}B$. 选(D).

(16)由于 $r=r(E_r)=r(BA)\leqslant\min[r(B),r(A)]$,故知 $r(B)=r$,或 $r(A)=r$. 故 $r\leqslant s$. 选(C).

(17)由 B 为非零矩阵,$\Rightarrow r(B)\geqslant 1$,且由 $AB=O$,$\Rightarrow r(A)+r(B)\leqslant 3$.
当 $t=9$ 时,得 $r(A)=1$,故 $1\leqslant r(B)\leqslant 2$,即 B 的秩可以是 1,也可以是 2,(A)、(B)排除.
当 $t\neq 9$ 时,得 $r(A)=2$,故 $1\leqslant r(B)\leqslant 1$. 即 $r(B)=1$,排除(D). 正确答案为(C).

(18)$|-|A|A|=(-|A|)^5|A|=(-2)^5|A|=-32|A|=-64$,选(D).

(19)由 $AB=BA$,且 A,B 均为可逆矩阵,则
$A^{-1}ABA^{-1}=A^{-1}BAA^{-1}$,即 $BA^{-1}=A^{-1}B$,从而 A^{-1} 和 B 可交换. $B^{-1}ABB^{-1}=B^{-1}BAB^{-1}$,即 $B^{-1}A=AB^{-1}$,从而 A 和 B^{-1} 可交换.

对 $\boldsymbol{AB}=\boldsymbol{BA}$，两边取逆，有 $(\boldsymbol{AB})^{-1}=(\boldsymbol{BA})^{-1}$，即 $\boldsymbol{A}^{-1}\boldsymbol{B}^{-1}=\boldsymbol{B}^{-1}\boldsymbol{A}^{-1}$，从而 $\boldsymbol{A}^{-1}$ 和 $\boldsymbol{B}^{-1}$ 可交换. 故(A)，(B)，(C)均为正确的结论，只有(D)为不正确的结论.

注意 熟记下面结论：即已知 $\boldsymbol{A}$ 和 $\boldsymbol{B}$，$\boldsymbol{A}^{-1}$ 和 $\boldsymbol{B}$，$\boldsymbol{A}$ 和 $\boldsymbol{B}^{-1}$，$\boldsymbol{A}^{-1}$ 和 $\boldsymbol{B}^{-1}$ 中，只要其中一组是可交换的，则其他三组也是可交换的.

(20) $$\boldsymbol{AB}=(\boldsymbol{E}-\boldsymbol{C}^{\mathrm{T}}\boldsymbol{C})(\boldsymbol{E}+2\boldsymbol{C}^{\mathrm{T}}\boldsymbol{C})=\boldsymbol{E}+2\boldsymbol{C}^{\mathrm{T}}\boldsymbol{C}-\boldsymbol{C}^{\mathrm{T}}\boldsymbol{C}-2\boldsymbol{C}^{\mathrm{T}}\boldsymbol{C}\boldsymbol{C}^{\mathrm{T}}\boldsymbol{C}$$
$$=\boldsymbol{E}+\boldsymbol{C}^{\mathrm{T}}\boldsymbol{C}-2\boldsymbol{C}^{\mathrm{T}}(\boldsymbol{C}\boldsymbol{C}^{\mathrm{T}})\boldsymbol{C}=\boldsymbol{E}+\boldsymbol{C}^{\mathrm{T}}\boldsymbol{C}-2\times\frac{1}{2}\times\boldsymbol{C}^{\mathrm{T}}\boldsymbol{C}$$
$$=\boldsymbol{E}+\boldsymbol{C}^{\mathrm{T}}\boldsymbol{C}-\boldsymbol{C}^{\mathrm{T}}\boldsymbol{C}=\boldsymbol{E}$$，选(D).

(21) $r(\boldsymbol{AA}^{\mathrm{T}})\leqslant r(\boldsymbol{A})\leqslant n<m$，而 $\boldsymbol{AA}^{\mathrm{T}}$ 是 $m\times m$ 矩阵，故 $|\boldsymbol{AA}^{\mathrm{T}}|=0$，选(D).

(22) $$(\boldsymbol{E}+\boldsymbol{BA})[\boldsymbol{E}-\boldsymbol{B}(\boldsymbol{E}+\boldsymbol{AB})^{-1}\boldsymbol{A}]=\boldsymbol{E}+\boldsymbol{BA}-[(\boldsymbol{E}+\boldsymbol{BA})\boldsymbol{B}(\boldsymbol{E}+\boldsymbol{AB})^{-1}\boldsymbol{A}]$$
$$=\boldsymbol{E}+\boldsymbol{BA}-[(\boldsymbol{BB}^{-1}+\boldsymbol{BA})\boldsymbol{B}(\boldsymbol{E}+\boldsymbol{AB})^{-1}\boldsymbol{A}]$$
$$=\boldsymbol{E}+\boldsymbol{BA}-[\boldsymbol{B}(\boldsymbol{E}+\boldsymbol{AB})(\boldsymbol{E}+\boldsymbol{AB})^{-1}\boldsymbol{A}]=\boldsymbol{E}+\boldsymbol{BA}-\boldsymbol{BA}=\boldsymbol{E}.$$ 应选(C).

(23) $$\boldsymbol{A}=\begin{bmatrix}1-a & a & 0 & -a\\ -1 & 2 & 1 & -1\\ 2-a & a-2 & -1 & 1-a\end{bmatrix}\to\begin{bmatrix}1-a & a & 0 & -a\\ -1 & 2 & 1 & -1\\ 1 & -2 & -1 & 1\end{bmatrix}$$
$$\to\begin{bmatrix}1-a & a & 0 & -a\\ 1 & -2 & -1 & 1\\ 0 & 0 & 0 & 0\end{bmatrix}.$$

无论 a 为何值，上述的第 1 行和第 2 行均不可能成比例，故 $r(\boldsymbol{A})=2$. 选(B).

(24) 由 $\boldsymbol{B}^2=\boldsymbol{B}$，得 $\boldsymbol{B}^2-\boldsymbol{B}-2\boldsymbol{E}=-2\boldsymbol{E}$，$(\boldsymbol{B}-2\boldsymbol{E})(\boldsymbol{B}+\boldsymbol{E})=-2\boldsymbol{E}$，亦即

$$\left(\boldsymbol{E}-\frac{\boldsymbol{B}}{2}\right)(\boldsymbol{B}+\boldsymbol{E})=\boldsymbol{E},$$

则 $\boldsymbol{A}=\boldsymbol{B}+\boldsymbol{E}$ 可逆. 将 $\boldsymbol{B}=\boldsymbol{A}-\boldsymbol{E}$ 代入，则 $\dfrac{(3\boldsymbol{E}-\boldsymbol{A})(\boldsymbol{B}+\boldsymbol{E})}{2}=\boldsymbol{E}$，故

$$\boldsymbol{A}^{-1}=(\boldsymbol{B}+\boldsymbol{E})^{-1}=\frac{3\boldsymbol{E}-\boldsymbol{A}}{2},$$

应选(B).

三、计算与证明题

证 (1) 当 $n=2$ 时，设 $\boldsymbol{A}=\begin{bmatrix}a_{11} & a_{12}\\ a_{21} & a_{22}\end{bmatrix}$，则 $(\boldsymbol{A}^*)^*=\begin{bmatrix}a_{22} & -a_{12}\\ -a_{21} & a_{11}\end{bmatrix}^*=\begin{bmatrix}a_{11} & a_{12}\\ a_{21} & a_{22}\end{bmatrix}=\boldsymbol{A}$；

当 $n>2$ 时，如果 $\boldsymbol{A}$ 可逆，由 $\boldsymbol{AA}^*=|\boldsymbol{A}|\boldsymbol{E}$，得 $(\boldsymbol{A}^*)^{-1}=\dfrac{1}{|\boldsymbol{A}|}\boldsymbol{A}$，又 $(\boldsymbol{A}^*)(\boldsymbol{A}^*)^*=|\boldsymbol{A}^*|\boldsymbol{E}$，

故 $(\boldsymbol{A}^*)^*=(\boldsymbol{A}^*)^{-1}|\boldsymbol{A}^*|=\dfrac{1}{|\boldsymbol{A}|}\boldsymbol{A}|\boldsymbol{A}|^{n-1}=|\boldsymbol{A}|^{n-2}\boldsymbol{A}$.

如果 $\boldsymbol{A}$ 不可逆，则 $r(\boldsymbol{A})\leqslant n-1$，从而 $r(\boldsymbol{A}^*)\leqslant 1$. 又由 $n>2$，故 $(\boldsymbol{A}^*)^*=\boldsymbol{O}$，因而也有 $(\boldsymbol{A}^*)^*=|\boldsymbol{A}|^{n-2}\boldsymbol{A}$.

综上所证，$(\boldsymbol{A}^*)^*=\begin{cases}\boldsymbol{A}, & \text{当 } n=2 \text{ 时；}\\ |\boldsymbol{A}|^{n-2}\boldsymbol{A}, & \text{当 } n>2 \text{ 时.}\end{cases}$

证 (2)由 $AA^*=|A|E$ 且 $A^*=A^{\mathrm{T}}$，得 $AA^{\mathrm{T}}=|A|E$. 若 $|A|=0$，则 $AA^{\mathrm{T}}=O$，设

$$A=\begin{bmatrix} a_{11} & a_{12} & \cdots & a_{1n} \\ a_{21} & a_{22} & \cdots & a_{2n} \\ \vdots & \vdots & & \vdots \\ a_{n1} & a_{n2} & \cdots & a_{nn} \end{bmatrix},$$

则 $AA^{\mathrm{T}}=(c_{ij})_{n\times n}=C$，其中 $c_{ij}=a_{i1}a_{j1}+a_{i2}a_{j2}+\cdots+a_{in}a_{jn}(i,j=1,2,\cdots,n)$. 因为 $|A|=0$，故 $AA^{\mathrm{T}}=C=O$，即 $c_{ij}=0$.

当 $i=j$ 时，$c_{ij}=a_{j1}^2+a_{j2}^2+\cdots+a_{jn}^2=0$，即 $a_{j1}=a_{j2}=\cdots=a_{jn}=0(j=1,2,\cdots n)$.
故 $A=O$. 这与 A 是非零矩阵矛盾，故 $|A|\neq 0$. 即 A 为可逆矩阵.

解 (3) $|A|=8\neq 0$，则由 $A^*X=B$，$AA^*X=AB$，$|A|X=AB$，而

$$AB=\begin{bmatrix} 2 & 3 \\ -2 & 1 \end{bmatrix}\begin{bmatrix} 1 & -2 & 3 \\ 4 & 2 & 1 \end{bmatrix}=\begin{bmatrix} 14 & 2 & 9 \\ 2 & -2 & -5 \end{bmatrix}.$$

故 $X=\dfrac{1}{|A|}AB=\dfrac{1}{8}\begin{bmatrix} 14 & 2 & 9 \\ 2 & -2 & -5 \end{bmatrix}=\begin{bmatrix} \dfrac{7}{4} & \dfrac{1}{4} & \dfrac{9}{8} \\ \dfrac{1}{4} & -\dfrac{1}{4} & -\dfrac{5}{8} \end{bmatrix}$.

证 (4)由 $A(BC)=O$，故 $r(A)+r(BC)\leqslant n$. 由 $r(A)=n$，则 $r(BC)\leqslant 0$. 而 $r(BC)\geqslant 0$ 故 $r(BC)=0$，即 又有 $r(B)+r(C)\leqslant p$，且已知 $r(C)=p$. 故 $r(B)=0$，从而 $B=O$.

证 (5)由 $A^3-A^2+2A-E=O$，得 $A(A^2-A+2E)=E$，即有 $|A||A^2-A+2E|=1\neq 0$，故 A 为可逆矩阵，且 $A^{-1}=(A^2-A+2E)$.

再由 $A^3-A^2+2A-E=O$，得 $(E-A)(A^2+2E)=E$，故 $E-A$ 也可逆，且 $(E-A)^{-1}=A^2+2E$.

证 (6)用反证法. 若 A 可逆，则有 $A^{-1}A=E$，由已知 $A^2=A$ 得 $A^{-1}A^2=E$；即有 $A=E$，与 A 不是单位矩阵矛盾，故 A 不可逆.

证 (7)在 G 中 n 阶矩阵 A 的行列式 $|A|\neq 0$，故 G 的秩 $r(G)\geqslant n$，由

$$\begin{bmatrix} E & O \\ -CA^{-1} & E \end{bmatrix}\begin{bmatrix} A & B \\ C & D \end{bmatrix}=\begin{bmatrix} A & B \\ O & D-CA^{-1}B \end{bmatrix},$$

知 $\begin{vmatrix} A & B \\ C & D \end{vmatrix}=|A||D-CA^{-1}B|=|AD-ACA^{-1}B|=|AD-CAA^{-1}B|=|AD-CB|=0$，于是 $r(G)<2n$，故 $n\leqslant r(G)<2n$.

证 (8)由 $A^2+AB+B^2=O$，得 $A(A+B)=-B^2$，两边取行列式有 $|A||A+B|=|-B^2|$. 由于 B 为可逆矩阵，故 $|B|\neq 0$. 因此 $|A|\neq 0$，$|A+B|\neq 0$，故 A、$A+B$ 均为可逆矩阵.

解 (9)①由 $|A|=\begin{vmatrix} 0 & 1 & 0 \\ a & 0 & c \\ b & 0 & 1/2 \end{vmatrix}=bc-\dfrac{1}{2}a$，当 $a\neq 2bc$ 时，$|A|\neq 0$，A 的秩为 3.

②A 为对称矩阵，则有 $A^{\mathrm{T}}=A$，即 $a=1,b=0,c=0$.

③$\boldsymbol{A}$ 为正交矩阵，则有 $\boldsymbol{A}\boldsymbol{A}^{\mathrm{T}}=\boldsymbol{E}$，即

$$\begin{vmatrix}0&1&0\\a&0&c\\b&0&1/2\end{vmatrix}\begin{vmatrix}0&a&b\\1&0&0\\0&c&1/2\end{vmatrix}=\begin{vmatrix}1&0&0\\0&a^2+c^2&ab+\dfrac{c}{2}\\0&ab+\dfrac{c}{2}&b^2+\dfrac{1}{4}\end{vmatrix}=\boldsymbol{E}.$$

$$\begin{cases}a^2+c^2=1;\\b^2+\dfrac{1}{4}=1;\\ab+\dfrac{1}{2c}=0.\end{cases}\quad\text{解之得}\begin{cases}a=\pm\dfrac{1}{2};\\b=\pm\dfrac{\sqrt{3}}{2};\\c=\pm\dfrac{\sqrt{3}}{2}.\end{cases}$$

即当 $a=\dfrac{1}{2},b=-\dfrac{\sqrt{3}}{2},c=\dfrac{\sqrt{3}}{2}$ 或 $a=-\dfrac{1}{2},b=\dfrac{\sqrt{3}}{2},c=-\dfrac{\sqrt{3}}{2}$ 时，$\boldsymbol{A}$ 为正交矩阵.

解 (10)根据公式 $1-a^k=(1-a)(1+a+a^2+\cdots+a^{k-1})$ 以及 $\boldsymbol{A}$ 与 $\boldsymbol{E}$ 可交换得

$$\boldsymbol{E}-\boldsymbol{A}^k=(\boldsymbol{E}-\boldsymbol{A})(\boldsymbol{E}+\boldsymbol{A}+\boldsymbol{A}^2+\cdots+\boldsymbol{A}^{k-1}).$$

因为 $\boldsymbol{A}^k=\boldsymbol{O}$，所以 $(\boldsymbol{E}-\boldsymbol{A})(\boldsymbol{E}+\boldsymbol{A}+\boldsymbol{A}^2+\cdots+\boldsymbol{A}^{k-1})=\boldsymbol{E}$. 即 $\boldsymbol{E}-\boldsymbol{A}$ 可逆，且

$$(\boldsymbol{E}-\boldsymbol{A})^{-1}=\boldsymbol{E}+\boldsymbol{A}+\boldsymbol{A}^2+\cdots+\boldsymbol{A}^{k-1}.$$

考研题解析

1. 设 $\boldsymbol{\alpha}=(1,0,-1)^{\mathrm{T}}$，矩阵 $\boldsymbol{A}=\boldsymbol{\alpha}\boldsymbol{\alpha}^{\mathrm{T}}$，$n$ 为正整数，则 $|a\boldsymbol{E}-\boldsymbol{A}^n|=$________.

解 因为 $\boldsymbol{A}=\boldsymbol{\alpha}\boldsymbol{\alpha}^{\mathrm{T}}=\begin{bmatrix}1\\0\\-1\end{bmatrix}(1,0,-1)=\begin{bmatrix}1&0&-1\\0&0&0\\-1&0&1\end{bmatrix}$，而 $\boldsymbol{\alpha}^{\mathrm{T}}\boldsymbol{\alpha}=(1,0,-1)\begin{bmatrix}1\\0\\-1\end{bmatrix}=2$，

则 $\boldsymbol{A}^2=(\boldsymbol{\alpha}\boldsymbol{\alpha}^{\mathrm{T}})(\boldsymbol{\alpha}\boldsymbol{\alpha}^{\mathrm{T}})=\boldsymbol{\alpha}(\boldsymbol{\alpha}^{\mathrm{T}}\boldsymbol{\alpha})\boldsymbol{\alpha}^{\mathrm{T}}=2\boldsymbol{\alpha}\boldsymbol{\alpha}^{\mathrm{T}}=2\boldsymbol{A}$. 递推可得 $\boldsymbol{A}^n=2^{n-1}\boldsymbol{A}$. 那么

$$|a\boldsymbol{E}-\boldsymbol{A}^n|=|a\boldsymbol{E}-2^{n-1}\boldsymbol{A}|=\begin{vmatrix}a-2^{n-1}&0&2^{n-1}\\0&a&0\\2^{n-1}&0&a-2^{n-1}\end{vmatrix}=a^2(a-2^n).$$

2. 设 $\boldsymbol{A}$ 是 n 阶可逆矩阵，$\boldsymbol{A}^*$ 是 $\boldsymbol{A}$ 的伴随矩阵，则

(A) $|\boldsymbol{A}^*|=|\boldsymbol{A}|^{n-1}$； (B) $|\boldsymbol{A}^*|=|\boldsymbol{A}|$； (C) $|\boldsymbol{A}^*|=|\boldsymbol{A}|^n$； (D) $|\boldsymbol{A}^*|=|\boldsymbol{A}^{-1}|$.

解 对 $\boldsymbol{A}\boldsymbol{A}^*=\boldsymbol{A}^*\boldsymbol{A}=|\boldsymbol{A}|\boldsymbol{E}$ 两端取行列式，有 $|\boldsymbol{A}|\cdot|\boldsymbol{A}^*|=||\boldsymbol{A}|\boldsymbol{E}|=|\boldsymbol{A}|^n|\boldsymbol{E}|=|\boldsymbol{A}|^n$. 由 $\boldsymbol{A}$ 可逆，$\Rightarrow|\boldsymbol{A}|\neq0$，故 $|\boldsymbol{A}^*|=|\boldsymbol{A}|^{n-1}$. 因此，应选(A).

3. 设 $\boldsymbol{A}$ 为 m 阶方阵，$\boldsymbol{B}$ 为 n 阶方阵，且 $|\boldsymbol{A}|=a$，$|\boldsymbol{B}|=b$，$\boldsymbol{C}=\begin{bmatrix}\boldsymbol{O}&\boldsymbol{A}\\\boldsymbol{B}&\boldsymbol{O}\end{bmatrix}$，则 $|\boldsymbol{C}|=$________.

解 由拉普拉斯展开式，有 $\boldsymbol{C}=\begin{bmatrix}\boldsymbol{O}&\boldsymbol{A}\\\boldsymbol{B}&\boldsymbol{O}\end{bmatrix}=(-1)^{mn}|\boldsymbol{A}||\boldsymbol{B}|=(-1)^{mn}ab$.

4. 已知实矩阵 $\boldsymbol{A}=(a_{ij})_{3\times3}$ 满足条件：

(1) $a_{ij}=A_{ij}(i,j=1,2,3)$，其中 A_{ij} 是 a_{ij} 的代数余子式；(2) $a_{11}\neq0$. 计算行列式 $|\boldsymbol{A}|$.

解 因为 $a_{ij}=A_{ij}$，即 $\boldsymbol{A}=\begin{bmatrix}a_{11}&a_{12}&a_{13}\\a_{21}&a_{22}&a_{23}\\a_{31}&a_{32}&a_{33}\end{bmatrix}=\begin{bmatrix}A_{11}&A_{12}&A_{13}\\A_{21}&A_{22}&A_{23}\\A_{31}&A_{32}&A_{33}\end{bmatrix}=(\boldsymbol{A}^*)^{\mathrm{T}}$，

亦即 $\boldsymbol{A}^{\mathrm{T}}=\boldsymbol{A}^*$. 由于 $\boldsymbol{A}\boldsymbol{A}^*=|\boldsymbol{A}|\boldsymbol{E}$，故 $\boldsymbol{A}\boldsymbol{A}^{\mathrm{T}}=|\boldsymbol{A}|\boldsymbol{E}$. 两边取行列式，得

$$|\boldsymbol{A}|^2=|\boldsymbol{A}|\cdot|\boldsymbol{A}^{\mathrm{T}}|=||\boldsymbol{A}|\boldsymbol{E}|=|\boldsymbol{A}|^3.$$

从而 $|\boldsymbol{A}|=1$ 或 $|\boldsymbol{A}|=0$.

由于 $a_{11}\neq0$，对 $|\boldsymbol{A}|$ 按第 1 行展开，有

$$|\boldsymbol{A}|=a_{11}A_{11}+a_{12}A_{12}+a_{13}A_{13}=a_{11}^2+a_{12}^2+a_{13}^2>0.$$

故必有 $|\boldsymbol{A}|=1$.

5. 若 $\boldsymbol{\alpha}_1,\boldsymbol{\alpha}_2,\boldsymbol{\alpha}_3,\boldsymbol{\beta}_1,\boldsymbol{\beta}_2$ 都是 4 维列向量，且 4 阶行列式 $|\boldsymbol{\alpha}_1,\boldsymbol{\alpha}_2,\boldsymbol{\alpha}_3,\boldsymbol{\beta}_1|=m$，$|\boldsymbol{\alpha}_1,\boldsymbol{\alpha}_2,\boldsymbol{\beta}_2,\boldsymbol{\alpha}_3|=n$，则 4 阶行列式 $|\boldsymbol{\alpha}_3,\boldsymbol{\alpha}_2,\boldsymbol{\alpha}_1,\boldsymbol{\beta}_1+\boldsymbol{\beta}_2|=$________.

(A) $m+n$； (B) $-(m+n)$； (C) $n-m$； (D) $m-n$.

解 利用行列式的性质，有 $|\boldsymbol{\alpha}_3,\boldsymbol{\alpha}_2,\boldsymbol{\alpha}_1,\boldsymbol{\beta}_1+\boldsymbol{\beta}_2|=|\boldsymbol{\alpha}_3,\boldsymbol{\alpha}_2,\boldsymbol{\alpha}_1,\boldsymbol{\beta}_1|+|\boldsymbol{\alpha}_3,\boldsymbol{\alpha}_2,\boldsymbol{\alpha}_1,\boldsymbol{\beta}_2|=-|\boldsymbol{\alpha}_1,\boldsymbol{\alpha}_2,\boldsymbol{\alpha}_3,\boldsymbol{\beta}_1|-|\boldsymbol{\alpha}_1,\boldsymbol{\alpha}_2,\boldsymbol{\alpha}_3,\boldsymbol{\beta}_2|=-m+|\boldsymbol{\alpha}_1,\boldsymbol{\alpha}_2,\boldsymbol{\beta}_2,\boldsymbol{\alpha}_3|=n-m$. 所以应选(C).

6. 设 $\boldsymbol{A}$ 为 n 阶矩阵，满足 $\boldsymbol{A}\boldsymbol{A}^{\mathrm{T}}=\boldsymbol{E}$，$|\boldsymbol{A}|<0$，求 $|\boldsymbol{A}+\boldsymbol{E}|$.

解 因为 $|\boldsymbol{A}+\boldsymbol{E}|=|\boldsymbol{A}+\boldsymbol{A}\boldsymbol{A}^{\mathrm{T}}|=|\boldsymbol{A}(\boldsymbol{E}+\boldsymbol{A}^{\mathrm{T}})|=|\boldsymbol{A}|\cdot|(\boldsymbol{E}+\boldsymbol{A})^{\mathrm{T}}|=|\boldsymbol{A}||\boldsymbol{E}+\boldsymbol{A}|$，所以 $(1-|\boldsymbol{A}|)|\boldsymbol{E}+\boldsymbol{A}|=0$. 又因 $|\boldsymbol{A}|<0$，$1-|\boldsymbol{A}|>0$，故 $|\boldsymbol{E}+\boldsymbol{A}|=0$.

注意 $|\boldsymbol{A}+\boldsymbol{B}|\neq|\boldsymbol{A}|+|\boldsymbol{B}|$，对于 $|\boldsymbol{A}+\boldsymbol{B}|$ 的处理通常是将 $\boldsymbol{A}+\boldsymbol{B}$ 恒等变形转化为乘积形式，其中单位矩阵的恒等变形是一个重要技巧.

7. 设 $\boldsymbol{A},\boldsymbol{B}$ 均为 n 阶矩阵，$|\boldsymbol{A}|=2$，$|\boldsymbol{B}|=-3$，则 $|2\boldsymbol{A}^*\boldsymbol{B}^{-1}|=$________.

解 $|2\boldsymbol{A}^*\boldsymbol{B}^{-1}|=2^n|\boldsymbol{A}^*\boldsymbol{B}^{-1}|=2^n|\boldsymbol{A}^*||\boldsymbol{B}^{-1}|=2^n|\boldsymbol{A}|^{n-1}\cdot|\boldsymbol{B}|^{-1}=-2^{2n-1}/3$.

8. 设三阶方阵 $\boldsymbol{A},\boldsymbol{B}$ 满足 $\boldsymbol{A}^2\boldsymbol{B}-\boldsymbol{A}-\boldsymbol{B}=\boldsymbol{E}$，其中 $\boldsymbol{E}$ 为三阶单位矩阵，若 $\boldsymbol{A}=\begin{bmatrix}1&0&1\\0&2&0\\-2&0&1\end{bmatrix}$，则 $|\boldsymbol{B}|=$________.

解 由已知条件有 $(\boldsymbol{A}^2-\boldsymbol{E})\boldsymbol{B}=\boldsymbol{A}+\boldsymbol{E}$，即 $(\boldsymbol{A}+\boldsymbol{E})(\boldsymbol{A}-\boldsymbol{E})\boldsymbol{B}=\boldsymbol{A}+\boldsymbol{E}$. 因为 $\boldsymbol{A}+\boldsymbol{E}=\begin{bmatrix}2&0&1\\0&3&0\\-2&0&2\end{bmatrix}$，知 $\boldsymbol{A}+\boldsymbol{E}$ 可逆. 故 $\boldsymbol{B}=(\boldsymbol{A}-\boldsymbol{E})^{-1}$. 而 $|\boldsymbol{A}-\boldsymbol{E}|=\begin{vmatrix}0&0&1\\0&1&0\\-2&0&0\end{vmatrix}=2$，故

$$|\boldsymbol{B}|=|(\boldsymbol{A}-\boldsymbol{E})^{-1}|=\frac{1}{|\boldsymbol{A}-\boldsymbol{E}|}=\frac{1}{2}.$$

9. 设矩阵 $\boldsymbol{A}=\begin{bmatrix}2&1&0\\1&2&0\\0&0&1\end{bmatrix}$，矩阵 $\boldsymbol{B}$ 满足 $\boldsymbol{A}\boldsymbol{B}\boldsymbol{A}^*=2\boldsymbol{B}\boldsymbol{A}^*+\boldsymbol{E}$，其中 $\boldsymbol{A}^*$ 为 $\boldsymbol{A}$ 的伴随矩阵，$\boldsymbol{E}$

是单位矩阵，则$|\boldsymbol{B}|=$________.

解 由于$\boldsymbol{AA}^*=\boldsymbol{A}^*\boldsymbol{A}=|\boldsymbol{A}|\boldsymbol{E}$，易见$|\boldsymbol{A}|=3$，用$\boldsymbol{A}$右乘矩阵方程的两端，有

$$3\boldsymbol{AB}=6\boldsymbol{B}+\boldsymbol{A},\Rightarrow 3(\boldsymbol{A}-2\boldsymbol{E})\boldsymbol{B}=\boldsymbol{A},\Rightarrow 3^3|\boldsymbol{A}-2\boldsymbol{E}||\boldsymbol{B}|=|\boldsymbol{A}|.$$

又$|\boldsymbol{A}-2\boldsymbol{E}|=\begin{vmatrix}0&1&0\\1&0&0\\0&0&-1\end{vmatrix}=1$，故$|\boldsymbol{B}|=\dfrac{1}{9}$.

10. 设$\boldsymbol{\alpha}_1,\boldsymbol{\alpha}_2,\boldsymbol{\alpha}_3$均为3维列向量，记矩阵

$$\boldsymbol{A}=(\boldsymbol{\alpha}_1,\boldsymbol{\alpha}_2,\boldsymbol{\alpha}_3),\boldsymbol{B}=(\boldsymbol{\alpha}_1+\boldsymbol{\alpha}_2+\boldsymbol{\alpha}_3,\boldsymbol{\alpha}_1+2\boldsymbol{\alpha}_2+4\boldsymbol{\alpha}_3,\boldsymbol{\alpha}_1+3\boldsymbol{\alpha}_2+9\boldsymbol{\alpha}_3).$$

如果$|\boldsymbol{A}|=1$，那么$|\boldsymbol{B}|=$________.

解 对矩阵$\boldsymbol{B}$用分块技巧，有$\boldsymbol{B}=(\boldsymbol{\alpha}_1\ \boldsymbol{\alpha}_2\ \boldsymbol{\alpha}_3)\begin{bmatrix}1&1&1\\1&2&3\\1&4&9\end{bmatrix}$.

两边取行列式，并用行列式乘法公式，得$|\boldsymbol{B}|=|\boldsymbol{A}|\begin{vmatrix}1&1&1\\1&2&3\\1&4&9\end{vmatrix}=2|\boldsymbol{A}|$，所以$|\boldsymbol{B}|=2$.

11. 设$\boldsymbol{A}$为n阶非零矩阵，$\boldsymbol{A}^*$是$\boldsymbol{A}$的伴随矩阵，$\boldsymbol{A}^{\mathrm{T}}$是$\boldsymbol{A}$的转置矩阵，当$\boldsymbol{A}^*=\boldsymbol{A}^{\mathrm{T}}$时，证明$|\boldsymbol{A}|\neq 0$.

证法一 由于$\boldsymbol{A}^*=\boldsymbol{A}^{\mathrm{T}}$，根据$A^*$的定义有$A_{ij}=a_{ij}(\forall i,j=1,2,\cdots,n)$，其中$A_{ij}$是行列式$|\boldsymbol{A}|$中$a_{ij}$的代数余子式. 因为$\boldsymbol{A}\neq\boldsymbol{O}$，不妨设$a_{ij}\neq 0$，则

$$|\boldsymbol{A}|=|\alpha_{i1}A_{i1}+\alpha_{i2}A_{i2}+\cdots+\alpha_{in}A_{in}|=a_{i1}^2+a_{i2}^2+\cdots+a_{in}^2>0.$$

故$|\boldsymbol{A}|\neq 0$.

证法二 （反证法）若$|\boldsymbol{A}|=0$，则$\boldsymbol{AA}^{\mathrm{T}}=\boldsymbol{AA}^*=|\boldsymbol{A}|\boldsymbol{E}=\boldsymbol{O}$. 设$\boldsymbol{A}$的行向量为$\alpha_i(i=1,2,\cdots,n)$，则$\boldsymbol{\alpha}_i\boldsymbol{\alpha}_i^{\mathrm{T}}=\boldsymbol{\alpha}_{i1}^2+\boldsymbol{\alpha}_{i2}^2+\cdots+\boldsymbol{\alpha}_{in}^2=0(i=1,2,\cdots,n)$. 于是$\boldsymbol{\alpha}_i=(\boldsymbol{\alpha}_{i1},\boldsymbol{\alpha}_{i2},\cdots,\boldsymbol{\alpha}_{in})=\boldsymbol{O}(i=1,2,\cdots,n)$. 进而有$\boldsymbol{A}=\boldsymbol{O}$，这与$\boldsymbol{A}$是非零矩阵相矛盾. 故$|\boldsymbol{A}|\neq 0$.

12. 设$\boldsymbol{A}$和$\boldsymbol{B}$均为$n\times n$矩阵，则必有

(A) $|\boldsymbol{A}+\boldsymbol{B}|=|\boldsymbol{A}|+|\boldsymbol{B}|$；　　(B) $\boldsymbol{AB}=\boldsymbol{BA}$；

(C) $|\boldsymbol{AB}|=|\boldsymbol{BA}|$；　　(D) $(\boldsymbol{A}+\boldsymbol{B})^{-1}=\boldsymbol{A}^{-1}+\boldsymbol{B}^{-1}$.

解 当行列式的一行(列)是两个数的和时，可把行列式对该行(列)拆开成两个行列式之和，拆开时其他各行(列)均保持不变. 对于行列式的这一性质应当正确理解. 因此，若要拆开n阶行列式$|\boldsymbol{A}+\boldsymbol{B}|$，则应当是$2^n$个$n$阶行列式的和，所以$|\boldsymbol{A}+\boldsymbol{B}|\neq|\boldsymbol{A}|+|\boldsymbol{B}|$，故(A)错误.

矩阵的运算是表格的运算，它不同于数字运算，矩阵的乘法没有交换律，故(B)不正确.

若$\boldsymbol{A}=\begin{bmatrix}1&0\\0&1\end{bmatrix}$，$\boldsymbol{B}=\begin{bmatrix}1&0\\0&2\end{bmatrix}$，则$(\boldsymbol{A}+\boldsymbol{B})^{-1}=\begin{bmatrix}2&0\\0&3\end{bmatrix}^{-1}=\begin{bmatrix}1/2&0\\0&1/3\end{bmatrix}$，而

$$\boldsymbol{A}^{-1}+\boldsymbol{B}^{-1}=\begin{bmatrix}1&0\\0&1\end{bmatrix}+\begin{bmatrix}1&0\\0&1/2\end{bmatrix}=\begin{bmatrix}2&0\\0&3/2\end{bmatrix},$$

故(D)错.

由行列式乘法公式$|\boldsymbol{AB}|=|\boldsymbol{A}||\boldsymbol{B}|=|\boldsymbol{B}||\boldsymbol{A}|=|\boldsymbol{BA}|$,知(C)正确.

注意 行列式是数,故恒有$|\boldsymbol{A}||\boldsymbol{B}|=|\boldsymbol{B}||\boldsymbol{A}|$,而矩阵则不行.

13. 设$\boldsymbol{A},\boldsymbol{B}$为$n$阶方阵,满足等式$\boldsymbol{AB}=\boldsymbol{O}$,则必有

(A)$\boldsymbol{A}=\boldsymbol{O}$或$\boldsymbol{B}=\boldsymbol{O}$; (B)$\boldsymbol{A}+\boldsymbol{B}=\boldsymbol{O}$;

(C)$|\boldsymbol{A}|=0$或$|\boldsymbol{B}|=0$; (D)$|\boldsymbol{A}|+|\boldsymbol{B}|=0$.

解 由$\boldsymbol{AB}=\boldsymbol{O}$,用行列式乘法公式,有$|\boldsymbol{A}||\boldsymbol{B}|=|\boldsymbol{AB}|=0$. 所以$|\boldsymbol{A}|$与$|\boldsymbol{B}|$这两个数中至少有一个为0,故应选(C).

注意 若$\boldsymbol{A}=\begin{bmatrix}1&1\\1&1\end{bmatrix}$,$\boldsymbol{B}=\begin{bmatrix}1&1\\-1&-1\end{bmatrix}$,有$\boldsymbol{AB}=\boldsymbol{O}$,显然$\boldsymbol{A}\neq\boldsymbol{O},\boldsymbol{B}\neq\boldsymbol{O}$. 这里一个常见的错误是"若$\boldsymbol{AB}=\boldsymbol{O},\boldsymbol{B}\neq\boldsymbol{O}$,则$\boldsymbol{A}=\boldsymbol{O}$". 要引起注意.

14. 已知$\boldsymbol{\alpha}=(1,2,3)$,$\boldsymbol{\beta}=\left(1,\frac{1}{2},\frac{1}{3}\right)$,设$\boldsymbol{A}=\boldsymbol{\alpha}^{\mathrm{T}}\boldsymbol{\beta}$,则$\boldsymbol{A}^n=$________.

解 矩阵乘法有结合律,注意$\boldsymbol{\beta}\boldsymbol{\alpha}^{\mathrm{T}}=\left(1,\frac{1}{2},\frac{1}{3}\right)(1,2,3)^{\mathrm{T}}=3$(是一个数),而

$$\boldsymbol{A}=\boldsymbol{\alpha}^{\mathrm{T}}\boldsymbol{\beta}=\begin{bmatrix}1\\2\\3\end{bmatrix}\left[1,\frac{1}{2},\frac{1}{3}\right]=\begin{bmatrix}1&\frac{1}{2}&\frac{1}{3}\\2&1&\frac{2}{3}\\3&\frac{3}{2}&1\end{bmatrix},$$

于是$\boldsymbol{A}^n=(\boldsymbol{\alpha}^{\mathrm{T}}\boldsymbol{\beta})(\boldsymbol{\alpha}^{\mathrm{T}}\boldsymbol{\beta})\cdots(\boldsymbol{\alpha}^{\mathrm{T}}\boldsymbol{\beta})=\boldsymbol{\alpha}^{\mathrm{T}}(\boldsymbol{\beta}\boldsymbol{\alpha}^{\mathrm{T}})(\boldsymbol{\beta}\boldsymbol{\alpha}^{\mathrm{T}})\cdots(\boldsymbol{\beta}\boldsymbol{\alpha}^{\mathrm{T}})\boldsymbol{\beta}=3^{n-1}\boldsymbol{\alpha}^{\mathrm{T}}\boldsymbol{\beta}$. 所以应填

$$3^{n-1}\begin{bmatrix}1&\frac{1}{2}&\frac{1}{3}\\2&1&\frac{2}{3}\\3&\frac{3}{2}&1\end{bmatrix}.$$

15. 设n维行向量$\boldsymbol{\alpha}=\left(\frac{1}{2},0,\cdots,0,\frac{1}{2}\right)$,矩阵$\boldsymbol{A}=\boldsymbol{E}-\boldsymbol{\alpha}^{\mathrm{T}}\boldsymbol{\alpha}$,$\boldsymbol{B}=\boldsymbol{E}+2\boldsymbol{\alpha}^{\mathrm{T}}\boldsymbol{\alpha}$,其中$\boldsymbol{E}$为$n$阶单位矩阵,则$\boldsymbol{AB}=$________.

(A)$\boldsymbol{O}$; (B)$-\boldsymbol{E}$; (C)$\boldsymbol{E}$; (D)$\boldsymbol{E}+\boldsymbol{\alpha}^{\mathrm{T}}\boldsymbol{\alpha}$.

解 利用矩阵乘法的分配律、结合律,有

$$\boldsymbol{AB}=(\boldsymbol{E}-\boldsymbol{\alpha}^{\mathrm{T}}\boldsymbol{\alpha})(\boldsymbol{E}+2\boldsymbol{\alpha}^{\mathrm{T}}\boldsymbol{\alpha})=\boldsymbol{E}+2\boldsymbol{\alpha}^{\mathrm{T}}\boldsymbol{\alpha}-\boldsymbol{\alpha}^{\mathrm{T}}\boldsymbol{\alpha}-2\boldsymbol{\alpha}^{\mathrm{T}}\boldsymbol{\alpha}\boldsymbol{\alpha}^{\mathrm{T}}\boldsymbol{\alpha}=\boldsymbol{E}+\boldsymbol{\alpha}^{\mathrm{T}}\boldsymbol{\alpha}-2\boldsymbol{\alpha}^{\mathrm{T}}(\boldsymbol{\alpha}\boldsymbol{\alpha}^{\mathrm{T}})\boldsymbol{\alpha}.$$

由于$\boldsymbol{\alpha}\boldsymbol{\alpha}^{\mathrm{T}}=\left[\frac{1}{2},0,\cdots,0,\frac{1}{2}\right]\left[\frac{1}{2},0,\cdots,0,\frac{1}{2}\right]^{\mathrm{T}}=\frac{1}{2}$,故$\boldsymbol{AB}=\boldsymbol{E}+\boldsymbol{\alpha}^{\mathrm{T}}\boldsymbol{\alpha}-2\times\frac{1}{2}\boldsymbol{\alpha}^{\mathrm{T}}\boldsymbol{\alpha}=\boldsymbol{E}$.
所以应选(C).

16. 齐次方程组$\begin{cases}\lambda x_1+x_2+\lambda^2x_3=0;\\x_1+\lambda x_2+x_3=0;\\x_1+x_2+\lambda x_3=0.\end{cases}$ 的系数矩阵为$\boldsymbol{A}$,若存在三阶矩阵$\boldsymbol{B}\neq\boldsymbol{O}$,使得$\boldsymbol{AB}$

$=\boldsymbol{O}$，则________.

(A)$\lambda=-2$ 且 $|\boldsymbol{B}|=0$；　(B)$\lambda=-2$ 且 $|\boldsymbol{B}|\neq0$；

(C)$\lambda=1$ 且 $|\boldsymbol{B}|=0$；　(D)$\lambda=1$ 且 $|\boldsymbol{B}|\neq0$.

解　由 $\boldsymbol{AB}=\boldsymbol{O}$ 知 $r(\boldsymbol{A})+r(\boldsymbol{B})\leqslant3$，又因 $\boldsymbol{A}\neq\boldsymbol{O},\boldsymbol{B}\neq\boldsymbol{O}$，于是 $1\leqslant r(\boldsymbol{A})<3,1\leqslant r(\boldsymbol{B})<3$. 故 $|\boldsymbol{B}|=0$. 显然，$\lambda=1$ 时，由于

$$\boldsymbol{A}=\begin{bmatrix}1&1&1\\1&1&1\\1&1&1\end{bmatrix},$$

则有 $1\leqslant r(\boldsymbol{A})<3$. 故应选(C).

17. 设 $\boldsymbol{A}$ 为 n 阶非零矩阵，$\boldsymbol{E}$ 为 n 阶单位矩阵。若 $\boldsymbol{A}^3=\boldsymbol{O}$，则

(A)$\boldsymbol{E}-\boldsymbol{A}$ 不可逆，$\boldsymbol{E}+\boldsymbol{A}$ 不可逆；　(B)$\boldsymbol{E}-\boldsymbol{A}$ 不可逆，$\boldsymbol{E}+\boldsymbol{A}$ 可逆；

(C)$\boldsymbol{E}-\boldsymbol{A}$ 可逆，$\boldsymbol{E}+\boldsymbol{A}$ 可逆；　(D)$\boldsymbol{E}-\boldsymbol{A}$ 可逆，$\boldsymbol{E}+\boldsymbol{A}$ 不可逆.

解　由于 $(\boldsymbol{E}-\boldsymbol{A})(\boldsymbol{E}+\boldsymbol{A}+\boldsymbol{A}^2)=\boldsymbol{E}-\boldsymbol{A}^3=\boldsymbol{E}$,

$$(\boldsymbol{E}+\boldsymbol{A})(\boldsymbol{E}-\boldsymbol{A}+\boldsymbol{A}^2)=\boldsymbol{E}+\boldsymbol{A}^3=\boldsymbol{E},$$

所以，由定义知 $\boldsymbol{E}-\boldsymbol{A},\boldsymbol{E}+\boldsymbol{A}$ 均可逆. 故选(C).

18. 设 $\boldsymbol{A}=\begin{bmatrix}1&0&1\\0&2&0\\1&0&1\end{bmatrix}$，而 $n\geqslant2$ 为正整数，则 $\boldsymbol{A}^n-2\boldsymbol{A}^{n-1}=$________.

解　由于 $\boldsymbol{A}^n-2\boldsymbol{A}^{n-1}=(\boldsymbol{A}-2\boldsymbol{E})\boldsymbol{A}^{n-1}$，而

$$\boldsymbol{A}-2\boldsymbol{E}=\begin{bmatrix}-1&0&1\\0&0&0\\1&0&-1\end{bmatrix},(\boldsymbol{A}-2\boldsymbol{E})\boldsymbol{A}=\boldsymbol{O},$$

从而 $\boldsymbol{A}^n-2\boldsymbol{A}^{n-1}=\boldsymbol{O}$.

19. 设 $\boldsymbol{\alpha}$ 为 3 维列向量，$\boldsymbol{\alpha}^{\mathrm{T}}$ 是 $\boldsymbol{\alpha}$ 的转置，若 $\boldsymbol{\alpha\alpha}^{\mathrm{T}}=\begin{bmatrix}1&-1&1\\-1&1&-1\\1&-1&1\end{bmatrix}$，则 $\boldsymbol{\alpha}^{\mathrm{T}}\boldsymbol{\alpha}=$________.

解　$\boldsymbol{\alpha\alpha}^{\mathrm{T}}$ 是秩为 1 的矩阵，$\boldsymbol{\alpha}^{\mathrm{T}}\boldsymbol{\alpha}$ 是一个数，这两个符号不要混淆.

由 $\begin{bmatrix}1&-1&1\\-1&1&-1\\1&-1&1\end{bmatrix}=\begin{bmatrix}1\\-1\\1\end{bmatrix}\begin{bmatrix}1&-1&1\end{bmatrix}=\boldsymbol{\alpha\alpha}^{\mathrm{T}}$，故 $\boldsymbol{\alpha}^{\mathrm{T}}\boldsymbol{\alpha}=(1,-1,1)\begin{bmatrix}1\\-1\\1\end{bmatrix}=3$.

20. 设 $\boldsymbol{A}=\begin{bmatrix}0&-1&0\\1&0&0\\0&0&-1\end{bmatrix}$，$\boldsymbol{B}=\boldsymbol{P}^{-1}\boldsymbol{AP}$，其中 $\boldsymbol{P}$ 为 3 阶可逆矩阵，则 $\boldsymbol{B}^{2\,004}-2\boldsymbol{A}^2$ ________.

解　由 $\begin{bmatrix}\boldsymbol{A}&\boldsymbol{O}\\\boldsymbol{O}&\boldsymbol{B}\end{bmatrix}^n=\begin{bmatrix}\boldsymbol{A}^n&\boldsymbol{O}\\\boldsymbol{O}&\boldsymbol{B}^n\end{bmatrix}$，$\begin{bmatrix}a_1&&\\&a_2&\\&&a_3\end{bmatrix}^n=\begin{bmatrix}a_1^n&&\\&a_2^n&\\&&a_3^n\end{bmatrix}$，又 $\begin{bmatrix}0&-1\\1&0\end{bmatrix}^2=\begin{bmatrix}-1&0\\0&-1\end{bmatrix}$,

易见 $A^2=\begin{bmatrix}0&-1&0\\1&0&0\\0&0&-1\end{bmatrix}^2=\begin{bmatrix}-1&0&0\\0&-1&0\\0&0&1\end{bmatrix}$. 从而 $A^{2004}=(A^2)^{1002}=E$. 故

$$B^{2004}-2A^2=P^{-1}A^{2004}P-2A^2=P^{-1}EP-2A^2=\begin{bmatrix}3&0&0\\0&3&0\\0&0&-1\end{bmatrix}.$$

21. 设 4 阶方阵 A 的秩为 2，则其伴随矩阵 A^* 的秩为________.

解 由于 $r(A)=2$，说明 A 中 3 阶子式全为 0，于是 $|A|$ 的代数余子式 $A_{ij}\equiv 0$，故 $A^*=O$. 所以秩 $r(A^*)=0$.

注意 若熟悉伴随矩阵 A^* 秩的关系式 $r(A^*)=\begin{cases}n, & 若\ r(A)=n;\\1, & 若\ r(A)=n-1;\\0, & 若\ r(A)<n-1.\end{cases}$ 易知 $r(A^*)=0$.

22. 设 $A=\begin{bmatrix}1&0&0\\2&2&0\\3&4&5\end{bmatrix}$，$A^*$ 是 A 的伴随矩阵，则 $(A^*)^{-1}=$________.

解 由 $AA^*=|A|E$ 有 $\dfrac{A}{|A|}A^*=E$，故 $(A^*)^{-1}=\dfrac{A}{|A|}$. 现 $|A|=10$，所以

$$(A^*)^{-1}=\frac{1}{10}\begin{bmatrix}1&0&0\\2&2&0\\3&4&5\end{bmatrix}.$$

注意 要熟记关系式 $(A^*)^{-1}=(A^{-1})^*=\dfrac{A}{|A|}$，在已知矩阵 A 的情况下，只要求出行列式 $|A|$ 的值，就可求出 $(A^*)^{-1}$ 或 $(A^{-1})^*$.

23. 设 n 阶矩阵 A 非奇异 $(n\geqslant 2)$，A^* 是 A 的伴随矩阵，则________.

(A) $(A^*)^*=|A|^{n-1}A$；　(B) $(A^*)^*=|A|^{n+1}A$；

(C) $(A^*)^*=|A|^{n-2}A$；　(D) $(A^*)^*=|A|^{n+2}A$.

解 由 $AA^*=A^*A=|A|E$. 现将 A^* 视为关系式中的矩阵 A，则有 $A^*(A^*)^*=|A^*|E$. 由 $|A^*|=|A|^{n-1}$ 及 $(A^*)^{-1}=\dfrac{A}{|A|}$，得 $(A^*)^*=|A^*|(A^*)^{-1}=|A|^{n-1}\dfrac{A}{|A|}=|A|^{n-2}A$. 选 (C).

注意 由 $A^*(A^*)^*=|A^*|E$，左乘 A 有 $(AA^*)(A^*)^*=|A|^{n-1}A$，即

$$(|A|E)(A^*)^*=|A|^{n-1}A.$$

亦知应选 (C).

24. 设 A 是任一 $n(n\geqslant 3)$ 阶方阵，A^* 是其伴随矩阵，又 k 为常数，且 $k\neq 0,\pm 1$，则必有 $(kA)^*=$________.

(A) kA^*；　(B) $k^{n-1}A^*$；　(C) k^nA^*；　(D) $k^{-1}A^*$.

解 对任何 n 阶矩阵都要成立的关系式，对特殊的 n 阶矩阵自然也成立. 那么，当 A 可

逆时，由 $\boldsymbol{A}^*=|\boldsymbol{A}|\boldsymbol{A}^{-1}$ 有 $(k\boldsymbol{A}^*)=|k\boldsymbol{A}|(k\boldsymbol{A})^{-1}=k^n|\boldsymbol{A}|\cdot\frac{1}{k}\boldsymbol{A}^{-1}=k^{n-1}\boldsymbol{A}^*$. 故应选(B).

25. 设矩阵 $\boldsymbol{A}$ 的伴随矩阵

$$\boldsymbol{A}^*=\begin{bmatrix}1&0&0&0\\0&1&0&0\\1&0&1&0\\0&-3&0&8\end{bmatrix},$$

且 $\boldsymbol{ABA}^{-1}=\boldsymbol{BA}^{-1}+3\boldsymbol{E}$，其中 $\boldsymbol{E}$ 是 4 阶单位矩阵，求矩阵 $\boldsymbol{B}$.

解 由 $|\boldsymbol{A}^*|=|\boldsymbol{A}|^{n-1}$，有 $|\boldsymbol{A}|^3=8$，得 $|\boldsymbol{A}|=2$. $\boldsymbol{A}$ 是可逆矩阵. 用 $\boldsymbol{A}$ 右乘矩阵方程两端，有 $(\boldsymbol{A}-\boldsymbol{E})\boldsymbol{B}=3\boldsymbol{A}$. 因为 $\boldsymbol{A}^*\boldsymbol{A}=\boldsymbol{AA}^*=|\boldsymbol{A}|\boldsymbol{E}$，用 $\boldsymbol{A}^*$ 左乘上式的两端，并把 $|\boldsymbol{A}|=2$ 代入，有 $(2\boldsymbol{E}-\boldsymbol{A}^*)\boldsymbol{B}=6\boldsymbol{E}$. 于是 $\boldsymbol{B}=6(2\boldsymbol{E}-\boldsymbol{A}^*)^{-1}$.

因为 $2\boldsymbol{E}-\boldsymbol{A}^*=\begin{bmatrix}1&0&0&0\\0&1&0&0\\-1&0&1&0\\0&3&0&-6\end{bmatrix}$，故 $(2\boldsymbol{E}-\boldsymbol{A}^*)^{-1}=\begin{bmatrix}1&0&0&0\\0&1&0&0\\1&0&1&0\\0&1/2&0&-1/6\end{bmatrix}$. 因此

$$\boldsymbol{B}=\begin{bmatrix}6&0&0&0\\0&6&0&0\\6&0&6&0\\0&3&0&-1\end{bmatrix}.$$

26. 设 $\boldsymbol{A},\boldsymbol{B}$ 为 n 阶矩阵，$\boldsymbol{A}^*,\boldsymbol{B}^*$ 分别为 $\boldsymbol{A},\boldsymbol{B}$ 对应的伴随矩阵，分块矩阵 $\boldsymbol{C}=\begin{bmatrix}\boldsymbol{A}&\boldsymbol{O}\\\boldsymbol{O}&\boldsymbol{B}\end{bmatrix}$，则 $\boldsymbol{C}$ 的伴随矩阵 $\boldsymbol{C}^*=$________.

(A) $\begin{bmatrix}|\boldsymbol{A}|\boldsymbol{A}^*&\boldsymbol{O}\\\boldsymbol{O}&|\boldsymbol{B}|\boldsymbol{B}^*\end{bmatrix}$；　(B) $\begin{bmatrix}|\boldsymbol{B}|\boldsymbol{B}^*&\boldsymbol{O}\\\boldsymbol{O}&|\boldsymbol{A}|\boldsymbol{A}^*\end{bmatrix}$；

(C) $\begin{bmatrix}|\boldsymbol{A}|\boldsymbol{B}^*&\boldsymbol{O}\\\boldsymbol{O}&|\boldsymbol{B}|\boldsymbol{A}^*\end{bmatrix}$；　(D) $\begin{bmatrix}|\boldsymbol{B}|\boldsymbol{A}^*&\boldsymbol{O}\\\boldsymbol{O}&|\boldsymbol{A}|\boldsymbol{B}^*\end{bmatrix}$.

解 由 $\boldsymbol{C}^*=|\boldsymbol{C}|\boldsymbol{C}^{-1}=\begin{vmatrix}\boldsymbol{A}&\boldsymbol{O}\\\boldsymbol{O}&\boldsymbol{B}\end{vmatrix}\begin{bmatrix}\boldsymbol{A}&\boldsymbol{O}\\\boldsymbol{O}&\boldsymbol{B}\end{bmatrix}^{-1}=|\boldsymbol{A}||\boldsymbol{B}|\begin{bmatrix}\boldsymbol{A}^{-1}&\boldsymbol{O}\\\boldsymbol{O}&\boldsymbol{B}^{-1}\end{bmatrix}=$ $\begin{bmatrix}|\boldsymbol{A}||\boldsymbol{B}|\boldsymbol{A}^{-1}&\boldsymbol{O}\\\boldsymbol{O}&|\boldsymbol{A}||\boldsymbol{B}|\boldsymbol{B}^{-1}\end{bmatrix}$，应选(D).

27. 设矩阵 $\boldsymbol{A}=(a_{ij})_{3\times3}$ 满足 $\boldsymbol{A}^*=\boldsymbol{A}^{\mathrm{T}}$，其中 $\boldsymbol{A}^*$ 为 $\boldsymbol{A}$ 的伴随矩阵，$\boldsymbol{A}^{\mathrm{T}}$ 为 $\boldsymbol{A}$ 的转置矩阵，若 a_{11},a_{12},a_{13} 为三个相等的正数，则 a_{11} 为________.

(A) $\frac{\sqrt{3}}{3}$；　(B) 3；　(C) $\frac{1}{3}$；　(D) $\sqrt{3}$.

解 因为 $\boldsymbol{A}^*=\boldsymbol{A}^{\mathrm{T}}$，即

$$\begin{bmatrix}A_{11}&A_{21}&A_{31}\\A_{12}&A_{22}&A_{32}\\A_{13}&A_{23}&A_{33}\end{bmatrix}=\begin{bmatrix}a_{11}&a_{21}&a_{31}\\a_{12}&a_{22}&a_{32}\\a_{13}&a_{23}&a_{33}\end{bmatrix},$$

由此可知 $a_{ij}=A_{ij}$，$\forall i,j=1,2,3$. 那么

$$|\boldsymbol{A}|=a_{11}A_{11}+a_{12}A_{12}+a_{13}A_{13}=a_{11}^2+a_{12}^2+a_{13}^2=3a_{11}^2>0.$$

又由 $\boldsymbol{A}^*=\boldsymbol{A}^{\mathrm{T}}$，两边取行列式并利用 $|\boldsymbol{A}^*|=|\boldsymbol{A}|^{n-1}$ 及 $|\boldsymbol{A}^{\mathrm{T}}|=|\boldsymbol{A}|$ 得 $|\boldsymbol{A}|^2=|\boldsymbol{A}|$. 从而 $|\boldsymbol{A}|=1$，即 $3a_{11}^2=1$，故 $a_{11}=\dfrac{\sqrt{3}}{3}$. 应选(A).

28. 已知对于 n 阶方阵 $\boldsymbol{A}$，存在自然数 k，使得 $\boldsymbol{A}^k=\boldsymbol{O}$. 试证明矩阵 $\boldsymbol{E}-\boldsymbol{A}$ 可逆，并写出其逆矩阵的表达式($\boldsymbol{E}$ 为 n 阶单位矩阵).

证 由于 $\boldsymbol{A}^k=\boldsymbol{O}$，故 $(\boldsymbol{E}-\boldsymbol{A})(\boldsymbol{E}+\boldsymbol{A}+\boldsymbol{A}^2+\cdots+\boldsymbol{A}^{k-1})=\boldsymbol{E}-\boldsymbol{A}^k=\boldsymbol{E}$. 所以 $\boldsymbol{E}-\boldsymbol{A}$ 可逆，且 $(\boldsymbol{E}-\boldsymbol{A})^{-1}=\boldsymbol{E}+\boldsymbol{A}+\boldsymbol{A}^2+\cdots+\boldsymbol{A}^{k-1}$.

29. 设 4 阶方阵 $\boldsymbol{A}=\begin{bmatrix}5&2&0&0\\2&1&0&0\\0&0&1&-2\\0&0&1&1\end{bmatrix}$，则 $\boldsymbol{A}$ 的逆矩阵 $\boldsymbol{A}^{-1}=$________.

解 由 $\begin{bmatrix}\boldsymbol{A}&\boldsymbol{O}\\\boldsymbol{O}&\boldsymbol{B}\end{bmatrix}^{-1}=\begin{bmatrix}\boldsymbol{A}^{-1}&\boldsymbol{O}\\\boldsymbol{O}&\boldsymbol{B}^{-1}\end{bmatrix}$，$\begin{bmatrix}\boldsymbol{O}&\boldsymbol{A}\\\boldsymbol{B}&\boldsymbol{O}\end{bmatrix}^{-1}=\begin{bmatrix}\boldsymbol{O}&\boldsymbol{B}^{-1}\\\boldsymbol{A}^{-1}&\boldsymbol{O}\end{bmatrix}$，根据 2 阶矩阵的伴随求逆法，得

$$\boldsymbol{A}^{-1}=\begin{bmatrix}1&-2&0&0\\-2&5&0&0\\0&0&\dfrac{1}{3}&\dfrac{2}{3}\\0&0&-\dfrac{1}{3}&\dfrac{1}{3}\end{bmatrix}.$$

注意 本题若用伴随矩阵法或行变换法就麻烦了.

30. 设 n 阶方阵 $\boldsymbol{A}$、$\boldsymbol{B}$、$\boldsymbol{C}$ 满足关系式 $\boldsymbol{ABC}=\boldsymbol{E}$，其中 $\boldsymbol{E}$ 是 n 阶单位阵，则必有

(A)$\boldsymbol{ACB}=\boldsymbol{E}$； (B)$\boldsymbol{CBA}=\boldsymbol{E}$； (C)$\boldsymbol{BAC}=\boldsymbol{E}$； (D)$\boldsymbol{BCA}=\boldsymbol{E}$.

解 据行列式乘法公式，$|\boldsymbol{A}||\boldsymbol{B}||\boldsymbol{C}|=1$，知 $\boldsymbol{A}$、$\boldsymbol{B}$、$\boldsymbol{C}$ 均可逆. 对 $\boldsymbol{ABC}=\boldsymbol{E}$ 先左乘 $\boldsymbol{A}^{-1}$ 再右乘 $\boldsymbol{A}$，有 $\boldsymbol{BCA}=\boldsymbol{E}$，$\Rightarrow\boldsymbol{BC}=\boldsymbol{A}^{-1}$，$\Rightarrow\boldsymbol{BCA}=\boldsymbol{E}$. 应选(D). 类似地，由 $\boldsymbol{BCA}=\boldsymbol{E}$，$\Rightarrow\boldsymbol{CAB}=\boldsymbol{E}$.

注意 若 n 阶矩阵 $\boldsymbol{ABCD}=\boldsymbol{E}$，则有 $\boldsymbol{ABCD}=\boldsymbol{BCDA}=\boldsymbol{CDAB}=\boldsymbol{DABC}=\boldsymbol{E}$.

31. 设 $\boldsymbol{A}$ 和 $\boldsymbol{B}$ 为可逆矩阵，$\boldsymbol{X}=\begin{bmatrix}\boldsymbol{O}&\boldsymbol{A}\\\boldsymbol{B}&\boldsymbol{O}\end{bmatrix}$ 为分块矩阵，则 $\boldsymbol{X}^{-1}=$________.

解 利用分块矩阵，按可逆定义有 $\begin{bmatrix}\boldsymbol{O}&\boldsymbol{A}\\\boldsymbol{B}&\boldsymbol{O}\end{bmatrix}\begin{bmatrix}\boldsymbol{X}_1&\boldsymbol{X}_2\\\boldsymbol{X}_3&\boldsymbol{X}_4\end{bmatrix}=\begin{bmatrix}\boldsymbol{E}&\boldsymbol{O}\\\boldsymbol{O}&\boldsymbol{E}\end{bmatrix}$，即

$$\boldsymbol{AX}_3=\boldsymbol{E},\boldsymbol{AX}_4=\boldsymbol{O},\boldsymbol{BX}_1=\boldsymbol{O},\boldsymbol{BX}_2=\boldsymbol{E}.$$

从 $\boldsymbol{A}$、$\boldsymbol{B}$ 均可逆知 $\boldsymbol{X}_3=\boldsymbol{A}^{-1}$，$\boldsymbol{X}_4=\boldsymbol{O}$，$\boldsymbol{X}_1=\boldsymbol{O}$，$\boldsymbol{X}_2=\boldsymbol{B}^{-1}$. 故应填 $\begin{bmatrix}\boldsymbol{O}&\boldsymbol{B}^{-1}\\\boldsymbol{A}^{-1}&\boldsymbol{O}\end{bmatrix}$.

32. 设 $\boldsymbol{A}$，$\boldsymbol{B}$，$\boldsymbol{A}+\boldsymbol{B}$，$\boldsymbol{A}^{-1}+\boldsymbol{B}^{-1}$ 均为 n 阶可逆矩阵，则 $(\boldsymbol{A}^{-1}+\boldsymbol{B}^{-1})^{-1}$ 等于( ).

(A)$\boldsymbol{A}^{-1}+\boldsymbol{B}^{-1}$； (B)$\boldsymbol{A}+\boldsymbol{B}$； (C)$\boldsymbol{A}(\boldsymbol{A}+\boldsymbol{B})^{-1}\boldsymbol{B}$； (D)$(\boldsymbol{A}+\boldsymbol{B})^{-1}$.

解 因为 $\boldsymbol{A},\boldsymbol{B},\boldsymbol{A}+\boldsymbol{B}$ 均可逆，则有

$$(\boldsymbol{A}^{-1}+\boldsymbol{B}^{-1})^{-1}=(\boldsymbol{E}\boldsymbol{A}^{-1}+\boldsymbol{B}^{-1}\boldsymbol{E})^{-1}=(\boldsymbol{B}^{-1}\boldsymbol{B}\boldsymbol{A}^{-1}+\boldsymbol{B}^{-1}\boldsymbol{A}\boldsymbol{A}^{-1})^{-1}=[\boldsymbol{B}^{-1}(\boldsymbol{B}+\boldsymbol{A})\boldsymbol{A}^{-1}]^{-1}$$
$$=(\boldsymbol{A}^{-1})^{-1}(\boldsymbol{B}+\boldsymbol{A})^{-1}(\boldsymbol{B}^{-1})^{-1}=\boldsymbol{A}(\boldsymbol{A}+\boldsymbol{B})^{-1}\boldsymbol{B}.$$

故应选(C).

注意　一般情况下 $(\boldsymbol{A}+\boldsymbol{B})^{-1}\neq\boldsymbol{A}^{-1}+\boldsymbol{B}^{-1}$，不要与转置的性质相混淆.

33. 设 $\boldsymbol{A}=\begin{bmatrix}0 & a_1 & 0 & \cdots & 0\\ 0 & 0 & a_2 & \cdots & 0\\ \vdots & \vdots & \vdots & & \vdots\\ 0 & 0 & 0 & \cdots & a_{n-1}\\ a_n & 0 & 0 & \cdots & 0\end{bmatrix}$，其中 $a_i\neq0,i=1,2,\cdots,n$，则 $\boldsymbol{A}^{-1}=$______.

解 由于 $\begin{bmatrix}\boldsymbol{O} & \boldsymbol{A}\\ \boldsymbol{B} & \boldsymbol{O}\end{bmatrix}^{-1}=\begin{bmatrix}\boldsymbol{O} & \boldsymbol{B}^{-1}\\ \boldsymbol{A}^{-1} & \boldsymbol{O}\end{bmatrix}$，且 $\begin{bmatrix}a_1 & & & \\ & a_2 & & \\ & & \ddots & \\ & & & a_n\end{bmatrix}^{-1}=\begin{bmatrix}\frac{1}{a_1} & & & \\ & \frac{1}{a_2} & & \\ & & \ddots & \\ & & & \frac{1}{a_n}\end{bmatrix}$，本题对 $\boldsymbol{A}$

分块后可知 $\boldsymbol{A}^{-1}=\begin{bmatrix}0 & 0 & \cdots & 0 & \frac{1}{a_n}\\ \frac{1}{a_1} & 0 & \cdots & 0 & 0\\ 0 & \frac{1}{a_2} & \cdots & 0 & 0\\ \vdots & \vdots & & \vdots & \vdots\\ 0 & 0 & \cdots & \frac{1}{a_{n+1}} & 0\end{bmatrix}$.

34. 设 $\boldsymbol{A}=\boldsymbol{E}-\boldsymbol{\xi}\boldsymbol{\xi}^{\mathrm{T}}$，其中 $\boldsymbol{E}$ 为 n 阶单位矩阵，$\boldsymbol{\xi}$ 是 n 维非零列向量，$\boldsymbol{\xi}^{\mathrm{T}}$ 是 $\boldsymbol{\xi}$ 的转置. 证明：(1) $\boldsymbol{A}^2=\boldsymbol{A}$ 的充要条件是 $\boldsymbol{\xi}^{\mathrm{T}}\boldsymbol{\xi}=1$；(2)当 $\boldsymbol{\xi}^{\mathrm{T}}\boldsymbol{\xi}=1$ 时，$\boldsymbol{A}$ 是不可逆矩阵.

证 (1) $\boldsymbol{A}^2=(\boldsymbol{E}-\boldsymbol{\xi}\boldsymbol{\xi}^{\mathrm{T}})(\boldsymbol{E}-\boldsymbol{\xi}\boldsymbol{\xi}^{\mathrm{T}})=\boldsymbol{E}-2\boldsymbol{\xi}\boldsymbol{\xi}^{\mathrm{T}}+\boldsymbol{\xi}\boldsymbol{\xi}^{\mathrm{T}}\boldsymbol{\xi}\boldsymbol{\xi}^{\mathrm{T}}$

$$=\boldsymbol{E}-\boldsymbol{\xi}\boldsymbol{\xi}^{\mathrm{T}}+\boldsymbol{\xi}(\boldsymbol{\xi}^{\mathrm{T}}\boldsymbol{\xi})\boldsymbol{\xi}^{\mathrm{T}}-\boldsymbol{\xi}\boldsymbol{\xi}^{\mathrm{T}}=\boldsymbol{A}+(\boldsymbol{\xi}^{\mathrm{T}}\boldsymbol{\xi})\boldsymbol{\xi}\boldsymbol{\xi}^{\mathrm{T}}-\boldsymbol{\xi}\boldsymbol{\xi}^{\mathrm{T}},$$

故 $\boldsymbol{A}^2=\boldsymbol{A}\Leftrightarrow(\boldsymbol{\xi}^{\mathrm{T}}\boldsymbol{\xi}-1)\boldsymbol{\xi}\boldsymbol{\xi}^{\mathrm{T}}=\boldsymbol{O}$.

因为 $\boldsymbol{\xi}$ 是非零列向量，$\boldsymbol{\xi}\boldsymbol{\xi}^{\mathrm{T}}\neq\boldsymbol{O}$，故 $\boldsymbol{A}^2=\boldsymbol{A}\Leftrightarrow\boldsymbol{\xi}^{\mathrm{T}}\boldsymbol{\xi}-1=0$，即 $\boldsymbol{\xi}^{\mathrm{T}}\boldsymbol{\xi}=1$.

(2)反证法. 当 $\boldsymbol{\xi}^{\mathrm{T}}\boldsymbol{\xi}=1$ 时，由(1)知 $\boldsymbol{A}^2=\boldsymbol{A}$，若 $\boldsymbol{A}$ 可逆，则 $\boldsymbol{A}=\boldsymbol{A}^{-1}\boldsymbol{A}^2=\boldsymbol{A}^{-1}\boldsymbol{A}=\boldsymbol{E}$. 与已知 $\boldsymbol{A}=\boldsymbol{E}-\boldsymbol{\xi}\boldsymbol{\xi}^{\mathrm{T}}\neq\boldsymbol{E}$ 矛盾.

35. 设 $\boldsymbol{A}$ 为 n 阶非奇异矩阵，$\boldsymbol{\alpha}$ 为 n 维列向量，b 为常数，记分块矩阵

$$\boldsymbol{P}=\begin{bmatrix}\boldsymbol{E} & \boldsymbol{O}\\ -\boldsymbol{\alpha}^{\mathrm{T}}\boldsymbol{A}^* & |\boldsymbol{A}|\end{bmatrix},\boldsymbol{Q}=\begin{bmatrix}\boldsymbol{A} & \boldsymbol{\alpha}\\ \boldsymbol{\alpha}^{\mathrm{T}} & b\end{bmatrix},$$

其中 $\boldsymbol{A}^*$ 是矩阵 $\boldsymbol{A}$ 的伴随矩阵，$\boldsymbol{E}$ 为 n 阶单位矩阵.

(1)计算并化简 PQ； (2)证明矩阵 Q 可逆的充分必要条件是 $\alpha^TA^{-1}\alpha\neq b$.

解 (1)由 $AA^*=A^*A=|A|E$ 及 $A^*=|A|A^{-1}$，有

$$PQ=\begin{bmatrix}E & O\\ -\alpha^TA^* & |A|\end{bmatrix}\begin{bmatrix}A & \alpha\\ \alpha^T & b\end{bmatrix}=\begin{bmatrix}A & \alpha\\ -\alpha^TA^*A+|A|\alpha^T & -\alpha^TA^*\alpha+b|A|\end{bmatrix}$$
$$=\begin{bmatrix}A & \alpha\\ O & |A|(b-\alpha^TA^{-1}\alpha)\end{bmatrix}.$$

(2)用行列式拉普拉斯展开公式及行列式乘法公式，有

$$|P|=\begin{vmatrix}E & O\\ -\alpha^TA^* & |A|\end{vmatrix}=|A|,$$

$$|P||Q|=|PQ|=\begin{vmatrix}A & \alpha\\ O & |A|(b-\alpha^TA^{-1}\alpha)\end{vmatrix}=|A|^2(b-\alpha^TA^{-1}\alpha).$$

又因 A 可逆，$|A|\neq0$，故 $|Q|=|A|(b-\alpha^TA^{-1}\alpha)$. 由此可知 Q 可逆的充分必要条件是 $b-\alpha^TA^{-1}\alpha\neq0$，即 $\alpha^TA^{-1}\alpha\neq b$.

36. 设 $A=\begin{bmatrix}1 & 0 & 0 & 0\\ -2 & 3 & 0 & 0\\ 0 & -4 & 5 & 0\\ 0 & 0 & -6 & 7\end{bmatrix}$，$E$ 为 4 阶单位矩阵，且 $B=(E+A)^{-1}(E-A)$，则 $(E+B)^{-1}=$________.

解 虽可以由 A 先求出 $(E+A)^{-1}$，再作矩阵乘法求出 B，最后通过求逆得到 $(E+B)^{-1}$. 但这种方法计算量太大. 若用单位矩阵恒等变形的技巧，我们有

$$B+E=(E+A)^{-1}(E-A)+E=(E+A)^{-1}[(E-A)+(E+A)]=2(E+A)^{-1},$$

所以 $(E+B)^{-1}=[2(E+A)^{-1}]^{-1}=\dfrac{1}{2}(E+A)=\begin{bmatrix}1 & 0 & 0 & 0\\ -1 & 2 & 0 & 0\\ 0 & -2 & 3 & 0\\ 0 & 0 & -3 & 4\end{bmatrix}.$

或者由 $B=(E+A)^{-1}(E-A)$，左乘 $E+A$ 得

$$(E+A)B=E-A,\Rightarrow(E+A)B+(E+A)=E-A+E+A=2E.$$

即有 $(E+A)(E+B)=2E$.

37. 设矩阵 A 满足 $A^2+A-4E=O$，其中 E 为单位矩阵，则 $(A-E)^{-1}=$________.

解 因为 $(A-E)(A+2E)-2E=A^2+A-4E=O$，故 $(A-E)(A+2E)=2E$，即 $(A-E)\cdot\dfrac{A+2E}{2}=E$. 按定义知 $(A-E)^{-1}=(A+2E)/2$.

38. 设矩阵 $A=\begin{bmatrix}1 & -1\\ 2 & 3\end{bmatrix}$，$B=A^2-3A+2E$，则 $B^{-1}=$________.

解 因为 $B=(A-2E)(A-E)$，故 $B^{-1}=(A-E)^{-1}(A-2E)^{-1}$. 故应求出 $(A-E)^{-1}$，$(A-2E)^{-1}$.

而$(\boldsymbol{A}-\boldsymbol{E})^{-1}=\begin{bmatrix}0&-1\\2&2\end{bmatrix}^{-1}=\frac{1}{2}\begin{bmatrix}2&1\\-2&0\end{bmatrix}$，$(\boldsymbol{A}-2\boldsymbol{E})^{-1}=\begin{bmatrix}-1&-1\\2&1\end{bmatrix}^{-1}=\begin{bmatrix}1&1\\-2&-1\end{bmatrix}$，

所以$\boldsymbol{B}^{-1}=\frac{1}{2}\begin{bmatrix}2&1\\-2&0\end{bmatrix}\begin{bmatrix}1&1\\-2&-1\end{bmatrix}=\begin{bmatrix}0&\frac{1}{2}\\-1&-1\end{bmatrix}$.

39. 设$\boldsymbol{A},\boldsymbol{B}$均为三阶矩阵，$\boldsymbol{E}$是三阶单位矩阵. 已知$\boldsymbol{AB}=2\boldsymbol{A}+\boldsymbol{B}$，$\boldsymbol{B}=\begin{bmatrix}2&0&2\\0&4&0\\2&0&2\end{bmatrix}$，则$(\boldsymbol{A}-\boldsymbol{E})^{-1}=$________.

解 由已知，有$\boldsymbol{AB}-\boldsymbol{B}-2\boldsymbol{A}+2\boldsymbol{E}=2\boldsymbol{E}$，即$(\boldsymbol{A}-\boldsymbol{E})(\boldsymbol{B}-2\boldsymbol{E})=2\boldsymbol{E}$. 按可逆定义，知$(\boldsymbol{A}-\boldsymbol{E})^{-1}=\frac{\boldsymbol{B}-2\boldsymbol{E}}{2}$. 故应填$\begin{bmatrix}0&0&1\\0&1&0\\1&0&0\end{bmatrix}$.

40. 设n维向量$\boldsymbol{\alpha}=(a,0,\cdots,0,a)^{\mathrm{T}}$，$a<0$，$\boldsymbol{E}$是$n$阶单位矩阵，$\boldsymbol{A}=\boldsymbol{E}-\boldsymbol{\alpha\alpha}^{\mathrm{T}}$，$\boldsymbol{B}=\boldsymbol{E}+\frac{1}{a}\boldsymbol{\alpha\alpha}^{\mathrm{T}}$，其中$\boldsymbol{A}$的逆矩阵为$\boldsymbol{B}$，则$a=$________.

解 按可逆定义，有$\boldsymbol{AB}=\boldsymbol{E}$，即

$$(\boldsymbol{E}-\boldsymbol{\alpha\alpha}^{\mathrm{T}})\left(\boldsymbol{E}+\frac{1}{a}\boldsymbol{\alpha\alpha}^{\mathrm{T}}\right)=\boldsymbol{E}+\frac{1}{a}\boldsymbol{\alpha\alpha}^{\mathrm{T}}-\boldsymbol{\alpha\alpha}^{\mathrm{T}}-\frac{1}{a}\boldsymbol{\alpha\alpha}^{\mathrm{T}}\boldsymbol{\alpha\alpha}^{\mathrm{T}}.$$

由于$\boldsymbol{\alpha}^{\mathrm{T}}\boldsymbol{\alpha}=2a^2$，而$\boldsymbol{\alpha\alpha}^{\mathrm{T}}$是秩为1的矩阵，故

$$\boldsymbol{AB}=\boldsymbol{E}\Leftrightarrow\left(\frac{1}{a}-1-2a\right)\boldsymbol{\alpha\alpha}^{\mathrm{T}}=0\Leftrightarrow\frac{1}{a}-1-2a=0\Rightarrow a=\frac{1}{2},a=-1.$$

已知$a<0$，故应填-1.

41. 设$\boldsymbol{A}=\begin{bmatrix}a_{11}&a_{12}&a_{13}\\a_{21}&a_{22}&a_{23}\\a_{31}&a_{32}&a_{33}\end{bmatrix}$，$\boldsymbol{B}=\begin{bmatrix}a_{21}&a_{22}&a_{23}\\a_{11}&a_{12}&a_{13}\\a_{31}+a_{11}&a_{32}+a_{12}&a_{33}+a_{13}\end{bmatrix}$，$\boldsymbol{P}_1=\begin{bmatrix}0&1&0\\1&0&0\\0&0&1\end{bmatrix}$，$\boldsymbol{P}_2=\begin{bmatrix}1&0&0\\0&1&0\\1&0&1\end{bmatrix}$，则必有________.

(A)$\boldsymbol{AP}_1\boldsymbol{P}_2=\boldsymbol{B}$； (B)$\boldsymbol{AP}_2\boldsymbol{P}_1=\boldsymbol{B}$； (C)$\boldsymbol{P}_1\boldsymbol{P}_2\boldsymbol{A}=\boldsymbol{B}$； (D)$\boldsymbol{P}_2\boldsymbol{P}_1\boldsymbol{A}=\boldsymbol{B}$.

解 $\boldsymbol{A}$经过两次初等行变换得到$\boldsymbol{B}$，根据初等矩阵的性质，左乘初等矩阵为行变换，右乘初等矩阵为列变换，故排除(A)，(B).

$\boldsymbol{P}_1\boldsymbol{P}_2\boldsymbol{A}$表示把$\boldsymbol{A}$的第一行加至第三行后再一、二两行互换. 这正是矩阵$\boldsymbol{B}$，所以应选(C).

而$\boldsymbol{P}_2\boldsymbol{P}_1\boldsymbol{A}$表示把$\boldsymbol{A}$的一、二两行互换后再把第一行加到第三行，那么这时的矩阵是

$$\begin{bmatrix}a_{21}&a_{22}&a_{23}\\a_{11}&a_{12}&a_{13}\\a_{31}+a_{21}&a_{32}+a_{22}&a_{33}+a_{23}\end{bmatrix},$$

不等于矩阵 $\boldsymbol{B}$. 故(D)不正确.

42. 设 $\boldsymbol{A}=\begin{bmatrix}a_{11}&a_{12}&a_{13}&a_{14}\\a_{21}&a_{22}&a_{23}&a_{24}\\a_{31}&a_{32}&a_{33}&a_{34}\\a_{41}&a_{42}&a_{43}&a_{44}\end{bmatrix}$, $\boldsymbol{B}=\begin{bmatrix}a_{14}&a_{13}&a_{12}&a_{11}\\a_{24}&a_{23}&a_{22}&a_{21}\\a_{34}&a_{33}&a_{32}&a_{31}\\a_{44}&a_{43}&a_{42}&a_{41}\end{bmatrix}$, $\boldsymbol{P}_1=\begin{bmatrix}0&0&0&1\\0&1&0&0\\0&0&1&0\\1&0&0&0\end{bmatrix}$, $\boldsymbol{P}_2=\begin{bmatrix}1&0&0&0\\0&0&1&0\\0&1&0&0\\0&0&0&1\end{bmatrix}$. 其中 $\boldsymbol{A}$ 可逆,则 $\boldsymbol{B}^{-1}$ 等于________.

(A) $\boldsymbol{A}^{-1}\boldsymbol{P}_1\boldsymbol{P}_2$; (B) $\boldsymbol{P}_1\boldsymbol{A}^{-1}\boldsymbol{P}_2$; (C) $\boldsymbol{P}_1\boldsymbol{P}_2\boldsymbol{A}^{-1}$; (D) $\boldsymbol{P}_2\boldsymbol{A}^{-1}\boldsymbol{P}_1$.

解 把矩阵 $\boldsymbol{A}$ 的 1、4 两列对换,2、3 两列对换即得到矩阵 $\boldsymbol{B}$. 根据初等矩阵的性质,有 $\boldsymbol{B}=\boldsymbol{A}\boldsymbol{P}_1\boldsymbol{P}_2$ 或 $\boldsymbol{B}=\boldsymbol{A}\boldsymbol{P}_2\boldsymbol{P}_1$. 故 $\boldsymbol{B}^{-1}=(\boldsymbol{A}\boldsymbol{P}_2\boldsymbol{P}_1)^{-1}=\boldsymbol{P}_1^{-1}\boldsymbol{P}_2^{-1}\boldsymbol{A}^{-1}=\boldsymbol{P}_1\boldsymbol{P}_2\boldsymbol{A}^{-1}$. 所以应选(C).

43. 设 $\boldsymbol{A}$ 是 3 阶方阵,将 $\boldsymbol{A}$ 的第 1 列与第 2 列交换得 $\boldsymbol{B}$,再把 $\boldsymbol{B}$ 的第 2 列加到第 3 列得 $\boldsymbol{C}$,则满足 $\boldsymbol{A}\boldsymbol{Q}=\boldsymbol{C}$ 的可逆矩阵 $\boldsymbol{Q}$ 为

(A) $\begin{bmatrix}0&1&0\\1&0&0\\1&0&1\end{bmatrix}$; (B) $\begin{bmatrix}0&1&0\\1&0&1\\0&0&1\end{bmatrix}$; (C) $\begin{bmatrix}0&1&0\\1&0&0\\0&1&1\end{bmatrix}$; (D) $\begin{bmatrix}0&1&1\\1&0&0\\0&0&1\end{bmatrix}$;

解 用初等矩阵描述,有 $\boldsymbol{A}\begin{bmatrix}0&1&0\\1&0&0\\0&0&1\end{bmatrix}=\boldsymbol{B}$, $\boldsymbol{B}\begin{bmatrix}1&0&0\\0&1&1\\0&0&1\end{bmatrix}=\boldsymbol{C}$.

故 $\boldsymbol{A}\begin{bmatrix}0&1&0\\1&0&0\\0&0&1\end{bmatrix}\begin{bmatrix}1&0&0\\0&1&1\\0&0&1\end{bmatrix}=\boldsymbol{C}$. 从而 $\boldsymbol{Q}=\begin{bmatrix}0&1&0\\1&0&0\\0&0&1\end{bmatrix}\begin{bmatrix}1&0&0\\0&1&1\\0&0&1\end{bmatrix}=\begin{bmatrix}0&1&1\\1&0&0\\0&0&1\end{bmatrix}$. 所以应选(D).

44. 设 n 阶矩阵 $\boldsymbol{A}$ 与 $\boldsymbol{B}$ 等价,则必有________.

(A) 当 $|\boldsymbol{A}|=a(a\neq 0)$ 时,$|\boldsymbol{B}|=a$; (B) 当 $|\boldsymbol{A}|=a(a\neq 0)$ 时,$|\boldsymbol{B}|=-a$;

(C) 当 $|\boldsymbol{A}|\neq 0$ 时,$|\boldsymbol{B}|=0$; (D) 当 $|\boldsymbol{A}|=0$ 时,$|\boldsymbol{B}|=0$.

解 矩阵 $\boldsymbol{A}$ 与 $\boldsymbol{B}$ 等价,即 $\boldsymbol{A}$ 经初等变换得到 $\boldsymbol{B}$. $\boldsymbol{A}$ 与 $\boldsymbol{B}$ 等价的充分必要条件是 $\boldsymbol{A}$ 与 $\boldsymbol{B}$ 有相同的秩. 矩阵经过初等变换其行列式的值不一定相等,例如,假若把矩阵 $\boldsymbol{A}$ 的第一行乘以 6 可得到 $\boldsymbol{B}$,那么 $\boldsymbol{A}$ 与 $\boldsymbol{B}$ 等价,而 $|\boldsymbol{A}|=a$ 时,$|\boldsymbol{B}|=6a$. 故(A)、(B)均不正确.

当 $|\boldsymbol{A}|\neq 0,\Rightarrow r(\boldsymbol{A})=n$. 而 $|\boldsymbol{B}|=0,\Rightarrow r(\boldsymbol{B})<n$,因此(C)不正确.

当 $|\boldsymbol{A}|=0$ 时,$r(\boldsymbol{A})<n$,故 $r(\boldsymbol{B})<n$,因而 $|\boldsymbol{B}|=0$,即(D)正确,应选(D).

45. 设 $\boldsymbol{A}$ 为 $n(n\geqslant 2)$ 阶可逆矩阵,交换 $\boldsymbol{A}$ 的第 1 行与第 2 行得矩阵 $\boldsymbol{B}$,$\boldsymbol{A}^*$,$\boldsymbol{B}^*$ 分别为 $\boldsymbol{A}$,$\boldsymbol{B}$ 的伴随矩阵,则________.

(A) 交换 $\boldsymbol{A}^*$ 的第 1 列与第 2 列得 $\boldsymbol{B}^*$; (B) 交换 $\boldsymbol{A}^*$ 的第 1 行与第 2 行得 $\boldsymbol{B}^*$;

(C) 交换 $\boldsymbol{A}^*$ 的第 1 列与第 2 列得 $-\boldsymbol{B}^*$; (D) 交换 $\boldsymbol{A}^*$ 的第 1 行与第 2 行得 $-\boldsymbol{B}^*$.

解 以 $\boldsymbol{A}$ 为 3 阶矩阵为例. 因为 $\boldsymbol{A}$ 作初等行变换得到 $\boldsymbol{B}$,所以用相应的初等矩阵左乘 $\boldsymbol{A}$ 得到 $\boldsymbol{B}$. 即 $\begin{bmatrix}0&1&0\\1&0&0\\0&0&1\end{bmatrix}\boldsymbol{A}=\boldsymbol{B}$. 于是 $\boldsymbol{B}^{-1}=\boldsymbol{A}^{-1}\begin{bmatrix}0&1&0\\1&0&0\\0&0&1\end{bmatrix}^{-1}=\boldsymbol{A}^{-1}\begin{bmatrix}0&1&0\\1&0&0\\0&0&1\end{bmatrix}$. 从而 $\dfrac{\boldsymbol{B}^*}{|\boldsymbol{B}|}=\dfrac{\boldsymbol{A}^*}{|\boldsymbol{A}|}\begin{bmatrix}0&1&0\\1&0&0\\0&0&1\end{bmatrix}$.

又因 $|\boldsymbol{A}|=-|\boldsymbol{B}|$，故 $\boldsymbol{A}^*\begin{bmatrix}0&1&0\\1&0&0\\0&0&1\end{bmatrix}=-\boldsymbol{B}^*$，所以应选(C).

46. 已知 $\boldsymbol{X}=\boldsymbol{AX}+\boldsymbol{B}$，求矩阵 $\boldsymbol{X}$. 其中

$$\boldsymbol{A}=\begin{bmatrix}0&1&0\\-1&1&1\\-1&0&-1\end{bmatrix},\boldsymbol{B}=\begin{bmatrix}1&-1\\2&0\\5&-3\end{bmatrix}.$$

解 由 $\boldsymbol{X}=\boldsymbol{AX}+\boldsymbol{B}$，得 $(\boldsymbol{E}-\boldsymbol{A})\boldsymbol{X}=\boldsymbol{B}$. 因为

$$(\boldsymbol{E}-\boldsymbol{A})^{-1}=\begin{bmatrix}1&-1&0\\1&0&-1\\1&0&2\end{bmatrix}^{-1}=\frac{1}{3}\begin{bmatrix}0&2&1\\-3&2&1\\0&-1&1\end{bmatrix},$$

所以 $\boldsymbol{X}=(\boldsymbol{E}-\boldsymbol{A})^{-1}\boldsymbol{B}=\frac{1}{3}\begin{bmatrix}0&2&1\\-3&2&1\\0&-1&1\end{bmatrix}\begin{bmatrix}1&-1\\2&0\\5&-3\end{bmatrix}=\begin{bmatrix}3&-1\\2&0\\1&-1\end{bmatrix}$.

47. 设 4 阶矩阵

$$\boldsymbol{B}=\begin{bmatrix}1&-1&0&0\\0&1&-1&0\\0&0&1&-1\\0&0&0&1\end{bmatrix},\boldsymbol{C}=\begin{bmatrix}2&1&3&4\\0&2&1&3\\0&0&2&1\\0&0&0&2\end{bmatrix},$$

且矩阵 $\boldsymbol{A}$ 满足关系式 $\boldsymbol{A}(\boldsymbol{E}-\boldsymbol{C}^{-1}\boldsymbol{B})^{\mathrm{T}}\boldsymbol{C}^{\mathrm{T}}=\boldsymbol{E}$，其中 $\boldsymbol{E}$ 为 4 阶单位矩阵，$\boldsymbol{C}^{-1}$ 是 $\boldsymbol{C}$ 的逆矩阵，$\boldsymbol{C}^{\mathrm{T}}$ 表示 $\boldsymbol{C}$ 的转置矩阵. 将上述关系式化简并求矩阵 $\boldsymbol{A}$.

解 由 $(\boldsymbol{AB})^{\mathrm{T}}=\boldsymbol{B}^{\mathrm{T}}\boldsymbol{A}^{\mathrm{T}}$，知 $(\boldsymbol{E}-\boldsymbol{C}^{-1}\boldsymbol{B})^{\mathrm{T}}\boldsymbol{C}^{\mathrm{T}}=[\boldsymbol{C}(\boldsymbol{E}-\boldsymbol{C}^{-1}\boldsymbol{B})]^{\mathrm{T}}=(\boldsymbol{C}-\boldsymbol{B})^{\mathrm{T}}$；

由 $\boldsymbol{A}(\boldsymbol{C}-\boldsymbol{B})^{\mathrm{T}}=\boldsymbol{E}$，知 $\boldsymbol{A}=[(\boldsymbol{C}-\boldsymbol{B})^{\mathrm{T}}]^{-1}=[(\boldsymbol{C}-\boldsymbol{B})^{-1}]^{\mathrm{T}}$.

由 $\boldsymbol{C}-\boldsymbol{B}=\begin{bmatrix}1&2&3&4\\0&1&2&3\\0&0&1&2\\0&0&0&1\end{bmatrix}$，得 $(\boldsymbol{C}-\boldsymbol{B})^{-1}=\begin{bmatrix}1&-2&1&0\\0&1&-2&1\\0&0&1&-2\\0&0&0&1\end{bmatrix}$. 故 $\boldsymbol{A}=\begin{bmatrix}1&0&0&0\\-2&1&0&0\\1&-2&1&0\\0&1&-2&1\end{bmatrix}$.

48. 设 $\boldsymbol{A},\boldsymbol{B}$ 均为 2 阶矩阵，$\boldsymbol{A}^*,\boldsymbol{B}^*$ 分别为 $\boldsymbol{A},\boldsymbol{B}$ 的伴随矩阵. 若 $|\boldsymbol{A}|=2,|\boldsymbol{B}|=3$，则分块矩阵 $\begin{bmatrix}\boldsymbol{O}&\boldsymbol{A}\\\boldsymbol{B}&\boldsymbol{O}\end{bmatrix}$ 的伴随矩阵为________.

(A) $\begin{bmatrix}\boldsymbol{O}&3\boldsymbol{B}^*\\2\boldsymbol{A}^*&\boldsymbol{O}\end{bmatrix}$；　　(B) $\begin{bmatrix}\boldsymbol{O}&2\boldsymbol{B}^*\\3\boldsymbol{A}^*&\boldsymbol{O}\end{bmatrix}$；

(C) $\begin{bmatrix}\boldsymbol{O}&3\boldsymbol{A}^*\\2\boldsymbol{B}^*&\boldsymbol{O}\end{bmatrix}$；　　(D) $\begin{bmatrix}\boldsymbol{O}&2\boldsymbol{A}^*\\3\boldsymbol{B}^*&\boldsymbol{O}\end{bmatrix}$.

49. 设 n 阶矩阵 $\boldsymbol{A}$ 和 $\boldsymbol{B}$ 满足条件 $\boldsymbol{A}+\boldsymbol{B}=\boldsymbol{AB}$.

(1)证明 $\boldsymbol{A}-\boldsymbol{E}$ 为可逆矩阵，其中 $\boldsymbol{E}$ 为 n 阶单位矩阵.

(2)已知 $\boldsymbol{B}=\begin{bmatrix}1 & -3 & 0\\ 2 & 1 & 0\\ 0 & 0 & 2\end{bmatrix}$,求矩阵 $\boldsymbol{A}$.

解 由 $\boldsymbol{A}+\boldsymbol{B}=\boldsymbol{AB}$,有 $\boldsymbol{AB}-\boldsymbol{A}-\boldsymbol{B}+\boldsymbol{E}=(\boldsymbol{A}-\boldsymbol{E})(\boldsymbol{B}-\boldsymbol{E})=\boldsymbol{E}$. 所以 $\boldsymbol{A}-\boldsymbol{E}$ 可逆,且 $(\boldsymbol{B}-\boldsymbol{E})^{-1}=\boldsymbol{A}-\boldsymbol{E}$,即 $\boldsymbol{A}=\boldsymbol{E}+(\boldsymbol{B}-\boldsymbol{E})^{-1}$.

由于 $(\boldsymbol{B}-\boldsymbol{E})^{-1}=\begin{bmatrix}0 & -3 & 0\\ 2 & 0 & 0\\ 0 & 0 & 1\end{bmatrix}^{-1}=\begin{bmatrix}0 & \frac{1}{2} & 0\\ -\frac{1}{3} & 0 & 0\\ 0 & 0 & 1\end{bmatrix}$,故 $\boldsymbol{A}=\begin{bmatrix}1 & \frac{1}{2} & 0\\ -\frac{1}{3} & 1 & 0\\ 0 & 0 & 2\end{bmatrix}$.

50. 设 $\boldsymbol{A}$、$\boldsymbol{B}$ 为 3 阶矩阵,满足 $\boldsymbol{AB}+\boldsymbol{E}=\boldsymbol{A}^2+\boldsymbol{B}$,$\boldsymbol{E}$ 为 3 阶单位阵. 又知 $\boldsymbol{A}=\begin{bmatrix}1 & 0 & 1\\ 0 & 2 & 0\\ -1 & 0 & 1\end{bmatrix}$,求矩阵 $\boldsymbol{B}$.

解 由条件得 $(\boldsymbol{A}-\boldsymbol{E})\boldsymbol{B}=\boldsymbol{A}^2-\boldsymbol{E}=(\boldsymbol{A}-\boldsymbol{E})(\boldsymbol{A}+\boldsymbol{E})$.

又 $\boldsymbol{A}-\boldsymbol{E}=\begin{bmatrix}0 & 0 & 1\\ 0 & 1 & 0\\ -1 & 0 & 0\end{bmatrix}$ 可逆,左乘 $(\boldsymbol{A}-\boldsymbol{E})^{-1}$,得 $\boldsymbol{B}=\boldsymbol{A}+\boldsymbol{E}=\begin{bmatrix}2 & 0 & 1\\ 0 & 3 & 0\\ -1 & 0 & 2\end{bmatrix}$.

注意 矩阵乘法没有交换律,通常 $\boldsymbol{A}^2-\boldsymbol{B}^2\neq(\boldsymbol{A}+\boldsymbol{B})(\boldsymbol{A}-\boldsymbol{B})$. 但对于 $\boldsymbol{A}^2-\boldsymbol{E}$ 却有

$$\boldsymbol{A}^2-\boldsymbol{E}=(\boldsymbol{A}+\boldsymbol{E})(\boldsymbol{A}-\boldsymbol{E})=(\boldsymbol{A}-\boldsymbol{E})(\boldsymbol{A}+\boldsymbol{E}).$$

51. 设矩阵 $\boldsymbol{A}=\begin{bmatrix}1 & 0 & 1\\ 0 & 2 & 0\\ 1 & 0 & 1\end{bmatrix}$,矩阵 $\boldsymbol{X}$ 满足 $\boldsymbol{AX}+\boldsymbol{E}=\boldsymbol{A}^2+\boldsymbol{X}$,其中 $\boldsymbol{E}$ 为 3 阶单位矩阵,试求出矩阵 $\boldsymbol{X}$.

解 由 $\boldsymbol{AX}+\boldsymbol{E}=\boldsymbol{A}^2+\boldsymbol{X}$,得 $\boldsymbol{AX}-\boldsymbol{X}=\boldsymbol{A}^2-\boldsymbol{E}$,即 $(\boldsymbol{A}-\boldsymbol{E})\boldsymbol{X}=(\boldsymbol{A}-\boldsymbol{E})(\boldsymbol{A}+\boldsymbol{E})$

由 $\boldsymbol{A}-\boldsymbol{E}=\begin{bmatrix}0 & 0 & 1\\ 0 & 1 & 0\\ 1 & 0 & 0\end{bmatrix}$,知 $|\boldsymbol{A}-\boldsymbol{E}|\neq0$,$\boldsymbol{A}-\boldsymbol{E}$ 可逆. 故 $\boldsymbol{X}=\boldsymbol{A}+\boldsymbol{E}=\begin{bmatrix}2 & 0 & 1\\ 0 & 3 & 0\\ 1 & 0 & 2\end{bmatrix}$.

52. 设三阶方阵 $\boldsymbol{A}$,$\boldsymbol{B}$ 满足关系式 $\boldsymbol{A}^{-1}\boldsymbol{BA}=6\boldsymbol{A}+\boldsymbol{BA}$,且

$$\boldsymbol{A}=\begin{bmatrix}\frac{1}{3} & 0 & 0\\ 0 & \frac{1}{4} & 0\\ 0 & 0 & \frac{1}{7}\end{bmatrix},$$

则 $\boldsymbol{B}=$________.

解 矩阵方程右乘 $\boldsymbol{A}^{-1}$,得 $\boldsymbol{A}^{-1}\boldsymbol{B}=6\boldsymbol{E}+\boldsymbol{B}$,即 $(\boldsymbol{A}^{-1}-\boldsymbol{E})\boldsymbol{B}=6\boldsymbol{E}$. 由于 $\boldsymbol{A}$ 是对角矩阵,

$$A^{-1}=\begin{bmatrix}\frac{1}{3}&&\\&\frac{1}{4}&\\&&\frac{1}{7}\end{bmatrix}^{-1}=\begin{bmatrix}3&&\\&4&\\&&7\end{bmatrix}$$，从而 $A^{-1}-E=\begin{bmatrix}2&&\\&3&\\&&6\end{bmatrix}$，故

$$B=6\begin{bmatrix}2&&\\&3&\\&&6\end{bmatrix}^{-1}=6\begin{bmatrix}\frac{1}{2}&&\\&\frac{1}{3}&\\&&\frac{1}{6}\end{bmatrix}=\begin{bmatrix}3&&\\&2&\\&&1\end{bmatrix}.$$

53. 已知 $A=\begin{bmatrix}1&1&-1\\0&1&1\\0&0&-1\end{bmatrix}$，且 $A^2-AB=E$，求矩阵 B.

解 由条件得 $AB=A^2-E$. 因 $|A|=-1$，故 A 可逆，于是 $B=A-A^{-1}$. 又

$$A^{-1}=\begin{bmatrix}1&1&-1\\0&1&1\\0&0&-1\end{bmatrix}^{-1}=\begin{bmatrix}1&-1&-2\\0&1&1\\0&0&-1\end{bmatrix},$$

故 $B=\begin{bmatrix}1&1&-1\\0&1&1\\0&0&-1\end{bmatrix}-\begin{bmatrix}1&-1&-2\\0&1&1\\0&0&-1\end{bmatrix}=\begin{bmatrix}0&2&1\\0&0&0\\0&0&0\end{bmatrix}.$

54. 设 $(2E-C^{-1}B)A^T=C^{-1}$，A^T 是 4 阶矩阵 A 的转置矩阵，且

$$B=\begin{bmatrix}1&2&-3&-2\\0&1&2&-3\\0&0&1&2\\0&0&0&1\end{bmatrix},C=\begin{bmatrix}1&2&0&1\\0&1&2&0\\0&0&1&2\\0&0&0&1\end{bmatrix},$$

求矩阵 A.

解 用矩阵 C 左乘矩阵方程的两端，得 $(2C-B)A^T=E$. 两端取转置，得 $A(2C^T-B^T)=E$，故 $(2C^T-B^T)$ 可逆，

$$A=(2C^T-B^T)^{-1}=\begin{bmatrix}1&0&0&0\\2&1&0&0\\3&2&1&0\\4&3&2&1\end{bmatrix}^{-1}=\begin{bmatrix}1&0&0&0\\-2&1&0&0\\1&-2&1&0\\0&1&-2&1\end{bmatrix}.$$

55. 设矩阵 A,B 满足 $A^*BA=2BA-8E$，其中 $A=\begin{bmatrix}1&0&0\\0&-2&0\\0&0&1\end{bmatrix}$，$E$ 为单位矩阵，A^* 为 A

的伴随矩阵,则 $\boldsymbol{B}=$________.

解 将已知矩阵方程左乘 $\boldsymbol{A}$ 右乘 $\boldsymbol{A}^{-1}$,得 $\boldsymbol{A}(\boldsymbol{A}^{*}\boldsymbol{BA})\boldsymbol{A}^{-1}=\boldsymbol{A}(2\boldsymbol{BA})\boldsymbol{A}^{-1}-\boldsymbol{A}(8\boldsymbol{E})\boldsymbol{A}^{-1}$. 由 $\boldsymbol{AA}^{*}=|\boldsymbol{A}|\boldsymbol{E}$ 及 $|\boldsymbol{A}|=-2$,得 $\boldsymbol{B}+\boldsymbol{AB}=4\boldsymbol{E}$. 故

$$\boldsymbol{B}=4(\boldsymbol{E}+\boldsymbol{A})^{-1}=4\begin{bmatrix}2&0&0\\0&-1&0\\0&0&2\end{bmatrix}^{-1}=\begin{bmatrix}2&0&0\\0&-4&0\\0&0&2\end{bmatrix}.$$

56. 已知 $\boldsymbol{A}=\begin{bmatrix}1&1&-1\\-1&1&1\\1&-1&1\end{bmatrix}$,矩阵 $\boldsymbol{X}$ 满足 $\boldsymbol{A}^{*}\boldsymbol{X}=\boldsymbol{A}^{-1}+2\boldsymbol{X}$,求矩阵 $\boldsymbol{X}$.

解 由 $\boldsymbol{AA}^{*}=|\boldsymbol{A}|\boldsymbol{E}$,用矩阵 $\boldsymbol{A}$ 左乘方程的两端,得 $|\boldsymbol{A}|\boldsymbol{X}=\boldsymbol{E}+2\boldsymbol{AX}$. 移项,得 $(|\boldsymbol{A}|\boldsymbol{E}-2\boldsymbol{A})\boldsymbol{X}=\boldsymbol{E}$. 据可逆定义,知 $\boldsymbol{X}=(|\boldsymbol{A}|\boldsymbol{E}-2\boldsymbol{A})^{-1}$. 由

$$|\boldsymbol{A}|=\begin{vmatrix}1&1&-1\\-1&1&1\\1&-1&1\end{vmatrix}=4,\ |\boldsymbol{A}|\boldsymbol{E}-2\boldsymbol{A}=2\begin{bmatrix}1&-1&1\\1&1&-1\\-1&1&1\end{bmatrix},$$

故 $\boldsymbol{X}=\dfrac{1}{2}\begin{bmatrix}1&-1&1\\1&1&-1\\-1&1&1\end{bmatrix}^{-1}=\dfrac{1}{4}\begin{bmatrix}1&1&0\\0&1&1\\1&0&1\end{bmatrix}$.

57. 已知 $\boldsymbol{AB}-\boldsymbol{B}=\boldsymbol{A}$,其中 $\boldsymbol{B}=\begin{bmatrix}1&-2&0\\2&1&0\\0&0&2\end{bmatrix}$,则 $\boldsymbol{A}=$________.

解 由 $\boldsymbol{AB}-\boldsymbol{B}=\boldsymbol{A}$,得 $\boldsymbol{AB}-\boldsymbol{A}=\boldsymbol{B}$,即 $\boldsymbol{A}(\boldsymbol{B}-\boldsymbol{E})=\boldsymbol{B}$. 又 $\boldsymbol{B}-\boldsymbol{E}=\begin{bmatrix}0&-2&0\\2&0&0\\0&0&1\end{bmatrix}$ 可逆,故

$$\boldsymbol{A}=(\boldsymbol{B}-\boldsymbol{E})^{-1}\boldsymbol{B}=\begin{bmatrix}0&\frac{1}{2}&0\\-\frac{1}{2}&0&0\\0&0&1\end{bmatrix}\begin{bmatrix}1&-2&0\\2&1&0\\0&0&2\end{bmatrix}=\begin{bmatrix}1&\frac{1}{2}&0\\-\frac{1}{2}&1&0\\0&0&2\end{bmatrix}.$$

58. 已知矩阵

$$\boldsymbol{A}=\begin{bmatrix}1&0&0\\1&1&0\\1&1&1\end{bmatrix},\boldsymbol{B}=\begin{bmatrix}0&1&1\\1&0&1\\1&1&0\end{bmatrix},$$

且矩阵 $\boldsymbol{X}$ 满足 $\boldsymbol{AXA}+\boldsymbol{BXB}=\boldsymbol{AXB}+\boldsymbol{BXA}+\boldsymbol{E}$,求 $\boldsymbol{X}$.

解 由条件,得 $\boldsymbol{AX}(\boldsymbol{A}-\boldsymbol{B})+\boldsymbol{BX}(\boldsymbol{B}-\boldsymbol{A})=\boldsymbol{E}$,即 $(\boldsymbol{A}-\boldsymbol{B})\boldsymbol{X}(\boldsymbol{A}-\boldsymbol{B})=\boldsymbol{E}$.

由 $|\boldsymbol{A}-\boldsymbol{B}|=\begin{vmatrix}1&-1&-1\\0&1&-1\\0&0&1\end{vmatrix}=1$,所以 $\boldsymbol{A}-\boldsymbol{B}$ 可逆,且 $(\boldsymbol{A}-\boldsymbol{B})^{-1}=\begin{bmatrix}1&1&2\\0&1&1\\0&0&1\end{bmatrix}$,故

$$X=[(A-B)^{-1}]^2=\begin{bmatrix}1&2&5\\0&1&2\\0&0&1\end{bmatrix}.$$

59. 已知 A,B 为 3 阶矩阵，且满足 $2A^{-1}B=B-4E$，其中 E 是 3 阶单位矩阵.

(1)证明矩阵 $A-2E$ 可逆； (2)若 $B=\begin{bmatrix}1&-2&0\\1&2&0\\0&0&2\end{bmatrix}$，求矩阵 A.

解 (1)由 $2A^{-1}B=B-4E$ 左乘 A，移项，得 $AB-2B-4A=O$. 从而

$$(A-2E)(B-4E)=8E.$$

或 $(A-2E)\cdot\frac{1}{8}(B-4E)=E$. 故 $A-2E$ 可逆，且 $(A-2E)^{-1}=\frac{1}{8}(B-4E)$.

(2)由(1)知 $A=2E+8(B-4E)^{-1}$. 而

$$(B-4E)^{-1}=\begin{bmatrix}-3&-2&0\\1&-2&0\\0&0&-2\end{bmatrix}^{-1}=\begin{bmatrix}-\frac{1}{4}&\frac{1}{4}&0\\-\frac{1}{8}&-\frac{3}{8}&0\\0&0&-\frac{1}{2}\end{bmatrix},\text{故 } A=\begin{bmatrix}0&2&0\\-1&-1&0\\0&0&-2\end{bmatrix}.$$

60. 设 A 为 $m\times n$ 阶矩阵，B 为 $n\times m$ 阶矩阵，E 为 m 阶单位矩阵. 若 $AB=E$，则________.

(A)秩 $r(A)=m$，秩 $r(B)=m$； (B)秩 $r(A)=m$，秩 $r(B)=n$；

(C)秩 $r(A)=n$，秩 $r(B)=m$； (D)秩 $r(A)=n$，秩 $r(B)=n$.

解 由 $AB=E$ 为 m 阶单位矩阵，知 $r(AB)=m$，又因 $r(AB)\leqslant\min(r(A),r(B))$，故

$$m\leqslant r(A),m\leqslant r(B) \tag{1}$$

另一方面，A 为 $m\times n$ 阶矩阵，B 为 $n\times m$ 阶矩阵，则有

$$r(A)\leqslant m,r(B)\leqslant m \tag{2}$$

比较(1)(2)得 $r(A)=m,r(B)=m$. 所以选(A).

61. 设 A,B,C 均为 n 阶矩阵，若 $B=E+AB,C=A+CA$，则 $B-C$ 为________.

(A)E； (B)$-E$； (C)A； (D)$-A$.

解 由 $B=E+AB,\Rightarrow(E-A)B=E,\Rightarrow B=(E-A)^{-1}$. 由

$$C=A+CA,\Rightarrow C(E-A)=A,\Rightarrow C=A(E-A)^{-1}.$$

故 $B-C=(E-A)^{-1}-A(E-A)^{-1}=(E-A)(E-A)^{-1}=E$. 选(A).

62. 设 $A=\begin{bmatrix}a_1b_1&a_1b_2&\cdots&a_1b_n\\a_2b_1&a_2b_2&\cdots&a_2b_n\\\vdots&\vdots&&\vdots\\a_nb_1&a_nb_2&\cdots&a_nb_n\end{bmatrix}$. 其中 $a_i\neq0,b_i\neq0,i=1,2,\cdots,n$. 则矩阵 A 的

秩 $r(\boldsymbol{A})=$________.

解 因为矩阵 $\boldsymbol{A}$ 中任何两行都成比例，所以 $\boldsymbol{A}$ 中二阶子式全为 0，又因 $a_i\neq 0, b_i\neq 0$，知 $a_1b_1\neq 0$，$\boldsymbol{A}$ 中有一阶子式非零. 故知 $r(\boldsymbol{A})=1$.

63. 已知 $\boldsymbol{Q}=\begin{bmatrix}1&2&3\\2&4&t\\3&6&9\end{bmatrix}$，$\boldsymbol{P}$ 为 3 阶非零矩阵，且满足 $\boldsymbol{PQ}=\boldsymbol{O}$，则________.

(A) $t=6$ 时 $\boldsymbol{P}$ 的秩必为 1；
(B) $t=6$ 时 $\boldsymbol{P}$ 的秩必为 2；
(C) $t\neq 6$ 时 $\boldsymbol{P}$ 的秩必为 1；
(D) $t\neq 6$ 时 $\boldsymbol{P}$ 的秩必为 2.

解 若 $\boldsymbol{A}$ 是 $m\times n$ 矩阵，$\boldsymbol{B}$ 是 $n\times s$ 矩阵，$\boldsymbol{AB}=\boldsymbol{O}$，则 $r(\boldsymbol{A})+r(\boldsymbol{B})\leqslant n$.

当 $t=6$ 时，$r(\boldsymbol{Q})=1$. 由 $r(\boldsymbol{P})+r(\boldsymbol{Q})\leqslant 3$，得 $r(\boldsymbol{P})\leqslant 2$. 因此(A)，(B)中对 $r(\boldsymbol{P})$ 的判定都有可能成立，但不是必成立. 所以(A)，(B)均不正确.

当 $t\neq 6$ 时，$r(\boldsymbol{Q})=2$. 由 $r(\boldsymbol{P})+r(\boldsymbol{Q})\leqslant 3$，得 $r(\boldsymbol{P})\leqslant 1$. 又因 $\boldsymbol{P}\neq\boldsymbol{O}$，有 $r(\boldsymbol{P})\geqslant 1$. 从而 $r(\boldsymbol{P})=1$ 必成立. 所以应选(C).

64. 设 $\boldsymbol{A}$ 是 $n\times n$ 矩阵，$\boldsymbol{C}$ 是 n 阶可逆矩阵，矩阵 $\boldsymbol{A}$ 的秩为 r，矩阵 $\boldsymbol{B}=\boldsymbol{AC}$ 的秩为 r_1，则________.

(A) $r>r_1$；
(B) $r<r_1$；
(C) $r=r_1$；
(D) r 与 r_1 的关系依 $\boldsymbol{C}$ 而定.

解 由于 $r(\boldsymbol{AB})\leqslant\min(r(\boldsymbol{A}),r(\boldsymbol{B}))$，若 $\boldsymbol{A}$ 可逆，则

$$r(\boldsymbol{AB})\leqslant r(\boldsymbol{B})=r(\boldsymbol{EB})=r[\boldsymbol{A}^{-1}(\boldsymbol{AB})]\leqslant r(\boldsymbol{AB}).$$

从而 $r(\boldsymbol{AB})=r(\boldsymbol{B})$. 所以应选(C).

65. 设 $\boldsymbol{A}$ 是 4×3 矩阵，且 $r(\boldsymbol{A})=2$，而 $\boldsymbol{B}=\begin{bmatrix}1&0&2\\0&2&0\\-1&0&3\end{bmatrix}$. 则 $r(\boldsymbol{AB})=$________.

解 因为 $\boldsymbol{B}$ 可逆，故 $r(\boldsymbol{AB})=r(\boldsymbol{A})=2$.

注意 若 $\boldsymbol{A}$ 可逆，则 $r(\boldsymbol{AB})=r(\boldsymbol{B})$，$r(\boldsymbol{BA})=r(\boldsymbol{B})$. 即可逆矩阵与矩阵相乘不改变矩阵的秩.

66. 设矩阵 $\boldsymbol{A}=\begin{bmatrix}0&1&0&0\\0&0&1&0\\0&0&0&1\\0&0&0&0\end{bmatrix}$，则 $\boldsymbol{A}^3$ 的秩为________.

解 因为 $\boldsymbol{A}^2=\begin{bmatrix}0&0&1&0\\0&0&0&1\\0&0&0&0\\0&0&0&0\end{bmatrix}$，$\boldsymbol{A}^3=\begin{bmatrix}0&0&0&1\\0&0&0&0\\0&0&0&0\\0&0&0&0\end{bmatrix}$，可知 $r(\boldsymbol{A}^3)=1$.

67. 设矩阵 $\boldsymbol{A}=\begin{bmatrix}k&1&1&1\\1&k&1&1\\1&1&k&1\\1&1&1&k\end{bmatrix}$，且秩$(\boldsymbol{A})=3$，则 $k=$________.

解 由于 $\mathbf{A}=\begin{bmatrix}k&1&1&1\\1&k&1&1\\1&1&k&1\\1&1&1&k\end{bmatrix}=\begin{vmatrix}k+3&k+3&k+3&k+3\\1&k&1&1\\1&1&k&1\\1&1&1&k\end{vmatrix}=(k+3)\begin{vmatrix}1&1&1&1\\1&k&1&1\\1&1&k&1\\1&1&1&k\end{vmatrix}$

$$=(k+3)\begin{vmatrix}1&1&1&1\\0&k-1&0&0\\0&0&k-1&0\\0&0&0&k-1\end{vmatrix}=(k+3)(k-1)^3,$$

则 $r(\mathbf{A})=3,\Rightarrow|\mathbf{A}|=0$. 而 $k=1$ 时，$r(\mathbf{A})=1$. 故必有 $k=-3$.

68. 设三阶矩阵 $\mathbf{A}=\begin{bmatrix}a&b&b\\b&a&b\\b&b&a\end{bmatrix}$，$r(\mathbf{A}^*)=1$，则必有________.

(A) $a=b$ 或 $a+2b=0$；　　(B) $a=b$ 或 $a+2b\neq0$；

(C) $a\neq b$ 且 $a+2b=0$；　　(D) $a\neq b$ 且 $a+2b\neq0$.

解 根据伴随矩阵 $\mathbf{A}^*$ 秩的关系式

$$r(\mathbf{A}^*)=\begin{cases}n, 若\ r(\mathbf{A})=n;\\1, 若\ r(\mathbf{A})=n-1;\\0, 若\ r(\mathbf{A})<n-1.\end{cases}$$

知 $r(\mathbf{A}^*)=1\Leftrightarrow r(\mathbf{A})=2$. 若 $a=b$，易见 $r(\mathbf{A})\leqslant1$，故可排除(A)，(B).

当 $a\neq b$，$\mathbf{A}$ 中有 2 阶子式 $\begin{vmatrix}a&b\\b&a\end{vmatrix}\neq0$，若 $r(\mathbf{A})=2$，按定义只需 $|\mathbf{A}|=0$. 由于

$$|\mathbf{A}|=\begin{vmatrix}a+2b&a+2b&a+2b\\b&a&b\\b&b&a\end{vmatrix}=(a+2b)(a-b)^2,$$

故选(C).

Chapter 3 第3章

线性方程组

System of Linear Equations

内容提要

一、线性方程组及表达形式

1. 一般形式

$$\begin{cases} a_{11}x_1+a_{12}x_2+\cdots+a_{1n}x_n=b_1, \\ a_{21}x_1+a_{22}x_2+\cdots+a_{2n}x_n=b_2, \\ \cdots\cdots\cdots\cdots \\ a_{m1}x_1+a_{m2}x_2+\cdots+a_{mn}x_n=b_m, \end{cases} \tag{1}$$

其中 $x_1,x_2,\cdots,x_n$ 是 n 个未知量，$a_{ij}(i=1,2,\cdots,m;j=1,2,\cdots,n)$ 为方程组的系数，$b_i(i=1,2,\cdots,m)$ 为常数项.

2. 连加号(缩写)形式

$$\sum_{j=1}^{n} a_{ij}x_j = b_i \quad (i=1,2,\cdots,m). \tag{2}$$

3. 矩阵形式

$$\boldsymbol{Ax}=\boldsymbol{b}, \tag{3}$$

其中

$$\boldsymbol{A}=\begin{bmatrix} a_{11} & a_{12} & \cdots & a_{1n} \\ a_{21} & a_{22} & \cdots & a_{2n} \\ \vdots & \vdots & & \vdots \\ a_{m1} & a_{m2} & \cdots & a_{mn} \end{bmatrix}, \boldsymbol{x}=\begin{bmatrix} x_1 \\ x_2 \\ \vdots \\ x_n \end{bmatrix}, \boldsymbol{b}=\begin{bmatrix} b_1 \\ b_2 \\ \vdots \\ b_m \end{bmatrix};$$

$\boldsymbol{A}$ 称为线性方程组(1)的系数矩阵.

4. 齐次线性方程组

如果方程组(1)的常数项 $b_1,b_2,\cdots,b_m$ 全为零，即 $\boldsymbol{b}=\boldsymbol{0}$，则称方程组(1)为齐次线性方程组，其矩阵形式为 $\boldsymbol{Ax}=\boldsymbol{0}$.

5. 非齐次线性方程组

若 $b_1,b_2,\cdots,b_m$ 不全为零，即 $\boldsymbol{b}\neq\boldsymbol{0}$，则称方程组(1)为非齐次线性方程组，其矩阵形式为 $\boldsymbol{Ax}=\boldsymbol{b}$.

称 $\boldsymbol{Ax}=\boldsymbol{0}$ 为非齐次线性方程组 $\boldsymbol{Ax}=\boldsymbol{b}$ 对应的齐次线性方程组或导出方程组.

6. 相容性

如果方程组有解，则称方程是相容的；否则，是不相容的.

二、非齐次线性方程组有解的判定

定理 非齐次线性方程组有解(相容)的充分必要条件是其系数矩阵的秩等于增广矩阵的秩.

定理 当方程组有解(相容)时，若系数矩阵的秩等于未知量的个数，则方程组有唯一解；若系数矩阵的秩小于未知量的个数时，方程组有无穷多解.

三、齐次线性方程组有非零解的判定

定理 齐次线性方程组有非零解的充分必要条件是其系数矩阵的秩小于未知量的个数；只有零解的充分必要条件是其系数矩阵的秩等于未知量的个数.

推论 1 如果齐次线性方程中方程的个数小于未知量的个数，则该方程组必有非零解.

推论 2 n 个方程 n 个未知量的齐次线性方程组有非零解的充分必要条件是方程组的系数行列式等于零.

四、n 维向量组的线性关系

定义 给定 n 维向量组 $\boldsymbol{\alpha}_1,\boldsymbol{\alpha}_2,\cdots,\boldsymbol{\alpha}_m,\boldsymbol{\beta}$，如果存在一组数 $k_1,k_2,\cdots,k_m$，使得

$$\boldsymbol{\beta}=k_1\boldsymbol{\alpha}_1+k_2\boldsymbol{\alpha}_2+\cdots+k_m\boldsymbol{\alpha}_m,$$

则称 $\boldsymbol{\beta}$ 是向量组 $\boldsymbol{\alpha}_1,\boldsymbol{\alpha}_2,\cdots,\boldsymbol{\alpha}_m$ 的线性组合，或称向量 $\boldsymbol{\beta}$ 可由向量 $\boldsymbol{\alpha}_1,\boldsymbol{\alpha}_2,\cdots,\boldsymbol{\alpha}_m$ 线性表示.

定理 给定 n 维列向量组 $\boldsymbol{\alpha}_1,\boldsymbol{\alpha}_2,\cdots,\boldsymbol{\alpha}_m,\boldsymbol{\beta}$，向量 $\boldsymbol{\beta}$ 可由向量组 $\boldsymbol{\alpha}_1,\boldsymbol{\alpha}_2,\cdots,\boldsymbol{\alpha}_m$ 线性表示的充要条件是方程组 $\boldsymbol{Ax}=\boldsymbol{\beta}$ 有解，其中 $\boldsymbol{A}=(\boldsymbol{\alpha}_1,\boldsymbol{\alpha}_2,\cdots,\boldsymbol{\alpha}_m)$，$\boldsymbol{x}=(x_1,x_2,\cdots,x_m)^{\mathrm{T}}$.

定理 向量 $\boldsymbol{\beta}$ 可由向量组 $\boldsymbol{\alpha}_1,\boldsymbol{\alpha}_2,\cdots,\boldsymbol{\alpha}_m$ 线性表示的充分必要条件是向量组 $\boldsymbol{\alpha}_1,\boldsymbol{\alpha}_2,\cdots,\boldsymbol{\alpha}_m$ 构成的矩阵与向量组 $\boldsymbol{\alpha}_1,\boldsymbol{\alpha}_2,\cdots,\boldsymbol{\alpha}_m,\boldsymbol{\beta}$ 构成的矩阵有相同的秩，即

$$r(\boldsymbol{\alpha}_1,\boldsymbol{\alpha}_2,\cdots,\boldsymbol{\alpha}_m)=r(\boldsymbol{\alpha}_1,\boldsymbol{\alpha}_2,\cdots,\boldsymbol{\alpha}_m,\boldsymbol{\beta}).$$

五、线性相关与线性无关

1. 线性相关

(1)**定义** 对于 n 维向量组 $\boldsymbol{\alpha}_1,\boldsymbol{\alpha}_2,\cdots,\boldsymbol{\alpha}_m$，如果存在一组不全为零的实数 $k_1,k_2,\cdots,k_m$，使得 $k_1\boldsymbol{\alpha}_1+k_2\boldsymbol{\alpha}_2+\cdots+k_m\boldsymbol{\alpha}_m=\boldsymbol{0}$，则称向量组 $\boldsymbol{\alpha}_1,\boldsymbol{\alpha}_2,\cdots,\boldsymbol{\alpha}_m$ 线性相关.

(2)线性相关的充分必要条件

定理 $\boldsymbol{\alpha}_1,\boldsymbol{\alpha}_2,\cdots,\boldsymbol{\alpha}_m$ 线性相关$\Leftrightarrow(\boldsymbol{\alpha}_1,\boldsymbol{\alpha}_2,\cdots,\boldsymbol{\alpha}_m)(x_1,x_2,\cdots,x_m)^{\mathrm{T}}=\boldsymbol{0}$ 有非零解$\Leftrightarrow r(\boldsymbol{\alpha}_1,\boldsymbol{\alpha}_2,\cdots,\boldsymbol{\alpha}_m)<m$(向量的个数)$\Leftrightarrow$存在 $\boldsymbol{\alpha}_i(i=1,2,\cdots,m)$可由其余 $m-1$ 个向量线性表示.

特别地，n 个 n 维向量线性相关$\Leftrightarrow|\boldsymbol{\alpha}_1,\boldsymbol{\alpha}_2,\cdots,\boldsymbol{\alpha}_n|=0$；$n+1$ 个 n 维向量一定线性相关.

2.线性无关

(1)**定义** 对 n 维向量组 $\boldsymbol{\alpha}_1,\boldsymbol{\alpha}_2,\cdots,\boldsymbol{\alpha}_m$，如果 $k_1\boldsymbol{\alpha}_1+k_2\boldsymbol{\alpha}_2+\cdots+k_m\boldsymbol{\alpha}_m=\mathbf{0}$，只有 $k_1=k_2=\cdots=k_m=0$ 时才成立，则称 $\boldsymbol{\alpha}_1,\boldsymbol{\alpha}_2,\cdots,\boldsymbol{\alpha}_m$ 线性无关. 或者说，只要 $k_1,k_2,\cdots,k_m$ 不全为零，必有$k_1\boldsymbol{\alpha}_1+k_2\boldsymbol{\alpha}_2+\cdots+k_m\boldsymbol{\alpha}_m\neq\mathbf{0}$，则称 $\boldsymbol{\alpha}_1,\boldsymbol{\alpha}_2,\cdots,\boldsymbol{\alpha}_m$ 线性无关.

(2)线性无关的充分必要条件

定理 $\boldsymbol{\alpha}_1,\boldsymbol{\alpha}_2,\cdots,\boldsymbol{\alpha}_m$ 线性无关$\Leftrightarrow(\boldsymbol{\alpha}_1,\boldsymbol{\alpha}_2,\cdots,\boldsymbol{\alpha}_m)(x_1,x_2,\cdots,x_m)^{\mathrm{T}}=\mathbf{0}$ 只有零解$\Leftrightarrow r(\boldsymbol{\alpha}_1,\boldsymbol{\alpha}_2,\cdots,\boldsymbol{\alpha}_m)=m$(向量的个数)$\Leftrightarrow$每一个向量 $\boldsymbol{\alpha}_i$ 都不能用其余 $m-1$ 个向量线性表示.

3.几个重要结论

(1)阶梯形向量组一定线性无关.

(2)若 $\boldsymbol{\alpha}_1,\boldsymbol{\alpha}_2,\cdots,\boldsymbol{\alpha}_m$ 线性无关，则它的任一部分组 $\boldsymbol{\alpha}_{i1},\boldsymbol{\alpha}_{i2},\cdots,\boldsymbol{\alpha}_{it}$ 必线性无关.

(3)若 $\boldsymbol{\alpha}_1,\boldsymbol{\alpha}_2,\cdots,\boldsymbol{\alpha}_m$ 线性无关，则它的任一延伸组

$$\begin{pmatrix}\boldsymbol{\alpha}_1\\\boldsymbol{\beta}_1\end{pmatrix},\begin{pmatrix}\boldsymbol{\alpha}_2\\\boldsymbol{\beta}_2\end{pmatrix},\cdots,\begin{pmatrix}\boldsymbol{\alpha}_m\\\boldsymbol{\beta}_m\end{pmatrix}$$

必线性无关.

(4)两两正交、非零的向量组必线性无关.

六、线性相关性与线性表示之间的关系

定理 $\boldsymbol{\alpha}_1,\boldsymbol{\alpha}_2,\cdots,\boldsymbol{\alpha}_m$ 线性相关的充要条件是有 $\boldsymbol{\alpha}_i$ 可用其余 $m-1$ 个向量线性表示.

定理 若 $\boldsymbol{\alpha}_1,\boldsymbol{\alpha}_2,\cdots,\boldsymbol{\alpha}_m$ 线性无关，$\boldsymbol{\alpha}_1,\boldsymbol{\alpha}_2,\cdots,\boldsymbol{\alpha}_m,\boldsymbol{\beta}$ 线性相关，则 $\boldsymbol{\beta}$ 可由 $\boldsymbol{\alpha}_1,\boldsymbol{\alpha}_2,\cdots,\boldsymbol{\alpha}_m$ 线性表示，且表示法唯一.

定理 若向量组 $\boldsymbol{\alpha}_1,\boldsymbol{\alpha}_2,\cdots,\boldsymbol{\alpha}_m$ 可由向量组 $\boldsymbol{\beta}_1,\boldsymbol{\beta}_2,\cdots,\boldsymbol{\beta}_t$ 线性表示，且 $m>t$，则 $\boldsymbol{\alpha}_1,\boldsymbol{\alpha}_2,\cdots,\boldsymbol{\alpha}_m$ 线性相关.

推论 若向量组 $\boldsymbol{\alpha}_1,\boldsymbol{\alpha}_2,\cdots,\boldsymbol{\alpha}_m$ 可由向量组 $\boldsymbol{\beta}_1,\boldsymbol{\beta}_2,\cdots,\boldsymbol{\beta}_t$ 线性表示，且 $\boldsymbol{\alpha}_1,\boldsymbol{\alpha}_2,\cdots,\boldsymbol{\alpha}_m$ 线性无关，则 $m\leqslant t$.

七、极大线性无关组与向量组的秩

1.极大线性无关组

定义 如果向量组 $\boldsymbol{\alpha}_1,\boldsymbol{\alpha}_2,\cdots,\boldsymbol{\alpha}_m$ 的一个部分向量组 $\boldsymbol{\alpha}_{j1},\boldsymbol{\alpha}_{j2},\cdots,\boldsymbol{\alpha}_{jr}(r\leqslant m)$ 满足条件：

(1)$\boldsymbol{\alpha}_{j1},\boldsymbol{\alpha}_{j2},\cdots,\boldsymbol{\alpha}_{jr}$ 线性无关；

(2)$\boldsymbol{\alpha}_1,\boldsymbol{\alpha}_2,\cdots,\boldsymbol{\alpha}_m$ 中每一个向量都可由此部分向量组线性表示.

则称 $\boldsymbol{\alpha}_{j1},\boldsymbol{\alpha}_{j2},\cdots,\boldsymbol{\alpha}_{jr}$ 是向量组 $\boldsymbol{\alpha}_1,\boldsymbol{\alpha}_2,\cdots,\boldsymbol{\alpha}_m$ 的一个极大线性无关组.

定理 一个向量组的极大线性无关组之间彼此等价并与向量组本身等价，而且一个向量组的所有极大线性无关组所含向量的个数相等.

2.向量组的秩

定义 向量组的极大线性无关组所含向量的个数称为向量组的秩.

定理 矩阵 $\boldsymbol{A}$ 的行秩等于列秩，且等于矩阵 $\boldsymbol{A}$ 的秩.

3. 向量组的秩与矩阵的秩的关系

定理 $\boldsymbol{A}$ 的行秩(矩阵 $\boldsymbol{A}$ 的行向量组的秩)$=\boldsymbol{A}$ 的列秩(矩阵 $\boldsymbol{A}$ 的列向量组的秩).

定理 经初等变换,矩阵、向量组的秩均不变.

定理 若向量组(Ⅰ)可由向量组(Ⅱ)线性表示,则 $r(\text{Ⅰ})\leqslant r(\text{Ⅱ})$. 特别地,等价的向量组有相同的秩.

八、向量空间

定义 设 $\boldsymbol{V}$ 是数域 $\boldsymbol{F}$ 上的 n 维向量构成的非空集合,若① $\forall \boldsymbol{\alpha},\boldsymbol{\beta}\in \boldsymbol{V},\boldsymbol{\alpha}+\boldsymbol{\beta}\in \boldsymbol{V}$;② $\forall \boldsymbol{\alpha}\in \boldsymbol{V},k\in \boldsymbol{F},k\boldsymbol{\alpha}\in \boldsymbol{V}$,则称集合 $\boldsymbol{V}$ 为数域 $\boldsymbol{F}$ 上的向量空间. 若 $\boldsymbol{F}$ 为实数域 $\mathbf{R}$,则称 $\boldsymbol{V}$ 为实向量空间.

定义 设 $\boldsymbol{V}$ 为向量空间,如果存在 r 个向量 $\boldsymbol{\alpha}_1,\boldsymbol{\alpha}_2,\cdots,\boldsymbol{\alpha}_r\in \boldsymbol{V}$,满足① $\boldsymbol{\alpha}_1,\boldsymbol{\alpha}_2,\cdots,\boldsymbol{\alpha}_r$ 线性无关;② $\boldsymbol{V}$ 中任一向量都可以由 $\boldsymbol{\alpha}_1,\boldsymbol{\alpha}_2,\cdots,\boldsymbol{\alpha}_r$ 线性表示,则向量组 $\boldsymbol{\alpha}_1,\boldsymbol{\alpha}_2,\cdots,\boldsymbol{\alpha}_r$ 称为向量空间 $\boldsymbol{V}$ 的一个基,r 称为向量空间 $\boldsymbol{V}$ 的维数,记为 $\dim\boldsymbol{V}=r$,并称 $\boldsymbol{V}$ 为 r 维向量空间.

定理 n 维向量空间 $\boldsymbol{V}$ 中的任意 n 个线性无关的向量都是 $\boldsymbol{V}$ 的一个基.

定义 设向量组 $\boldsymbol{\alpha}_1,\boldsymbol{\alpha}_2,\cdots,\boldsymbol{\alpha}_r$ 是向量空间 $\boldsymbol{V}$ 的一个基,向量空间 $\boldsymbol{V}$ 中的任一向量 $\boldsymbol{\alpha}$ 的唯一表示式 $\boldsymbol{\alpha}=x_1\boldsymbol{\alpha}_1+x_2\boldsymbol{\alpha}_2+\cdots+x_r\boldsymbol{\alpha}_r$ 中 $\boldsymbol{\alpha}_1,\boldsymbol{\alpha}_2,\cdots,\boldsymbol{\alpha}_r$ 的系数构成的有序数组 $x_1,x_2,\cdots,x_r$ 称为向量 $\boldsymbol{\alpha}$ 关于基 $\boldsymbol{\alpha}_1,\boldsymbol{\alpha}_2,\cdots,\boldsymbol{\alpha}_r$ 的坐标,记为 $\boldsymbol{x}=(x_1,x_2,\cdots,x_r)^{\mathrm{T}}$.

定义 设向量组 $\boldsymbol{\alpha}_1,\boldsymbol{\alpha}_2,\cdots,\boldsymbol{\alpha}_n$ 和 $\boldsymbol{\beta}_1,\boldsymbol{\beta}_2,\cdots,\boldsymbol{\beta}_n$ 是 n 维向量空间 $\boldsymbol{V}$ 的两个基,若它们之间的关系可表示为

$$(\boldsymbol{\beta}_1,\boldsymbol{\beta}_2,\cdots,\boldsymbol{\beta}_n)=(\boldsymbol{\alpha}_1,\boldsymbol{\alpha}_2,\cdots,\boldsymbol{\alpha}_n)\begin{bmatrix}c_{11} & c_{12} & \cdots & c_{1n}\\ c_{21} & c_{22} & \cdots & c_{2n}\\ \vdots & \vdots & & \vdots\\ c_{n1} & c_{n2} & \cdots & c_{nn}\end{bmatrix}=(\boldsymbol{\alpha}_1,\boldsymbol{\alpha}_2,\cdots,\boldsymbol{\alpha}_n)\boldsymbol{C},$$

则称矩阵 $\boldsymbol{C}=(c_{ij})_{n\times n}$ 为从基 $\boldsymbol{\alpha}_1,\boldsymbol{\alpha}_2,\cdots,\boldsymbol{\alpha}_n$ 到基 $\boldsymbol{\beta}_1,\boldsymbol{\beta}_2,\cdots,\boldsymbol{\beta}_n$ 的过渡矩阵(或基变换矩阵).

定理 设向量空间 $\boldsymbol{V}$ 的一组基 $\boldsymbol{\alpha}_1,\boldsymbol{\alpha}_2,\cdots,\boldsymbol{\alpha}_n$ 到另一组基 $\boldsymbol{\beta}_1,\boldsymbol{\beta}_2,\cdots,\boldsymbol{\beta}_n$ 的过渡矩阵为 $\boldsymbol{C}$,$\boldsymbol{V}$ 中一个向量在这两组基下的坐标分别为 $\boldsymbol{x},\boldsymbol{y}$,则 $\boldsymbol{x}=C\boldsymbol{y}$.

九、线性方程组解的结构

1. 齐次线性方程组解的结构

定义 设 $\boldsymbol{\xi}_1,\boldsymbol{\xi}_2,\cdots,\boldsymbol{\xi}_s\in \boldsymbol{Q}$($\boldsymbol{Q}$ 是齐次线性方程组 $\boldsymbol{Ax}=\boldsymbol{0}$ 的解空间),且① $\boldsymbol{\xi}_1,\boldsymbol{\xi}_2,\cdots,\boldsymbol{\xi}_s$ 线性无关;② $\boldsymbol{Q}$ 中的一个解向量都能够由 $\boldsymbol{\xi}_1,\boldsymbol{\xi}_2,\cdots,\boldsymbol{\xi}_s$ 线性表示. 则称 $\boldsymbol{\xi}_1,\boldsymbol{\xi}_2,\cdots,\boldsymbol{\xi}_s$ 为线性方程组 $\boldsymbol{Ax}=\boldsymbol{0}$ 的一个基础解系.

定理 设 $\boldsymbol{A}$ 是 $m\times n$ 矩阵,$r(\boldsymbol{A})=r<n$,则齐次线性方程组的基础解系含有 $n-r$ 个解向量,如果 $\boldsymbol{\xi}_1,\boldsymbol{\xi}_2,\cdots,\boldsymbol{\xi}_{n-r}$ 是齐次线性方程组 $\boldsymbol{Ax}=\boldsymbol{0}$ 的一个基础解系,则方程组的任一解向量 $\boldsymbol{\xi}=k_1\boldsymbol{\xi}_1+k_2\boldsymbol{\xi}_2+\cdots+k_{n-r}\boldsymbol{\xi}_{n-r}$,其中 $k_1,k_2,\cdots,k_{n-r}$ 为任意常数. 此解称为齐次线性方程组的通解(或一般解).

2. 非齐次线性方程组解的结构

定理 设 $\boldsymbol{\eta}_0$ 是 $\boldsymbol{A}\boldsymbol{x}=\boldsymbol{b}$ 的一个特解，$\boldsymbol{\xi}_1,\boldsymbol{\xi}_2,\cdots,\boldsymbol{\xi}_{n-r}$ 是其导出方程组 $\boldsymbol{A}\boldsymbol{x}=\boldsymbol{0}$ 的基础解系，则 $\boldsymbol{A}\boldsymbol{x}=\boldsymbol{b}$ 的一般解(通解)为 $\boldsymbol{\eta}=\boldsymbol{\eta}_0+k_1\boldsymbol{\xi}_1+k_2\boldsymbol{\xi}_2+\cdots+k_{n-r}\boldsymbol{\xi}_{n-r}$，其中 $k_1,k_2,\cdots,k_{n-r}$ 为任意常数，$r(\boldsymbol{A})=r$.

范例解析

例 1 当向量组 $\boldsymbol{\alpha}_1,\boldsymbol{\alpha}_2,\cdots,\boldsymbol{\alpha}_m$ 线性相关时，使等式 $k_1\boldsymbol{\alpha}_1+k_2\boldsymbol{\alpha}_2+\cdots+k_m\boldsymbol{\alpha}_m=\boldsymbol{0}$ 成立的常数 $k_1,k_2,\cdots,k_m$ 是________.

(A)任意一组常数； (B)任意一组不全为零的常数；

(C)某些特定的不全为零的常数； (D)唯一的一组不全为零的常数.

解 根据线性相关的定义，向量组 $\boldsymbol{\alpha}_1,\boldsymbol{\alpha}_2,\cdots,\boldsymbol{\alpha}_m$ 线性相关，是指存在不全为零的数 k_1，$k_2,\cdots,k_m$ 使得 $k_1\boldsymbol{\alpha}_1+k_2\boldsymbol{\alpha}_2+\cdots+k_m\boldsymbol{\alpha}_m=\boldsymbol{0}$，而并不是对任何组数 $k_1,k_2,\cdots,k_m$ 都能使上式成立. 因此(A)不成立. 例如，向量组 $\boldsymbol{\alpha}_1=(1,0,0)$，$\boldsymbol{\alpha}_2=(2,0,0)$ 是线性相关的(因 $2\boldsymbol{\alpha}_1-\boldsymbol{\alpha}_2=\boldsymbol{0}$)，但取 $k_1=1,k_2=0$，则 $k_1\boldsymbol{\alpha}_1+k_2\boldsymbol{\alpha}_2=\boldsymbol{\alpha}_1+0\boldsymbol{\alpha}_2=\boldsymbol{\alpha}_1\neq(0,0,0)$. 说明并非对任何数 k_1,k_2，都能使 $k_1\boldsymbol{\alpha}_1+k_2\boldsymbol{\alpha}_2=\boldsymbol{0}$.

同样的道理和反例，否定(B). 至于(D)，因为线性相关的定义只要求有使上式成立的一组不全为零的数 $k_1,k_2,\cdots,k_m$，对这组不全为零的数的唯一性并无要求，可能仅一组，也可能有无穷多组，故(D)不成立. 根据定义，应选(C).

例 2 假如 $\boldsymbol{\alpha}_1,\boldsymbol{\alpha}_2,\cdots,\boldsymbol{\alpha}_m$ 线性相关，$\boldsymbol{\beta}_1,\boldsymbol{\beta}_2,\cdots,\boldsymbol{\beta}_m$ 线性相关，则有不全为零的数 k_1，$k_2,\cdots,k_m$，使 $\sum\limits_{i=1}^{m}k_i\boldsymbol{\alpha}_i=\boldsymbol{0}$，$\sum\limits_{j=1}^{m}k_j\boldsymbol{\beta}_j=\boldsymbol{0}$，因而 $\sum\limits_{s=1}^{m}k_s(\boldsymbol{\alpha}_s+\boldsymbol{\beta}_s)=\boldsymbol{0}$，故 $\boldsymbol{\alpha}_1+\boldsymbol{\beta}_1,\boldsymbol{\alpha}_2+\boldsymbol{\beta}_2,\cdots,\boldsymbol{\alpha}_m+\boldsymbol{\beta}_m$ 线性相关. 这种证法正确否?

解 这种证法不一定正确. 由 $\boldsymbol{\alpha}_1,\boldsymbol{\alpha}_2,\cdots,\boldsymbol{\alpha}_m$ 线性相关，存在一组不全为零的数 $t_1,t_2,\cdots,t_m$，使

$$t_1\boldsymbol{\alpha}_1+t_2\boldsymbol{\alpha}_2+\cdots+t_m\boldsymbol{\alpha}_m=\boldsymbol{0}. \tag{1}$$

这是正确的. 但是这里的 $t_1,t_2,\cdots,t_m$ 是对向量组 $\boldsymbol{\alpha}_1,\boldsymbol{\alpha}_2,\cdots,\boldsymbol{\alpha}_m$ 来说的，仅与该向量组有关，也就是说，使(1)式成立的这组不全为零的数 $t_1,t_2,\cdots,t_m$，不一定能使 $t_1\boldsymbol{\beta}_1+t_2\boldsymbol{\beta}_2+\cdots+t_m\boldsymbol{\beta}_m=\boldsymbol{0}$ 同时成立，同样由 $\boldsymbol{\beta}_1,\boldsymbol{\beta}_2,\cdots,\boldsymbol{\beta}_m$ 线性相关，也存在一组不全为零的数 $s_1,s_2,\cdots,s_m$ 使

$$s_1\boldsymbol{\beta}_1+s_2\boldsymbol{\beta}_2+\cdots+s_m\boldsymbol{\beta}_m=\boldsymbol{0}. \tag{2}$$

而这一组数 $s_1,s_2,\cdots,s_m$ 也仅与向量组 $\boldsymbol{\beta}_1,\boldsymbol{\beta}_2,\cdots,\boldsymbol{\beta}_m$ 有关，不一定使 $s_1\boldsymbol{\alpha}_1+s_2\boldsymbol{\alpha}_2+\cdots+s_m\boldsymbol{\alpha}_m=\boldsymbol{0}$ 同时成立，因而虽然(1)与(2)式分别成立的不全是零的数组可能有很多，但不一定能找到一组公共的不全为零的数 $k_1,k_2,\cdots,k_m$ 使

$$\sum_{i=1}^{m}k_i\boldsymbol{\alpha}_i=\boldsymbol{0},\qquad \sum_{j=1}^{m}k_j\boldsymbol{\beta}_j=\boldsymbol{0}$$

同时成立. 如能找到，上述证法正确；找不到就不正确.

例 3 若有不全为零的数 $\lambda_1,\lambda_2,\cdots,\lambda_m$ 使

$$\lambda_1\boldsymbol{\alpha}_1+\cdots+\lambda_m\boldsymbol{\alpha}_m+\lambda_1\boldsymbol{\beta}_m+\cdots+\lambda_m\boldsymbol{\beta}_m=\mathbf{0}$$

成立,则 $\boldsymbol{\alpha}_1,\boldsymbol{\alpha}_2,\cdots,\boldsymbol{\alpha}_m$ 线性相关,$\boldsymbol{\beta}_1,\boldsymbol{\beta}_2,\cdots,\boldsymbol{\beta}_m$ 亦线性相关,这结论是否正确?

解 由题设能断定向量组 $\boldsymbol{\alpha}_1,\boldsymbol{\alpha}_2,\cdots,\boldsymbol{\alpha}_m,\boldsymbol{\beta}_1,\boldsymbol{\beta}_2,\cdots,\boldsymbol{\beta}_m$ 线性相关,但其部分向量组不一定线性相关,因而 $\boldsymbol{\alpha}_1,\boldsymbol{\alpha}_2,\cdots,\boldsymbol{\alpha}_m$ 与 $\boldsymbol{\beta}_1,\boldsymbol{\beta}_2,\cdots,\boldsymbol{\beta}_m$ 都不一定线性相关. 例如取 $\boldsymbol{\alpha}_1=(1,0)$,$\boldsymbol{\alpha}_2=(0,1)$,$\boldsymbol{\beta}_1=(-1,0)$,$\boldsymbol{\beta}_2=(0,-1)$. 当 $\lambda_1=\lambda_2=1$ 时,有 $\lambda_1\boldsymbol{\alpha}_1+\lambda_2\boldsymbol{\alpha}_2+\lambda_1\boldsymbol{\beta}_1+\lambda_2\boldsymbol{\beta}_2=\mathbf{0}$,从而 $\boldsymbol{\alpha}_1$,$\boldsymbol{\alpha}_2,\boldsymbol{\beta}_1,\boldsymbol{\beta}_2$ 线性相关,但其部分向量组 $\boldsymbol{\alpha}_1,\boldsymbol{\alpha}_2$ 与 $\boldsymbol{\beta}_1,\boldsymbol{\beta}_2$ 却分别线性无关.

注意 (1)因 $\lambda_1,\lambda_2,\cdots,\lambda_m$ 不全为零,又由题设有

$$\lambda_1(\boldsymbol{\alpha}_1+\boldsymbol{\beta}_1)+\lambda_2(\boldsymbol{\alpha}_2+\boldsymbol{\beta}_2)+\cdots+\lambda_m(\boldsymbol{\alpha}_m+\boldsymbol{\beta}_m)=\mathbf{0}.$$

所以 $\boldsymbol{\alpha}_1+\boldsymbol{\beta}_1,\boldsymbol{\alpha}_2+\boldsymbol{\beta}_2,\cdots,\boldsymbol{\alpha}_m+\boldsymbol{\beta}_m$ 线性相关. 此例表明由 $\boldsymbol{\alpha}_1+\boldsymbol{\beta}_1,\boldsymbol{\alpha}_2+\boldsymbol{\beta}_2,\cdots,\boldsymbol{\alpha}_m+\boldsymbol{\beta}_m$ 线性相关,推不出 $\boldsymbol{\alpha}_1,\boldsymbol{\alpha}_2,\cdots,\boldsymbol{\alpha}_m$ 与 $\boldsymbol{\beta}_1,\boldsymbol{\beta}_2,\cdots,\boldsymbol{\beta}_m$ 分别线性相关;

(2)由例 2 知,由 $\boldsymbol{\alpha}_1,\boldsymbol{\alpha}_2,\cdots,\boldsymbol{\alpha}_m$ 与 $\boldsymbol{\beta}_1,\boldsymbol{\beta}_2,\cdots,\boldsymbol{\beta}_m$ 分别线性相关,推不出 $\boldsymbol{\alpha}_1+\boldsymbol{\beta}_1,\boldsymbol{\alpha}_2+\boldsymbol{\beta}_2,\cdots,\boldsymbol{\alpha}_m+\boldsymbol{\beta}_m$ 必线性相关.

例 4 向量组 $\boldsymbol{\alpha}_1,\boldsymbol{\alpha}_2,\cdots,\boldsymbol{\alpha}_m(m\geqslant 2)$线性相关的充要条件是________.

(A)$\boldsymbol{\alpha}_1,\boldsymbol{\alpha}_2,\cdots,\boldsymbol{\alpha}_m$ 中有一零向量;

(B)$\boldsymbol{\alpha}_1,\boldsymbol{\alpha}_2,\cdots,\boldsymbol{\alpha}_m$ 中任意两个向量的分量成比例;

(C)$\boldsymbol{\alpha}_1,\boldsymbol{\alpha}_2,\cdots,\boldsymbol{\alpha}_m$ 中有一个向量是其余向量的线性组合;

(D)$\boldsymbol{\alpha}_1,\boldsymbol{\alpha}_2,\cdots,\boldsymbol{\alpha}_m$ 中任意一个向量是其余向量的线性组合.

解 (A)、(B)是向量组线性相关的充分条件,但不是必要条件;(D)既不是充分条件,也不是必要条件. 只有(C)入选.

例 5 下述论断是否正确:如果 $\boldsymbol{\alpha}_1,\boldsymbol{\alpha}_2,\cdots,\boldsymbol{\alpha}_m$ 线性相关,那么其中每个向量都是其余向量的线性组合.

解 论断不正确. 按线性相关的定义只要求其中至少有一向量能表示为其余向量的线性组合,并不要求向量组中每个向量都能表示为其余向量的线性组合. 否则,线性相关的定义变成存在一组全不为零的数 $k_1,k_2,\cdots,k_m$,使 $k_1\boldsymbol{\alpha}_1+\cdots+k_m\boldsymbol{\alpha}_m=\mathbf{0}$,这显然是不正确的.

例 6 若 $\boldsymbol{\alpha}_1,\boldsymbol{\alpha}_2,\cdots,\boldsymbol{\alpha}_m$ 线性相关,则对任一组不全为 0 的数 $k_1,k_2,\cdots,k_m$ 总有 $k_1\boldsymbol{\alpha}_1+\cdots+k_m\boldsymbol{\alpha}_m=\mathbf{0}$,这命题是否正确?

解 不正确. 因由定义,只要存在一组不全为 0 的数 $k_1,k_2,\cdots,k_m$ 使 $k_1\boldsymbol{\alpha}_1+\cdots+k_m\boldsymbol{\alpha}_m=\mathbf{0}$ 就行了.

例 7 假定 $\boldsymbol{\alpha}$ 能用 $\boldsymbol{\alpha}_1,\boldsymbol{\alpha}_2,\cdots,\boldsymbol{\alpha}_m$ 表示为 $\boldsymbol{\alpha}=k_1\boldsymbol{\alpha}_1+\cdots+k_m\boldsymbol{\alpha}_m$,问向量组 $\boldsymbol{\alpha}_1,\boldsymbol{\alpha}_2,\cdots,\boldsymbol{\alpha}_m,\boldsymbol{\alpha}$ 是否线性相关?

解 因可找到一组不全为 0 的数 $-1,k_1,k_2,\cdots,k_m$,使 $(-1)\boldsymbol{\alpha}+k_1\boldsymbol{\alpha}_1+k_2\boldsymbol{\alpha}_2+\cdots+k_m\boldsymbol{\alpha}_m=\mathbf{0}$ 成立,故向量组 $\boldsymbol{\alpha}_1,\boldsymbol{\alpha}_2,\cdots,\boldsymbol{\alpha}_m,\boldsymbol{\alpha}$ 线性相关.

例 8 如果向量 $\boldsymbol{\beta}$ 可由向量组 $\boldsymbol{\alpha}_1,\boldsymbol{\alpha}_2,\cdots,\boldsymbol{\alpha}_m$ 线性表示,则________.

(A)存在一组不全为零的数 $k_1,k_2,\cdots,k_m$ 使 $\boldsymbol{\beta}=k_1\boldsymbol{\alpha}_1+k_2\boldsymbol{\alpha}_2+\cdots+k_m\boldsymbol{\alpha}_m$(*)成立;

(B)存在一组全为零的数 $k_1,k_2,\cdots,k_m$ 使(*)式成立;

(C)存在唯一组数 $k_1,k_2,\cdots,k_m$ 使(*)式成立;

(D)向量组 $\boldsymbol{\beta},\boldsymbol{\alpha}_1,\boldsymbol{\alpha}_2,\cdots,\boldsymbol{\alpha}_m$ 线性相关.

解 因(*)式中的 $k_1,k_2,\cdots,k_m$ 可能全为零,也可能不全为零,可能唯一也可以不唯一,所以(A)、(B)、(C)都不正确,只有(D)正确.

例 9 下列论断是否正确?如果对,加以证明,如果错,举出反例.

若 $a_1=a_2=\cdots=a_n=0$ 时,有 $a_1\boldsymbol{\alpha}_1+a_2\boldsymbol{\alpha}_2+\cdots+a_n\boldsymbol{\alpha}_n=\mathbf{0}$,那么 $\boldsymbol{\alpha}_1,\boldsymbol{\alpha}_2,\cdots,\boldsymbol{\alpha}_n$ 线性无关.

解 不一定.由线性无关定义可知,只有(不是有!)$a_1=a_2=\cdots=a_n=0$ 时,才有 $a_1\boldsymbol{\alpha}_1+a_2\boldsymbol{\alpha}_2+\cdots+a_n\boldsymbol{\alpha}_n=\mathbf{0}$,$\boldsymbol{\alpha}_1,\boldsymbol{\alpha}_2,\cdots,\boldsymbol{\alpha}_n$ 线性无关.即 $\boldsymbol{\alpha}_1,\boldsymbol{\alpha}_2,\cdots,\boldsymbol{\alpha}_n$ 的线性组合只有当组合系数全为零时,才是零向量,除此以外,不再有其他组合系数的线性组合是零向量,$\boldsymbol{\alpha}_1,\boldsymbol{\alpha}_2,\cdots,\boldsymbol{\alpha}_n$ 才线性无关.由题意不能保证是否还有其他组合系数的线性组合也是零向量,因此不能肯定 $\boldsymbol{\alpha}_1,\boldsymbol{\alpha}_2,\cdots,\boldsymbol{\alpha}_n$ 线性无关.如果有,则不是;如果没有,就是.例如,向量组 $\boldsymbol{\alpha}_1=(1,0,0),\boldsymbol{\alpha}_2=(0,1,0),\boldsymbol{\alpha}_3=(1,1,0)$,除了 $a_1=a_2=a_3=0$ 满足 $a_1\boldsymbol{\alpha}_1+a_2\boldsymbol{\alpha}_2+a_3\boldsymbol{\alpha}_3=\mathbf{0}$ 外,还有 $a_1=1,a_2=1,a_3=-1$,这些全不为零的组合系数也满足 $a_1\boldsymbol{\alpha}_1+a_2\boldsymbol{\alpha}_2+a_3\boldsymbol{\alpha}_3=\mathbf{0}$,这时 $\boldsymbol{\alpha}_1,\boldsymbol{\alpha}_2,\boldsymbol{\alpha}_3$ 线性相关.再如向量组 $\boldsymbol{\beta}_1=(1,0,0),\boldsymbol{\beta}_2=(0,1,0),\boldsymbol{\beta}_3=(0,0,1)$,除了 $a_1=a_2=a_3=0$ 以外,没有不全为零的系数 k_1,k_2,k_3 使 $k_1\boldsymbol{\beta}_1+k_2\boldsymbol{\beta}_2+k_3\boldsymbol{\beta}_3=\mathbf{0}$,因而 $\boldsymbol{\beta}_1,\boldsymbol{\beta}_2,\boldsymbol{\beta}_3$ 线性无关.

例 10 若只有当 $\lambda_1,\cdots,\lambda_m$ 全为零时,等式 $\lambda_1\boldsymbol{\alpha}_1+\cdots+\lambda_m\boldsymbol{\alpha}_m+\lambda_1\boldsymbol{\beta}_1+\cdots+\lambda_m\boldsymbol{\beta}_m=\mathbf{0}$ 才能成立,则 $\boldsymbol{\alpha}_1,\boldsymbol{\alpha}_2,\cdots,\boldsymbol{\alpha}_m$ 线性无关,$\boldsymbol{\beta}_1,\boldsymbol{\beta}_2,\cdots,\boldsymbol{\beta}_m$ 也线性无关.这论断正确吗?

解 只有当 $\lambda_1,\lambda_2,\cdots,\lambda_m$ 全为零时,等式 $\lambda_1\boldsymbol{\alpha}_1+\cdots+\lambda_m\boldsymbol{\alpha}_m+\lambda_1\boldsymbol{\beta}_1+\cdots+\lambda_m\boldsymbol{\beta}_m=\lambda_1(\boldsymbol{\alpha}_1+\boldsymbol{\beta}_1)+\cdots+\lambda_m(\boldsymbol{\alpha}_m+\boldsymbol{\beta}_m)=\mathbf{0}$ 才成立,只能断定向量组 $\boldsymbol{\alpha}_1+\boldsymbol{\beta}_2,\cdots,\boldsymbol{\alpha}_m+\boldsymbol{\beta}_m$ 线性无关,$\boldsymbol{\alpha}_1,\boldsymbol{\alpha}_2,\cdots,\boldsymbol{\alpha}_m$ 与 $\boldsymbol{\beta}_1,\boldsymbol{\beta}_2,\cdots,\boldsymbol{\beta}_m$ 不一定线性无关,例如 $\boldsymbol{\alpha}_1=(1,0),\boldsymbol{\alpha}_2=(-1,0),\boldsymbol{\beta}_1=\boldsymbol{\beta}_2=(0,1)$ 时,只有当 $\lambda_1=\lambda_2=0$ 时 $\lambda_1\boldsymbol{\alpha}_1+\lambda_2\boldsymbol{\alpha}_2+\lambda_1\boldsymbol{\beta}_1+\lambda_2\boldsymbol{\beta}_2=\lambda_1(\boldsymbol{\alpha}_1+\boldsymbol{\beta}_1)+\lambda_2(\boldsymbol{\alpha}_2+\boldsymbol{\beta}_2)=\mathbf{0}$ 才能成立,因而 $\boldsymbol{\alpha}_1+\boldsymbol{\beta}_1=(1,1),\boldsymbol{\alpha}_2+\boldsymbol{\beta}_2=(-1,1)$ 线性无关,但 $\boldsymbol{\alpha}_1,\boldsymbol{\alpha}_2$ 及 $\boldsymbol{\beta}_1,\boldsymbol{\beta}_2$ 却分别线性相关.

注意 本例说明 $\boldsymbol{\alpha}_1+\boldsymbol{\beta}_1,\cdots,\boldsymbol{\alpha}_m+\boldsymbol{\beta}_m$ 线性无关,推不出 $\boldsymbol{\alpha}_1,\boldsymbol{\alpha}_2,\cdots,\boldsymbol{\alpha}_m$ 及 $\boldsymbol{\beta}_1,\boldsymbol{\beta}_2,\cdots,\boldsymbol{\beta}_m$ 分别线性无关.也推不出 $\boldsymbol{\alpha}_1,\boldsymbol{\alpha}_2,\cdots,\boldsymbol{\alpha}_m,\boldsymbol{\beta}_1,\boldsymbol{\beta}_2,\cdots,\boldsymbol{\beta}_m$ 线性无关.

当然 $\boldsymbol{\alpha}_1,\boldsymbol{\alpha}_2,\cdots,\boldsymbol{\alpha}_m$ 及 $\boldsymbol{\beta}_1,\boldsymbol{\beta}_2,\cdots,\boldsymbol{\beta}_m$ 分别线性无关时,也推不出 $\boldsymbol{\alpha}_1+\boldsymbol{\beta}_1,\cdots,\boldsymbol{\alpha}_m+\boldsymbol{\beta}_m$ 线性无关.

例 11 n 维向量组 $\boldsymbol{\alpha}_1,\boldsymbol{\alpha}_2,\cdots,\boldsymbol{\alpha}_m$ 线性无关的充要条件是______.

(A)$\boldsymbol{\alpha}_1,\boldsymbol{\alpha}_2,\cdots,\boldsymbol{\alpha}_m$ 都不是零向量;

(B)$\boldsymbol{\alpha}_1,\boldsymbol{\alpha}_2,\cdots,\boldsymbol{\alpha}_m$ 中任意两个向量的分量不成比例;

(C)向量组 $\boldsymbol{\alpha}_1,\boldsymbol{\alpha}_2,\cdots,\boldsymbol{\alpha}_m$ 的向量个数 $m\leqslant n$;

(D)某向量 $\boldsymbol{\beta}$ 可用 $\boldsymbol{\alpha}_1,\boldsymbol{\alpha}_2,\cdots,\boldsymbol{\alpha}_m$ 线性表示,且表示法唯一.

解 显然(A),(B)都不对.例如 $\boldsymbol{\alpha}_1=(2,2),\boldsymbol{\alpha}_2=(3,4),\boldsymbol{\alpha}_3=(5,6)$,它们都不是零向量,且任意两个向量的分量不成比例,但它们线性相关.故(A),(B)不是线性无关的充分条件.显然也不是必要条件.若 $\boldsymbol{\alpha}_1,\boldsymbol{\alpha}_2,\cdots,\boldsymbol{\alpha}_m$ 线性无关,则其个数 m 不超过向量的维数 n 即 $m\leqslant n$.这是向量组线性无关的必要条件,但不是充分条件.例如 $\boldsymbol{\beta}_1=(1,2,3),\boldsymbol{\beta}_2=(2,4,6)$ 有 $2=m<n=3$,但 $\boldsymbol{\beta}_1,\boldsymbol{\beta}_2$ 线性相关.只有(D)成立.

例 12 若两向量组 $\boldsymbol{\alpha}_1,\boldsymbol{\alpha}_2,\cdots,\boldsymbol{\alpha}_m$ 与 $\boldsymbol{\alpha}_1,\boldsymbol{\alpha}_2,\cdots,\boldsymbol{\alpha}_m,\boldsymbol{\beta}$ 有相同的秩,证明 $\boldsymbol{\beta}$ 可由 $\boldsymbol{\alpha}_1,\boldsymbol{\alpha}_2,\cdots,\boldsymbol{\alpha}_m$ 线性表示.

证 设 $\boldsymbol{\alpha}_1,\boldsymbol{\alpha}_2,\cdots,\boldsymbol{\alpha}_r,\cdots,\boldsymbol{\alpha}_m$ 的秩为 r,且 $\boldsymbol{\alpha}_1,\boldsymbol{\alpha}_2,\cdots,\boldsymbol{\alpha}_r$ 为其一个极大无关组.因向量组

$\boldsymbol{\alpha}_1,\boldsymbol{\alpha}_2,\cdots,\boldsymbol{\alpha}_m,\boldsymbol{\beta}$ 的秩也为 r，故 $\boldsymbol{\alpha}_1,\boldsymbol{\alpha}_2,\cdots,\boldsymbol{\alpha}_r$ 也为该向量组的一个极大无关组，所以 $\boldsymbol{\beta}$ 可由向量组线性表示.

例 13 设齐次线性方程组 $\boldsymbol{Ax}=\boldsymbol{0}$ 的系数矩阵 $\boldsymbol{A}$ 为 $m\times n$ 矩阵，其秩为 r，$\boldsymbol{x}$ 为 n 维列向量，证其任意 $n-r$ 个线性无关的解向量都是它的一个基础解系.

解 设 $n-r$ 个线性无关的解向量为 $\boldsymbol{\alpha}_1,\boldsymbol{\alpha}_2,\cdots,\boldsymbol{\alpha}_{n-r}$，又 $\boldsymbol{\beta}$ 为其任一解. 由基础解系的定义及题设，只需证 $\boldsymbol{\beta}$ 可由 $\boldsymbol{\alpha}_1,\boldsymbol{\alpha}_2,\cdots,\boldsymbol{\alpha}_{n-r}$ 线性表示.

若 $\boldsymbol{\beta}$ 包含在 $\boldsymbol{\alpha}_1,\boldsymbol{\alpha}_2,\cdots,\boldsymbol{\alpha}_{n-r}$ 中，显然 $\boldsymbol{\beta}$ 可由 $\boldsymbol{\alpha}_1,\boldsymbol{\alpha}_2,\cdots,\boldsymbol{\alpha}_{n-r}$ 线性表出；若 $\boldsymbol{\beta}$ 不包含在 $\boldsymbol{\alpha}_1,\boldsymbol{\alpha}_2,\cdots,\boldsymbol{\alpha}_{n-r}$ 中，因基础解系仅含 $n-r$ 个解向量，故 $\boldsymbol{\alpha}_1,\boldsymbol{\alpha}_2,\cdots,\boldsymbol{\alpha}_{n-r},\boldsymbol{\beta}$ 线性相关，而 $\boldsymbol{\alpha}_1,\boldsymbol{\alpha}_2,\cdots,\boldsymbol{\alpha}_{n-r}$ 线性无关，故 $\boldsymbol{\beta}$ 可由 $\boldsymbol{\alpha}_1,\boldsymbol{\alpha}_2,\cdots,\boldsymbol{\alpha}_{n-r}$ 线性表示.

例 14 已知线性方程组 $\boldsymbol{Ax}=\boldsymbol{b}$ 的系数矩阵 $\boldsymbol{A}$ 是 4×5 矩阵，且 $\boldsymbol{A}$ 的行向量组线性无关，则下列结论成立的是______.

(A) $\boldsymbol{A}$ 的列向量组线性无关；

(B)增广矩阵的行向量组线性无关；

(C)增广矩阵的任意 4 个列向量线性无关；

(D)增广矩阵的列向量组线性无关.

解 因增广矩阵的 4 个行向量是由 $\boldsymbol{A}$ 的 4 个行向量添加一个分量(即方程的常数项)而得到的，前者线性无关，后者也线性无关. 所以(B)入选.

因秩$(\boldsymbol{A})=\boldsymbol{A}$ 的列秩$=4=$秩$(\widetilde{\boldsymbol{A}})=\widetilde{\boldsymbol{A}}$ 的列秩，而 $\boldsymbol{A}$ 和 $\widetilde{\boldsymbol{A}}$ 分别是 4×5，4×6 矩阵，故 $\boldsymbol{A}$ 及 $\widetilde{\boldsymbol{A}}$ 的列向量组线性相关.

例 15 设向量组 $\boldsymbol{\alpha}_1,\boldsymbol{\alpha}_2,\cdots,\boldsymbol{\alpha}_m$ 线性无关，向量 $\boldsymbol{\beta}_1$ 可用该向量组线性表示，而向量 $\boldsymbol{\beta}_2$ 不能用它线性表示. 试证下列 $m+1$ 个向量 $\boldsymbol{\alpha}_1,\boldsymbol{\alpha}_2,\cdots,\boldsymbol{\alpha}_m,l\boldsymbol{\beta}_1+\boldsymbol{\beta}_2$ 必线性无关.

证 用反证法证之. 如 $\boldsymbol{\alpha}_1,\boldsymbol{\alpha}_2,\cdots,\boldsymbol{\alpha}_m,l\boldsymbol{\beta}_1+\boldsymbol{\beta}_2$ 线性相关，因 $\boldsymbol{\alpha}_1,\boldsymbol{\alpha}_2,\cdots,\boldsymbol{\alpha}_m$ 线性无关，故 $l\boldsymbol{\beta}_1+\boldsymbol{\beta}_2$ 可由 $\boldsymbol{\alpha}_1,\boldsymbol{\alpha}_2,\cdots,\boldsymbol{\alpha}_m$ 线性表示. 设

$$l\boldsymbol{\beta}_1+\boldsymbol{\beta}_2=k_1\boldsymbol{\alpha}_1+k_2\boldsymbol{\alpha}_2+\cdots k_m\boldsymbol{\alpha}_m.$$

又因 $\boldsymbol{\beta}_1$ 也可用 $\boldsymbol{\alpha}_1,\boldsymbol{\alpha}_2,\cdots,\boldsymbol{\alpha}_m$ 线性表示，不妨设 $\boldsymbol{\beta}_1=t_1\boldsymbol{\alpha}_1+t_2\boldsymbol{\alpha}_2+\cdots t_m\boldsymbol{\alpha}_m$ 则 $\boldsymbol{\beta}_2=(k_1-lt_1)\boldsymbol{\alpha}_1+(k_2-lt_2)\boldsymbol{\alpha}_2+\cdots(k_m-lt_m)\boldsymbol{\alpha}_m$，即 $\boldsymbol{\beta}_2$ 可由 $\boldsymbol{\alpha}_1,\boldsymbol{\alpha}_2,\cdots,\boldsymbol{\alpha}_m$ 线性表示，这与题设矛盾，故 $\boldsymbol{\alpha}_1,\boldsymbol{\alpha}_2,\cdots,\boldsymbol{\alpha}_m,l\boldsymbol{\beta}_1+\boldsymbol{\beta}_2$ 线性无关.

例 16 设向量组 $\boldsymbol{\alpha}_1,\boldsymbol{\alpha}_2,\cdots,\boldsymbol{\alpha}_n$ 中前 $n-1$ 个向量线性相关，后 $n-1$ 个向量线性无关. 试问：(1) $\boldsymbol{\alpha}_1$ 能否用 $\boldsymbol{\alpha}_2,\boldsymbol{\alpha}_3,\cdots,\boldsymbol{\alpha}_{n-1}$ 线性表示？(2) $\boldsymbol{\alpha}_n$ 能否用 $\boldsymbol{\alpha}_1,\boldsymbol{\alpha}_2,\cdots,\boldsymbol{\alpha}_{n-1}$ 线性表示？

解 (1)由 $\boldsymbol{\alpha}_1,\boldsymbol{\alpha}_2,\cdots,\boldsymbol{\alpha}_n$ 线性无关，故 $\boldsymbol{\alpha}_2,\boldsymbol{\alpha}_3,\cdots,\boldsymbol{\alpha}_{n-1}$ 线性无关，而 $\boldsymbol{\alpha}_1,\boldsymbol{\alpha}_2,\cdots,\boldsymbol{\alpha}_{n-1}$ 线性相关，故 $\boldsymbol{\alpha}_1$ 可用 $\boldsymbol{\alpha}_2,\boldsymbol{\alpha}_3,\cdots,\boldsymbol{\alpha}_{n-1}$ 线性表示；

(2)因 $\boldsymbol{\alpha}_1$ 能用 $\boldsymbol{\alpha}_2,\boldsymbol{\alpha}_3,\cdots,\boldsymbol{\alpha}_{n-1}$ 线性表示，而 $\boldsymbol{\alpha}_2,\boldsymbol{\alpha}_3,\cdots,\boldsymbol{\alpha}_{n-1}$ 线性无关，故 $\boldsymbol{\alpha}_1$ 能用 $\boldsymbol{\alpha}_2,\boldsymbol{\alpha}_3,\cdots,\boldsymbol{\alpha}_{n-1}$ 唯一地线性表示，不妨设

$$\boldsymbol{\alpha}_1=k_2\boldsymbol{\alpha}_2+k_3\boldsymbol{\alpha}_3+\cdots+k_{n-1}\boldsymbol{\alpha}_{n-1}=k_2\boldsymbol{\alpha}_2+k_3\boldsymbol{\alpha}_3+\cdots+k_{n-1}\boldsymbol{\alpha}_{n-1}+0\boldsymbol{\alpha}_n.$$

因 $k_n=0$，故 $\boldsymbol{\alpha}_n$ 不能用 $\boldsymbol{\alpha}_2,\boldsymbol{\alpha}_3,\cdots,\boldsymbol{\alpha}_{n-1}$ 线性表示.

例 17 设 $\boldsymbol{\alpha}_1,\boldsymbol{\alpha}_2,\boldsymbol{\alpha}_3$ 线性无关，试问常数 m,k 满足什么条件时，向量组 $k\boldsymbol{\alpha}_2-\boldsymbol{\alpha}_1,m\boldsymbol{\alpha}_3-\boldsymbol{\alpha}_2,\boldsymbol{\alpha}_1-\boldsymbol{\alpha}_3$ 线性无关？线性相关？

解 用定义判定，设 $x_1(k\boldsymbol{\alpha}_2-\boldsymbol{\alpha}_1)+x_2(m\boldsymbol{\alpha}_3-\boldsymbol{\alpha}_2)+x_3(\boldsymbol{\alpha}_1-\boldsymbol{\alpha}_3)=\mathbf{0}$，即 $(x_3-x_1)\boldsymbol{\alpha}_1+(kx_1-x_2)\boldsymbol{\alpha}_2+(mx_2-x_3)\boldsymbol{\alpha}_3=\mathbf{0}$. 因 $\boldsymbol{\alpha}_1,\boldsymbol{\alpha}_2,\boldsymbol{\alpha}_3$ 线性无关，故

$$\begin{cases}-x_1+x_3=0;\\ kx_1-x_2=0;\\ mx_2-x_3=0.\end{cases}$$

其系数行列式 $D=km-1$.

(1)当 $km-1\neq 0$ 即 $km\neq 1$ 时，方程组只有零解 $x_1=x_2=x_3=0$，所以 $k\boldsymbol{\alpha}_2-\boldsymbol{\alpha}_1,m\boldsymbol{\alpha}_3-\boldsymbol{\alpha}_2,\boldsymbol{\alpha}_1-\boldsymbol{\alpha}_3$ 线性无关.

(2)当 $km-1=0$ 即 $km=1$ 时，方程组有非零解，所以 $k\boldsymbol{\alpha}_2-\boldsymbol{\alpha}_1,m\boldsymbol{\alpha}_3-\boldsymbol{\alpha}_2,\boldsymbol{\alpha}_1-\boldsymbol{\alpha}_3$ 线性相关.

例 18 设向量 $\boldsymbol{\alpha}_1,\boldsymbol{\alpha}_2,\cdots,\boldsymbol{\alpha}_m$ 线性无关，且向量 $\boldsymbol{\beta}_i=\sum\limits_{j=1}^{m}a_{ij}\boldsymbol{\alpha}_j\,(i=1,2\cdots,m)$，$a_{ij}$ 为常数. 证明 $\boldsymbol{\beta}_1,\boldsymbol{\beta}_2,\cdots,\boldsymbol{\beta}_m$ 线性无关的充要条件是 $\boldsymbol{D}=\begin{vmatrix}a_{11}&a_{12}&\cdots&a_{1m}\\a_{21}&a_{22}&\cdots&a_{2m}\\\vdots&\vdots&&\vdots\\a_{m1}&a_{m2}&\cdots&a_{mm}\end{vmatrix}\neq 0$

证 用定义证明. 令 $x_1\boldsymbol{\beta}_2+x_2\boldsymbol{\beta}_2+\cdots+x_m\boldsymbol{\beta}_m=\mathbf{0}$，则 $(\sum\limits_{j=1}^{m}a_{j1}x_j)\boldsymbol{\alpha}_1+(\sum\limits_{j=1}^{m}a_{j2}x_j)\boldsymbol{\alpha}_2+\cdots+(\sum\limits_{j=1}^{m}a_{jm}x_j)\boldsymbol{\alpha}_m=\mathbf{0}$. 因 $\boldsymbol{\alpha}_1,\boldsymbol{\alpha}_2,\cdots,\boldsymbol{\alpha}_m$ 线性无关，故其系数均为零，即 $\sum\limits_{j=1}^{m}a_{ji}x_j=0(i=1,2,\cdots,m)$. 于是 $\boldsymbol{\beta}_1,\boldsymbol{\beta}_2,\cdots,\boldsymbol{\beta}_m$ 线性无关的充要条件是上述齐次线性方程组只有零解，而它只有零解的充要条件是其系数行列式 $D^{\mathrm{T}}=|a_{ji}|\neq 0$，亦即 $D=|a_{ij}|\neq 0$.

例 19 判定下列向量组的线性相关性，若线性相关，试找出一个向量，使得这个向量可由其余向量线性表示，并且写出它的一种表达方式.

(1)$\boldsymbol{\alpha}_1=(3,1,2,-4),\boldsymbol{\alpha}_2=(1,0,5,2),\boldsymbol{\alpha}_3=(-1,2,0,3)$.

(2)$\boldsymbol{\alpha}_1=(-2,1,0,3),\boldsymbol{\alpha}_2=(1,-3,2,4),\boldsymbol{\alpha}_3=(3,0,2,-1),\boldsymbol{\alpha}_4=(2,-2,4,6)$.

解 考虑以向量组为系数列向量的齐次线性方程组

$$(1)\begin{cases}3x_1+x_2-x_3=0;\\ x_1+2x_3\\ 2x_1+5x_2=0;\\ -4x_1+2x_2+3x_3=0.\end{cases}\qquad \boldsymbol{A}=\begin{bmatrix}3&1&0\\1&0&2\\2&5&0\\-4&2&3\end{bmatrix}\xrightarrow{\text{初等行变换}}\begin{bmatrix}1&0&2\\0&1&-6\\0&0&1\\0&0&0\end{bmatrix}=\boldsymbol{A}_1,$$

故秩$(\boldsymbol{A})=$秩$(\boldsymbol{A}_1)=3=$向量的个数(即未知量的个数). 故方程组只有零解，从而 $\boldsymbol{\alpha}_1,\boldsymbol{\alpha}_2,\boldsymbol{\alpha}_3$ 线性无关.

$$(2)\begin{cases}-2x_1+x_2+3x_3+2x_4=0;\\ x_1-3x_2-2x_4=0;\\ 2x_2+2x_3+4x_4=0;\\ 3x_1+4x_2-x_3+6x_4=0.\end{cases}\qquad \boldsymbol{A}=\begin{bmatrix}-2&1&3&2\\1&-3&0&-2\\0&2&2&4\\3&4&-1&6\end{bmatrix}\xrightarrow{\text{初等行变换}}$$

$$\begin{bmatrix}1&0&0&1\\0&1&0&1\\0&0&1&1\\0&0&0&0\end{bmatrix}=\boldsymbol{A}_1,$$

因秩$(\boldsymbol{A})=$秩$(\boldsymbol{A}_1)=3<4=$向量的个数，故方程组有非零解，从而$\boldsymbol{\alpha}_1,\boldsymbol{\alpha}_2,\boldsymbol{\alpha}_3,\boldsymbol{\alpha}_4$线性相关.

为找出其中一个向量由其余向量的线性表示式，需找出方程组的一个非零解.为此由$\boldsymbol{A}_1$写出其同解的阶梯形方程组$\begin{cases}x_1+\quad x_4=0;\\x_2+\quad x_4=0;\\x_3+x_4=0,\end{cases}$得一般解为$x_1=-x_4,x_2=-x_4,x_3=-x_4$，其中$x_4$可为任意数.令$x_4=1$，得方程组的一个非零解$(-1,-1,-1,1)$.所以$-\boldsymbol{\alpha}_1-\boldsymbol{\alpha}_2-\boldsymbol{\alpha}_3+\boldsymbol{\alpha}_4=\boldsymbol{0}$，即$\boldsymbol{\alpha}_4=\boldsymbol{\alpha}_1+\boldsymbol{\alpha}_2+\boldsymbol{\alpha}_3$.

例 20 设有三维向量组：$\boldsymbol{\alpha}_1=(1+\lambda,1,1),\boldsymbol{\alpha}_2=(1,1+\lambda,1),\boldsymbol{\alpha}_3=(1,1,1+\lambda),\boldsymbol{\beta}=(0,\lambda,\lambda^2)$.问$\lambda$为何值时，

(1)$\boldsymbol{\beta}$可由$\boldsymbol{\alpha}_1,\boldsymbol{\alpha}_2,\boldsymbol{\alpha}_3$线性表示，且表示法唯一；

(2)$\boldsymbol{\beta}$可由$\boldsymbol{\alpha}_1,\boldsymbol{\alpha}_2,\boldsymbol{\alpha}_3$线性表示，且表示法不唯一；

(3)$\boldsymbol{\beta}$不能由$\boldsymbol{\alpha}_1,\boldsymbol{\alpha}_2,\boldsymbol{\alpha}_3$线性表示.

解 考察以$\boldsymbol{\alpha}_1,\boldsymbol{\alpha}_2,\boldsymbol{\alpha}_3$为系数列向量，$\boldsymbol{\beta}$为常数列向量的非齐次线性方程组

$$\begin{cases}(1+\lambda)x_1+x_2+x_3=0;\\x_1+(1+\lambda)x_2+x_3=\lambda;\\x_1+x_2+(1+\lambda)x_3=\lambda^2.\end{cases}$$

其系数行列式$|\boldsymbol{A}|=\lambda^2(\lambda+3)$，故

(1)当$\lambda\neq0$且$\lambda\neq-3$时，方程组有唯一解，$\boldsymbol{\beta}$可唯一地表示成$\boldsymbol{\alpha}_1,\boldsymbol{\alpha}_2,\boldsymbol{\alpha}_3$的线性组合.

(2)当$\lambda=0$时，易看出秩$(\boldsymbol{A})=$秩$(\widetilde{\boldsymbol{A}})=1<m=3$，故方程组有无穷多解，即$\boldsymbol{\beta}$可由$\boldsymbol{\alpha}_1,\boldsymbol{\alpha}_2,\boldsymbol{\alpha}_3$线性表示，且表示法不唯一.

(3)当$\lambda=-3$时，秩$(\boldsymbol{A})=2\neq$秩$(\widetilde{\boldsymbol{A}})=3$，故方程组无解，从而$\boldsymbol{\beta}$不能由$\boldsymbol{\alpha}_1,\boldsymbol{\alpha}_2,\boldsymbol{\alpha}_3$线性表示.

例 21 已知$\boldsymbol{\alpha}_1=(1,4,0,2)^{\mathrm{T}},\boldsymbol{\alpha}_2=(2,7,1,3)^{\mathrm{T}},\boldsymbol{\alpha}_3=(0,1,-1,a)^{\mathrm{T}},\boldsymbol{\beta}=(3,0,b,4)^{\mathrm{T}}$.

(1)a、b为何值时，$\boldsymbol{\beta}$不能由$\boldsymbol{\alpha}_1,\boldsymbol{\alpha}_2,\boldsymbol{\alpha}_3$线性表示；

(2)a、b为何值时，$\boldsymbol{\beta}$可由$\boldsymbol{\alpha}_1,\boldsymbol{\alpha}_2,\boldsymbol{\alpha}_3$线性表示，并写出表示式.

解 考察以$\boldsymbol{\alpha}_1,\boldsymbol{\alpha}_2,\boldsymbol{\alpha}_3$为系数列向量、$\boldsymbol{\beta}$为常数项列向量的非齐次线性方程组：

$$\begin{cases}x_1+2x_2\qquad\quad=3;\\4x_1+7x_2+x_3=0;\\\qquad x_2-x_3=b;\\2x_1+3x_2+ax_3=4.\end{cases}$$

对其增广矩阵$\boldsymbol{A}$施行初等行变换化为阶梯形，有

$$\overline{A}=[A|\beta]=\begin{bmatrix}1&2&0&3\\4&7&1&0\\0&1&-1&b\\2&3&a&4\end{bmatrix}\rightarrow\begin{bmatrix}1&2&0&3\\0&-1&1&-2\\0&0&a-1&0\\0&0&0&b-2\end{bmatrix}=\overline{A}_1$$

(1)当 $b\neq2$ 时,因秩(A)≠秩($\widetilde{A}$),上述方程组无解,此时 β 不能由 $\alpha_1,\alpha_2,\alpha_3$ 线性表示.

(2)当 $b=2$ 且 $a\neq1$ 时,因秩(A)=秩($\widetilde{A}$)$=3=m$,故方程组有唯一解,从而 β 可由 α_1,α_2,α_3 唯一地线性表示,为写出表示式,需求出唯一解,为此将 $\widetilde{A}_1$ 化成简化阶梯形:

$$\widetilde{A}_1\rightarrow\begin{bmatrix}1&0&0&-1\\0&1&0&2\\0&0&1&0\\0&0&0&0\end{bmatrix},$$

故唯一解为 $x=(x_1,x_2,x_3)^T=(-1,2,0)^T$. 于是 β 可唯一地表示为 $\beta=-\alpha_1+2\alpha_2+0\alpha_3=-\alpha_1+2\alpha_2$.

(3)当 $b=2$ 且 $a=1$ 时,经初等行变换将 $\widetilde{A}_1$ 化成简化阶梯形矩阵

$$\widetilde{A}_1\rightarrow\begin{bmatrix}1&2&0&3\\0&-1&1&-2\\0&0&0&0\\0&0&0&0\end{bmatrix}.$$

方程组有无穷多解 $x=(x_1,x_2,x_3)^T=k(-2,1,1)^T+(3,-2,0)^T=(3-2k,k-2,k)^T$,其中 k 为任意数,这时 β 可由 $\alpha_1,\alpha_2,\alpha_3$ 线性表示为 $\beta=(3-2k)\alpha_1+(k-2)\alpha_2+k\alpha_3$.

例 22 已知向量组 $\alpha_1,\alpha_2,\cdots,\alpha_m$ 的秩为 r,则______.

(A)$\alpha_1,\alpha_2,\cdots,\alpha_m$ 中至少有一个 r 个向量的部分组线性无关;

(B)$\alpha_1,\alpha_2,\cdots,\alpha_m$ 中任何 r 个向量的线性无关的部分组与 $\alpha_1,\alpha_2,\cdots,\alpha_m$ 可互相线性表示;

(C)$\alpha_1,\alpha_2,\cdots,\alpha_m$ 中 r 个向量的部分组皆线性无关;

(D)$\alpha_1,\alpha_2,\cdots,\alpha_m$ 中 $r+1$ 向量的部分组皆线性相关.

解 由向量组的秩的定义知,$\alpha_1,\alpha_2,\cdots,\alpha_m$ 的一个极大无关组必含 r 个向量,这 r 个向量必线性无关,又向量组的极大无关组不唯一,但至少有一个含 r 个向量的部分组线性无关,故(A)成立.

因秩$(\alpha_1,\alpha_2,\cdots,\alpha_m)=r$,故该向量组任意 r 个向量的线性无关部分组都为其一个极大无关组,而极大无关组与该向量组等价,即可互相线性表出,故(B)也成立.

秩$(\alpha_1,\alpha_2,\cdots,\alpha_m)=r$,只保证极大线性无关组中含有 r 个向量,但不能保证该向量中任意 r 个向量的部分组都线性无关,它们有的可能线性相关,因而(C)不成立.

因 $r(\alpha_1,\alpha_2,\cdots,\alpha_m)=r$,说明 $\alpha_1,\alpha_2,\cdots,\alpha_m$ 中线性无关部分组所含向量的个数最多是 r 个,再添加一个向量所得的 $r+1$ 个向量的部分组就线性相关,故(D)成立.

综上所述,(A),(B),(D)都成立.

例 23 求下列向量组的秩和一个极大线性无关组,并将其余向量表示成极大无关组的线性组合.

(1)$\boldsymbol{\alpha}_1=(0,4,2)$,$\boldsymbol{\alpha}_2=(1,1,0)$,$\boldsymbol{\alpha}_3=(-2,4,3)$,$\boldsymbol{\alpha}_4=(-1,1,1)$.

(2)$\boldsymbol{\alpha}_1=(1,-2,3,-1,2)^{\mathrm{T}}$,$\boldsymbol{\alpha}_2=(3,-1,5,-3,1)^{\mathrm{T}}$,$\boldsymbol{\alpha}_3=(5,0,7,-5,-4)^{\mathrm{T}}$,$\boldsymbol{\alpha}_4=(2,1,2,-2,-3)^{\mathrm{T}}$.

解 用初等行变换法

$$(1)\boldsymbol{A}=\begin{bmatrix}-1&1&1\\-2&4&3\\1&1&0\\0&4&2\end{bmatrix}\begin{matrix}\boldsymbol{\alpha}_4\\\boldsymbol{\alpha}_3\\\boldsymbol{\alpha}_2\\\boldsymbol{\alpha}_1\end{matrix}\rightarrow\begin{bmatrix}-1&1&1\\0&2&1\\0&2&1\\0&4&2\end{bmatrix}\begin{matrix}\boldsymbol{\alpha}_4\\\boldsymbol{\alpha}_3-2\boldsymbol{\alpha}_4\\\boldsymbol{\alpha}_2+\boldsymbol{\alpha}_4\\\boldsymbol{\alpha}_1\end{matrix}\rightarrow\begin{bmatrix}-1&1&1\\0&2&1\\0&0&0\\0&0&0\end{bmatrix}\begin{matrix}\boldsymbol{\alpha}_4\\\boldsymbol{\alpha}_3-2\boldsymbol{\alpha}_4\\\boldsymbol{\alpha}_2-\boldsymbol{\alpha}_3+3\boldsymbol{\alpha}_4\\\boldsymbol{\alpha}_1-2\boldsymbol{\alpha}_3+4\boldsymbol{\alpha}_4\end{matrix}.$$

由最后的阶梯形矩阵可知:

①秩$(\boldsymbol{\alpha}_1,\boldsymbol{\alpha}_2,\boldsymbol{\alpha}_3,\boldsymbol{\alpha}_4)=2$;

②因$\boldsymbol{\alpha}_4$不能由$\boldsymbol{\alpha}_3-2\boldsymbol{\alpha}_4$线性表示,所以$\boldsymbol{\alpha}_4$与$\boldsymbol{\alpha}_3-2\boldsymbol{\alpha}_4$线性无关,故$\boldsymbol{\alpha}_3$与$\boldsymbol{\alpha}_4$线性无关,$\boldsymbol{\alpha}_3,\boldsymbol{\alpha}_4$是原向量组的一个极大线性无关组;

③因为$\boldsymbol{\alpha}_2-\boldsymbol{\alpha}_3+3\boldsymbol{\alpha}_4=\boldsymbol{0}$,$\boldsymbol{\alpha}_1-2\boldsymbol{\alpha}_3+4\boldsymbol{\alpha}_4=\boldsymbol{0}$,故

$$\boldsymbol{\alpha}_2=\boldsymbol{\alpha}_3+3\boldsymbol{\alpha}_4,\boldsymbol{\alpha}_1=2\boldsymbol{\alpha}_3-4\boldsymbol{\alpha}_4.$$

$$(2)\begin{bmatrix}1&-2&3&-1&2\\3&-1&5&-3&-1\\5&0&7&-5&-4\\2&1&2&-2&-3\end{bmatrix}\begin{matrix}\boldsymbol{\alpha}_1\\\boldsymbol{\alpha}_2\\\boldsymbol{\alpha}_3\\\boldsymbol{\alpha}_4\end{matrix}\rightarrow\begin{bmatrix}1&-2&3&-1&2\\0&5&-4&0&-7\\0&10&-8&0&-14\\0&5&-4&0&-7\end{bmatrix}\begin{matrix}\boldsymbol{\alpha}_1\\\boldsymbol{\alpha}_2-3\boldsymbol{\alpha}_1\\\boldsymbol{\alpha}_3-5\boldsymbol{\alpha}_1\\\boldsymbol{\alpha}_4-2\boldsymbol{\alpha}_1\end{matrix}\rightarrow$$

$$\begin{bmatrix}1&-2&3&-1&2\\0&5&-4&0&-7\\0&0&0&0&0\\0&0&0&0&0\end{bmatrix}\begin{matrix}\boldsymbol{\alpha}_1\\\boldsymbol{\alpha}_2-3\boldsymbol{\alpha}_1\\\boldsymbol{\alpha}_3-2\boldsymbol{\alpha}_2+\boldsymbol{\alpha}_1\\\boldsymbol{\alpha}_4-\boldsymbol{\alpha}_2+\boldsymbol{\alpha}_1\end{matrix}$$

所以秩$(\boldsymbol{\alpha}_1,\boldsymbol{\alpha}_2,\boldsymbol{\alpha}_3,\boldsymbol{\alpha}_4)=2$,$\boldsymbol{\alpha}_1,\boldsymbol{\alpha}_2$是$\boldsymbol{\alpha}_1,\boldsymbol{\alpha}_2,\boldsymbol{\alpha}_3,\boldsymbol{\alpha}_4$的一个极大无关组,且

$$\boldsymbol{\alpha}_3=-\boldsymbol{\alpha}_1+2\boldsymbol{\alpha}_2,\boldsymbol{\alpha}_4=-\boldsymbol{\alpha}_1+\boldsymbol{\alpha}_2.$$

例 24 设$\boldsymbol{A}$是$m\times n$矩阵,证明存在非零的$n\times s$矩阵$\boldsymbol{B}$使得$\boldsymbol{AB}=\boldsymbol{O}$的充要条件是$r(\boldsymbol{A})<n$.

证 必要性 因为$\boldsymbol{AB}=\boldsymbol{O}$,所以$\boldsymbol{B}$的$s$个列向量都是齐次线性方程组$\boldsymbol{Ax}=\boldsymbol{0}$的解向量,又$\boldsymbol{B}\neq\boldsymbol{O}$,则$\boldsymbol{B}$中至少有一个列向量$\boldsymbol{\beta}\neq\boldsymbol{0}$,使得$\boldsymbol{A\beta}=\boldsymbol{0}$,即齐次线性方程组有非零解$\boldsymbol{\beta}$,所以$r(\boldsymbol{A})<n$.

充分性 已知$r(\boldsymbol{A})<n$,要证存在非零矩阵$\boldsymbol{B}_{n\times s}$,使得$\boldsymbol{AB}=\boldsymbol{O}$.

因为$r(\boldsymbol{A})<n$,所以齐次线性方程组$\boldsymbol{Ax}=\boldsymbol{0}$有非零解,不妨设$\boldsymbol{x}^*=(x_1,x_2,\cdots,x_n)^{\mathrm{T}}$是一个非零解,则只需取矩阵$\boldsymbol{B}=\begin{bmatrix}x_1&0&\cdots&0\\x_2&0&\cdots&0\\\vdots&\vdots&&\vdots\\x_n&0&\cdots&0\end{bmatrix}\neq0$即可.实际上注意到$\boldsymbol{x}^*=(x_1,x_2,\cdots,$

$x_n)^{\mathrm{T}}$是 $\boldsymbol{Ax}=\boldsymbol{0}$ 的一个非零解，就有 $\boldsymbol{AB}=\boldsymbol{O}$. 即 $\boldsymbol{B}$ 是存在的一个满足 $\boldsymbol{AB}=\boldsymbol{O}$ 的非零矩阵.

例 25 设 $\boldsymbol{A}$ 是 $m\times n$ 矩阵，$\boldsymbol{B}$ 是 $n\times s$ 矩阵，且 $\boldsymbol{AB}=\boldsymbol{O}$，试证 $r(\boldsymbol{A})+r(\boldsymbol{B})\leqslant n$.

证法一 利用矩阵乘积的秩的估计式.

因 $r(\boldsymbol{AB})\geqslant r(\boldsymbol{A})+r(\boldsymbol{B})-n$. 而 $\boldsymbol{AB}=\boldsymbol{O}$，即 $\boldsymbol{AB}$ 是零矩阵，故 $r(\boldsymbol{AB})=O$，故 $0\geqslant r(\boldsymbol{A})+r(\boldsymbol{B})-n$，即 $r(\boldsymbol{A})+r(\boldsymbol{B})\leqslant n$.

证法二 利用齐次线性方程组 $\boldsymbol{Ax}=\boldsymbol{0}$ 中，$\boldsymbol{A}$ 的秩和线性无关的解向量的个数之间的关系.

因为 $\boldsymbol{AB}=\boldsymbol{O}$，故 $\boldsymbol{B}$ 的 n 个列向量都是 $\boldsymbol{Ax}=\boldsymbol{0}$ 的解向量，$\boldsymbol{x}$ 的维数是 n.

方程组 $\boldsymbol{Ax}=\boldsymbol{0}$ 的基础解系中恰有 $n-r(\boldsymbol{A})$个线性无关的解向量，所以 $r(\boldsymbol{B})$不会超过 $n-r(\boldsymbol{A})$，即 $r(\boldsymbol{B})\leqslant n-r(\boldsymbol{A})$，所以 $r(\boldsymbol{A})+r(\boldsymbol{B})\leqslant n$.

例 26 已知 $\boldsymbol{A}=\begin{bmatrix}1&2&3\\2&4&t\\3&6&9\end{bmatrix}$，$\boldsymbol{B}$ 为 3 阶非零矩阵，且满足 $\boldsymbol{AB}=\boldsymbol{0}$，$t\neq 6$，求证 $r(\boldsymbol{B})=1$.

证法一 因 $\boldsymbol{B}\neq\boldsymbol{O}$，所以 $r(\boldsymbol{B})\geqslant 1$. 下证 $r(\boldsymbol{B})\leqslant 1$.

因 $\boldsymbol{AB}=\boldsymbol{O}$，由上例的结果知 $r(\boldsymbol{B})+r(\boldsymbol{A})\leqslant 3$. 而当 $t\neq 6$ 时，$r(\boldsymbol{A})=2$，故 $r(\boldsymbol{B})\leqslant 3-r(\boldsymbol{A})=1$. 从而得 $r(\boldsymbol{B})=1$.

证法二 设 $\boldsymbol{B}$ 的三个行向量为 $\boldsymbol{\alpha}_1,\boldsymbol{\alpha}_2,\boldsymbol{\alpha}_3$，它们都是方程 $\boldsymbol{x}^{\mathrm{T}}\boldsymbol{A}=\boldsymbol{0}$ 的解向量，因当 $t\neq 6$ 时，$r(\boldsymbol{A})=2=3-1$，故其基础解系只含一个非零解向量，故 $r(\boldsymbol{B})\leqslant 1$. 而 $\boldsymbol{\alpha}_1,\boldsymbol{\alpha}_2,\boldsymbol{\alpha}_3$ 中至少有一个不为零向量，故 $r(\boldsymbol{B})\geqslant 1$，从而只有 $r(\boldsymbol{B})=1$.

例 27 已知线性方程组 $\begin{cases}(2-\lambda)x_1+2x_2-2x_3=1;\\2x_1+(5-\lambda)x_2-4x_3=2;\\-2x_1-4x_2+(5-\lambda)x_3=-\lambda-1,\end{cases}$ 问 λ 为何值时，此方程有唯一解、无穷多解、无解？

解 方程组的系数行列式为 $|\boldsymbol{A}|=\begin{vmatrix}2-\lambda&2&-2\\2&5-\lambda&-4\\-2&-4&5-\lambda\end{vmatrix}=(\lambda-1)^2(\lambda-10)$.

(1) 当 $\lambda\neq 1$ 且 $\lambda\neq 10$ 时，$|\boldsymbol{A}|\neq 0$，方程组有唯一解.

(2) 当 $\lambda=1$ 时，将增广矩阵施行初等行变换化为阶梯形

$$\widetilde{\boldsymbol{A}}=\begin{bmatrix}1&2&-2&1\\2&4&-4&2\\-2&-4&4&-2\end{bmatrix}\to\begin{bmatrix}1&2&-2&1\\0&0&0&0\\0&0&0&0\end{bmatrix},$$

可见，$r(\widetilde{\boldsymbol{A}})=r(\boldsymbol{A})=1<3$(未知量有 3 个)，故方程组有无穷多解.

(3) 当 $\lambda=10$ 时，将增广矩阵施行初等行变换化为阶梯形

$$\widetilde{\boldsymbol{A}}=\begin{bmatrix}-8&2&-2&1\\2&-5&-4&2\\-2&-4&-5&-11\end{bmatrix}\to\begin{bmatrix}2&-5&-4&2\\0&1&1&1\\0&0&0&-3\end{bmatrix},$$

显然，$r(\widetilde{\boldsymbol{A}})=3\neq r(\boldsymbol{A})=2$. 所以原方程无解.

例 28 证明方程组$\begin{cases} x_1 \quad\quad +2x_3+4x_4=a+2c, \\ 2x_1+2x_2+4x_3+8x_4=2a+b, \\ -x_1-2x_2+x_3+2x_4=-a-b+c, \\ 2x_1 \quad\quad +7x_3+14x_4=3a+b+2c-d. \end{cases}$有解的充要条件是 $a+b-c-d=0$.

证 将增广矩阵 $\widetilde{\boldsymbol{A}}$ 施行初等行变换化为阶梯形

$$\widetilde{\boldsymbol{A}}\to\begin{bmatrix} 1 & 0 & 2 & 4 & a+2c \\ 0 & 2 & 0 & 0 & b-4c \\ 0 & 0 & 3 & 6 & -c \\ 0 & 0 & 0 & 0 & a+b-c-d \end{bmatrix}.$$

因 $r(\boldsymbol{A})=3$,所以 $r(\widetilde{\boldsymbol{A}})=r(\boldsymbol{A})=3$ 的充要条件是 $a+b-c-d=0$,故原方程组有解的充要条件是 $a+b-c-d=0$.

例 29 如果向量 $\boldsymbol{\beta}=(b_1,b_2,\cdots,b_n)$是线性方程组(1):

$$\begin{cases} a_{11}x_1+a_{12}x_2+\cdots+a_{1n}x_n=0; \\ \quad\vdots \quad\quad \vdots \quad\quad\quad \vdots \quad \vdots \\ a_{m1}x_1+a_{m2}x_2+\cdots+a_{mn}x_n=0; \end{cases} \tag{1}$$

的系数矩阵的行向量组 $\boldsymbol{\alpha}_i=(a_{i1},a_{i2},\cdots a_{in})(i=1,2,\cdots m)$的线性组合,则方程组(1)的解都是方程

$$b_1x_1+b_2x_2+\cdots+b_nx_n=\mathbf{0} \tag{2}$$

的解.

证 设 $\boldsymbol{x}^*=(x_1,x_2,\cdots,x_n)^{\mathrm{T}}$为齐次方程(1)的任意一解,则

$$\boldsymbol{\alpha}_i\boldsymbol{x}^*=\mathbf{0} \quad (i=1,2,\cdots,s). \tag{3}$$

由于 $\boldsymbol{\beta}$ 是 $\boldsymbol{\alpha}_i(i=1,2,\cdots,s)$的线性组合,故存在一组数 $k_1,k_2,\cdots,k_s$ 使得

$$\boldsymbol{\beta}=k_1\boldsymbol{\alpha}_1+k_2\boldsymbol{\alpha}_2+\cdots+k_s\boldsymbol{\alpha}_s.$$

将方程组(3)中的第 i 个方程乘以 $k_i(i=1,2,\cdots,s)$再相加得

$$k_1\boldsymbol{\alpha}_1\boldsymbol{x}^*+k_2\boldsymbol{\alpha}_2\boldsymbol{x}^*+\cdots+k_s\boldsymbol{\alpha}_s\boldsymbol{x}^*=\mathbf{0};$$

即$(k_1\boldsymbol{\alpha}_1+k_2\boldsymbol{\alpha}_2+\cdots+k_s\boldsymbol{\alpha}_s)\boldsymbol{x}^*=\mathbf{0}$,于是 $\boldsymbol{\beta x}^*=\mathbf{0}$. 这就证明了方程组(1)的解都是(2)的解.

例 30 设 $\boldsymbol{A}$ 是 $m\times n$ 矩阵,齐次线性方程组 $\boldsymbol{Ax}=\mathbf{0}$ 是非齐次线方程组 $\boldsymbol{Ax}=\boldsymbol{b}$ 的导出组,则下列结论正确的是________.

(A)若 $\boldsymbol{Ax}=\mathbf{0}$ 有零解,则 $\boldsymbol{Ax}=\boldsymbol{b}$ 有唯一解;

(B)若 $\boldsymbol{Ax}=\mathbf{0}$ 有非零解,则 $\boldsymbol{Ax}=\boldsymbol{b}$ 有无穷多解;

(C)若 $\boldsymbol{Ax}=\boldsymbol{b}$ 有无穷多解,则 $\boldsymbol{Ax}=\mathbf{0}$ 仅有零解;

(D)若 $\boldsymbol{Ax}=\boldsymbol{b}$ 有无穷多解,则 $\boldsymbol{Ax}=\mathbf{0}$ 有非零解.

解 因为 $\boldsymbol{Ax}=\mathbf{0}$ 总有零解. 因此 $\boldsymbol{Ax}=\boldsymbol{b}$ 可能无解,可能有解. 当有解时,可能解唯一,也

可能有无穷多解.这三种情况都可能会出现.事实上,当 $\mathbf{A}\boldsymbol{x}=\mathbf{0}$ 有非零解时,可能 $r(\mathbf{A})<n$,继而出现 $r(\mathbf{A})\neq r(\widetilde{\mathbf{A}})$,此时 $\mathbf{A}\boldsymbol{x}=\boldsymbol{b}$ 无解,或者出现 $r(\mathbf{A})=r(\widetilde{\mathbf{A}})<n$,此时,$\mathbf{A}\boldsymbol{x}=\boldsymbol{b}$ 有无穷多解;当 $\mathbf{A}\boldsymbol{x}=\mathbf{0}$ 仅有零解时,$r(\mathbf{A})=n$.但 $r(\mathbf{A})$ 和 $r(\widetilde{\mathbf{A}})$ 是否相等不得而知,当然更不能断定 $\mathbf{A}\boldsymbol{x}=\boldsymbol{b}$ 有唯一解.故(A)不成立.

由(B)中题设知 $r(\mathbf{A})<n$,但 $r(\mathbf{A})$ 和 $r(\widetilde{\mathbf{A}})$ 是否相等不得而知,因而 $\mathbf{A}\boldsymbol{x}=\boldsymbol{b}$ 是否有解不得而知,更不能推出有无穷多解,故(B)不成立.

由(C)中题设知 $r(\mathbf{A})=r(\widetilde{\mathbf{A}})<n$,若 $\mathbf{A}\boldsymbol{x}=\mathbf{0}$ 仅有零解,则 $r(\mathbf{A})=n$,矛盾.故(C)不成立.

由(D)中题设知 $r(\mathbf{A})=r(\widetilde{\mathbf{A}})<n$,则 $\mathbf{A}\boldsymbol{x}=\mathbf{0}$ 有无穷多解,故(D)成立,综上所述(D)入选.

例 31 设齐次线性方程组 $\begin{cases}a_{11}x_1+a_{12}x_2+\cdots+a_{1n}x_n=0;\\ a_{21}x_1+a_{22}x_2+\cdots+a_{2n}x_n=0;\\ \vdots\qquad\vdots\qquad\qquad\vdots\quad\ \vdots\\ a_{n1}x_1+a_{n2}x_2+\cdots+a_{nn}x_n=0.\end{cases}$ 的系数矩阵 $\mathbf{A}$ 的行列式 $|\mathbf{A}|=0$,试证向量 $\boldsymbol{\alpha}_i=(A_{i1},A_{i2},\cdots,A_{in})^{\mathrm{T}}(i=1,2,\cdots,n)$ 是上方程组的 n 个解.其中 A_{ij} 是 $\mathbf{A}$ 中元素 α_{ij} 的代数余子式.

证法一 将 $x_1=A_{i1},x_2=A_{i2},\cdots x_n=A_{in}$ 代入第 s 个方程,有

$$a_{s1}A_{i1}+a_{s2}A_{i2}+\cdots+a_{sn}A_{in}=\begin{cases}0,s\neq i;\\ |\mathbf{A}|=0,s=i.\end{cases}=0\quad(s=1,2,\cdots,n),$$

这说明 $\boldsymbol{\alpha}_i=(A_{i1},A_{i2},\cdots,A_{in})^{\mathrm{T}}$ 是上述方程组的解 $(i=1,2,\cdots,n)$.

证法二 由题设 $|\mathbf{A}|=0$,故 $\mathbf{A}\mathbf{A}^*=|\mathbf{A}|\mathbf{E}=0$,即,

$$\mathbf{A}[\boldsymbol{\alpha}_1,\boldsymbol{\alpha}_2,\cdots,\boldsymbol{\alpha}_n]=0,[\mathbf{A}\boldsymbol{\alpha}_1,\mathbf{A}\boldsymbol{\alpha}_2,\cdots,\mathbf{A}\boldsymbol{\alpha}_n]=0.$$

于是 $\mathbf{A}\boldsymbol{\alpha}_1=\mathbf{0},\mathbf{A}\boldsymbol{\alpha}_2=\mathbf{0},\cdots,\mathbf{A}\boldsymbol{\alpha}_n=\mathbf{0}$,故 $\boldsymbol{\alpha}_1,\boldsymbol{\alpha}_2,\cdots,\boldsymbol{\alpha}_n$ 是齐次线性方程组 $\mathbf{A}\boldsymbol{x}=\mathbf{0}$ 的 n 个解.

例 32 设齐次线方程组 $\begin{cases}a_{11}x_1+a_{12}x_2+\cdots+a_{1n}x_n=0;\\ a_{21}x_1+a_{22}x_2+\cdots+a_{2n}x_n=0;\\ \vdots\qquad\vdots\qquad\qquad\vdots\quad\ \vdots\\ a_{n1}x_1+a_{n2}x_2+\cdots+a_{nn}x_n=0\end{cases}$ 的系数行列式 $|\mathbf{A}|=0$,而 $\mathbf{A}$ 中元素 a_{ki} 的代数余子式 $A_{ki}\neq0(i,k=1,2,\cdots,n)$.试证:向量 $(A_{k1},A_{k2},\cdots,A_{kn})^{\mathrm{T}}$ 都是方程组的基础解系.$(k=1,2,\cdots,n)$

证 依定义,需证明三点:

(1) $(A_{k1},A_{k2},\cdots,A_{kn})^{\mathrm{T}}(k=1,2,\cdots,n)$ 都是方程组的解,这已在上题得证.

(2) $(A_{k1},A_{k2},\cdots,A_{kn})^{\mathrm{T}}(k=1,2,\cdots,n)$ 线性无关.

因 $A_{ki}\neq0$,所以 $(A_{k1},A_{k2},\cdots,A_{kn})^{\mathrm{T}}$ 是非零向量,单个非零向量线性无关.

(3) 方程组的任何一个解向量 $\boldsymbol{\beta}$ 均可由 $(A_{k1},A_{k2},\cdots,A_{kn})^{\mathrm{T}}$ 线性表示.因为 $|\mathbf{A}|=0$,$A_{ki}\neq0$,故 $\mathbf{A}$ 中不等于零的子式的最高阶数为 $n-1$,所以,$r(\mathbf{A})=n-1$,从而基础解系只包含 $n-r=n-(n-1)=1$ 个向量,于是向量 $(A_{k1},A_{k2},\cdots,A_{kn})^{\mathrm{T}}$ 与 $\boldsymbol{\beta}$ 必线性相关,而 $(A_{k1},A_{k2},\cdots,A_{kn})^{\mathrm{T}}$ 线性无关,故 $\boldsymbol{\beta}$ 是 $(A_{k1},A_{k2},\cdots,A_{kn})^{\mathrm{T}}$ 的线性组合.

由(1)、(2)、(3)知,$(A_{k1},A_{k2},\cdots,A_{kn})^{\mathrm{T}}(k=1,2,\cdots,n)$ 都是齐次方程组的基础解系.

例 33 确定 a 的值，使线性方程组 $\begin{cases}2x_1-x_2+x_3+x_4=1;\\x_1+2x_2-x_3+4x_4=2;\\x_1+2x_2-4x_3+11x_4=a.\end{cases}$ 有解，并求其解.

解 用初等行变换法将其增广矩阵 $\widetilde{\mathbf{A}}$ 化为行阶梯形：

$$\widetilde{\mathbf{A}}=\left[\begin{array}{cccc:c}2&-1&1&1&1\\1&2&-1&4&2\\1&7&-4&11&a\end{array}\right]\xrightarrow[\substack{r_2-2r_1\\r_3-r_1}]{r_1\leftrightarrow r_2\text{ 后}}\left[\begin{array}{cccc:c}1&2&-1&4&2\\0&-5&3&-7&-3\\0&5&-3&7&a-2\end{array}\right]\xrightarrow{r_3+r_2}$$

$$\left[\begin{array}{cccc:c}1&2&-1&4&2\\0&-5&3&-7&-3\\0&0&0&0&a-5\end{array}\right]=\widetilde{\mathbf{A}}_1.$$

显然，当 $a=5$ 时 $r(\widetilde{\mathbf{A}})=2=r(\mathbf{A})<n=4$ 时，原方程组才有解，且有无穷多解，为求其全部解，用初等行变换将 $\widetilde{\mathbf{A}}_1$ 化为行简化阶梯形：

$$\widetilde{\mathbf{A}}_1=\left[\begin{array}{cccc:c}1&2&-1&4&2\\0&-5&3&-7&-3\\0&0&0&0&0\end{array}\right]\to\left[\begin{array}{cccc:c}1&0&\frac{1}{5}&\frac{6}{5}&\frac{4}{5}\\0&1&-\frac{3}{5}&\frac{7}{5}&\frac{3}{5}\\0&0&0&0&0\end{array}\right]=\widetilde{\mathbf{A}}_2.$$

由 $\widetilde{\mathbf{A}}_2$ 可知，原方程组的一个特解为 $\left(\frac{4}{5},\frac{3}{5},0,0\right)^{\mathrm{T}}$，其导出组的一个基础解系为 $\left(-\frac{1}{5},\frac{3}{5},1,0\right)^{\mathrm{T}},\left(-\frac{6}{5},-\frac{7}{5},0,1\right)^{\mathrm{T}}$. 故其通解为.

$$x=\left(\frac{4}{5},\frac{3}{5},0,0\right)^{\mathrm{T}}+k_1\left(-\frac{1}{5},\frac{3}{5},1,0\right)^{\mathrm{T}}+k_2\left(-\frac{6}{5},-\frac{7}{5},0,1\right)^{\mathrm{T}}.$$

自测题

一、填空题

(1)若向量组 $\boldsymbol{\alpha}_1=(1,-1,2,4)$，$\boldsymbol{\alpha}_2=(0,3,t,2)$，$\boldsymbol{\alpha}_3=(3,0,7,14)$线性相关，则 $t=$________，并且 $\boldsymbol{\alpha}_3$ 可由 $\boldsymbol{\alpha}_1,\boldsymbol{\alpha}_2$ 表示为________.

(2)设向量组 $\boldsymbol{\alpha}_1,\boldsymbol{\alpha}_2,\boldsymbol{\alpha}_3$ 线性无关，则向量组 $\boldsymbol{\alpha}_1+\boldsymbol{\alpha}_2,\boldsymbol{\alpha}_2+\boldsymbol{\alpha}_3,\boldsymbol{\alpha}_3+\boldsymbol{\alpha}_1$ 线性________(填相关或无关).

(3)若 $\boldsymbol{\alpha}_1=(b,b,b)$，$\boldsymbol{\alpha}_2=(-b,b,a)$，$\boldsymbol{\alpha}_3=(-b,-b,-a)$线性相关，则 a,b 应满足关系式________.

(4)若两个向量组 $\boldsymbol{\alpha}_1=(1,2,3)$，$\boldsymbol{\alpha}_2=(1,0,1)$与 $\boldsymbol{\beta}_1=(-1,2,a)$，$\boldsymbol{\beta}_2=(4,1,5)$等价，则 $a=$________.

(5)向量组 $\boldsymbol{\alpha}_1=(-2,1,0,0)$，$\boldsymbol{\alpha}_2=(1,0,3,0)$，$\boldsymbol{\alpha}_3=(4,0,0,5)$线性________(填相关或无关).

(6)若向量组 $\boldsymbol{\beta}_1=(3,1,-1)$,$\boldsymbol{\beta}_2=(6,a,5)$,$\boldsymbol{\beta}_3=(0,0,3)$与向量组 $\boldsymbol{\alpha}_1=(1,1,1)$,$\boldsymbol{\alpha}_2=(2,0,-2)$,$\boldsymbol{\alpha}_3=(0,2,4)$的秩相同,则 $a=$________.

(7)已知 $r(\boldsymbol{\alpha}_1,\boldsymbol{\alpha}_2,\boldsymbol{\alpha}_3)=r(\boldsymbol{\alpha}_1,\boldsymbol{\alpha}_2,\boldsymbol{\alpha}_3,\boldsymbol{\alpha}_4)=3$,且 $r(\boldsymbol{\alpha}_1,\boldsymbol{\alpha}_2,\boldsymbol{\alpha}_3,\boldsymbol{\alpha}_5)=4$,那么 $r(\boldsymbol{\alpha}_1,\boldsymbol{\alpha}_2,\boldsymbol{\alpha}_3,\boldsymbol{\alpha}_4+\boldsymbol{\alpha}_5)=$________.

(8)设 $\boldsymbol{\alpha}_1,\boldsymbol{\alpha}_2,\cdots,\boldsymbol{\alpha}_m$ 是方程组 $\boldsymbol{Ax}=\boldsymbol{b}$ 的解,又已知向量 $k_1\boldsymbol{\alpha}_1+k_2\boldsymbol{\alpha}_2+\cdots+k_m\boldsymbol{\alpha}_m$ 也是 $\boldsymbol{Ax}=\boldsymbol{b}$ 的解,则 $k_1,k_2,\cdots,k_m$ 应满足条件________.

(9)设 $\boldsymbol{A}$ 为 n 阶方阵,$r(\boldsymbol{A})=n-1$,且 $\boldsymbol{A}$ 中每行元素之和均为零,则齐次线性方程组 $\boldsymbol{Ax}=\boldsymbol{0}$ 的通解为________.

(10)设 $\boldsymbol{A}$ 为 n 阶矩阵,若齐次线性方程组 $\boldsymbol{Ax}=\boldsymbol{0}$ 只有零解,则 $\boldsymbol{A}^*\boldsymbol{x}=\boldsymbol{0}$ 的解是________.

(11)设任意一个 n 维向量都是方程组 $\boldsymbol{Ax}=\boldsymbol{0}$ 的解,则 $r(\boldsymbol{A})=$________.

(12)设三元方程组 $\boldsymbol{Ax}=\boldsymbol{b}$ 的系数矩阵 $\boldsymbol{A}$ 的秩 $r(\boldsymbol{A})=2$. 向量 $\boldsymbol{\alpha}_1,\boldsymbol{\alpha}_2,\boldsymbol{\alpha}_3$ 为非齐次方程组 $\boldsymbol{Ax}=\boldsymbol{b}$ 的三个特解,则 $\boldsymbol{\alpha}_1+\boldsymbol{\alpha}_2+\boldsymbol{\alpha}_3=(6,6,6)^{\mathrm{T}}$,$\boldsymbol{\alpha}_1-\boldsymbol{\alpha}_3=(1,2,1)^{\mathrm{T}}$,则 $\boldsymbol{Ax}=\boldsymbol{b}$ 的通解为________.

(13)设三元非齐次线性方程组 $\begin{cases}a_{11}x_1+a_{12}x_2+a_{13}x_3=1\\a_{21}x_1+a_{22}x_2+a_{23}x_3=1\\a_{31}x_1+a_{32}x_2+a_{33}x_3=1\end{cases}$ 的 3 个解为 $\boldsymbol{\alpha}_1=(1,0,0)^{\mathrm{T}}$,$\boldsymbol{\alpha}_2=(-1,2,0)^{\mathrm{T}}$,$\boldsymbol{\alpha}_3=(-1,1,1)^{\mathrm{T}}$,则系数矩阵 $\boldsymbol{A}=$________.

(14)设 $\boldsymbol{\alpha}_1=\begin{bmatrix}1\\2\\0\\-2\end{bmatrix}$,$\boldsymbol{\alpha}_2=\begin{bmatrix}-1\\4\\2\\a\end{bmatrix}$,$\boldsymbol{\alpha}_3=\begin{bmatrix}3\\3\\-1\\-6\end{bmatrix}$ 与 $\boldsymbol{\beta}_1=\begin{bmatrix}1\\5\\1\\-a\end{bmatrix}$,$\boldsymbol{\beta}_2=\begin{bmatrix}1\\8\\2\\-2\end{bmatrix}$,$\boldsymbol{\beta}_3=\begin{bmatrix}-5\\2\\t\\10\end{bmatrix}$ 都是齐次线性方程组 $\boldsymbol{Ax}=\boldsymbol{0}$ 的基础解系,则 a,t 应满足的条件是________.

(15)设 $\boldsymbol{A}$ 为 $m\times n$ 矩阵,$\boldsymbol{B}$ 为 $n\times s$ 矩阵,$\boldsymbol{x}$ 是 n 维列向量,若 $\boldsymbol{ABx}=\boldsymbol{0}$ 与 $\boldsymbol{Bx}=\boldsymbol{0}$ 是同解的齐次线性方程组,则矩阵 $\boldsymbol{AB}$ 的秩 $r(\boldsymbol{AB})$与矩阵 $\boldsymbol{B}$ 的秩 $r(\boldsymbol{B})$应满足关系式________.

二、选择题

(1)已知 n 维列向量组 $\boldsymbol{\alpha}_1,\boldsymbol{\alpha}_2,\cdots,\boldsymbol{\alpha}_m$ 线性无关,则必有(　　).

(A)$m\leqslant n$;

(B)$m>n$;

(C)任一 n 维列向量 $\boldsymbol{\beta}$ 均可由 $\boldsymbol{\alpha}_1,\boldsymbol{\alpha}_2,\cdots,\boldsymbol{\alpha}_m$ 线性表示;

(D)方程组 $x_1\boldsymbol{\alpha}_1+x_2\boldsymbol{\alpha}_2+\cdots+x_m\boldsymbol{\alpha}_m=\boldsymbol{0}$ 有非零解.

(2)若向量 $\boldsymbol{\beta}$ 可由向量组 $\boldsymbol{\alpha}_1,\boldsymbol{\alpha}_2,\cdots,\boldsymbol{\alpha}_t$ 线性表示,则下列结论中正确的是(　　).

(A)存在一组不全为零的数 $k_1,k_2,\cdots,k_t$ 使等式 $\boldsymbol{\beta}=k_1\boldsymbol{\alpha}_1+k_2\boldsymbol{\alpha}_2+\cdots+k_t\boldsymbol{\alpha}_t$ 成立;

(B)存在一组全为零的数 $k_1,k_2,\cdots,k_t$ 使等式 $\boldsymbol{\beta}=k_1\boldsymbol{\alpha}_1+k_2\boldsymbol{\alpha}_2+\cdots+k_t\boldsymbol{\alpha}_t$ 成立;

(C)存在一组数 $k_1,k_2,\cdots,k_t$ 使等式 $\boldsymbol{\beta}=k_1\boldsymbol{\alpha}_1+k_2\boldsymbol{\alpha}_2+\cdots+k_t\boldsymbol{\alpha}_t$ 成立;

(D)$\boldsymbol{\beta}$ 的线性表示式唯一.

(3)如果 $r(\boldsymbol{\alpha}_1,\boldsymbol{\alpha}_2,\cdots,\boldsymbol{\alpha}_s)=4$,则下列说法正确的是(　　).

(A)$\boldsymbol{\alpha}_1,\boldsymbol{\alpha}_2,\cdots,\boldsymbol{\alpha}_s$ 的一个部分组如果所含向量的个数不超过 4,则必线性无关;

(B)$\boldsymbol{\alpha}_1,\boldsymbol{\alpha}_2,\boldsymbol{\alpha}_3,\boldsymbol{\alpha}_4$ 是 $\boldsymbol{\alpha}_1,\boldsymbol{\alpha}_2,\cdots,\boldsymbol{\alpha}_s$ 的一个极大无关组；

(C)$\boldsymbol{\alpha}_1,\boldsymbol{\alpha}_2,\cdots,\boldsymbol{\alpha}_s$ 的线性无关的部分组所含向量个数不超过 4；

(D)$\boldsymbol{\alpha}_1,\boldsymbol{\alpha}_2,\cdots,\boldsymbol{\alpha}_s$ 的线性相关的部分组所含向量个数一定大于 4.

(4)设 n 维向量组 $\boldsymbol{\alpha}_1,\boldsymbol{\alpha}_2,\cdots,\boldsymbol{\alpha}_s$ 的秩为 k，它的一个部分组 $\boldsymbol{\alpha}_1,\boldsymbol{\alpha}_2,\cdots,\boldsymbol{\alpha}_t(t<s)$ 的秩为 l，下列条件中，不能判定 $\boldsymbol{\alpha}_1,\boldsymbol{\alpha}_2,\cdots,\boldsymbol{\alpha}_t$ 是一个极大无关组的是(　　).

(A)$l=k$，且 $\boldsymbol{\alpha}_1,\boldsymbol{\alpha}_2,\cdots,\boldsymbol{\alpha}_s$ 线性无关；

(B)$l=k$，且 $\boldsymbol{\alpha}_1,\boldsymbol{\alpha}_2,\cdots,\boldsymbol{\alpha}_t$ 与 $\boldsymbol{\alpha}_1,\boldsymbol{\alpha}_2,\cdots,\boldsymbol{\alpha}_s$ 等价；

(C)$t=k$，且 $\boldsymbol{\alpha}_1,\boldsymbol{\alpha}_2,\cdots,\boldsymbol{\alpha}_t$ 与 $\boldsymbol{\alpha}_1,\boldsymbol{\alpha}_2,\cdots,\boldsymbol{\alpha}_s$ 等价；

(D)$l=k=t$.

(5)设 $\boldsymbol{B}$ 是 n 阶矩阵，且 $|\boldsymbol{B}|=0$，则 $\boldsymbol{B}$ 的行向量中(　　).

(A)必有二个向量对应分量成比例；

(B)必有一个向量为零向量；

(C)必有一个向量是其余向量的线性组合；

(D)任一列向量是其余列向量的线性组合.

(6)设 $\boldsymbol{\alpha}_1=\begin{bmatrix}1\\0\\0\\k_1\end{bmatrix},\boldsymbol{\alpha}_2=\begin{bmatrix}1\\2\\0\\k_2\end{bmatrix},\boldsymbol{\alpha}_3=\begin{bmatrix}-1\\2\\3\\k_3\end{bmatrix},\boldsymbol{\alpha}_4=\begin{bmatrix}-2\\1\\5\\k_4\end{bmatrix}$，其中 k_1,k_2,k_3,k_4 是任意实数，则有(　　).

(A)$\boldsymbol{\alpha}_1,\boldsymbol{\alpha}_2,\boldsymbol{\alpha}_3$ 一定线性相关；　　(B)$\boldsymbol{\alpha}_1,\boldsymbol{\alpha}_2,\boldsymbol{\alpha}_3,\boldsymbol{\alpha}_4$ 必线性相关；

(C)$\boldsymbol{\alpha}_1,\boldsymbol{\alpha}_2,\boldsymbol{\alpha}_3$ 必线性无关；　　(D)$\boldsymbol{\alpha}_1,\boldsymbol{\alpha}_2,\boldsymbol{\alpha}_3,\boldsymbol{\alpha}_4$ 必线性无关.

(7)设 n 阶方阵 $\boldsymbol{A}$ 的秩 $r(\boldsymbol{A})=r<n$，则在 $\boldsymbol{A}$ 的 n 个行向量中(　　).

(A)必有 r 个行向量线性无关；

(B)任意 r 个行向量均可构成极大无关组；

(C)任意 r 个行向量均线性无关；

(D)任一行向量均可由其他 r 个行向量线性表示.

(8)设向量组 $\boldsymbol{\alpha}_1,\boldsymbol{\alpha}_2,\cdots,\boldsymbol{\alpha}_s$ 的秩为 r，则(　　).

(A)$\boldsymbol{\alpha}_1,\boldsymbol{\alpha}_2,\cdots,\boldsymbol{\alpha}_{r-1}$ 必线性无关；　　(B)$\boldsymbol{\alpha}_1,\boldsymbol{\alpha}_2,\cdots,\boldsymbol{\alpha}_r$ 必线性无关；

(C)$\boldsymbol{\alpha}_1,\boldsymbol{\alpha}_2,\cdots,\boldsymbol{\alpha}_{r+1}$ 必线性无关；　　(D)$\boldsymbol{\alpha}_1,\boldsymbol{\alpha}_2,\cdots,\boldsymbol{\alpha}_{r+1}$ 必线性相关.

(9)设 $\boldsymbol{A}=\begin{bmatrix}3 & a+2 & 4\\5 & a & a+5\\1 & -1 & 2\end{bmatrix}$，若齐次方程组 $\boldsymbol{Ax}=\boldsymbol{0}$ 的任一非零解均可用 $\boldsymbol{\alpha}$ 线性表示，那么必有 $a=$(　　).

(A)3；　　(B)5；　　(C)3 或 -5；　　(D)5 或 -3.

(10)设 $\boldsymbol{A}$ 为 $m\times n$ 矩阵，非齐次线性方程组 $\boldsymbol{Ax}=\boldsymbol{b}$ 有无穷多解，且 $r(\boldsymbol{A})=r<n$，则该方程组的通解中所含线性无关的解向量的个数为(　　).

(A)$n-r$(个)；　　(B)r(个)；　　(C)$n-r+1$(个)；　　(D)$r+1$(个).

(11)设矩阵 $\boldsymbol{A}=(a_{ij})_{n\times n}$，且 $|\boldsymbol{A}|=0$，$\boldsymbol{A}$ 中元素 a_{ij} 的代数余子式 $A_{ij}\neq 0$，则齐次线性方程

组 $\boldsymbol{Ax}=\mathbf{0}$ 的基础解系中含有的线性无关的解向量是(　　).

(A)1 个；　(B)i 个；　(C)j 个；　(D)n 个.

(12)设 $\boldsymbol{\alpha}_1,\boldsymbol{\alpha}_2,\boldsymbol{\alpha}_3$ 是齐次线性方程组 $\boldsymbol{Ax}=\mathbf{0}$ 的基础解系,则该方程组的基础解系还可以表示为(　　).

(A)$\boldsymbol{\alpha}_1,\boldsymbol{\alpha}_1+\boldsymbol{\alpha}_2,\boldsymbol{\alpha}_1+\boldsymbol{\alpha}_2+\boldsymbol{\alpha}_3$；　(B)$\boldsymbol{\alpha}_1-\boldsymbol{\alpha}_2,\boldsymbol{\alpha}_2-\boldsymbol{\alpha}_3,\boldsymbol{\alpha}_3-\boldsymbol{\alpha}_1$；

(C)$\boldsymbol{\alpha}_1,\boldsymbol{\alpha}_2,\boldsymbol{\alpha}_3$ 的一个等价向量组；　(D)$\boldsymbol{\alpha}_1,\boldsymbol{\alpha}_2,\boldsymbol{\alpha}_3$ 的一个等秩向量组.

(13)非齐次线性方程组 $\boldsymbol{Ax}=\boldsymbol{b}$ 中未知量个数为 n,方程个数为 m,系数矩阵 $\boldsymbol{A}$ 的秩为 r,则(　　).

(A)$r=m$ 时,方程组 $\boldsymbol{Ax}=\boldsymbol{b}$ 有解；　(B)$r=n$ 时,方程组 $\boldsymbol{Ax}=\boldsymbol{b}$ 有唯一解；

(C)$m=n$ 时,方程组 $\boldsymbol{Ax}=\boldsymbol{b}$ 有唯一解；　(D)$r<n$ 时,方程组 $\boldsymbol{Ax}=\boldsymbol{b}$ 有无穷多解.

(14)设 $\boldsymbol{A}_1,\boldsymbol{A}_2$ 为 n 阶矩阵,$\boldsymbol{x}_1,\boldsymbol{x}_2,\boldsymbol{B}_1,\boldsymbol{B}_2$ 为 $n\times 1$ 矩阵,记 $\boldsymbol{A}=\begin{bmatrix}\boldsymbol{A}_1 & \boldsymbol{O}\\ \boldsymbol{O} & \boldsymbol{A}_2\end{bmatrix}$,$\boldsymbol{x}=\begin{bmatrix}\boldsymbol{x}_1\\ \boldsymbol{x}_2\end{bmatrix}$,$\boldsymbol{B}=\begin{bmatrix}\boldsymbol{B}_1\\ \boldsymbol{B}_2\end{bmatrix}$,则线性方程组 $\boldsymbol{Ax}=\boldsymbol{B}$ 无解的充分必要条件是(　　).

(A)$\boldsymbol{A}_1\boldsymbol{x}_1=\boldsymbol{B}_1$ 无解；

(B)$\boldsymbol{A}_2\boldsymbol{x}_2=\boldsymbol{B}_2$ 无解；

(C)$\boldsymbol{A}_1\boldsymbol{x}_1=\boldsymbol{B}_1$ 和 $\boldsymbol{A}_2\boldsymbol{x}_2=\boldsymbol{B}_2$ 都无解；

(D)$\boldsymbol{A}_1\boldsymbol{x}_1=\boldsymbol{B}_1$ 和 $\boldsymbol{A}_2\boldsymbol{x}_2=\boldsymbol{B}_2$ 至少有一个无解.

(15)已知矩阵 $\boldsymbol{A}=\begin{bmatrix}1 & 2 & 3\\ 2 & 4 & t\\ 3 & 6 & 9\end{bmatrix}$,三阶矩阵 $\boldsymbol{B}$ 满足 $\boldsymbol{AB}=\mathbf{0}$,且 $\boldsymbol{B}\neq\mathbf{0}$,则(　　).

(A)$t=6$ 时,$r(\boldsymbol{B})=1$；　(B)$t=6$ 时,$r(\boldsymbol{B})=2$；

(C)$t\neq 6$ 时,$r(\boldsymbol{B})=1$；　(D)$t\neq 6$ 时,$r(\boldsymbol{B})=2$.

三、计算与证明题

(1)如果 n 阶矩阵 $\boldsymbol{A}$ 满足 $\boldsymbol{A}^2-3\boldsymbol{A}+2\boldsymbol{E}=\boldsymbol{O}$. 试证 $r(\boldsymbol{A}-\boldsymbol{E})+r(\boldsymbol{A}-2\boldsymbol{E})=n$.

(2)设 $\boldsymbol{\alpha}_1,\boldsymbol{\alpha}_2,\boldsymbol{\alpha}_3$ 是线性无关的四维向量,$\boldsymbol{\beta}_1,\boldsymbol{\beta}_2$ 也是四维向量,试证存在不全为 0 的数 k_1,k_2 使得 $k_1\boldsymbol{\beta}_1+k_2\boldsymbol{\beta}_2$ 可由 $\boldsymbol{\alpha}_1,\boldsymbol{\alpha}_2,\boldsymbol{\alpha}_3$ 线性表示.

(3)设 $\boldsymbol{\alpha}_1=(1,2,3)^{\mathrm{T}},\boldsymbol{\alpha}_2(3,-1,2)^{\mathrm{T}},\boldsymbol{\alpha}_3=(2,3,C)^{\mathrm{T}}$,问

①C 为何值时,$\boldsymbol{\alpha}_1,\boldsymbol{\alpha}_2,\boldsymbol{\alpha}_3$ 线性无关；

②C 为何值时,$\boldsymbol{\alpha}_1,\boldsymbol{\alpha}_2,\boldsymbol{\alpha}_3$ 线性相关,将 $\boldsymbol{\alpha}_3$ 表成 $\boldsymbol{\alpha}_1,\boldsymbol{\alpha}_2$ 的线性组合.

(4)设有五个向量 $\boldsymbol{\alpha}_1=(3,1,2,5),\boldsymbol{\alpha}_2=(1,1,1,2),\boldsymbol{\alpha}_3=(2,0,1,3),\boldsymbol{\alpha}_4=(1,-1,0,1)$,$\boldsymbol{\alpha}_5=(4,2,3,7)$. 求此向量组中的一个极大线性无关组,并用它表示其余向量.

(5)设 $\boldsymbol{\eta}_0$ 是非齐次线性方程组 $\boldsymbol{Ax}=\boldsymbol{b}$ 的一个解,$\boldsymbol{\xi}_1,\boldsymbol{\xi}_2,\cdots,\boldsymbol{\xi}_{n-r}$,是对应的齐次线性方程组的一个基础解系,证明

①$\boldsymbol{\eta}_0,\boldsymbol{\xi}_1,\boldsymbol{\xi}_2,\cdots,\boldsymbol{\xi}_{n-r}$线性无关；

②$\boldsymbol{\eta}_0,\boldsymbol{\eta}_0+\boldsymbol{\xi}_1,\cdots,\boldsymbol{\eta}_0+\boldsymbol{\xi}_{n-r}$线性无关.

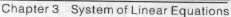

(6)已知线性方程组$\begin{cases}x_1+x_2+x_3+x_4+x_5=a;\\3x_1+2x_2+x_3+x_4-3x_5=0;\\x_2+2x_3+2x_4+6x_5=b;\\5x_1+4x_2+3x_3+3x_4-x_5=2.\end{cases}$,

①a,b 为何值时,方程组有解;

②方程组有解时,求出方程组的导出组的一个基础解系;

③方程组有解时,求出方程组的全部解.

□ 自测题参考答案

一、填空题

解 (1)以 $\boldsymbol{\alpha}_1^{\mathrm{T}},\boldsymbol{\alpha}_2^{\mathrm{T}},\boldsymbol{\alpha}_3^{\mathrm{T}}$ 为列作矩阵 $\boldsymbol{A}$,并进行初等行变换,得

$$\boldsymbol{A}=(\boldsymbol{\alpha}_1^{\mathrm{T}},\boldsymbol{\alpha}_2^{\mathrm{T}},\boldsymbol{\alpha}_3^{\mathrm{T}})\rightarrow\begin{bmatrix}1&0&3\\-1&3&0\\2&t&7\\4&2&14\end{bmatrix}\rightarrow\begin{bmatrix}1&0&3\\0&3&3\\0&t&1\\0&2&2\end{bmatrix}\rightarrow\begin{bmatrix}1&0&3\\0&1&1\\0&t-1&0\\0&0&0\end{bmatrix}=\boldsymbol{T}.$$

所以,当 $t=1$ 时,$\boldsymbol{\alpha}_1,\boldsymbol{\alpha}_2,\boldsymbol{\alpha}_3$ 线性相关,且由第 3 列知 $\boldsymbol{\alpha}_3=3\boldsymbol{\alpha}_1+\boldsymbol{\alpha}_2$.

解 (2)令 $\boldsymbol{\beta}_1=\boldsymbol{\alpha}_1+\boldsymbol{\alpha}_2,\boldsymbol{\beta}_2=\boldsymbol{\alpha}_2+\boldsymbol{\alpha}_3,\boldsymbol{\beta}_3=\boldsymbol{\alpha}_3+\boldsymbol{\alpha}_1$,则

$$(\boldsymbol{\beta}_1,\boldsymbol{\beta}_2,\boldsymbol{\beta}_3)=(\boldsymbol{\alpha}_1,\boldsymbol{\alpha}_2,\boldsymbol{\alpha}_3)\begin{bmatrix}1&0&1\\1&1&0\\0&1&1\end{bmatrix}.$$

因为 $\begin{vmatrix}1&0&1\\1&1&0\\0&1&1\end{vmatrix}=2\neq0$,所以矩阵 $\begin{bmatrix}1&0&1\\1&1&0\\0&1&1\end{bmatrix}$ 是可逆矩阵.

又因为 $\boldsymbol{\alpha}_1,\boldsymbol{\alpha}_2,\boldsymbol{\alpha}_3$ 线性无关,所以 $r(\boldsymbol{\beta}_1,\boldsymbol{\beta}_2,\boldsymbol{\beta}_3)=r(\boldsymbol{\alpha}_1,\boldsymbol{\alpha}_2,\boldsymbol{\alpha}_3)=3$,故向量组 $\boldsymbol{\alpha}_1+\boldsymbol{\alpha}_2,\boldsymbol{\alpha}_2+\boldsymbol{\alpha}_3,\boldsymbol{\alpha}_3+\boldsymbol{\alpha}_1$ 线性无关.

解 (3)因为 $\boldsymbol{\alpha}_1,\boldsymbol{\alpha}_2,\boldsymbol{\alpha}_3$ 是 3 个三维行向量,所以采用行列式的方法比较简单. 因为向量组 $\boldsymbol{\alpha}_1,\boldsymbol{\alpha}_2,\boldsymbol{\alpha}_3$ 线性相关,所以行列式

$$\begin{vmatrix}b&b&b\\-b&b&a\\-b&-b&-a\end{vmatrix}=2b^2(a-b)=0,$$

因此,a,b 应满足关系式 $a=b$ 或 $b=0$.

解 (4)以 $\boldsymbol{\alpha}_1^{\mathrm{T}},\boldsymbol{\alpha}_2^{\mathrm{T}},\boldsymbol{\beta}_1^{\mathrm{T}},\boldsymbol{\beta}_2^{\mathrm{T}}$ 为列做矩阵 $\boldsymbol{A}$,并对 $\boldsymbol{A}$ 施以初等行变换化为矩阵 $\boldsymbol{T}_{\boldsymbol{A}}$,得

$$A=(\boldsymbol{\alpha}_1^{\mathrm T},\boldsymbol{\alpha}_2^{\mathrm T},\boldsymbol{\beta}_1^{\mathrm T},\boldsymbol{\beta}_2^{\mathrm T})=\begin{bmatrix}1&1&-1&4\\2&0&2&1\\3&1&a&5\end{bmatrix}\to\begin{bmatrix}1&1&-1&4\\0&-2&4&-7\\0&-2&a+3&-7\end{bmatrix}\to$$

$$\begin{bmatrix}1&1&-1&4\\0&-2&4&-7\\0&0&a-1&0\end{bmatrix}\to\begin{bmatrix}1&0&1&\frac{1}{2}\\0&1&-2&\frac{7}{2}\\0&0&a-1&0\end{bmatrix}=T_A$$

所以当 $a=1$ 时，$\boldsymbol{\beta}_1,\boldsymbol{\beta}_2$ 可由 $\boldsymbol{\alpha}_1,\boldsymbol{\alpha}_2$ 线性表示.

下面验证当 $a=1$ 时，$\boldsymbol{\alpha}_1,\boldsymbol{\alpha}_2$ 可由 $\boldsymbol{\beta}_1,\boldsymbol{\beta}_2$ 线性表示.

以 $\boldsymbol{\beta}_1^{\mathrm T},\boldsymbol{\beta}_2^{\mathrm T},\boldsymbol{\alpha}_1^{\mathrm T},\boldsymbol{\alpha}_2^{\mathrm T}$ 为列作矩阵 $\boldsymbol{B}$，并对 $\boldsymbol{B}$ 施以初等行变换化为矩阵 T_B，得

$$B=(\boldsymbol{\beta}_1^{\mathrm T},\boldsymbol{\beta}_2^{\mathrm T},\boldsymbol{\alpha}_1^{\mathrm T},\boldsymbol{\alpha}_2^{\mathrm T})=\begin{bmatrix}-1&4&1&1\\2&1&2&0\\1&5&3&1\end{bmatrix}\to\begin{bmatrix}-1&4&1&1\\0&9&4&2\\0&9&4&2\end{bmatrix}\to$$

$$\begin{bmatrix}-1&4&1&1\\0&9&4&2\\0&0&0&0\end{bmatrix}\to\begin{bmatrix}1&0&\frac{7}{9}&-\frac{1}{9}\\0&1&\frac{4}{9}&\frac{2}{9}\\0&0&0&0\end{bmatrix}=T_B$$

可见 $\boldsymbol{\alpha}_1,\boldsymbol{\alpha}_2$ 可由 $\boldsymbol{\beta}_1,\boldsymbol{\beta}_2$ 表示为 $\boldsymbol{\alpha}_1=\frac{7}{9}\boldsymbol{\beta}_1+\frac{4}{9}\boldsymbol{\beta}_2,\boldsymbol{\alpha}_2=-\frac{1}{9}\boldsymbol{\beta}_1+\frac{2}{9}\boldsymbol{\beta}_2$.

故当 $a=1$ 时，向量组 $\boldsymbol{\alpha}_1,\boldsymbol{\alpha}_2$ 与向量组 $\boldsymbol{\beta}_1,\boldsymbol{\beta}_2$ 等价.

解　(5)因为向量组的后三个元素构成的向量组

$$\boldsymbol{\beta}_1=(1,0,0),\boldsymbol{\beta}_2=(0,3,0),\boldsymbol{\beta}_3=(0,0,5)$$

线性无关，所以它们添加分量构成的向量组 $\boldsymbol{\alpha}_1,\boldsymbol{\alpha}_2,\boldsymbol{\alpha}_3$ 也线性无关.

解　(6)先求已知向量组 $\boldsymbol{\alpha}_1,\boldsymbol{\alpha}_2,\boldsymbol{\alpha}_3$ 的秩. 因为

$$\begin{vmatrix}1&1&1\\2&0&-2\\0&2&4\end{vmatrix}=\begin{vmatrix}1&1&1\\0&-2&-4\\0&2&4\end{vmatrix}=\begin{vmatrix}1&1&1\\0&-2&-4\\0&0&0\end{vmatrix}=0$$

且向量 $\boldsymbol{\alpha}_1$ 与 $\boldsymbol{\alpha}_2$ 对应分量不成比例，所以 $r(\boldsymbol{\alpha}_1,\boldsymbol{\alpha}_2,\boldsymbol{\alpha}_3)=2$. 因为

$$\begin{vmatrix}3&1&-1\\6&a&5\\0&0&3\end{vmatrix}=\begin{vmatrix}3&1&-1\\0&a-2&7\\0&0&3\end{vmatrix}=9(a-2)$$

所以，当 $a=2$ 时，向量组 $\boldsymbol{\beta}_1,\boldsymbol{\beta}_2,\boldsymbol{\beta}_3$ 线性相关，且向量 $\boldsymbol{\beta}_1$ 与 $\boldsymbol{\beta}_3$ 的对应分量不成比例，所以 $r(\boldsymbol{\beta}_1,\boldsymbol{\beta}_2,\boldsymbol{\beta}_3)=2$. 因此，要使 $r(\boldsymbol{\alpha}_1,\boldsymbol{\alpha}_2,\boldsymbol{\alpha}_3)=r(\boldsymbol{\beta}_1,\boldsymbol{\beta}_2,\boldsymbol{\beta}_3)$，必须满足 $a=2$.

解　(7)由 $r(\boldsymbol{\alpha}_1,\boldsymbol{\alpha}_2,\boldsymbol{\alpha}_3)=3$，故 $\boldsymbol{\alpha}_1,\boldsymbol{\alpha}_2,\boldsymbol{\alpha}_3$ 线性无关. 而 $r(\boldsymbol{\alpha}_1,\boldsymbol{\alpha}_2,\boldsymbol{\alpha}_3,\boldsymbol{\alpha}_4)=3$，故 $\boldsymbol{\alpha}_1,\boldsymbol{\alpha}_2,$

$\boldsymbol{\alpha}_3,\boldsymbol{\alpha}_4$ 线性相关.且由 $\boldsymbol{\alpha}_1,\boldsymbol{\alpha}_2,\boldsymbol{\alpha}_3$ 线性无关,可得 $\boldsymbol{\alpha}_4$ 可由 $\boldsymbol{\alpha}_1,\boldsymbol{\alpha}_2,\boldsymbol{\alpha}_3$ 线性表示,不妨令

$$\boldsymbol{\alpha}_4=\lambda_1\boldsymbol{\alpha}_1+\lambda_2\boldsymbol{\alpha}_2+\lambda_3\boldsymbol{\alpha}_3. \tag{1}$$

由 $\boldsymbol{\alpha}_1,\boldsymbol{\alpha}_2,\boldsymbol{\alpha}_3$ 线性无关,易知 $3\leqslant r(\boldsymbol{\alpha}_1,\boldsymbol{\alpha}_2,\boldsymbol{\alpha}_3,\boldsymbol{\alpha}_4+\boldsymbol{\alpha}_5)\leqslant 4$,若 $r(\boldsymbol{\alpha}_1,\boldsymbol{\alpha}_2,\boldsymbol{\alpha}_3,\boldsymbol{\alpha}_4+\boldsymbol{\alpha}_5)=3$ 则 $\boldsymbol{\alpha}_4+\boldsymbol{\alpha}_5$ 可由 $\boldsymbol{\alpha}_1,\boldsymbol{\alpha}_2,\boldsymbol{\alpha}_3$ 线性表示.不妨令

$$\boldsymbol{\alpha}_4+\boldsymbol{\alpha}_5=k_1\boldsymbol{\alpha}_1+k_2\boldsymbol{\alpha}_2+k_3\boldsymbol{\alpha}_3. \tag{2}$$

将(1)代入(2)得 $\boldsymbol{\alpha}_5=(k_1-\lambda_1)\boldsymbol{\alpha}_1+(k_2-\lambda_2)\boldsymbol{\alpha}_2+(k_3-\lambda_3)\boldsymbol{\alpha}_3$,即 $\boldsymbol{\alpha}_5$ 可由 $\boldsymbol{\alpha}_1,\boldsymbol{\alpha}_2,\boldsymbol{\alpha}_3$ 线性表示,从而与 $r(\boldsymbol{\alpha}_1,\boldsymbol{\alpha}_2,\boldsymbol{\alpha}_3,\boldsymbol{\alpha}_5)=4$ 矛盾,故可得 $r(\boldsymbol{\alpha}_1,\boldsymbol{\alpha}_2,\boldsymbol{\alpha}_3,\boldsymbol{\alpha}_4+\boldsymbol{\alpha}_5)=4$.

解 (8)因为 $\boldsymbol{\alpha}_1,\boldsymbol{\alpha}_2,\cdots,\boldsymbol{\alpha}_m$ 是方程组 $\boldsymbol{Ax}=\boldsymbol{b}$ 的解,所以 $\boldsymbol{A\alpha}_1=\boldsymbol{b},\boldsymbol{A\alpha}_2=\boldsymbol{b},\cdots,\boldsymbol{A\alpha}_m=\boldsymbol{b}$.又因为向量 $k_1\boldsymbol{\alpha}_1+k_2\boldsymbol{\alpha}_2+\cdots+k_m\boldsymbol{\alpha}_m$ 也是方程组 $\boldsymbol{Ax}=\boldsymbol{b}$ 的解,所以

$$\boldsymbol{A}(k_1\boldsymbol{\alpha}_1+k_2\boldsymbol{\alpha}_2+\cdots+k_m\boldsymbol{\alpha}_m)=\boldsymbol{b}.$$

即 $k_1\boldsymbol{A\alpha}_1+k_2\boldsymbol{A\alpha}_2+\cdots+k_m\boldsymbol{A\alpha}_m=\boldsymbol{b}$.所以 $k_1\boldsymbol{b}+k_2\boldsymbol{b}+\cdots+k_m\boldsymbol{b}=\boldsymbol{b}$,即 $k_1+k_2+\cdots+k_m=1$.

解 (9)因为 $r(\boldsymbol{A})=n-1$,所以 $\boldsymbol{Ax}=\boldsymbol{0}$ 的基础解系中只含有 $n-(n-1)=1$ 个解向量.又因为 $\boldsymbol{A}$ 中每行元素之和均为零,所以向量$(1,1,\cdots 1)$为线性方程组 $\boldsymbol{Ax}=\boldsymbol{0}$ 的一个解向量,故其通解为$(x_1,x_2,\cdots x_n)=(k,k,\cdots,k)$,$k$ 为任意常数.

解 (10)齐次线性方程组 $\boldsymbol{Ax}=\boldsymbol{0}$ 只有零解$\Leftrightarrow|\boldsymbol{A}|\neq 0\Leftrightarrow r(\boldsymbol{A})=n\Leftrightarrow\boldsymbol{A}$ 可逆$\Leftrightarrow\boldsymbol{A}^*$ 可逆$\Leftrightarrow r(\boldsymbol{A}^*)=n$,所以 $\boldsymbol{A}^*\boldsymbol{x}=\boldsymbol{0}$ 只有零解,因此 $\boldsymbol{x}=\boldsymbol{0}$.

解 (11)因为任意一个 n 维向量都是方程组 $\boldsymbol{Ax}=\boldsymbol{0}$ 的解,所以方程组 $\boldsymbol{Ax}=\boldsymbol{0}$ 的基础解系所含向量的个数为 n.

又因为方程组 $\boldsymbol{Ax}=\boldsymbol{0}$ 的基础解系所含的线性无关的解向量的个数可由 $n-r(\boldsymbol{A})$决定,所以有 $n-r(\boldsymbol{A})=n$.即 $r(\boldsymbol{A})=0$.

解 (12)因为 $r(\boldsymbol{A})=2$,所以方程组 $\boldsymbol{Ax}=\boldsymbol{0}$ 的基础解系所含线性无关的解向量的个数为 $3-2=1$ 个.

因为 $\boldsymbol{\alpha}_1,\boldsymbol{\alpha}_2,\boldsymbol{\alpha}_3$ 为 $\boldsymbol{Ax}=\boldsymbol{b}$ 的三个特解,所以 $\boldsymbol{A\alpha}_1=\boldsymbol{b},\boldsymbol{A\alpha}_2=\boldsymbol{b},\boldsymbol{A\alpha}_3=\boldsymbol{b}$,所以 $\boldsymbol{A}(\boldsymbol{\alpha}_1-\boldsymbol{\alpha}_3)=\boldsymbol{A\alpha}_1-\boldsymbol{A\alpha}_3=\boldsymbol{b}-\boldsymbol{b}=\boldsymbol{0}$.即 $\boldsymbol{\alpha}_1-\boldsymbol{\alpha}_3$ 是对应齐次线性方程组 $\boldsymbol{Ax}=\boldsymbol{0}$ 的非零解,所以方程组 $\boldsymbol{Ax}=\boldsymbol{0}$ 的通解为 $k(\boldsymbol{\alpha}_1-\boldsymbol{\alpha}_3)$.$k$ 为任意常数.

由 $\boldsymbol{A}(\boldsymbol{\alpha}_1+\boldsymbol{\alpha}_2+\boldsymbol{\alpha}_3)=\boldsymbol{b}+\boldsymbol{b}+\boldsymbol{b}=3\boldsymbol{b}$ 知$(\boldsymbol{\alpha}_1+\boldsymbol{\alpha}_2+\boldsymbol{\alpha}_3)/3$ 是方程组 $\boldsymbol{Ax}=\boldsymbol{b}$ 的一个特解.所以 $\boldsymbol{Ax}=\boldsymbol{b}$ 的通解是 $k(\boldsymbol{\alpha}_1-\boldsymbol{\alpha}_3)+(\boldsymbol{\alpha}_1+\boldsymbol{\alpha}_2+\boldsymbol{\alpha}_3)/3=k(1,2,1)^{\mathrm{T}}+(2,2,2)^{\mathrm{T}}$.

解 (13)因为向量 $\boldsymbol{\alpha}_1+\boldsymbol{\alpha}_2+\boldsymbol{\alpha}_3$ 是非齐次线性方程组 $\boldsymbol{Ax}=[1,1,1]^{\mathrm{T}}$的解,所以有$\boldsymbol{A\alpha}_1=[1,1,1]^{\mathrm{T}},\boldsymbol{A\alpha}_2=[1,1,1]^{\mathrm{T}},\boldsymbol{A\alpha}_3=[1,1,1]^{\mathrm{T}}$,即

$$(\boldsymbol{A\alpha}_1,\boldsymbol{A\alpha}_2,\boldsymbol{A\alpha}_3)=\boldsymbol{A}(\boldsymbol{\alpha}_1,\boldsymbol{\alpha}_2,\boldsymbol{\alpha}_3)=\boldsymbol{A}\begin{bmatrix}1&-1&-1\\0&2&1\\0&0&1\end{bmatrix}=\begin{bmatrix}1&1&1\\1&1&1\\1&1&1\end{bmatrix}.$$

而行列式 $\begin{vmatrix}1&-1&-1\\0&2&1\\0&1&1\end{vmatrix}=2\neq 0$,所以

$$A=\begin{bmatrix}1&1&1\\1&1&1\\1&1&1\end{bmatrix}\cdot\begin{bmatrix}1&-1&-1\\0&2&1\\0&1&1\end{bmatrix}^{-1}=\begin{bmatrix}1&1&1\\1&1&1\\1&1&1\end{bmatrix}\cdot\begin{bmatrix}1&\frac{1}{2}&\frac{1}{2}\\0&\frac{1}{2}&-\frac{1}{2}\\0&0&1\end{bmatrix}=\begin{bmatrix}1&1&1\\1&1&1\\1&1&1\end{bmatrix}.$$

解 (14)因为 $\boldsymbol{\alpha}_1,\boldsymbol{\alpha}_2,\boldsymbol{\alpha}_3$ 与 $\boldsymbol{\beta}_1,\boldsymbol{\beta}_2,\boldsymbol{\beta}_3$ 都是同一个方程组 $\boldsymbol{Ax}=\boldsymbol{0}$ 的基础解系，所以 $\boldsymbol{\alpha}_1,\boldsymbol{\alpha}_2,\boldsymbol{\alpha}_3$ 与 $\boldsymbol{\beta}_1,\boldsymbol{\beta}_2,\boldsymbol{\beta}_3$ 都线性无关且它们等价，于是他们可以互相线性表示，为此对$(\boldsymbol{\alpha}_1,\boldsymbol{\alpha}_2,\boldsymbol{\alpha}_3 \vdots \boldsymbol{\beta}_1,\boldsymbol{\beta}_2,\boldsymbol{\beta}_3)$进行初等行变换，有

$$(\boldsymbol{\alpha}_1,\boldsymbol{\alpha}_2,\boldsymbol{\alpha}_3 \vdots \boldsymbol{\beta}_1,\boldsymbol{\beta}_2,\boldsymbol{\beta}_3)=\left[\begin{array}{ccc:ccc}1&-1&3&1&1&-5\\2&4&3&5&8&2\\0&2&-1&1&2&t\\-2&a&-6&-a&-2&10\end{array}\right]\to$$

$$\left[\begin{array}{ccc:ccc}1&-1&3&1&1&-5\\0&6&-3&3&6&12\\0&2&-1&1&2&t\\0&a-2&0&2-a&0&0\end{array}\right]\to$$

$$\left[\begin{array}{ccc:ccc}1&-1&3&1&1&-5\\0&2&-1&1&2&t\\0&a-2&0&2-a&0&0\\0&0&0&0&0&12-3t\end{array}\right]$$

因为 $\boldsymbol{\alpha}_1,\boldsymbol{\alpha}_2,\boldsymbol{\alpha}_3$ 与 $\boldsymbol{\beta}_1,\boldsymbol{\beta}_2,\boldsymbol{\beta}_3$ 等价，所以 $r(\boldsymbol{\alpha}_1,\boldsymbol{\alpha}_2,\boldsymbol{\alpha}_3)=r(\boldsymbol{\beta}_1,\boldsymbol{\beta}_2,\boldsymbol{\beta}_3)=3$. 所以 $a\neq 2$ 且$t=4$.

解 (15)因为齐次线性方程组 $\boldsymbol{ABx}=\boldsymbol{0}$ 与 $\boldsymbol{Bx}=\boldsymbol{0}$ 是同解方程组，故它们有相同的基础解系. 又因为基础解系所含向量的个数等于未知量的个数与系数矩阵的秩之差，于是 $n-r(\boldsymbol{AB})=n-r(\boldsymbol{B})$，所以 $r(\boldsymbol{AB})=r(\boldsymbol{B})$.

二、选择题

解 (1)向量组中向量的个数大于维数时，必线性相关，从而由已知条件 $\boldsymbol{\alpha}_1,\boldsymbol{\alpha}_2,\cdots,\boldsymbol{\alpha}_m$ 线性无关知 $m\leqslant n$，即(A)正确，(B)不对.

当 $\boldsymbol{\alpha}_1=(1,0,0)^{\mathrm{T}},\boldsymbol{\alpha}_2=(0,1,0)^{\mathrm{T}}$时，$\boldsymbol{\alpha}_1,\boldsymbol{\alpha}_2$ 线性无关，向量 $\boldsymbol{\beta}=(0,0,1)^{\mathrm{T}}$不能由 $\boldsymbol{\alpha}_1,\boldsymbol{\alpha}_2$ 线性表示，从而(C)不对. 注意当 $m=n$ 时，$\boldsymbol{\alpha}_1,\boldsymbol{\alpha}_2,\cdots,\boldsymbol{\alpha}_n$ 是 n 个线性无关的 n 维向量，从而为 $\boldsymbol{R}^n$ 的基，这时任一 n 维向量 $\boldsymbol{\beta}$ 均可由它们线性表示.

方程组 $x_1\boldsymbol{\alpha}_1+x_2\boldsymbol{\alpha}_2,\cdots,x_m\boldsymbol{\alpha}_m=\boldsymbol{0}$ 有非零解的充要条件是 $\boldsymbol{\alpha}_1,\boldsymbol{\alpha}_2,\cdots,\boldsymbol{\alpha}_m$ 线性相关，故(D)不对.

解 (2)向量 $\boldsymbol{\beta}$ 由向量组 $\boldsymbol{\alpha}_1,\boldsymbol{\alpha}_2,\cdots,\boldsymbol{\alpha}_t$ 线性表示，只要求存在一组常数 $k_1,k_2,\cdots,k_t$ 使等式 $\boldsymbol{\beta}=k_1\boldsymbol{\alpha}_1+k_2\boldsymbol{\alpha}_2+\cdots k_t\boldsymbol{\alpha}_t$ 成立. 至于 $k_1,k_2,\cdots,k_t$ 是否为 0 与结论无关. 因此，可以排除(A)和(B)，如果表达式唯一，则要求 $\boldsymbol{\alpha}_1,\boldsymbol{\alpha}_2,\cdots,\boldsymbol{\alpha}_t$ 线性无关，而题设中无此条件，因此不能得出对 $\boldsymbol{\beta}$ 的线性表示式唯一的结论，故排除选项(D)，因此答案应选(C).

解 (3)举反例判断，设 $\boldsymbol{\alpha}_1=(1,1,1,0),\boldsymbol{\alpha}_2=(1,0,0,0),\boldsymbol{\alpha}_3=(0,1,0,0),\boldsymbol{\alpha}_4=(0,0,1,0),\boldsymbol{\alpha}_5=(0,0,0,1)$. 显然 $r(\boldsymbol{\alpha}_1,\boldsymbol{\alpha}_2,\boldsymbol{\alpha}_3,\boldsymbol{\alpha}_4,\boldsymbol{\alpha}_5)=4$，部分组$(\boldsymbol{\alpha}_1,\boldsymbol{\alpha}_2,\boldsymbol{\alpha}_3,\boldsymbol{\alpha}_4)$是只包含了 4 个向

量，但它是线性相关的，故排除(A)、(B)、(D). (A)、(B)、(D)都是错在用一个部分组所含向量个数是否大于向量组的秩来判断部分组是否线性无关. 因此选(C).

解 (4)关于选项(A)，因为向量组 $\boldsymbol{\alpha}_1,\boldsymbol{\alpha}_2,\cdots,\boldsymbol{\alpha}_s$ 线性无关，所以根据线性无关组的任一部分也线性无关可得，向量组 $\boldsymbol{\alpha}_1,\boldsymbol{\alpha}_2,\cdots,\boldsymbol{\alpha}_t$ 线性无关. 又因为向量组 $\boldsymbol{\alpha}_1,\boldsymbol{\alpha}_2,\cdots,\boldsymbol{\alpha}_t$ 的秩 l 等于向量组 $\boldsymbol{\alpha}_1,\boldsymbol{\alpha}_2,\cdots,\boldsymbol{\alpha}_s$ 的秩 k，所以线性无关组 $\boldsymbol{\alpha}_1,\boldsymbol{\alpha}_2,\cdots,\boldsymbol{\alpha}_t$ 是向量组 $\boldsymbol{\alpha}_1,\boldsymbol{\alpha}_2,\cdots,\boldsymbol{\alpha}_s$ 的一个极大无关组，故排除(A).

关于选项(B)，虽然 $l=k$ 且 $(\boldsymbol{\alpha}_1,\boldsymbol{\alpha}_2,\cdots,\boldsymbol{\alpha}_t)\cong(\boldsymbol{\alpha}_1,\boldsymbol{\alpha}_2,\cdots,\boldsymbol{\alpha}_s)$，但是当 $t>l$ 时，由于 $\boldsymbol{\alpha}_1,\boldsymbol{\alpha}_2,\cdots,\boldsymbol{\alpha}_t$ 的秩为 l，则 $\boldsymbol{\alpha}_1,\boldsymbol{\alpha}_2,\cdots,\boldsymbol{\alpha}_t$ 必线性相关，因而谈不上极大无关组，故应选(B).

解 (5)因为 $|\boldsymbol{B}|=0$，所以 $\boldsymbol{B}$ 的行向量组线性相关. 根据线性相关的定义，设矩阵 $\boldsymbol{B}$ 的行向量为 $\boldsymbol{\beta}_1,\boldsymbol{\beta}_2,\cdots,\boldsymbol{\beta}_n$，则存在不全为 0 的常数 $k_i(i=1,2,\cdots,n)$ 使得等式 $k_1\boldsymbol{\beta}_1+k_2\boldsymbol{\beta}_2+\cdots+k_n\boldsymbol{\beta}_n=\boldsymbol{0}$ 成立. 不妨设 $k_1\neq0$，则必有 $\boldsymbol{\beta}_1=-\dfrac{k_2}{k_1}\boldsymbol{\beta}_2-\cdots-\dfrac{k_n}{k_n}\boldsymbol{\beta}_n$，即必有一个向量是其余向量的线性组合，因此选(C). 而(A)、(B)选项仅是 $|\boldsymbol{B}|=0$ 的充分条件，而非必要条件.

解 (6)考虑向量 $\boldsymbol{\alpha}_1,\boldsymbol{\alpha}_2,\boldsymbol{\alpha}_3$ 的前三行构成的向量组 $\boldsymbol{\beta}_1,\boldsymbol{\beta}_2,\boldsymbol{\beta}_3$，因为

$$\begin{vmatrix}1 & 1 & -1\\ 0 & 2 & 2\\ 0 & 0 & 3\end{vmatrix}=1\times2\times3=6\neq0,$$

所以向量组 $\boldsymbol{\beta}_1=\begin{bmatrix}1\\0\\0\end{bmatrix},\boldsymbol{\beta}_2=\begin{bmatrix}1\\2\\0\end{bmatrix},\boldsymbol{\beta}_3=\begin{bmatrix}-1\\2\\3\end{bmatrix}$ 线性无关.

根据线性无关向量组增加分量后仍然线性无关，可知线性无关向量组 $\boldsymbol{\beta}_1,\boldsymbol{\beta}_2,\boldsymbol{\beta}_3$ 添加分量成为向量组 $\boldsymbol{\alpha}_1,\boldsymbol{\alpha}_2,\boldsymbol{\alpha}_3$ 后仍然线性无关，故答案为(C).

解 (7)由定义知，$r(\boldsymbol{A})=r$，$\boldsymbol{A}$ 的 n 个行向量组的秩也为 r，即行向量组的极大无关组所含向量的个数为 r，从而必有 r 个行向量线性无关，所以选(A).

解 (8)由 $r(\boldsymbol{\alpha}_1,\boldsymbol{\alpha}_2,\cdots,\boldsymbol{\alpha}_s)=r$，表明向量组中有 r 个向量线性无关，而任意 $r+1$ 个向量必线性相关，故(D)正确. 由题意 $r(\boldsymbol{\alpha}_1,\boldsymbol{\alpha}_2,\cdots,\boldsymbol{\alpha}_s)=r$，只能表明向量组中有 r 个向量线性无关，而并不是任意 r 个向量均线性无关，故排除(B). 由向量组的秩为 r 时，其中可以有 $r-1$ 个向量线性相关. 如向量组 $\boldsymbol{\alpha}_1=(1,0,0),\boldsymbol{\alpha}_2=(2,0,0),\boldsymbol{\alpha}_3=(0,1,0),\boldsymbol{\alpha}_4=(0,0,1)$ 的秩为 3，其中 $\boldsymbol{\alpha}_1,\boldsymbol{\alpha}_2$ 线性相关，$\boldsymbol{\alpha}_1,\boldsymbol{\alpha}_2,\boldsymbol{\alpha}_3$ 也线性相关，故(A)也不正确，正确答案应选(D).

解 (9)因为齐次方程组 $\boldsymbol{Ax}=\boldsymbol{0}$ 有非零解，且其任一解均可以由 $\boldsymbol{\alpha}$ 线性表出，说明 $\boldsymbol{Ax}=0$ 的基础解系只有一个向量. 因此 $r(\boldsymbol{A})=3-1=2$. 对矩阵 $\boldsymbol{A}$ 作初等变换有

$$\boldsymbol{A}\rightarrow\begin{bmatrix}1 & -1 & 2\\ 3 & a+2 & 4\\ 5 & a & a+5\end{bmatrix}\rightarrow\begin{bmatrix}1 & -1 & 2\\ 0 & a+5 & -2\\ 0 & a+5 & a-5\end{bmatrix}\rightarrow\begin{bmatrix}1 & -1 & 2\\ 0 & a+5 & -2\\ 0 & 0 & a-3\end{bmatrix}$$

可见当 $a=3$ 或 $a=-5$ 时，均有秩 $r(\boldsymbol{A})=2$，所以应选(C).

解 (10)因为 $r(\boldsymbol{A})=r$，所以对应齐次线性方程组 $\boldsymbol{Ax}=\boldsymbol{0}$ 的基础解系中含有 $n-r$ 个解向量，记它们 $\boldsymbol{\alpha}_1,\boldsymbol{\alpha}_2,\cdots,\boldsymbol{\alpha}_{n-r}$.

设 $\boldsymbol{\beta}$ 是非齐次线性方程组 $\boldsymbol{Ax}=\boldsymbol{b}$ 的解向量，$\boldsymbol{\beta}^*$ 为方程组 $\boldsymbol{Ax}=\boldsymbol{b}$ 的特解，即 $\boldsymbol{A\beta}^*=\boldsymbol{b}$，则根据解的结构定理知 $\boldsymbol{Ax}=\boldsymbol{b}$ 的通解为

$$\boldsymbol{\beta}=k_1\boldsymbol{\alpha}_1+k_2\boldsymbol{\alpha}_2+\cdots+k_m\boldsymbol{\alpha}_{n-r}+k\boldsymbol{\beta}^*,$$

而 $\boldsymbol{\alpha}_1,\boldsymbol{\alpha}_2,\cdots,\boldsymbol{\alpha}_{n-r},\boldsymbol{\beta}$ 是线性无关的. 事实上，若存在常数 $k_1,k_2,\cdots,k_{n-r},k$ 使得

$$k_1\boldsymbol{\alpha}_1+k_2\boldsymbol{\alpha}_2+\cdots+k_{n-r}\boldsymbol{\alpha}_{n-r}+k\boldsymbol{\beta}^*=\boldsymbol{0},$$

等式两端左乘矩阵 $\boldsymbol{A}$，有

$$k_1\boldsymbol{A\alpha}_1+k_2\boldsymbol{A\alpha}_2+\cdots+k_{n-r}\boldsymbol{A\alpha}_{n-r}+k\boldsymbol{A\beta}^*=\boldsymbol{0}.$$

即 $k_1\cdot\boldsymbol{0}+k_2\cdot\boldsymbol{0}+\cdots+k_{n-r}\cdot\boldsymbol{0}+k\boldsymbol{b}=\boldsymbol{0}$. 因为 $\boldsymbol{b}\neq\boldsymbol{0}$，所以 $k=0$，所以 $k_1\boldsymbol{\alpha}_1+k_2\boldsymbol{\alpha}_2+\cdots+k_{n-r}\boldsymbol{\alpha}_{n-r}=\boldsymbol{0}$.

又因为 $\boldsymbol{\alpha}_1,\boldsymbol{\alpha}_2,\cdots,\boldsymbol{\alpha}_{n-r}$ 是 $\boldsymbol{Ax}=\boldsymbol{0}$ 的基础解系，所以它们线性无关. 所以 $k_1=k_2=\cdots=k_{n-r}=0$，即 $\boldsymbol{\alpha}_1,\boldsymbol{\alpha}_2,\cdots,\boldsymbol{\alpha}_{n-r},\boldsymbol{\beta}^*$ 线性无关. 所以方程组 $\boldsymbol{Ax}=\boldsymbol{b}$ 的任一解向量 $\boldsymbol{\beta}$ 均可由一组线性无关向量组 $\boldsymbol{\alpha}_1,\boldsymbol{\alpha}_2,\cdots,\boldsymbol{\alpha}_{n-r},\boldsymbol{\beta}^*$ 线性表示，故它的基础解系所含向量的个数为 $n-r-1$. 故应选(C).

解 (11)因为 $|\boldsymbol{A}|=0$ 且任一元素 a_{ij} 的代数余子式 $A_{ij}\neq0$，所以 $r(\boldsymbol{A})=n-1$，所以方程组 $\boldsymbol{Ax}=\boldsymbol{0}$ 的基础解系所含向量为 $n-(n-1)=1$ 个. 故应选(A).

解 (12)因为等秩的向量组不一定是方程组的解向量，所以排除(D)；

因为等价的向量组的个数不一定是 3，所以排除(C)；

因为 $\boldsymbol{\alpha}_1,\boldsymbol{\alpha}_2,\boldsymbol{\alpha}_3$ 是 $\boldsymbol{Ax}=\boldsymbol{0}$ 的基础解系，所以 $\boldsymbol{\alpha}_1,\boldsymbol{\alpha}_2,\boldsymbol{\alpha}_3$ 线性无关. 而选项(B)中 $\boldsymbol{\alpha}_1-\boldsymbol{\alpha}_2,\boldsymbol{\alpha}_2-\boldsymbol{\alpha}_3,\boldsymbol{\alpha}_3-\boldsymbol{\alpha}_1$ 这三个向量虽然都是方程组 $\boldsymbol{Ax}=\boldsymbol{0}$ 的解，但由 $(\boldsymbol{\alpha}_1-\boldsymbol{\alpha}_2)+(\boldsymbol{\alpha}_2-\boldsymbol{\alpha}_3)+(\boldsymbol{\alpha}_3-\boldsymbol{\alpha}_1)=\boldsymbol{0}$ 可得这三个向量线性相关，所以不符合基础解系的定义，故排除(B).

解 (13)$\boldsymbol{Ax}=\boldsymbol{b}$ 有解的充要条件为秩 $r(\boldsymbol{A})=$秩 $r(\boldsymbol{A}|\boldsymbol{b})$.

由已知 $r(\boldsymbol{A})=m$，即相当于 $\boldsymbol{A}$ 的 m 个行向量线性无关，故添加一个分量后得 $(\boldsymbol{A}|\boldsymbol{b})$ 的 m 个行向量仍线性无关，即有 $r(\boldsymbol{A})=r(\boldsymbol{A}|\boldsymbol{b})$. 所以 $\boldsymbol{Ax}=\boldsymbol{b}$ 有解. 因此，正确答案为(A). 而在(B)，(C)，(D)中都不能保证有 $r(\boldsymbol{A})=r(\boldsymbol{A}|\boldsymbol{b})$，即都不能保证有解，更不能保证唯一解和无穷多组解.

解 (14)因为方程组 $\boldsymbol{Ax}=\boldsymbol{b}$ 无解，所以有 $\begin{bmatrix}\boldsymbol{A}_1 & \boldsymbol{O}\\ \boldsymbol{O} & \boldsymbol{A}_2\end{bmatrix}\begin{bmatrix}\boldsymbol{X}_1\\ \boldsymbol{X}_2\end{bmatrix}=\begin{bmatrix}\boldsymbol{A}_1\boldsymbol{X}_1\\ \boldsymbol{A}_2\boldsymbol{X}_2\end{bmatrix}=\begin{bmatrix}\boldsymbol{B}_1\\ \boldsymbol{B}_2\end{bmatrix}$ 无解. 又 $\begin{bmatrix}\boldsymbol{A}_1\boldsymbol{X}_1\\ \boldsymbol{A}_2\boldsymbol{X}_2\end{bmatrix}=\begin{bmatrix}\boldsymbol{B}_1\\ \boldsymbol{B}_2\end{bmatrix}$ 无解 $\Leftrightarrow\boldsymbol{A}_1\boldsymbol{X}_1=\boldsymbol{B}_1$ 无解或 $\boldsymbol{A}_2\boldsymbol{X}_2=\boldsymbol{B}_2$ 无解，所以，$\boldsymbol{Ax}=\boldsymbol{B}$ 无解的充分必要条件是 $\boldsymbol{A}_1\boldsymbol{X}_1=\boldsymbol{B}_1$ 和 $\boldsymbol{A}_2\boldsymbol{X}_2=\boldsymbol{B}_2$ 至少有一个无解. 故应选(D).

解 (15)因为 $\boldsymbol{A}=\begin{bmatrix}1 & 2 & 3\\ 2 & 4 & t\\ 3 & 6 & 9\end{bmatrix}\to\begin{bmatrix}1 & 2 & 3\\ 0 & 0 & t-6\\ 0 & 0 & 0\end{bmatrix}$，所以 $t=6$ 时，$r(\boldsymbol{A})=1$，$t\neq6$ 时，$r(\boldsymbol{A})=2$.

又因为 $\boldsymbol{AB}=\boldsymbol{0}$ 且 $\boldsymbol{B}\neq\boldsymbol{0}$，所以矩阵 $\boldsymbol{B}$ 的列向量是齐次方程组 $\boldsymbol{Ax}=\boldsymbol{0}$ 的解，所以 $1\leqslant r(\boldsymbol{B})\leqslant3-r(\boldsymbol{A})$. 故

当 $t=6$ 时，$r(\boldsymbol{A})=1$，此时 $1\leqslant r(\boldsymbol{B})\leqslant 2$，于是不能确定(A)或(B)一定成立.

当 $t\neq 6$ 时，有 $r(\boldsymbol{A})=2$，此时 $1\leqslant r(\boldsymbol{B})\leqslant 1$，即 $r(\boldsymbol{B})=1$，所以应选(C).

三、计算与证明题

证 (1)将已知等式左边进行因式分解，得 $(\boldsymbol{A}-\boldsymbol{E})(\boldsymbol{A}-2\boldsymbol{E})=\boldsymbol{O}$.

如果 $\boldsymbol{AB}=\boldsymbol{O}$，则 $r(\boldsymbol{A})+r(\boldsymbol{B})\leqslant n$，有 $r(\boldsymbol{A}-\boldsymbol{E})+r(\boldsymbol{A}-2\boldsymbol{E})\leqslant n$.

另一方面，因为 $(\boldsymbol{A}-\boldsymbol{E})-(\boldsymbol{A}-2\boldsymbol{E})=\boldsymbol{E}$，根据 $r(\boldsymbol{A}\pm\boldsymbol{B})\leqslant r(\boldsymbol{A})\pm r(\boldsymbol{B})$，有

$$n=r(\boldsymbol{E})=r[(\boldsymbol{A}-\boldsymbol{E})-(\boldsymbol{A}-2\boldsymbol{E})]\leqslant r(\boldsymbol{A}-\boldsymbol{E})+r(\boldsymbol{A}-2\boldsymbol{E}),$$

即 $r(\boldsymbol{A}-\boldsymbol{E})+r(\boldsymbol{A}-2\boldsymbol{E})\geqslant n$. 综上，有 $r(\boldsymbol{A}-\boldsymbol{E})+r(\boldsymbol{A}-2\boldsymbol{E})=n$.

注意 以下结论课本上没有，但考研时可直接使用！

(1)如果 $\boldsymbol{AB}=\boldsymbol{O}$，则 $r(\boldsymbol{A})+r(\boldsymbol{B})\leqslant n$（$n$ 是 $\boldsymbol{A}$ 的列数，也即 $\boldsymbol{B}$ 的行数）.

(2)若 $r(\boldsymbol{A})=\boldsymbol{A}$ 的列数为 n，则 $r(\boldsymbol{AB})=r(\boldsymbol{B})$；

若 $r(\boldsymbol{B})=\boldsymbol{B}$ 的行数为 n，则 $r(\boldsymbol{AB})=r(\boldsymbol{A})$.

(3)若 $\boldsymbol{A}$ 的列数 $=\boldsymbol{B}$ 的行数 $=n$，则 $r(\boldsymbol{AB})\geqslant r(\boldsymbol{A})+r(\boldsymbol{B})-n$.

证 (2)因为 $\boldsymbol{\alpha}_1,\boldsymbol{\alpha}_2,\boldsymbol{\alpha}_3,\boldsymbol{\beta}_1,\boldsymbol{\beta}_2$ 为5个四维向量，所以它们必线性相关. 因此存在不全为0的常数 k_1,k_2,l_1,l_2,l_3 使得 $l_1\boldsymbol{\alpha}_1+l_2\boldsymbol{\alpha}_2+l_3\boldsymbol{\alpha}_3+k_1\boldsymbol{\beta}_1+k_2\boldsymbol{\beta}_2=\boldsymbol{0}$.

因 $\boldsymbol{\alpha}_1,\boldsymbol{\alpha}_2,\boldsymbol{\alpha}_3$ 线性无关，所以可以肯定 k_1,k_2 是不全为0的两个常数. 否则，若 $k_1=k_2=0$，则 $l_1\boldsymbol{\alpha}_1+l_2\boldsymbol{\alpha}_2+l_3\boldsymbol{\alpha}_3=\boldsymbol{0}$. 由 $\boldsymbol{\alpha}_1,\boldsymbol{\alpha}_2,\boldsymbol{\alpha}_3$ 线性无关，得 $l_1=l_2=l_3=0$，与题意矛盾，所以 k_1,k_2 是不全为0，且 $k_1\boldsymbol{\beta}_1+k_2\boldsymbol{\beta}_2=-l_1\boldsymbol{\alpha}_1-l_2\boldsymbol{\alpha}_2-l_3\boldsymbol{\alpha}_3$，即 $k_1\boldsymbol{\beta}_1+k_2\boldsymbol{\beta}_2$（$k_1,k_2$ 不全为0）可由 $\boldsymbol{\alpha}_1,\boldsymbol{\alpha}_2,\boldsymbol{\alpha}_3$ 线性表示.

解 (3)①因为

$$|\boldsymbol{A}|=|(\boldsymbol{\alpha}_1,\boldsymbol{\alpha}_2,\boldsymbol{\alpha}_3)|=\begin{vmatrix}1&3&2\\2&-1&3\\3&2&C\end{vmatrix}=\begin{vmatrix}1&3&2\\0&-7&-1\\0&-7&C-6\end{vmatrix}$$

$$=\begin{vmatrix}1&3&2\\0&-7&-1\\0&0&C-5\end{vmatrix}=7(5-C),$$

所以当 $C\neq 5$ 时，$\boldsymbol{\alpha}_1,\boldsymbol{\alpha}_2,\boldsymbol{\alpha}_3$ 线性无关；当 $C=5$ 时，$\boldsymbol{\alpha}_1,\boldsymbol{\alpha}_2,\boldsymbol{\alpha}_3$ 线性相关.

②当 $C=5$ 时，$\boldsymbol{\alpha}_1,\boldsymbol{\alpha}_2,\boldsymbol{\alpha}_3$ 线性相关，只要将 $\boldsymbol{A}$ 进行初等行变换，化成阶梯形矩阵，便可得出表达形式，即

$$\boldsymbol{A}=(\boldsymbol{\alpha}_1,\boldsymbol{\alpha}_2,\boldsymbol{\alpha}_3)=\begin{bmatrix}1&3&2\\2&-1&3\\3&2&5\end{bmatrix}\to\begin{bmatrix}1&3&2\\0&-7&-1\\0&0&0\end{bmatrix}\to\begin{bmatrix}1&0&11/7\\0&1&1/7\\0&0&0\end{bmatrix}=\boldsymbol{T}$$

由 $\boldsymbol{T}$ 的第3列知 $\boldsymbol{\alpha}_3=\frac{11}{7}\boldsymbol{\alpha}_1+\frac{1}{7}\boldsymbol{\alpha}_2$.

解 (4)对由 $\boldsymbol{\alpha}_1,\boldsymbol{\alpha}_2,\boldsymbol{\alpha}_3,\boldsymbol{\alpha}_4,\boldsymbol{\alpha}_5$ 构成的矩阵，进行行变换

$$(\boldsymbol{\alpha}_1,\boldsymbol{\alpha}_2,\boldsymbol{\alpha}_3,\boldsymbol{\alpha}_4,\boldsymbol{\alpha}_5)=\begin{bmatrix}3&1&2&1&4\\1&1&0&-1&2\\2&1&1&0&3\\5&2&3&1&7\end{bmatrix}\to\begin{bmatrix}1&1&0&-1&2\\0&-2&2&4&-2\\0&-1&1&2&-1\\0&-3&3&6&-3\end{bmatrix}\to$$

$$\begin{bmatrix}1&1&0&-1&2\\0&-1&1&2&-1\\0&0&0&0&0\\0&0&0&0&0\end{bmatrix}\to\begin{bmatrix}1&0&1&1&1\\0&-1&1&2&-1\\0&0&0&0&0\\0&0&0&0&0\end{bmatrix}$$

由此可以看出向量组 $\boldsymbol{\alpha}_1,\boldsymbol{\alpha}_2$，或者 $\boldsymbol{\alpha}_1,\boldsymbol{\alpha}_3$，或者 $\boldsymbol{\alpha}_1,\boldsymbol{\alpha}_4$，或者 $\boldsymbol{\alpha}_1,\boldsymbol{\alpha}_5$ 都是极大线性无关组.不妨取 $\boldsymbol{\alpha}_1,\boldsymbol{\alpha}_2$ 作为该向量组的极大线性无关组，易得 $\boldsymbol{\alpha}_3=\boldsymbol{\alpha}_1-\boldsymbol{\alpha}_2,\boldsymbol{\alpha}_4=\boldsymbol{\alpha}_1-2\boldsymbol{\alpha}_2,\boldsymbol{\alpha}_5=\boldsymbol{\alpha}_1+\boldsymbol{\alpha}_2$.

证 (5)①反证：假如 $\boldsymbol{\eta}_0,\boldsymbol{\xi}_1,\boldsymbol{\xi}_2,\cdots,\boldsymbol{\xi}_{n-r}$ 线性相关，则其中至少有一个向量可由其余向量线性表示.设此向量为 $\boldsymbol{\eta}_0$.

1° 如果 $\boldsymbol{\eta}=\boldsymbol{\eta}_0$，即 $\boldsymbol{\eta}_0=k_1\boldsymbol{\xi}_1+k_2\boldsymbol{\xi}_2+\cdots+k_{n-r}\boldsymbol{\xi}_{n-r}$，则

$$\boldsymbol{A}\boldsymbol{\eta}_0=\boldsymbol{A}(k_1\boldsymbol{\xi}_1+k_2\boldsymbol{\xi}_2+\cdots+k_{n-r}\boldsymbol{\xi}_{n-r})=\boldsymbol{0}.$$

而 $\boldsymbol{\eta}_0$ 是 $\boldsymbol{A}\boldsymbol{x}=\boldsymbol{b}$ 的一个解，即 $\boldsymbol{A}\boldsymbol{\eta}_0=\boldsymbol{b}$ 与上述矛盾；

2° 如果 $\boldsymbol{\eta}=\boldsymbol{\eta}_i$ 即 $\boldsymbol{\xi}_i=k_0\boldsymbol{\eta}_0+k_1\boldsymbol{\xi}_1+\cdots+k_{i-1}\boldsymbol{\xi}_{i-1}+k_{i+1}\boldsymbol{\xi}_{i+1}+\cdots+k_{n-r}\boldsymbol{\xi}_{n-r}$，则

$$\boldsymbol{A}\boldsymbol{\xi}_i=\boldsymbol{A}(k_0\boldsymbol{\eta}_0)+\boldsymbol{A}(k_1\boldsymbol{\xi}_1+\cdots+k_{i-1}\boldsymbol{\xi}_{i-1}+k_{i+1}\boldsymbol{\xi}_{i+1}+\cdots+k_{n-r}\boldsymbol{\xi}_{n-r})=k_0\boldsymbol{b}=\boldsymbol{0},$$

必有 $k_0=0$；如果 $k_0=0$，说明 $\boldsymbol{\xi}_i$ 可以被基础解系中的其余向量线性表示，这与基础解系中各向量线性无关定理矛盾.综合 1° 和 2° 的结论可知该向量组线性无关.

②反证：如果向量组 $\boldsymbol{\eta}_0,\boldsymbol{\eta}_0+\boldsymbol{\xi}_1,\cdots,\boldsymbol{\eta}_0+\boldsymbol{\eta}_{n-r}$ 线性相关，则必存在一组不全为零的数 k_0，$k_1,\cdots k_{n-r}$，使 $k_0\boldsymbol{\eta}_0+k_1(\boldsymbol{\eta}_0+\boldsymbol{\xi}_1)+\cdots+k_{n-r}(\boldsymbol{\eta}_0+\boldsymbol{\xi}_{n-r})=\boldsymbol{0}$，即

$$(k_0+k_1+\cdots+k_{n-r})\boldsymbol{\eta}_0+k_1\boldsymbol{\xi}_1+\cdots+k_{n-r}\boldsymbol{\xi}_{n-r}=\boldsymbol{0}.$$

设 $k=k_0+k_1+\cdots+k_{n-r}$，则 $k\neq0$；否则由上式知，$\boldsymbol{\xi}_1,\cdots,\boldsymbol{\xi}_{n-r}$ 线性相关，因而与基础解系矛盾，所以 $k\neq0$.于是有 $k\boldsymbol{A}\boldsymbol{\eta}_0+\boldsymbol{A}(k_1\boldsymbol{\xi}_1+\cdots+k_{n-r}\boldsymbol{\xi}_{n-r})=\boldsymbol{0}$，从而 $k\boldsymbol{A}\boldsymbol{\eta}_0=\boldsymbol{0}$ 与 $\boldsymbol{\eta}_0$ 是非齐次方程一个解的结论矛盾.因此所给向量组是线性无关的.

解 (6)①将增广矩阵化为阶梯形有

$$\widetilde{\boldsymbol{A}}=\left[\begin{array}{ccccc:c}1&1&1&1&1&a\\3&2&1&1&-3&0\\0&1&2&2&6&b\\5&4&3&3&-1&2\end{array}\right]\to\left[\begin{array}{ccccc:c}1&1&1&1&1&a\\0&-1&-2&-2&-6&-3a\\0&1&2&2&6&b\\0&-1&-2&-2&-6&2-5a\end{array}\right]\to$$

$$\left[\begin{array}{ccccc:c}1&1&1&1&1&a\\0&1&2&2&6&3a\\0&0&0&0&0&b-3a\\0&0&0&0&0&2-2a\end{array}\right].$$

因此当 $b-3a=0$ 且 $2-2a=0$，即 $a=1$ 且 $b=3$ 时，方程组的系数矩阵与增广矩阵的秩相等，即此时方程组有解.

②当 $a=1,b=3$ 时，有

$$\widetilde{\boldsymbol{A}}=\begin{bmatrix}1&1&1&1&1&1\\0&1&2&2&6&3\\0&0&0&0&0&0\\0&0&0&0&0&0\end{bmatrix}\to\begin{bmatrix}1&0&-1&-1&-5&-2\\0&1&2&2&6&3\\0&0&0&0&0&0\\0&0&0&0&0&0\end{bmatrix}.$$

因此原方程组的同解方程组为

$$\begin{cases}x_1-x_3-x_4-5x_5=-2;\\x_2+2x_3+2x_4+6x_5=3.\end{cases}$$

将 x_3,x_4,x_5 视为自由变量，当它们分别取 $(1,0,0),(0,1,0),(0,0,1)$ 时，得出导出组的基础解系为

$$\boldsymbol{\xi}_1=\begin{bmatrix}1\\-2\\1\\0\\0\end{bmatrix},\boldsymbol{\xi}_2=\begin{bmatrix}1\\-2\\0\\1\\0\end{bmatrix},\boldsymbol{\xi}_3=\begin{bmatrix}5\\-6\\0\\0\\1\end{bmatrix}.$$

③令 $x_3=x_4=x_5=0$，可得原方程组的特解为 $\boldsymbol{\eta}=(-2\quad 3\quad 0\quad 0\quad 0)^{\mathrm{T}}$.
于是原方程组的全部解为

$$\begin{bmatrix}x_1\\x_2\\x_3\\x_4\\x_5\end{bmatrix}=k_1\begin{bmatrix}1\\-2\\1\\0\\0\end{bmatrix}+k_2\begin{bmatrix}1\\-2\\0\\1\\0\end{bmatrix}+k_3\begin{bmatrix}5\\-6\\0\\0\\1\end{bmatrix}+\begin{bmatrix}-2\\3\\0\\0\\0\end{bmatrix}\quad(\text{其中 } k_1,k_2,k_3 \text{ 为任意常数}).$$

考研题解析

1. 设 $\boldsymbol{A}$ 是 4 阶矩阵，且 $\boldsymbol{A}$ 的行列式 $|\boldsymbol{A}|=0$，则 $\boldsymbol{A}$ 中________.

(A)必有一列元素全为 0；

(B)必有两列元素对应成比例；

(C)必有一列向量是其余列向量的线性组合；

(D)任一列向量是其余列向量的线性组合.

解 选项(A)、(B)、(D)都是充分条件，并非必要条件. 例如，

若 $\boldsymbol{A}=\begin{bmatrix}1&1&2\\1&2&3\\1&3&4\end{bmatrix}$，条件(A)，(B)均不成立，但 $|\boldsymbol{A}|=0$；若 $\boldsymbol{A}=\begin{bmatrix}1&2&3\\1&2&4\\1&2&5\end{bmatrix}$，则 $|\boldsymbol{A}|=0$，但

第3列并不是其余两列的线性组合,(D)不正确.故选(C).

2. 设 $\boldsymbol{A}$ 为 n 阶方阵且 $|\boldsymbol{A}|=0$,则________.

(A) $\boldsymbol{A}$ 中必有两行(列)的元素对应成比例;

(B) $\boldsymbol{A}$ 中任意一行(列)向量是其余各行(列)向量的线性组合;

(C) $\boldsymbol{A}$ 中必有一行(列)向量是其余各行(列)向量的线性组合;

(D) $\boldsymbol{A}$ 中至少有一行(列)的元素全为0.

解 本题与上题本质上是一样的.(A)、(B)、(D)均是 $|\boldsymbol{A}|=0$ 的充分条件,并不必要,应选(C).

注意 $|\boldsymbol{A}|=0 \Leftrightarrow \boldsymbol{A}$ 的行(列)向量组线性相关

$\Leftrightarrow$ 有一行(列)向量可由其余的行(列)向量线性表示.

3. 设线性方程组 $\begin{cases} x_1+2x_2-2x_3=0 \\ 2x_1-x_2+\lambda x_3=0 \\ 3x_1+x_2-x_3=0 \end{cases}$ 的系数矩阵为 $\boldsymbol{A}$,3 阶矩阵 $\boldsymbol{B}\neq\boldsymbol{O}$,且 $\boldsymbol{AB}=\boldsymbol{O}$.试求 λ 的值.

解 对矩阵 $\boldsymbol{B}$ 按列分块,记 $\boldsymbol{B}=(\boldsymbol{\beta}_1,\boldsymbol{\beta}_2,\boldsymbol{\beta}_3)$,那么

$$\boldsymbol{AB}=\boldsymbol{A}(\boldsymbol{\beta}_1,\boldsymbol{\beta}_2,\boldsymbol{\beta}_3)=(\boldsymbol{A\beta}_1,\boldsymbol{A\beta}_2,\boldsymbol{A\beta}_3)=(\boldsymbol{0},\boldsymbol{0},\boldsymbol{0}).$$

因而 $\boldsymbol{A\beta}_i=\boldsymbol{0}(i=1,2,3)$,即 $\boldsymbol{\beta}_i$ 是 $\boldsymbol{Ax}=\boldsymbol{0}$ 的解.由于 $\boldsymbol{B}\neq\boldsymbol{O}$,故 $\boldsymbol{Ax}=\boldsymbol{0}$ 有非零解.因此

$$|\boldsymbol{A}|=\begin{vmatrix} 1 & 2 & -2 \\ 2 & -1 & \lambda \\ 3 & 1 & -1 \end{vmatrix}=\begin{vmatrix} 1 & 0 & -2 \\ 2 & \lambda-1 & \lambda \\ 3 & 0 & -1 \end{vmatrix}=5(\lambda-1)=0.$$

故 $\lambda=1$.

4. 设 $\boldsymbol{A}$ 是 $m\times n$ 矩阵,$\boldsymbol{B}$ 是 $n\times m$ 矩阵,则________.

(A)当 $m>n$ 时,必有行列式 $|\boldsymbol{AB}|\neq 0$;

(B)当 $m>n$ 时,必有行列式 $|\boldsymbol{AB}|=0$;

(C)当 $n>m$ 时,必有行列式 $|\boldsymbol{AB}|\neq 0$;

(D)当 $n>m$ 时,必有行列式 $|\boldsymbol{AB}|=0$.

解法一 因为 $\boldsymbol{AB}$ 是 m 阶矩阵,$|\boldsymbol{AB}|=0$ 的充分必要条件是 $r(\boldsymbol{AB})<m$.由于 $r(\boldsymbol{AB})\leqslant r(\boldsymbol{B})\leqslant \min(m,n)$.当 $m>n$ 时,必有 $r(\boldsymbol{AB})\leqslant n<m$.因此选(B).

解法二 由于方程组 $\boldsymbol{Bx}=\boldsymbol{0}$ 的解必是方程组 $\boldsymbol{ABx}=\boldsymbol{0}$ 的解,而 $\boldsymbol{Bx}=\boldsymbol{0}$ 是 n 个方程 m 个未知数的齐次线性方程组.因此当 $m>n$ 时,$\boldsymbol{Bx}=\boldsymbol{0}$ 必有非零解,从而 $\boldsymbol{ABx}=\boldsymbol{0}$ 有非零解,故 $|\boldsymbol{AB}|=0$.

5. 设 $\boldsymbol{A},\boldsymbol{B}$ 都是 n 阶非零矩阵,且 $\boldsymbol{AB}=\boldsymbol{O}$,则 $\boldsymbol{A}$ 和 $\boldsymbol{B}$ 的秩________.

(A)必有一个等于0;　　　　(B)都小于 n;

(C)一个小于 n;一个等于 n;　　　　(D)都为 n.

解法一 $\boldsymbol{AB}=\boldsymbol{O},\Rightarrow \boldsymbol{A}=\boldsymbol{O}$ 或 $\boldsymbol{B}=\boldsymbol{O}$,按矩阵秩的定义知(A)错误.

又 $r(\boldsymbol{A})=n\Leftrightarrow|\boldsymbol{A}|\neq 0\Leftrightarrow\boldsymbol{A}$ 可逆.因此对于 $\boldsymbol{AB}=\boldsymbol{O}$,若其中有一个矩阵的秩为 n,例如设 $r(\boldsymbol{A})=n$,则有 $\boldsymbol{B}=\boldsymbol{A}^{-1}\boldsymbol{AB}=\boldsymbol{A}^{-1}\boldsymbol{O}=\boldsymbol{O}$ 与已知 $\boldsymbol{B}\neq\boldsymbol{O}$ 相矛盾.可排除(C)、(D).

对 $\boldsymbol{AB}=\boldsymbol{O}$,把矩阵 $\boldsymbol{B}$ 与零矩阵均按列分块,得

$$\boldsymbol{AB}=\boldsymbol{A}(\boldsymbol{\beta}_1,\boldsymbol{\beta}_2,\cdots,\boldsymbol{\beta}_n)=(\boldsymbol{A\beta}_1,\boldsymbol{A\beta}_2,\cdots,\boldsymbol{A\beta}_n)=(\boldsymbol{0},\boldsymbol{0},\cdots,\boldsymbol{0}),$$

于是 $\boldsymbol{A\beta}_i=\boldsymbol{0}(i=1,2,\cdots,n)$,即 $\boldsymbol{\beta}_i$ 是齐次方程组 $\boldsymbol{Ax}=\boldsymbol{0}$ 的解. $\boldsymbol{AB}=\boldsymbol{O}$ 意味着 $\boldsymbol{B}$ 的列向量全是齐次方程组 $\boldsymbol{Ax}=\boldsymbol{0}$ 的解. 因此,$\boldsymbol{AB}=\boldsymbol{O},\boldsymbol{B}\neq\boldsymbol{O}$ 表明 $\boldsymbol{Ax}=\boldsymbol{0}$ 有非零解,从而 $r(\boldsymbol{A})<n$. 继续用非零解的观点来处理 $r(\boldsymbol{B})$,方法如下:

$\boldsymbol{B}^{\mathrm{T}}\boldsymbol{A}^{\mathrm{T}}=(\boldsymbol{AB})^{\mathrm{T}}=\boldsymbol{O}^{\mathrm{T}}=\boldsymbol{O}$,由 $\boldsymbol{A}^{\mathrm{T}}$ 非零,知 $r(\boldsymbol{B}^{\mathrm{T}})<n$,故 $r(\boldsymbol{B})<n$.

解法二 若 $\boldsymbol{A}$ 是 $m\times n$ 矩阵,$\boldsymbol{B}$ 是 $n\times s$ 矩阵,$\boldsymbol{AB}=\boldsymbol{O}$,则 $r(\boldsymbol{A})+r(\boldsymbol{B})\leqslant n$. 又 $\boldsymbol{A},\boldsymbol{B}$ 均非零,按秩的定义 $r(\boldsymbol{A})\geqslant1,r(\boldsymbol{B})\geqslant1$,故 $r(\boldsymbol{A})<n,r(\boldsymbol{B})<n$,应选(B).

6. 设矩阵 $\boldsymbol{A}_{m\times n}$ 的秩 $r(\boldsymbol{A})=m<n$,$\boldsymbol{E}_m$ 为 m 阶单位矩阵,下述结论中正确的是________.

(A)$\boldsymbol{A}$ 的任意 m 个列向量必线性无关;

(B)$\boldsymbol{A}$ 的任意一个 m 阶子式不等于零;

(C)若矩阵 $\boldsymbol{B}$ 满足 $\boldsymbol{AB}=\boldsymbol{O}$,则 $\boldsymbol{B}=\boldsymbol{O}$;

(D)$\boldsymbol{A}$ 通过初等行变换,可以化为$(\boldsymbol{E}_m,\boldsymbol{O})$.

解 $r(\boldsymbol{A})=m$ 表示 $\boldsymbol{A}$ 中有 m 个列向量线性无关,有 m 阶子式不等于零,并不是任意的,因此(A)、(B)均不正确.

经初等变换可把 $\boldsymbol{A}$ 化成标准形,一般应当既有初等行变换也有初等列变换,只用一种不一定能化为标准型. 例如 $\begin{bmatrix}0&1&0\\0&0&1\end{bmatrix}$,只用初等行变换就不能化成$(\boldsymbol{E}_2,\boldsymbol{O})$形式,故(D)不正确.

关于(C),由 $\boldsymbol{BA}=\boldsymbol{O}$ 知 $r(\boldsymbol{B})+r(\boldsymbol{A})\leqslant m$,又 $r(\boldsymbol{A})=m$,从而 $r(\boldsymbol{B})\leqslant0$,按定义又有 $r(\boldsymbol{B})\geqslant0$,于是 $r(\boldsymbol{B})=0$,即 $\boldsymbol{B}=\boldsymbol{O}$.

7. 设 $\boldsymbol{A}=\begin{bmatrix}1&2&-2\\4&t&3\\3&-1&1\end{bmatrix}$,$\boldsymbol{B}$ 为三阶非零矩阵,且 $\boldsymbol{AB}=\boldsymbol{O}$,则 $t=$________.

解 由 $\boldsymbol{AB}=\boldsymbol{O}$,对 $\boldsymbol{B}$ 按列分块有 $\boldsymbol{AB}=\boldsymbol{A}(\boldsymbol{\beta}_1,\boldsymbol{\beta}_2,\boldsymbol{\beta}_3)=(\boldsymbol{A\beta}_1,\boldsymbol{A\beta}_2,\boldsymbol{A\beta}_3)=(\boldsymbol{0},\boldsymbol{0},\boldsymbol{0})$,即 $\boldsymbol{\beta}_1$,$\boldsymbol{\beta}_2$,$\boldsymbol{\beta}_3$ 是齐次方程组 $\boldsymbol{Ax}=\boldsymbol{0}$ 的解. 又因 $\boldsymbol{B}\neq\boldsymbol{O}$,故 $\boldsymbol{Ax}=\boldsymbol{0}$ 有非零解,那么

$$|\boldsymbol{A}|=\begin{vmatrix}1&2&-2\\4&t&3\\3&-1&1\end{vmatrix}=\begin{vmatrix}5&0&0\\4&t&3\\3&-1&1\end{vmatrix}=5(t+3)=0.$$

所以应填-3.

8. 设 $\boldsymbol{A}=\begin{bmatrix}\lambda&1&1\\0&\lambda-1&0\\1&1&\lambda\end{bmatrix}$,$\boldsymbol{b}=\begin{bmatrix}a\\1\\1\end{bmatrix}$. 已知线性方程组 $\boldsymbol{Ax}=\boldsymbol{b}$ 存在 2 个不同的解,求(Ⅰ)λ,a;(Ⅱ)方程组 $\boldsymbol{Ax}=\boldsymbol{b}$ 的通解.

解 (Ⅰ)因为线性方程组 $\boldsymbol{Ax}=\boldsymbol{b}$ 有 2 个不同的解,所以 $r(\boldsymbol{A})=r(\widetilde{\boldsymbol{A}})<n$. 由

$$|\boldsymbol{A}|=\begin{vmatrix}\lambda & 1 & 1\\ 0 & \lambda-1 & 0\\ 1 & 1 & \lambda\end{vmatrix}=(\lambda-1)\begin{vmatrix}\lambda & 1\\ 1 & \lambda\end{vmatrix}=(\lambda+1)(\lambda-1)^2=0,$$

知 $\lambda=1$ 或 $\lambda=-1$.

当 $\lambda=1$ 时，必有 $r(\boldsymbol{A})=1, r(\widetilde{\boldsymbol{A}})=2$. 此时线性方程组无解.

而当 $\lambda=-1$ 时，

$$\widetilde{\boldsymbol{A}}=\begin{bmatrix}-1 & 1 & 1 & a\\ 0 & -2 & 0 & 1\\ 1 & 1 & -1 & 1\end{bmatrix}\to\begin{bmatrix}-1 & 1 & 1 & a\\ 0 & -2 & 0 & 1\\ 0 & 0 & 0 & a+2\end{bmatrix},$$

若 $a=-2$，则 $r(\boldsymbol{A})=r(\widetilde{\boldsymbol{A}})=2$，方程组 $\boldsymbol{Ax}=\boldsymbol{b}$ 有无穷多解.

故 $\lambda=-1, a=-2$.

(Ⅱ)当 $\lambda=-1, a=-2$ 时，

$$\widetilde{\boldsymbol{A}}\to\begin{bmatrix}1 & 0 & -1 & \frac{3}{2}\\ 0 & 1 & 0 & -\frac{1}{2}\\ 0 & 0 & 0 & 0\end{bmatrix},$$

所以方程组 $\boldsymbol{Ax}=\boldsymbol{b}$ 的通解为 $\left(\frac{3}{2},-\frac{1}{2},0\right)^{\mathrm{T}}+k(1,0,1)^{\mathrm{T}}$，其中 k 是任意常数。

9. 设矩阵 $\boldsymbol{A}_{m\times n}$ 的秩为 $r(\boldsymbol{A})=m<n$，$\boldsymbol{E}_m$ 为 m 阶单位矩阵，下述结论中正确的是________.

(A)$\boldsymbol{A}$ 的任意 m 个列向量必线性无关；

(B)$\boldsymbol{A}$ 的任意一个 m 阶子式不等于零；

(C)$\boldsymbol{A}$ 通过初等行变换，必可化为$(\boldsymbol{E}_m,\boldsymbol{O})$形式；

(D)非齐次线性方程组 $\boldsymbol{Ax}=\boldsymbol{b}$ 一定有无穷多组解.

解 本题(A),(B),(C)不正确，可参看上题.

因为 $\boldsymbol{A}$ 是 $m\times n$ 矩阵，秩 $r(\boldsymbol{A})=m$，故增广矩阵的秩必为 m. 那么 $r(\boldsymbol{A})=r(\widetilde{\boldsymbol{A}})=m<n$，所以方程组 $\boldsymbol{Ax}=\boldsymbol{b}$ 必有无穷多组解，故应选(D).

10. 设矩阵 $\begin{bmatrix}a_1 & b_1 & c_1\\ a_2 & b_2 & c_2\\ a_3 & b_3 & c_3\end{bmatrix}$ 是满秩的，则直线 $\frac{x-a_3}{a_1-a_2}=\frac{y-b_3}{b_1-b_2}=\frac{z-c_3}{c_1-c_2}$ 与直线 $\frac{x-a_1}{a_2-a_3}=\frac{y-b_1}{b_2-b_3}=\frac{z-c_1}{c_2-c_3}$________.

(A)相交于一点； (B)重合；

(C)平行但不重合； (D)异面.

解 经初等变换，矩阵的秩不变，由

$$\begin{bmatrix}a_1 & b_1 & c_1\\ a_2 & b_2 & c_2\\ a_3 & b_3 & c_3\end{bmatrix}\to\begin{bmatrix}a_1 & b_1 & c_1\\ a_2-a_1 & b_2-b_1 & c_2-c_1\\ a_3-a_2 & b_3-b_2 & c_3-c_2\end{bmatrix},$$

可知后者的秩仍为 3. 所以这两直线的方向向量 $\boldsymbol{v}_1=(a_1-a_2,b_1-b_2,c_1-c_2)$ 与 $\boldsymbol{v}_2=(a_2-a_3,b_2-b_3,c_2-c_3)$ 线性无关，因此可排除(B)、(C).

在这两条直线上各取一点 (a_3,b_3,c_3) 与 (a_1,b_1,c_1)，又可构造向量 $\boldsymbol{v}=(a_3-a_1,b_3-b_1,c_3-c_1)$，如果 $\boldsymbol{v},\boldsymbol{v}_1,\boldsymbol{v}_2$ 共面，则两条直线相交；若 $\boldsymbol{v},\boldsymbol{v}_1,\boldsymbol{v}_2$ 不共面，则两直线异面. 为此可用混合积

$$(\boldsymbol{v},\boldsymbol{v}_1,\boldsymbol{v}_2)=\begin{vmatrix}a_3-a_1 & b_3-b_1 & c_3-c_1\\ a_1-a_2 & b_1-b_2 & c_1-c_2\\ a_2-a_3 & b_2-b_3 & c_2-c_3\end{vmatrix}=0,$$

或观察出 $\boldsymbol{v}+\boldsymbol{v}_1+\boldsymbol{v}_2=0$，而知应选(A).

11. 已知 $\boldsymbol{\alpha}_1=(1,0,2,3)$，$\boldsymbol{\alpha}_2=(1,1,3,5)$，$\boldsymbol{\alpha}_3=(1,-1,a+2,1)$，$\boldsymbol{\alpha}_4=(1,2,4,a+8)$，及 $\boldsymbol{\beta}=(1,1,b+3,5)$.

(1) a,b 为何值时，$\boldsymbol{\beta}$ 不能表示成 $\boldsymbol{\alpha}_1,\boldsymbol{\alpha}_2,\boldsymbol{\alpha}_3,\boldsymbol{\alpha}_4$ 的线性组合；

(2) a,b 为何值时，$\boldsymbol{\beta}$ 有 $\boldsymbol{\alpha}_1,\boldsymbol{\alpha}_2,\boldsymbol{\alpha}_3,\boldsymbol{\alpha}_4$ 的唯一线性表示式，并写出该表示式.

解 设 $x_1\boldsymbol{\alpha}_1+x_2\boldsymbol{\alpha}_2+x_3\boldsymbol{\alpha}_3+x_4\boldsymbol{\alpha}_4=\boldsymbol{\beta}$，按分量写出，则有

$$\begin{cases}x_1+x_2+x_3+x_4=1;\\ x_2-x_3+2x_4=1;\\ 2x_1+3x_2+(a+2)x_3+4x_4=b+3;\\ 3x_1+5x_2+x_3+(a+8)x_4=5.\end{cases}$$

对增广矩阵高斯消元，有

$$\widetilde{\boldsymbol{A}}\rightarrow\left[\begin{array}{cccc:c}1&1&1&1&1\\0&1&-1&2&1\\0&1&a&2&b+1\\0&2&-2&a+5&2\end{array}\right]\rightarrow\left[\begin{array}{cccc:c}1&1&1&1&1\\0&1&-1&2&1\\0&0&a+1&0&b\\0&0&0&a+1&0\end{array}\right].$$

所以当 $a=1,b\neq0$ 时，方程组无解，$\boldsymbol{\beta}$ 不能表示成 $\boldsymbol{\alpha}_1,\boldsymbol{\alpha}_2,\boldsymbol{\alpha}_3,\boldsymbol{\alpha}_4$ 的线性组合.

当 $a\neq-1$ 时，方程组有唯一解 $\left(-\dfrac{2b}{a+1},\dfrac{a+b+1}{a+1},\dfrac{b}{a+1},0\right)^{\mathrm{T}}$，故 $\boldsymbol{\beta}$ 有唯一表示式，且

$$\boldsymbol{\beta}=-\frac{2b}{a+1}\boldsymbol{\alpha}_1+\frac{a+b+1}{a+1}\boldsymbol{\alpha}_2+\frac{b}{a+1}\boldsymbol{\alpha}_3+0\cdot\boldsymbol{\alpha}_4.$$

12. 设有 3 维列向量

$$\boldsymbol{\alpha}_1=\begin{bmatrix}1+\lambda\\1\\1\end{bmatrix},\boldsymbol{\alpha}_2=\begin{bmatrix}1\\1+\lambda\\1\end{bmatrix},\boldsymbol{\alpha}_3=\begin{bmatrix}1\\1\\1+\lambda\end{bmatrix},\boldsymbol{\beta}=\begin{bmatrix}0\\\lambda\\\lambda^2\end{bmatrix},$$

问 λ 取何值时

(1) $\boldsymbol{\beta}$ 可由 $\boldsymbol{\alpha}_1,\boldsymbol{\alpha}_2,\boldsymbol{\alpha}_3$ 线性表示，且表达式唯一；

(2) $\boldsymbol{\beta}$ 可由 $\boldsymbol{\alpha}_1,\boldsymbol{\alpha}_2,\boldsymbol{\alpha}_3$ 线性表示，且表达式不唯一；

(3)$\boldsymbol{\beta}$ 不能由 $\boldsymbol{\alpha}_1,\boldsymbol{\alpha}_2,\boldsymbol{\alpha}_3$ 线性表示.

解 设 $x_1\boldsymbol{\alpha}_1+x_2\boldsymbol{\alpha}_2+x_3\boldsymbol{\alpha}_3+x_4\boldsymbol{\alpha}_4=\boldsymbol{\beta}$,将分量代入得方程组

$$\begin{cases}(1+\lambda)x_1+x_2+x_3=0;\\ x_1+(1+\lambda)x_2+x_3=\lambda;\\ x_1+x_2+(1+\lambda)x_3=\lambda^2.\end{cases}$$

对增广矩阵作初等行变换,有

$$\left[\begin{array}{ccc:c}1+\lambda & 1 & 1 & 0\\ 1 & 1+\lambda & 1 & \lambda\\ 1 & 1 & 1+\lambda & \lambda^2\end{array}\right]\to\left[\begin{array}{ccc:c}1+\lambda & 1 & 1 & 0\\ -\lambda & \lambda & 0 & \lambda\\ -\lambda^2-2\lambda & -\lambda & 0 & \lambda^2\end{array}\right]\to\left[\begin{array}{ccc:c}1+\lambda & 1 & 1 & 0\\ -\lambda & \lambda & 0 & \lambda\\ -\lambda^2-3\lambda & 0 & 0 & \lambda^2+\lambda\end{array}\right].$$

若 $\lambda\neq0$ 且 $\lambda^2+3\lambda\neq0$,即 $\lambda\neq0$ 且 $\lambda\neq-3$,则 $r(\boldsymbol{A})=r(\widetilde{\boldsymbol{A}})=3$,方程组有唯一解,即 $\boldsymbol{\beta}$ 可由 $\boldsymbol{\alpha}_1,\boldsymbol{\alpha}_2,\boldsymbol{\alpha}_3$ 线性表示且表示法唯一.

若 $\lambda=0$,则 $r(\boldsymbol{A})=r(\widetilde{\boldsymbol{A}})=1<3$,方程组有无穷多解,即 $\boldsymbol{\beta}$ 可由 $\boldsymbol{\alpha}_1,\boldsymbol{\alpha}_2,\boldsymbol{\alpha}_3$ 线性表示,但表示法不唯一.

若 $\lambda=-3$,则 $r(\boldsymbol{A})=2,r(\widetilde{\boldsymbol{A}})=3$,方程组无解,从而 $\boldsymbol{\beta}$ 不能由 $\boldsymbol{\alpha}_1,\boldsymbol{\alpha}_2,\boldsymbol{\alpha}_3$ 线性表示.

13.设向量组 $\boldsymbol{\alpha}_1,\boldsymbol{\alpha}_2,\boldsymbol{\alpha}_3$ 线性相关,向量组 $\boldsymbol{\alpha}_2,\boldsymbol{\alpha}_3,\boldsymbol{\alpha}_4$ 线性无关,问:

(1)$\boldsymbol{\alpha}_1$ 能否由 $\boldsymbol{\alpha}_2,\boldsymbol{\alpha}_3$ 线性表出?证明你的结论;

(2)$\boldsymbol{\alpha}_4$ 能否由 $\boldsymbol{\alpha}_1,\boldsymbol{\alpha}_2,\boldsymbol{\alpha}_3$ 线性表出?证明你的结论.

解 (1)$\boldsymbol{\alpha}_1$ 能由 $\boldsymbol{\alpha}_2,\boldsymbol{\alpha}_3$ 线性表出.因为已知 $\boldsymbol{\alpha}_2,\boldsymbol{\alpha}_3,\boldsymbol{\alpha}_4$ 线性无关,所以 $\boldsymbol{\alpha}_2,\boldsymbol{\alpha}_3$ 线性无关,又因 $\boldsymbol{\alpha}_1,\boldsymbol{\alpha}_2,\boldsymbol{\alpha}_3$ 线性相关,故 $\boldsymbol{\alpha}_1$ 可以由 $\boldsymbol{\alpha}_2,\boldsymbol{\alpha}_3$ 线性表示.

(2)$\boldsymbol{\alpha}_4$ 不能由 $\boldsymbol{\alpha}_1,\boldsymbol{\alpha}_2,\boldsymbol{\alpha}_3$ 线性表示(反证).若 $\boldsymbol{\alpha}_4$ 能由 $\boldsymbol{\alpha}_1,\boldsymbol{\alpha}_2,\boldsymbol{\alpha}_3$ 线性表示,设

$$\boldsymbol{\alpha}_4=k_1\boldsymbol{\alpha}_1+k_2\boldsymbol{\alpha}_2+k_3\boldsymbol{\alpha}_3,$$

由(1)知,可设 $\boldsymbol{\alpha}_1=l_2\boldsymbol{\alpha}_2+l_3\boldsymbol{\alpha}_3$,代入上式得 $\boldsymbol{\alpha}_4=(k_1l_2+k_2)\boldsymbol{\alpha}_2+(k_1l_3+k_3)\boldsymbol{\alpha}_3$.即 $\boldsymbol{\alpha}_4$ 可以由 $\boldsymbol{\alpha}_2,\boldsymbol{\alpha}_3$ 线性表示,从而 $\boldsymbol{\alpha}_2,\boldsymbol{\alpha}_3,\boldsymbol{\alpha}_4$ 线性相关,这与已知矛盾.因此,$\boldsymbol{\alpha}_4$ 不能由 $\boldsymbol{\alpha}_1,\boldsymbol{\alpha}_2,\boldsymbol{\alpha}_3$ 线性表示.

14.若向量组 $\boldsymbol{\alpha},\boldsymbol{\beta},\boldsymbol{\gamma}$ 线性无关;$\boldsymbol{\alpha},\boldsymbol{\beta},\boldsymbol{\delta}$ 线性相关,则( ).

(A)$\boldsymbol{\alpha}$ 必可由 $\boldsymbol{\beta},\boldsymbol{\gamma},\boldsymbol{\delta}$ 线性表示; (B)$\boldsymbol{\beta}$ 必不可由 $\boldsymbol{\alpha},\boldsymbol{\gamma},\boldsymbol{\delta}$ 线性表示;

(C)$\boldsymbol{\delta}$ 必可由 $\boldsymbol{\alpha},\boldsymbol{\beta},\boldsymbol{\gamma}$ 线性表示; (D)$\boldsymbol{\delta}$ 必不可由 $\boldsymbol{\alpha},\boldsymbol{\beta},\boldsymbol{\gamma}$ 线性表示.

解 由 $\boldsymbol{\alpha},\boldsymbol{\beta},\boldsymbol{\gamma}$ 线性无关知 $\boldsymbol{\alpha},\boldsymbol{\beta}$ 线性无关.又因 $\boldsymbol{\alpha},\boldsymbol{\beta},\boldsymbol{\delta}$ 线性相关,故 $\boldsymbol{\delta}$ 必可由 $\boldsymbol{\alpha},\boldsymbol{\beta}$ 线性表示,因此 $\boldsymbol{\delta}$ 必可由 $\boldsymbol{\alpha},\boldsymbol{\beta},\boldsymbol{\gamma}$ 线性表示,选(C).

注意 若 $\boldsymbol{\alpha}_1,\boldsymbol{\alpha}_2,\cdots,\boldsymbol{\alpha}_s$ 线性无关,$\boldsymbol{\alpha}_1,\boldsymbol{\alpha}_2,\cdots,\boldsymbol{\alpha}_s,\boldsymbol{\beta}$ 线性相关,则 $\boldsymbol{\beta}$ 可以由 $\boldsymbol{\alpha}_1,\boldsymbol{\alpha}_2,\cdots,\boldsymbol{\alpha}_s$ 线性表出,且表示法唯一.这一定理在考研中多次出现,应当理解并会运用这一定理.

15.已知 $\boldsymbol{\alpha}_1=(1,4,0,2)^{\mathrm{T}},\boldsymbol{\alpha}_2=(2,7,1,3)^{\mathrm{T}},\boldsymbol{\alpha}_3=(0,1,-1,a)^{\mathrm{T}},\boldsymbol{\beta}=(3,10,b,4)^{\mathrm{T}}$.问

(1)a,b 取何值时,$\boldsymbol{\beta}$ 不能由 $\boldsymbol{\alpha}_1,\boldsymbol{\alpha}_2,\boldsymbol{\alpha}_3$ 线性表示?

(2)a,b 取何值时,$\boldsymbol{\beta}$ 可由 $\boldsymbol{\alpha}_1,\boldsymbol{\alpha}_2,\boldsymbol{\alpha}_3$ 线性表示?并写出此表示式.

解 设 $x_1\boldsymbol{\alpha}_1+x_2\boldsymbol{\alpha}_2+x_3\boldsymbol{\alpha}_3=\boldsymbol{\beta}$.对$(\boldsymbol{\alpha}_1,\boldsymbol{\alpha}_2,\boldsymbol{\alpha}_3,\boldsymbol{\beta})$作初等行变换有

$$\begin{bmatrix}1&2&0&\vdots&3\\4&7&1&\vdots&10\\0&1&-1&\vdots&b\\2&3&a&\vdots&4\end{bmatrix}\to\begin{bmatrix}1&2&0&\vdots&3\\0&-1&1&\vdots&-2\\0&1&-1&\vdots&b\\0&-1&a&\vdots&-2\end{bmatrix}\to\begin{bmatrix}1&2&0&\vdots&3\\0&-1&1&\vdots&-2\\0&0&a-1&\vdots&0\\0&0&0&\vdots&b-2\end{bmatrix},$$

(1)当 $b\neq 2$ 时，方程组$(\boldsymbol{\alpha}_1,\boldsymbol{\alpha}_2,\boldsymbol{\alpha}_3)x=\boldsymbol{\beta}$ 无解，此时 $\boldsymbol{\beta}$ 不能由 $\boldsymbol{\alpha}_1,\boldsymbol{\alpha}_2,\boldsymbol{\alpha}_3$ 线性表出.

(2)当 $b=2,a\neq 1$ 时，方程组$(\boldsymbol{\alpha}_1,\boldsymbol{\alpha}_2,\boldsymbol{\alpha}_3)x=\boldsymbol{\beta}$ 有唯一解，即

$$\boldsymbol{x}=(x_1,x_2,x_3)^{\mathrm{T}}=(-1,2,0)^{\mathrm{T}}.$$

于是 $\boldsymbol{\beta}$ 可唯一表示为 $\boldsymbol{\beta}=-\boldsymbol{\alpha}_1+2\boldsymbol{\alpha}_2$.

当 $b=2,a=1$ 时，线性方程组$(\boldsymbol{\alpha}_1,\boldsymbol{\alpha}_2,\boldsymbol{\alpha}_3)\boldsymbol{x}=\boldsymbol{\beta}$ 有无穷多个解，即

$$\boldsymbol{x}=(x_1,x_2,x_3)^{\mathrm{T}}=k(-2,1,1)^{\mathrm{T}}+(-1,2,0)^{\mathrm{T}},k\text{ 为任意常数}.$$

16. 设向量 $\boldsymbol{\beta}$ 可由向量组 $\boldsymbol{\alpha}_1,\boldsymbol{\alpha}_2,\cdots,\boldsymbol{\alpha}_m$ 线性表示，但不能由向量组(Ⅰ)：$\boldsymbol{\alpha}_1,\boldsymbol{\alpha}_2,\cdots,\boldsymbol{\alpha}_{m-1}$ 线性表示，记向量组(Ⅱ)：$\boldsymbol{\alpha}_1,\boldsymbol{\alpha}_2,\cdots,\boldsymbol{\alpha}_{m-1},\boldsymbol{\beta}$，则________.

(A) $\boldsymbol{\alpha}_m$ 不能由(Ⅰ)线性表示，也不能由(Ⅱ)线性表示；

(B) $\boldsymbol{\alpha}_m$ 不能由(Ⅰ)线性表示，也可能由(Ⅱ)线性表示；

(C) $\boldsymbol{\alpha}_m$ 可由(Ⅰ)线性表示，也可由(Ⅱ)线性表示；

(D) $\boldsymbol{\alpha}_m$ 可由(Ⅰ)线性表示，不可由(Ⅱ)线性表示.

解 因为 $\boldsymbol{\beta}$ 可由 $\boldsymbol{\alpha}_1,\boldsymbol{\alpha}_2,\cdots,\boldsymbol{\alpha}_m$ 线性表示，故可设 $\boldsymbol{\beta}=k_1\boldsymbol{\alpha}_1+k_2\boldsymbol{\alpha}_2+\cdots+k_m\boldsymbol{\alpha}_m$.

由于 $\boldsymbol{\beta}$ 不能由 $\boldsymbol{\alpha}_1,\boldsymbol{\alpha}_2,\cdots,\boldsymbol{\alpha}_{m-1}$ 线性表示，故上述表达式中必有 $km\neq 0$. 因此

$$\boldsymbol{\alpha}_m=(\boldsymbol{\beta}-k_1\boldsymbol{\alpha}_1-k_2\boldsymbol{\alpha}_2-\cdots-k_{m-1}\boldsymbol{\alpha}_{m-1})/k_m.$$

即 $\boldsymbol{\alpha}_m$ 可由(Ⅱ)线性表示，可排除(A)、(D).

若 $\boldsymbol{\alpha}_m$ 可由(Ⅰ)线性表示，设 $\boldsymbol{\alpha}_m=l_1\boldsymbol{\alpha}_1+\cdots+l_{m-1}\boldsymbol{\alpha}_{m-1}$，则

$$\boldsymbol{\beta}=(k_1+k_ml_1)\boldsymbol{\alpha}_1+(k_2+k_ml_2)\boldsymbol{\alpha}_2+\cdots+(k_{m-1}+k_ml_{m-1})\boldsymbol{\alpha}_{m-1}.$$

与题设矛盾，选(B).

17. 已知向量组

$$\boldsymbol{\beta}_1=\begin{bmatrix}0\\1\\-1\end{bmatrix},\boldsymbol{\beta}_2=\begin{bmatrix}a\\2\\1\end{bmatrix},\boldsymbol{\beta}_3=\begin{bmatrix}b\\1\\0\end{bmatrix}\text{ 与向量 }\boldsymbol{\alpha}_1=\begin{bmatrix}1\\2\\-3\end{bmatrix},\boldsymbol{\alpha}_2=\begin{bmatrix}3\\0\\1\end{bmatrix},\boldsymbol{\alpha}_3=\begin{bmatrix}9\\6\\7\end{bmatrix}$$

具有相同的秩，且 $\boldsymbol{\beta}_3$ 可由 $\boldsymbol{\alpha}_1,\boldsymbol{\alpha}_2,\boldsymbol{\alpha}_3$ 线性表示，求 a,b 的值.

解 因 $\boldsymbol{\beta}_3$ 可由 $\boldsymbol{\alpha}_1,\boldsymbol{\alpha}_2,\boldsymbol{\alpha}_3$ 线性表示，故线性方程组

$$\begin{bmatrix}1&3&9\\2&0&6\\-3&1&-7\end{bmatrix}\begin{bmatrix}x_1\\x_2\\x_3\end{bmatrix}=\begin{bmatrix}b\\1\\0\end{bmatrix}$$

有解. 对增广矩阵施行初等行变换

$$\begin{bmatrix}1&3&9&\vdots&b\\2&0&6&\vdots&1\\-3&1&-7&\vdots&0\end{bmatrix}\to\begin{bmatrix}1&3&9&\vdots&b\\0&-6&-12&\vdots&1-2b\\0&10&20&\vdots&3b\end{bmatrix}\to\begin{bmatrix}1&3&9&\vdots&b\\0&1&2&\vdots&\frac{(2b-1)}{6}\\0&1&2&\vdots&\frac{3b}{10}\end{bmatrix}\to$$

$$\begin{bmatrix}1&3&9&\vdots&b\\0&1&2&\vdots&\frac{(2b-1)}{6}\\0&0&0&\vdots&\left(\frac{3b}{10}\right)-\frac{(2b-1)}{6}\end{bmatrix}.$$

由非齐次线性方程组相容定理知$\frac{3b}{10}-\frac{2b-1}{6}=0$，得 $b=5$.

又 $\boldsymbol{\alpha}_1$ 和 $\boldsymbol{\alpha}_2$ 线性无关，$\boldsymbol{\alpha}_3=3\boldsymbol{\alpha}_1+2\boldsymbol{\alpha}_2$，所以向量组 $\boldsymbol{\alpha}_1,\boldsymbol{\alpha}_2,\boldsymbol{\alpha}_3$ 的秩为 2.

由题设知向量组 $\boldsymbol{\beta}_1,\boldsymbol{\beta}_2,\boldsymbol{\beta}_3$ 的秩也是2，从而 $\begin{vmatrix}0&a&5\\1&2&1\\-1&1&0\end{vmatrix}=0$，$\Rightarrow a=15$.

18. 设向量组 $\boldsymbol{\alpha}_1=(a,2,10)^{\mathrm{T}}$，$\boldsymbol{\alpha}_2=(-2,1,5)^{\mathrm{T}}$，$\boldsymbol{\alpha}_3=(-1,1,4)$，$\boldsymbol{\beta}=(1,b,c)^{\mathrm{T}}$. 试问：当 a,b,c 满足什么条件时

(1) $\boldsymbol{\beta}$ 可由 $\boldsymbol{\alpha}_1,\boldsymbol{\alpha}_2,\boldsymbol{\alpha}_3$ 线性表示，且表示唯一？

(2) $\boldsymbol{\beta}$ 不能由 $\boldsymbol{\alpha}_1,\boldsymbol{\alpha}_2,\boldsymbol{\alpha}_3$ 线性表示出？

(3) $\boldsymbol{\beta}$ 可由 $\boldsymbol{\alpha}_1,\boldsymbol{\alpha}_2,\boldsymbol{\alpha}_3$ 线性表示，但表示不唯一？并求出一般表达式.

解 设 $x_1\boldsymbol{\alpha}_1+x_2\boldsymbol{\alpha}_2+x_3\boldsymbol{\alpha}_3=\boldsymbol{\beta}$，系数行列式

$$|\boldsymbol{A}|=|\boldsymbol{\alpha}_1,\boldsymbol{\alpha}_2,\boldsymbol{\alpha}_3|=\begin{vmatrix}a&-2&-1\\2&1&1\\10&5&4\end{vmatrix}=-a-4,$$

(1) 当 $a\neq-4$ 时，$|\boldsymbol{A}|\neq\boldsymbol{0}$，方程组有唯一解，即 $\boldsymbol{\beta}$ 可能由 $\boldsymbol{\alpha}_1,\boldsymbol{\alpha}_2,\boldsymbol{\alpha}_3$ 线性表出，且表示唯一.

(2) 当 $a=-4$ 时，对增广矩阵作初等行变换，有

$$\widetilde{\boldsymbol{A}}=\begin{bmatrix}-4&-2&-1&\vdots&1\\2&1&1&\vdots&b\\10&5&4&\vdots&c\end{bmatrix}\to\begin{bmatrix}2&1&1&\vdots&b\\0&0&1&\vdots&2b+1\\0&0&-1&\vdots&-5b+c\end{bmatrix}\to\begin{bmatrix}2&1&1&\vdots&b\\0&0&1&\vdots&2b+1\\0&0&0&\vdots&3b-c-1\end{bmatrix}.$$

故当 $3b-c\neq1$ 时，$r(\boldsymbol{A})=2$，$r(\widetilde{\boldsymbol{A}})=3$，方程组无解，即 $\boldsymbol{\beta}$ 不能由 $\boldsymbol{\alpha}_1,\boldsymbol{\alpha}_2,\boldsymbol{\alpha}_3$ 线性表出.

(3) 若 $a=-4$，且 $3b-c=1$，有 $r(\boldsymbol{A})=r(\widetilde{\boldsymbol{A}})=2<3$，方程组有无穷多组解，即 $\boldsymbol{\beta}$ 可由 $\boldsymbol{\alpha}_1$，$\boldsymbol{\alpha}_2,\boldsymbol{\alpha}_3$ 线性表出，且表示法不唯一. 化简增广矩阵

$$\widetilde{\boldsymbol{A}}\to\begin{bmatrix}2&1&1&\vdots&b\\0&0&1&\vdots&2b+1\\0&0&0&\vdots&0\end{bmatrix}.$$

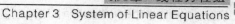

取 x_1 为自由变量. 解出 $x_1=t, x_3=2b+1, x_2=-2t-b-1$. 即

$$\boldsymbol{\beta}=t\boldsymbol{\alpha}_1-(2t+b+1)\boldsymbol{\alpha}_2+(2b+1)\boldsymbol{\alpha}_3,$$

其中 t 为任意常数.

19. 设有向量组(Ⅰ)：$\boldsymbol{\alpha}_1=(1,0,2)^{\mathrm{T}}, \boldsymbol{\alpha}_2=(1,1,3)^{\mathrm{T}}, \boldsymbol{\alpha}_3=(1,-1,a+2)^{\mathrm{T}}$ 和向量组(Ⅱ)；$\boldsymbol{\beta}_1=(1,2,a+3)^{\mathrm{T}}, \boldsymbol{\beta}_2=(2,1,a+6)^{\mathrm{T}}, \boldsymbol{\beta}_3=(2,1,a+4)^{\mathrm{T}}$. 试问：当 a 为何值时，向量组(Ⅰ)与(Ⅱ)等价？当 a 为何值时，向量组(Ⅰ)与(Ⅱ)不等价？

解 对 $(\boldsymbol{\alpha}_1,\boldsymbol{\alpha}_2,\boldsymbol{\alpha}_3 \vdots \boldsymbol{\beta}_1,\boldsymbol{\beta}_2,\boldsymbol{\beta}_3)$ 作初等行变换，有

$$(\boldsymbol{\alpha}_1,\boldsymbol{\alpha}_2,\boldsymbol{\alpha}_3 \vdots \boldsymbol{\beta}_1,\boldsymbol{\beta}_2,\boldsymbol{\beta}_3)=\left[\begin{array}{ccc:ccc}1&1&1&1&2&2\\0&1&-1&2&1&1\\2&3&a+2&a+3&a+6&a+4\end{array}\right]\to$$

$$\left[\begin{array}{ccc:ccc}1&1&1&1&2&2\\0&1&-1&2&1&1\\0&1&a&a+1&a+2&a\end{array}\right]\to$$

$$\left[\begin{array}{ccc:ccc}1&1&1&1&2&2\\0&1&-1&2&1&1\\0&0&a+1&a-1&a+1&a-1\end{array}\right].$$

(1) 当 $a\neq-1$ 时，行列式 $|\boldsymbol{\alpha}_1,\boldsymbol{\alpha}_2,\boldsymbol{\alpha}_3|=a+1\neq0$，由克莱姆法则，知三个线性方程组 $x_1\boldsymbol{\alpha}_1+x_2\boldsymbol{\alpha}_2+x_3\boldsymbol{\alpha}_3=\boldsymbol{\beta}_i(i=1,2,3)$ 均有唯一解. 所以，$\boldsymbol{\beta}_1,\boldsymbol{\beta}_2,\boldsymbol{\beta}_3$ 可由向量组(Ⅰ)线性表示

由于行列式 $|\boldsymbol{\beta}_1,\boldsymbol{\beta}_2,\boldsymbol{\beta}_3|=\begin{vmatrix}1&2&2\\2&1&1\\a+3&a+6&a+4\end{vmatrix}=\begin{vmatrix}1&2&0\\2&1&0\\a+3&a+6&-2\end{vmatrix}=6\neq0$，故对 $\forall\boldsymbol{\alpha}$，方程组 $x_1\boldsymbol{\beta}_1+x_2\boldsymbol{\beta}_2+x_3\boldsymbol{\beta}_3=\boldsymbol{\alpha}_j(j=1,2,3)$ 恒有唯一解，即 $\boldsymbol{\alpha}_1,\boldsymbol{\alpha}_2,\boldsymbol{\alpha}_3$ 总可由向量组(Ⅱ)线性表出. 因此，当 $a\neq-1$ 时，向量组(Ⅰ)与(Ⅱ)等价.

(2) 当 $a=-1$ 时，有

$$(\boldsymbol{\alpha}_1,\boldsymbol{\alpha}_2,\boldsymbol{\alpha}_3 \vdots \boldsymbol{\beta}_1,\boldsymbol{\beta}_2,\boldsymbol{\beta}_3)\to\left[\begin{array}{ccc:ccc}1&1&1&1&2&2\\0&1&-1&2&1&1\\0&0&0&-2&0&-2\end{array}\right].$$

由于秩 $r(\boldsymbol{\alpha}_1,\boldsymbol{\alpha}_2,\boldsymbol{\alpha}_3)\neq r(\boldsymbol{\alpha}_1,\boldsymbol{\alpha}_2,\boldsymbol{\alpha}_3,\boldsymbol{\beta}_1)$，线性方程组 $x_1\boldsymbol{\alpha}_1+x_2\boldsymbol{\alpha}_2+x_3\boldsymbol{\alpha}_3=\boldsymbol{\beta}_1$ 无解，故向量 $\boldsymbol{\beta}_1$ 不能由 $\boldsymbol{\alpha}_1,\boldsymbol{\alpha}_2,\boldsymbol{\alpha}_3$ 线性表示. 因此，向量组(Ⅰ)与(Ⅱ)不等价.

20. 确定常数 a，使向量组 $\boldsymbol{\alpha}_1=(1,1,a)^{\mathrm{T}}, \boldsymbol{\alpha}_2=(1,a,1)^{\mathrm{T}}, \boldsymbol{\alpha}_3=(a,1,1)^{\mathrm{T}}$ 可由向量组 $\boldsymbol{\beta}_1=(1,1,a)^{\mathrm{T}}, \boldsymbol{\beta}_2=(-2,a,4)^{\mathrm{T}}, \boldsymbol{\beta}_3=(-2,a,a)^{\mathrm{T}}$ 线性表示，但向量组 $\boldsymbol{\beta}_1,\boldsymbol{\beta}_2,\boldsymbol{\beta}_3$ 不能由向量组 $\boldsymbol{\alpha}_1,\boldsymbol{\alpha}_2,\boldsymbol{\alpha}_3$ 线性表示.

解 因 $\boldsymbol{\alpha}_1,\boldsymbol{\alpha}_2,\boldsymbol{\alpha}_3$ 可由 $\boldsymbol{\beta}_1,\boldsymbol{\beta}_2,\boldsymbol{\beta}_3$ 线性表示，则 $x_1\boldsymbol{\beta}_1+x_2\boldsymbol{\beta}_2+x_3\boldsymbol{\beta}_3=\boldsymbol{\alpha}_i(i=1,2,3)$ 均有解. 对增广矩阵作初等行变换，有

$$\left[\begin{array}{ccc:ccc}1&-2&-2&1&1&a\\1&a&a&1&a&1\\a&4&a&a&1&1\end{array}\right]\to\left[\begin{array}{ccc:ccc}1&-2&-2&1&1&a\\0&a+2&a+2&0&a-1&1-a\\a&2a+4&3a&0&1-a&1-a^2\end{array}\right]\to$$

$$\begin{bmatrix}1 & -2 & -2 & \vdots & 1 & 1 & a\\0 & a+2 & a+2 & \vdots & 0 & a-1 & 1-a\\0 & 0 & a-4 & \vdots & 0 & 3-3a & -(a-1)^2\end{bmatrix},$$

故 $a\neq 4$ 且 $a\neq -2$ 时，$\boldsymbol{\alpha}_1,\boldsymbol{\alpha}_2,\boldsymbol{\alpha}_3$ 可由 $\boldsymbol{\beta}_1,\boldsymbol{\beta}_2,\boldsymbol{\beta}_3$ 线性表示.

向量组 $\boldsymbol{\beta}_1,\boldsymbol{\beta}_2,\boldsymbol{\beta}_3$ 不能由向量组 $\boldsymbol{\alpha}_1,\boldsymbol{\alpha}_2,\boldsymbol{\alpha}_3$ 线性表示，即方程组 $x_1\boldsymbol{\alpha}_1+x_2\boldsymbol{\alpha}_2+x_3\boldsymbol{\alpha}_3=\boldsymbol{\beta}_j$ $(j=1,2,3)$无解.对增广矩阵作初等行变换，有

$$\begin{bmatrix}1 & 1 & a & \vdots & 1 & -2 & -2\\1 & a & 1 & \vdots & 1 & a & a\\a & 1 & 1 & \vdots & a & 4 & a\end{bmatrix}\to\begin{bmatrix}1 & 1 & a & \vdots & 1 & -2 & -2\\0 & a-1 & 1-a & \vdots & 0 & a+2 & a+2\\0 & 1-a & 1-a^2 & \vdots & 0 & 2a+4 & 3a\end{bmatrix}\to$$

$$\begin{bmatrix}1 & 1 & a & \vdots & 1 & -2 & -2\\0 & a-1 & 1-a & \vdots & 0 & a+2 & a+2\\0 & 0 & 2-a-a^2 & \vdots & 0 & 3a+6 & 4a+2\end{bmatrix},$$

可见 $a=1$ 或 $a=-2$ 时，$\boldsymbol{\beta}_2,\boldsymbol{\beta}_3$ 不能由 $\boldsymbol{\alpha}_1,\boldsymbol{\alpha}_2,\boldsymbol{\alpha}_3$ 线性表示.

因此 $a=1$ 时向量组 $\boldsymbol{\alpha}_1,\boldsymbol{\alpha}_2,\boldsymbol{\alpha}_3$ 可由向量组 $\boldsymbol{\beta}_1,\boldsymbol{\beta}_2,\boldsymbol{\beta}_3$ 线性表示，但 $\boldsymbol{\beta}_1,\boldsymbol{\beta}_2,\boldsymbol{\beta}_3$ 不能由 $\boldsymbol{\alpha}_1,\boldsymbol{\alpha}_2,\boldsymbol{\alpha}_3$ 线性表示.

21. 讨论向量组 $\boldsymbol{\alpha}_1=(1,1,0),\boldsymbol{\alpha}_2=(1,3,-1),\boldsymbol{\alpha}_3=(5,3,t)$的线性相关性.

解 n 个 n 维向量 $\boldsymbol{\alpha}_1,\boldsymbol{\alpha}_2,\cdots,\boldsymbol{\alpha}_n$ 线性相关的充分必要条件是行列式 $|\boldsymbol{\alpha}_1,\boldsymbol{\alpha}_2,\cdots,\boldsymbol{\alpha}_n|=0$. 因

$$\begin{vmatrix}1 & 1 & 5\\1 & 3 & 3\\0 & -1 & t\end{vmatrix}=2t-2=2(t-1),$$

故当 $t\neq 1$ 时，$\boldsymbol{\alpha}_1,\boldsymbol{\alpha}_2,\boldsymbol{\alpha}_3$ 线性无关；$t=1$ 时，$\boldsymbol{\alpha}_1,\boldsymbol{\alpha}_2,\boldsymbol{\alpha}_3$ 线性相关.

22. 设 $\boldsymbol{\alpha}_1=(1,1,1),\boldsymbol{\alpha}_2=(1,2,3),\boldsymbol{\alpha}_3=(1,3,t)$.

(1)问当 t 为何值时，向量组 $\boldsymbol{\alpha}_1,\boldsymbol{\alpha}_2,\boldsymbol{\alpha}_3$ 线性无关?

(2)问当 t 为何值时，向量组 $\boldsymbol{\alpha}_1,\boldsymbol{\alpha}_2,\boldsymbol{\alpha}_3$ 线性相关?

(3)当 $\boldsymbol{\alpha}_1,\boldsymbol{\alpha}_2,\boldsymbol{\alpha}_3$ 线性相关时，将 $\boldsymbol{\alpha}_3$ 表示为 $\boldsymbol{\alpha}_1$ 和 $\boldsymbol{\alpha}_2$ 的线性相合.

解 n 个 n 维向量 $\boldsymbol{\alpha}_1,\boldsymbol{\alpha}_2,\cdots,\boldsymbol{\alpha}_n$ 线性相关的充分必要条件是行列式 $|\boldsymbol{\alpha}_1,\boldsymbol{\alpha}_2,\cdots,\boldsymbol{\alpha}_n|=0$. 由于

$$|\boldsymbol{\alpha}_1,\boldsymbol{\alpha}_2,\boldsymbol{\alpha}_3|=\begin{vmatrix}1 & 1 & 1\\1 & 2 & 3\\0 & 3 & t\end{vmatrix}=t-5,$$

故当 $t\neq 5$ 时，向量组 $\boldsymbol{\alpha}_1,\boldsymbol{\alpha}_2,\boldsymbol{\alpha}_3$ 线性无关；$t=5$ 时，向量组 $\boldsymbol{\alpha}_1,\boldsymbol{\alpha}_2,\boldsymbol{\alpha}_3$ 线性相关.

当 $t=5$ 时，设 $x_1\boldsymbol{\alpha}_1+x_2\boldsymbol{\alpha}_2=\boldsymbol{\alpha}_3$，即$\begin{cases}x_1+x_2=1;\\x_1+2x_2=3;\\x_1+3x_2=5.\end{cases}$解得 $x_1=-1,x_2=2$. 即 $\boldsymbol{\alpha}_3=-\boldsymbol{\alpha}_1+2\boldsymbol{\alpha}_2$.

23. 设向量组 $\boldsymbol{\alpha}_1,\boldsymbol{\alpha}_2,\boldsymbol{\alpha}_3$ 线性无关，则下列向量组线性相关的是

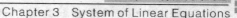

(A)$\boldsymbol{\alpha}_1-\boldsymbol{\alpha}_2,\boldsymbol{\alpha}_2-\boldsymbol{\alpha}_3,\boldsymbol{\alpha}_3-\boldsymbol{\alpha}_1$； (B)$\boldsymbol{\alpha}_1+\boldsymbol{\alpha}_2,\boldsymbol{\alpha}_2+\boldsymbol{\alpha}_3,\boldsymbol{\alpha}_3+\boldsymbol{\alpha}_1$；

(C)$\boldsymbol{\alpha}_1-2\boldsymbol{\alpha}_2,\boldsymbol{\alpha}_2-2\boldsymbol{\alpha}_3,\boldsymbol{\alpha}_3-2\boldsymbol{\alpha}_1$； (D)$\boldsymbol{\alpha}_1+2\boldsymbol{\alpha}_2,\boldsymbol{\alpha}_2+2\boldsymbol{\alpha}_3,\boldsymbol{\alpha}_3+2\boldsymbol{\alpha}_1$.

解 因为

$$(\boldsymbol{\alpha}_1-\boldsymbol{\alpha}_2)+(\boldsymbol{\alpha}_2-\boldsymbol{\alpha}_3)+(\boldsymbol{\alpha}_3-\boldsymbol{\alpha}_1)=\boldsymbol{0},$$

所以向量组 $\boldsymbol{\alpha}_1-\boldsymbol{\alpha}_2,\boldsymbol{\alpha}_2-\boldsymbol{\alpha}_3,\boldsymbol{\alpha}_3-\boldsymbol{\alpha}_1$ 线性相关，故应选(A).

至于(B)、(C)、(D)的线性无关性可以用$(\boldsymbol{\beta}_1,\boldsymbol{\beta}_2,\boldsymbol{\beta}_3)=(\boldsymbol{\alpha}_1,\boldsymbol{\alpha}_2,\boldsymbol{\alpha}_3)\boldsymbol{C}$ 的方法来处理. 例如，

$$(\boldsymbol{\alpha}_1+\boldsymbol{\alpha}_2,\boldsymbol{\alpha}_2+\boldsymbol{\alpha}_3,\boldsymbol{\alpha}_3+\boldsymbol{\alpha}_1)=(\boldsymbol{\alpha}_1,\boldsymbol{\alpha}_2,\boldsymbol{\alpha}_3)\begin{vmatrix}1&0&1\\1&1&0\\0&1&1\end{vmatrix},$$

由于 $\begin{vmatrix}1&0&1\\1&1&0\\0&1&1\end{vmatrix}=2\neq0$，故知 $\boldsymbol{\alpha}_1+\boldsymbol{\alpha}_2,\boldsymbol{\alpha}_2+\boldsymbol{\alpha}_3,\boldsymbol{\alpha}_3+\boldsymbol{\alpha}_1$ 线性无关.

24. 向量组 $\boldsymbol{\alpha}_1,\boldsymbol{\alpha}_2,\cdots,\boldsymbol{\alpha}_s$ 线性无关的充要条件是________.

(A)$\boldsymbol{\alpha}_1,\boldsymbol{\alpha}_2,\cdots,\boldsymbol{\alpha}_s$ 均不为零向量；

(B)$\boldsymbol{\alpha}_1,\boldsymbol{\alpha}_2,\cdots,\boldsymbol{\alpha}_s$ 中任意两个向量的分量不成比例；

(C)$\boldsymbol{\alpha}_1,\boldsymbol{\alpha}_2,\cdots,\boldsymbol{\alpha}_s$ 中任意一个向量均不能由其余 $s-1$ 个向量线性表示；

(D)$\boldsymbol{\alpha}_1,\boldsymbol{\alpha}_2,\cdots,\boldsymbol{\alpha}_s$ 中有一部分向量线性无关.

解 (A),(B),(D)均是必要条件，并非充分. 例如：(1,0),(0,1),(1,1)，显然有(1,0)+(0,1)−(1,1)=(0,0)，该向量组线性相关. 但(A),(B),(D)均成立.

$\boldsymbol{\alpha}_1,\boldsymbol{\alpha}_2,\cdots,\boldsymbol{\alpha}_s$ 线性相关的充分必要条件是存在某 $a_i(i=1,2,\cdots,s)$ 可以由 $\boldsymbol{\alpha}_1,\cdots,\boldsymbol{\alpha}_{i-1},\boldsymbol{\alpha}_{i+1},\cdots,\boldsymbol{\alpha}_s$ 线性表示.

$\boldsymbol{\alpha}_1,\boldsymbol{\alpha}_2,\cdots,\boldsymbol{\alpha}_s$ 线性无关的充分必要条件是对任意一个 $a_i(i=1,2,\cdots,s)$ 均不能由 $\boldsymbol{\alpha}_1,\cdots,\boldsymbol{\alpha}_{i-1},\boldsymbol{\alpha}_{i+1},\cdots,\boldsymbol{\alpha}_s$ 线性表示.

故(C)是充分必要的，应选(C).

25. 试证明 n 维列向量组 $\boldsymbol{\alpha}_1,\boldsymbol{\alpha}_2,\cdots,\boldsymbol{\alpha}_n$ 线性无关的充分必要条件是

$$D=\begin{vmatrix}\boldsymbol{\alpha}_1^{\mathrm{T}}\boldsymbol{\alpha}_1&\boldsymbol{\alpha}_1^{\mathrm{T}}\boldsymbol{\alpha}_2&\cdots&\boldsymbol{\alpha}_1^{\mathrm{T}}\boldsymbol{\alpha}_n\\\boldsymbol{\alpha}_2^{\mathrm{T}}\boldsymbol{\alpha}_1&\boldsymbol{\alpha}_2^{\mathrm{T}}\boldsymbol{\alpha}_2&\cdots&\boldsymbol{\alpha}_2^{\mathrm{T}}\boldsymbol{\alpha}_n\\\vdots&\vdots&&\vdots\\\boldsymbol{\alpha}_n^{\mathrm{T}}\boldsymbol{\alpha}_1&\boldsymbol{\alpha}_n^{\mathrm{T}}\boldsymbol{\alpha}_2&\cdots&\boldsymbol{\alpha}_n^{\mathrm{T}}\boldsymbol{\alpha}_n\end{vmatrix}$$

证 设 $\boldsymbol{A}=(\boldsymbol{\alpha}_1,\boldsymbol{\alpha}_2,\cdots,\boldsymbol{\alpha}_n)$，则 $\boldsymbol{\alpha}_1,\boldsymbol{\alpha}_2,\cdots,\boldsymbol{\alpha}_n$ 线性无关的充分必要条件是 $|\boldsymbol{A}|\neq0$. 由于

$$\boldsymbol{A}^{\mathrm{T}}\boldsymbol{A}=\begin{bmatrix}\boldsymbol{\alpha}_1^{\mathrm{T}}\\\boldsymbol{\alpha}_2^{\mathrm{T}}\\\vdots\\\boldsymbol{\alpha}_n^{\mathrm{T}}\end{bmatrix}[\boldsymbol{\alpha}_1,\boldsymbol{\alpha}_2,\boldsymbol{\alpha}_n]=\begin{bmatrix}\boldsymbol{\alpha}_1^{\mathrm{T}}\boldsymbol{\alpha}_1&\boldsymbol{\alpha}_1^{\mathrm{T}}\boldsymbol{\alpha}_2&\cdots&\boldsymbol{\alpha}_1^{\mathrm{T}}\boldsymbol{\alpha}_n\\\boldsymbol{\alpha}_2^{\mathrm{T}}\boldsymbol{\alpha}_1&\boldsymbol{\alpha}_2^{\mathrm{T}}\boldsymbol{\alpha}_2&\cdots&\boldsymbol{\alpha}_2^{\mathrm{T}}\boldsymbol{\alpha}_n\\\vdots&\vdots&&\vdots\\\boldsymbol{\alpha}_n^{\mathrm{T}}\boldsymbol{\alpha}_1&\boldsymbol{\alpha}_n^{\mathrm{T}}\boldsymbol{\alpha}_2&\cdots&\boldsymbol{\alpha}_n^{\mathrm{T}}\boldsymbol{\alpha}_n\end{bmatrix},$$

故 $D=|\boldsymbol{A}^{\mathrm{T}}\boldsymbol{A}|=|\boldsymbol{A}^{\mathrm{T}}||\boldsymbol{A}|=|\boldsymbol{A}|^2$. 即 $\boldsymbol{\alpha}_1,\boldsymbol{\alpha}_2,\cdots,\boldsymbol{\alpha}_n$ 线性无关的充分必要条件是 $D\neq 0$.

26. 设

$$\boldsymbol{A}=\begin{bmatrix}1&-1&-1\\-1&1&1\\0&-4&-2\end{bmatrix},\boldsymbol{\xi}_1=\begin{bmatrix}-1\\1\\-2\end{bmatrix}.$$

(Ⅰ)求满足 $\boldsymbol{A\xi}_2=\boldsymbol{\xi}_1,\boldsymbol{A}^2\boldsymbol{\xi}_3=\boldsymbol{\xi}_1$ 的所有向量 $\boldsymbol{\xi}_2,\boldsymbol{\xi}_3$；

(Ⅱ)对(Ⅰ)中的任意向量 $\boldsymbol{\xi}_2,\boldsymbol{\xi}_3$，证明 $\boldsymbol{\xi}_1,\boldsymbol{\xi}_2,\boldsymbol{\xi}_3$ 线性无关.

解 (Ⅰ)对于方程组 $\boldsymbol{Ax}=\boldsymbol{\xi}_1$，由增广矩阵作初等行变换，有

$$\begin{bmatrix}1&-1&-1&-1\\-1&1&1&1\\0&-4&-2&-2\end{bmatrix}\rightarrow\begin{bmatrix}1&-1&-1&-1\\0&2&1&1\\0&0&0&0\end{bmatrix},$$

得方程组通解 $x_1=t,x_1=-t,x_3=1+2t$，即 $\boldsymbol{\xi}_2=(t,-t,1+2t)^{\mathrm{T}}$，$t$ 为任意常数.

由于 $\boldsymbol{A}^2=\begin{bmatrix}2&2&0\\-2&-2&0\\4&4&0\end{bmatrix}$，对 $\boldsymbol{A}^2\boldsymbol{x}=\boldsymbol{\xi}_1$，由增广矩阵作初等行变换，有

$$\begin{bmatrix}2&2&0&1\\-2&-2&0&-1\\4&4&0&2\end{bmatrix}\rightarrow\begin{bmatrix}2&2&0&-1\\0&0&0&0\\0&0&0&0\end{bmatrix},$$

得方程组通解 $x_1=-\dfrac{1}{2}-u,x_2=u,x_3=v$，即 $\boldsymbol{\xi}_3=\left(-\dfrac{1}{2}-u,u,v\right)^{\mathrm{T}}$，$u,v$ 为任意常数。

(Ⅱ)因为行列式

$$\begin{vmatrix}-1&t&-\dfrac{1}{2}-u\\1&-t&u\\-2&1+2t&v\end{vmatrix}=\begin{vmatrix}0&0&-\dfrac{1}{2}\\1&-t&u\\-2&1+2t&v\end{vmatrix}=-\frac{1}{2}\neq 0,$$

所以对任意的 t,u,v 恒有 $|\boldsymbol{\xi}_1,\boldsymbol{\xi}_2,\boldsymbol{\xi}_3|\neq 0$，即对任意的 $\boldsymbol{\xi}_2,\boldsymbol{\xi}_3$ 恒有 $\boldsymbol{\xi}_1,\boldsymbol{\xi}_2,\boldsymbol{\xi}_3$ 线性无关.

27. 设 $\boldsymbol{\alpha}_1,\boldsymbol{\alpha}_2,\cdots,\boldsymbol{\alpha}_m$ 均为 n 维列向量，那么，下列结论正确的是________.

(A)若 $k_1\boldsymbol{\alpha}_1+k_2\boldsymbol{\alpha}_2+k_m\boldsymbol{\alpha}_m=\boldsymbol{0}$，则 $\boldsymbol{\alpha}_1,\boldsymbol{\alpha}_2,\cdots,\boldsymbol{\alpha}_m$ 线性相关；

(B)若对任意一组不全为零的数 $k_1,k_2,\cdots,k_m$，都有 $k_1\boldsymbol{\alpha}_1+k_2\boldsymbol{\alpha}_2+\cdots+k_m\boldsymbol{\alpha}_m\neq\boldsymbol{0}$ 则 $\boldsymbol{\alpha}_1,\boldsymbol{\alpha}_2,\cdots,\boldsymbol{\alpha}_m$ 线性无关；

(C)若 $\boldsymbol{\alpha}_1,\boldsymbol{\alpha}_2,\cdots,\boldsymbol{\alpha}_m$ 线性相关，则对任意一组不全为零的数 $k_1,k_2,\cdots,k_m$ 都有 $k_1\boldsymbol{\alpha}_1+k_2\boldsymbol{\alpha}_2+\cdots+k_m\boldsymbol{\alpha}_m=\boldsymbol{0}$；

(D)若 $0\boldsymbol{\alpha}_1+0\boldsymbol{\alpha}_2+\cdots+0\boldsymbol{\alpha}_m=\boldsymbol{0}$，则 $\boldsymbol{\alpha}_1,\boldsymbol{\alpha}_2,\cdots,\boldsymbol{\alpha}_m$ 线性无关.

解 按向量组线性相关的定义，选项(A)没有指明 $k_1,k_2,\cdots,k_m$ 不全为 0，故(A)不正确. 选项(C)要求任意一组不全为 0 的数，这只能 $\boldsymbol{\alpha}_i(i=1,\cdots,m)$ 全是零向量，不是线性相关定义所要求的.

对任意一组向量 $\boldsymbol{\alpha}_1,\boldsymbol{\alpha}_2,\cdots,\boldsymbol{\alpha}_m$，$0\boldsymbol{\alpha}_1+0\boldsymbol{\alpha}_2+\cdots+0\boldsymbol{\alpha}_m=\boldsymbol{0}$ 恒成立. 而 $\boldsymbol{\alpha}_1,\boldsymbol{\alpha}_2,\cdots,\boldsymbol{\alpha}_m$ 是否线性相关？就是问除去上述情况外，是否还能找到不全为 0 的一组数 $k_1,k_2,\cdots,k_m$，仍能使 $k_1\boldsymbol{\alpha}_1+k_2\boldsymbol{\alpha}_2+\cdots+k_m\boldsymbol{\alpha}_m=\boldsymbol{0}$ 成立. 若能则线性相关，若不能即只要 $k_1,k_2,\cdots,k_m$ 不全为 0，必有 $k_1\boldsymbol{\alpha}_1+k_2\boldsymbol{\alpha}_2+k_m\boldsymbol{\alpha}_m\neq\boldsymbol{0}$. 可见(B)是线性无关的定义. 而(D)没有指明仅当 $k_1=0,k_2=0,\cdots,k_m=0$ 时，$k_1\boldsymbol{\alpha}_1+k_2\boldsymbol{\alpha}_2+\cdots+k_m\boldsymbol{\alpha}_m=\boldsymbol{0}$ 成立，故(D)不正确. 所以应选(B).

28. 设 $\boldsymbol{A}$ 是 $n\times m$ 矩阵，$\boldsymbol{B}$ 是 $m\times n$ 矩阵，其中 $n<m$，$\boldsymbol{E}$ 是 n 阶单位矩阵，若 $\boldsymbol{AB}=\boldsymbol{E}$，证明 $\boldsymbol{B}$ 的列向量线性无关.

证法一 对 $\boldsymbol{B}$ 按列分块，记 $\boldsymbol{B}=(\boldsymbol{\beta}_1,\boldsymbol{\beta}_2,\cdots,\boldsymbol{\beta}_n)$，若 $k_1\boldsymbol{\beta}_1+k_2\boldsymbol{\beta}_2+\cdots+k_m\boldsymbol{\beta}_m=\boldsymbol{0}$，即 $(\boldsymbol{\beta}_1\boldsymbol{\beta}_2\cdots\boldsymbol{\beta}_n)\begin{bmatrix}k_1\\k_2\\\vdots\\k_n\end{bmatrix}=\boldsymbol{0}$，亦即 $\boldsymbol{B}\begin{bmatrix}k_1\\k_2\\\vdots\\k_n\end{bmatrix}=\boldsymbol{0}$. 两边左乘 $\boldsymbol{A}$，有 $\boldsymbol{AB}\begin{bmatrix}k_1\\\vdots\\k_n\end{bmatrix}=\boldsymbol{0}$，即 $\boldsymbol{E}\begin{bmatrix}k_1\\\vdots\\k_n\end{bmatrix}=\boldsymbol{0}$，亦即 $\begin{bmatrix}k_1\\\vdots\\k_n\end{bmatrix}=\boldsymbol{0}$. 故 $\boldsymbol{\beta}_1,\boldsymbol{\beta}_2,\cdots,\boldsymbol{\beta}_n$ 线性无关.

证法二 因为 $\boldsymbol{B}$ 是 $m\times n$ 矩阵，$n<m$，所以 $r(\boldsymbol{B})\leqslant n$. 又因 $r(\boldsymbol{B})\geqslant r(\boldsymbol{AB})=r(\boldsymbol{E})=n$，故 $r(\boldsymbol{B})=n$. 故 $\boldsymbol{\beta}_1,\boldsymbol{\beta}_2,\cdots,\boldsymbol{\beta}_n$ 线性无关.

29. 设 $\boldsymbol{A}$ 是 $m\times n$ 矩阵，$\boldsymbol{B}$ 是 $n\times m$ 矩阵，$\boldsymbol{E}$ 是 n 阶单位矩阵($m>n$). 已知 $\boldsymbol{BA}=\boldsymbol{E}$，试判断 $\boldsymbol{A}$ 的列向量组是否线性相关？为什么？

证 参看上题证明.

30. 已知向量组 $\boldsymbol{\alpha}_1,\boldsymbol{\alpha}_2,\boldsymbol{\alpha}_3,\boldsymbol{\alpha}_4$ 线性无关，则向量组________.

(A) $\boldsymbol{\alpha}_1+\boldsymbol{\alpha}_2,\boldsymbol{\alpha}_2+\boldsymbol{\alpha}_3,\boldsymbol{\alpha}_3+\boldsymbol{\alpha}_4,\boldsymbol{\alpha}_4+\boldsymbol{\alpha}_1$ 线性无关；

(B) $\boldsymbol{\alpha}_1-\boldsymbol{\alpha}_2,\boldsymbol{\alpha}_2-\boldsymbol{\alpha}_3,\boldsymbol{\alpha}_3-\boldsymbol{\alpha}_4,\boldsymbol{\alpha}_4-\boldsymbol{\alpha}_1$ 线性无关；

(C) $\boldsymbol{\alpha}_1+\boldsymbol{\alpha}_2,\boldsymbol{\alpha}_2+\boldsymbol{\alpha}_3,\boldsymbol{\alpha}_3+\boldsymbol{\alpha}_4,\boldsymbol{\alpha}_4-\boldsymbol{\alpha}_1$ 线性无关；

(D) $\boldsymbol{\alpha}_1+\boldsymbol{\alpha}_2,\boldsymbol{\alpha}_2+\boldsymbol{\alpha}_3,\boldsymbol{\alpha}_3-\boldsymbol{\alpha}_4,\boldsymbol{\alpha}_4-\boldsymbol{\alpha}_1$ 线性无关.

解 由于 $(\boldsymbol{\alpha}_1+\boldsymbol{\alpha}_2)-(\boldsymbol{\alpha}_2+\boldsymbol{\alpha}_3)+(\boldsymbol{\alpha}_3+\boldsymbol{\alpha}_4)-(\boldsymbol{\alpha}_4+\boldsymbol{\alpha}_1)=\boldsymbol{0}$，所以(A)不正确.

由于 $(\boldsymbol{\alpha}_1-\boldsymbol{\alpha}_2)+(\boldsymbol{\alpha}_2-\boldsymbol{\alpha}_3)+(\boldsymbol{\alpha}_3-\boldsymbol{\alpha}_4)+(\boldsymbol{\alpha}_4-\boldsymbol{\alpha}_1)=\boldsymbol{0}$，所以(B)不正确.

由于 $(\boldsymbol{\alpha}_1+\boldsymbol{\alpha}_2)-(\boldsymbol{\alpha}_2+\boldsymbol{\alpha}_3)+(\boldsymbol{\alpha}_3-\boldsymbol{\alpha}_4)+(\boldsymbol{\alpha}_4-\boldsymbol{\alpha}_1)=\boldsymbol{0}$，所以(D)不正确.

于是用排除法可确定选(C).

31. 设有任意两个 n 维向量组 $\boldsymbol{\alpha}_1,\cdots,\boldsymbol{\alpha}_m$ 和 $\boldsymbol{\beta}_1,\cdots,\boldsymbol{\beta}_m$，若存在两组不全为零的数 $\lambda_1,\cdots,\lambda_m$ 和 $k_1,\cdots,k_m$，使 $(\lambda_1+k_1)\boldsymbol{\alpha}_1+\cdots+(\lambda_m+k_m)\boldsymbol{\alpha}_m+(\lambda_1-k_1)\boldsymbol{\beta}_1+\cdots+(\lambda_m-k_m)\boldsymbol{\beta}_m=\boldsymbol{0}$，则________.

(A) $\boldsymbol{\alpha}_1,\cdots,\boldsymbol{\alpha}_m$ 和 $\boldsymbol{\beta}_1,\cdots,\boldsymbol{\beta}_m$ 都线性相关；

(B) $\boldsymbol{\alpha}_1,\cdots,\boldsymbol{\alpha}_m$ 和 $\boldsymbol{\beta}_1,\cdots,\boldsymbol{\beta}_m$ 都线性无关；

(C) $\boldsymbol{\alpha}_1+\boldsymbol{\beta}_1,\cdots,\boldsymbol{\alpha}_m+\boldsymbol{\beta}_m,\boldsymbol{\alpha}_1-\boldsymbol{\beta}_1,\cdots,\boldsymbol{\alpha}_m-\boldsymbol{\beta}_m$ 线性无关；

(D) $\boldsymbol{\alpha}_1+\boldsymbol{\beta}_1,\cdots,\boldsymbol{\alpha}_m+\boldsymbol{\beta}_m,\boldsymbol{\alpha}_1-\boldsymbol{\beta}_1,\cdots,\boldsymbol{\alpha}_m-\boldsymbol{\beta}_m$ 线性相关.

解 若向量组 $\gamma_1,\gamma_2,\cdots,\gamma_s$ 线性无关，则若 $x_1\gamma_1+x_2\gamma_2+\cdots+x_s\gamma_s=0$，必有 $x_1=0,x_2=0,\cdots,x_s=0$. 而 $\lambda_1,\cdots,\lambda_m$ 与 $k_1,\cdots,k_m$ 不全为零，由此推不出某向量组线无关，故应排除(B)，(C).

一般情况下，对于 $k_1\boldsymbol{\alpha}_1+\cdots+k_s\boldsymbol{\alpha}_s+l_1\boldsymbol{\beta}_1+\cdots+l_s\boldsymbol{\beta}_s=\boldsymbol{0}$，不能保证必有 $k_1\boldsymbol{\alpha}_1+\cdots+k_s\boldsymbol{\alpha}_s=$

$\mathbf{0}$ 及 $l_1\boldsymbol{\beta}_1+\cdots+l_s\boldsymbol{\beta}_s=\mathbf{0}$，故(A)不正确. 由已知条件，有

$$\lambda_1(\boldsymbol{\alpha}_1+\boldsymbol{\beta}_1)+\cdots+\lambda_m(\boldsymbol{\alpha}_m+\boldsymbol{\beta}_m)+k_1(\boldsymbol{\alpha}_1-\boldsymbol{\beta}_1)+\cdots+k_m(\boldsymbol{\alpha}_m-\boldsymbol{\beta}_m)=\mathbf{0},$$

又因 $\lambda_1,\cdots,\lambda_m,k_1,\cdots,k_m$，不全为零，从而 $\boldsymbol{\alpha}_1+\boldsymbol{\beta}_1,\cdots,\boldsymbol{\alpha}_m+\boldsymbol{\beta}_m,\boldsymbol{\alpha}_1-\boldsymbol{\beta}_1,\cdots,\boldsymbol{\alpha}_m-\boldsymbol{\beta}_m$ 线性相关. 故应选(D).

32. 设向量 $\boldsymbol{\alpha}_1,\boldsymbol{\alpha}_2,\cdots,\boldsymbol{\alpha}_t$ 是齐次方程组 $\boldsymbol{A}\boldsymbol{x}=\mathbf{0}$ 的一个基础解系，向量 $\boldsymbol{\beta}$ 不是方程组 $\boldsymbol{A}\boldsymbol{x}=\mathbf{0}$ 的解，即 $\boldsymbol{A}\boldsymbol{\beta}\neq\mathbf{0}$. 试证明：向量组 $\boldsymbol{\beta},\boldsymbol{\beta}+\boldsymbol{\alpha}_1,\boldsymbol{\beta}+\boldsymbol{\alpha}_2,\cdots,\boldsymbol{\beta}+\boldsymbol{\alpha}_t$ 线性无关.

证法一 （定义法）若有一组数 $k,k_1,k_2,\cdots,k_t$，使得

$$k\boldsymbol{\beta}+k_1(\boldsymbol{\beta}+\boldsymbol{\alpha}_1)+k_2(\boldsymbol{\beta}+\boldsymbol{\alpha}_2)+\cdots+k_t(\boldsymbol{\beta}+\boldsymbol{\alpha}_t)=\mathbf{0}, \tag{1}$$

则因 $\boldsymbol{\alpha}_1,\boldsymbol{\alpha}_2,\cdots,\boldsymbol{\alpha}_t$ 是 $\boldsymbol{A}\boldsymbol{x}=\mathbf{0}$ 的解 $\Rightarrow \boldsymbol{A}\boldsymbol{\alpha}_i=\mathbf{0}(i=1,2,\cdots,t)$，用 A 左乘上式的两边，有$(k,k_1,k_2,\cdots,k_t)\boldsymbol{A}\boldsymbol{\beta}=\mathbf{0}$. 由于 $\boldsymbol{A}\boldsymbol{\beta}\neq\mathbf{0}$，故

$$(k+k_1+k_2+\cdots+k_t)=0. \tag{2}$$

对(1)重新分组为

$$(k+k_1+\cdots+k_t)\boldsymbol{\beta}+k_1\boldsymbol{\alpha}_1+k_2\boldsymbol{\alpha}_2+\cdots+k_t\boldsymbol{\alpha}_t=\mathbf{0}. \tag{3}$$

把(2)代入(3)，得 $k_1\boldsymbol{\alpha}_1+k_2\boldsymbol{\alpha}_2+\cdots+k_t\boldsymbol{\alpha}_t=\mathbf{0}$.

由于 $\boldsymbol{\alpha}_1,\boldsymbol{\alpha}_2,\cdots,\boldsymbol{\alpha}_t$ 是基础解系，它们线性无关，故必有 $k_1=0,k_2=0,\cdots,k_t=0$. 代入(2)式得 $k=0$. 因此，向量组 $\boldsymbol{\beta},\boldsymbol{\beta}+\boldsymbol{\alpha}_1,\boldsymbol{\beta}+\boldsymbol{\alpha}_2,\cdots,\boldsymbol{\beta}+\boldsymbol{\alpha}_t$ 线性无关.

证法二 经初等变换向量组的秩不变. 把第1列的 -1 倍分别加至其余各列，有

$$(\boldsymbol{\beta},\boldsymbol{\beta}+\boldsymbol{\alpha}_1,\boldsymbol{\beta}+\boldsymbol{\alpha}_2,\cdots,\boldsymbol{\beta}+\boldsymbol{\alpha}_t)\rightarrow(\boldsymbol{\beta},\boldsymbol{\alpha}_1,\boldsymbol{\alpha}_2,\cdots,\boldsymbol{\alpha}_t).$$

因此 $r(\boldsymbol{\beta},\boldsymbol{\beta}+\boldsymbol{\alpha}_1,\cdots,\boldsymbol{\beta}+\boldsymbol{\alpha}_t)=r(\boldsymbol{\beta},\boldsymbol{\alpha}_1,\cdots,\boldsymbol{\alpha}_t)$.

由于 $\boldsymbol{\alpha}_1,\boldsymbol{\alpha}_2,\cdots,\boldsymbol{\alpha}_t$ 是基础解系，它们是线性无关的，秩 $r(\boldsymbol{\alpha}_1,\boldsymbol{\alpha}_2,\cdots,\boldsymbol{\alpha}_t)=t$，又 $\boldsymbol{\beta}$ 必不能由 $\boldsymbol{\alpha}_1,\boldsymbol{\alpha}_2,\cdots,\boldsymbol{\alpha}_t$ 线性表示（否则 $\boldsymbol{A}\boldsymbol{\beta}=\mathbf{0}$），故 $r(\boldsymbol{\alpha}_1,\boldsymbol{\alpha}_2,\cdots,\boldsymbol{\alpha}_t,\boldsymbol{\beta})=t+1$. 所以 $r(\boldsymbol{\beta},\boldsymbol{\beta}+\boldsymbol{\alpha}_1,\boldsymbol{\beta}+\boldsymbol{\alpha}_2,\cdots,\boldsymbol{\beta}+\boldsymbol{\alpha}_t)=t+1$. 即向量组 $\boldsymbol{\beta},\boldsymbol{\beta}+\boldsymbol{\alpha}_1,\boldsymbol{\beta}+\boldsymbol{\alpha}_2,\cdots,\boldsymbol{\beta}+\boldsymbol{\alpha}_t$ 线性无关.

33. 设 $\boldsymbol{\alpha}_1=\begin{bmatrix}a_1\\a_2\\a_3\end{bmatrix},\boldsymbol{\alpha}_2=\begin{bmatrix}b_1\\b_2\\b_3\end{bmatrix},\boldsymbol{\alpha}_3=\begin{bmatrix}c_1\\c_2\\c_3\end{bmatrix}$，则三条直线

$$a_1x+b_1y+c_1=0,a_2x+b_2y+c_2=0,a_3x+b_3y+c_3=0,$$

（其中 $a_i^2+b_i^2\neq0,i=1,2,3$）交于一点的充要条件是________.

(A) $\boldsymbol{\alpha}_1,\boldsymbol{\alpha}_2,\boldsymbol{\alpha}_3$ 线性相关；

(B) $\boldsymbol{\alpha}_1,\boldsymbol{\alpha}_2,\boldsymbol{\alpha}_3$ 线性无关；

(C) 秩$(\boldsymbol{\beta}_1,\boldsymbol{\alpha}_2,\boldsymbol{\alpha}_3)=$秩$(\boldsymbol{\alpha}_1,\boldsymbol{\alpha}_2)$；

(D) $\boldsymbol{\alpha}_1,\boldsymbol{\alpha}_2,\boldsymbol{\alpha}_3$ 线性相关，$\boldsymbol{\alpha}_1,\boldsymbol{\alpha}_2$ 线性无关.

解 三条直线交于一点的充要条件是方程组

$$\begin{cases}a_1x+b_1y+c_1=0;\\a_1x+b_2y+c_2=0;\\a_3x+b_3y+c_3=0.\end{cases}$$

有唯一解，亦即 $r(\boldsymbol{A})=r(\widetilde{\boldsymbol{A}})=n$. 即 $r(\boldsymbol{\alpha}_1,\boldsymbol{\alpha}_2)=r(\boldsymbol{\alpha}_1,\boldsymbol{\alpha}_2,\boldsymbol{\alpha}_3)=2$. 所以应选(D).

注意 选项(C)保证方程组有解，即三条直线有交点，但不确定交点唯一，选项(A)是必要条件，不充分. 选项(B)表示三直线没有公共交点.

34. 设向量组 $\boldsymbol{\alpha}_1,\boldsymbol{\alpha}_2,\boldsymbol{\alpha}_3$ 线性无关，则下列向量组中线性无关的是________.

(A) $\boldsymbol{\alpha}_1+\boldsymbol{\alpha}_2,\boldsymbol{\alpha}_2+\boldsymbol{\alpha}_3,\boldsymbol{\alpha}_3-\boldsymbol{\alpha}_1$；

(B) $\boldsymbol{\alpha}_1+\boldsymbol{\alpha}_2,\boldsymbol{\alpha}_2+\boldsymbol{\alpha}_3,\boldsymbol{\alpha}_1+2\boldsymbol{\alpha}_2+\boldsymbol{\alpha}_3$；

(C) $\boldsymbol{\alpha}_1+2\boldsymbol{\alpha}_2,2\boldsymbol{\alpha}_2+3\boldsymbol{\alpha}_3,3\boldsymbol{\alpha}_3+\boldsymbol{\alpha}_1$；

(D) $\boldsymbol{\alpha}_1+\boldsymbol{\alpha}_2+\boldsymbol{\alpha}_3,2\boldsymbol{\alpha}_1-3\boldsymbol{\alpha}_2+22\boldsymbol{\alpha}_3,3\boldsymbol{\alpha}_1+5\boldsymbol{\alpha}_2-5\boldsymbol{\alpha}_3$.

解 对于(A)，$(\boldsymbol{\alpha}_1+\boldsymbol{\alpha}_2)-(\boldsymbol{\alpha}_2+\boldsymbol{\alpha}_3)+(\boldsymbol{\alpha}_3-\boldsymbol{\alpha}_1)=\mathbf{0}$，(A)线性相关；

对于(B)，$(\boldsymbol{\alpha}_1+\boldsymbol{\alpha}_2)+(\boldsymbol{\alpha}_2+\boldsymbol{\alpha}_3)-(\boldsymbol{\alpha}_1+2\boldsymbol{\alpha}_2+\boldsymbol{\alpha}_3)=\mathbf{0}$，(B)线性相关.

对于(C)，简单加减得不到 $\mathbf{0}$，转为计算行列式. 由 $|\boldsymbol{C}|=\begin{vmatrix}1&0&1\\2&2&0\\0&3&3\end{vmatrix}=12\neq 0$，知应选(C).

35. 设 $\boldsymbol{A}$ 是 n 阶矩阵，若存在正整数 k，使线性方程组 $\boldsymbol{A}^k\boldsymbol{x}=\mathbf{0}$ 有解向量 $\boldsymbol{\alpha}$，且 $\boldsymbol{A}^{k-1}\boldsymbol{\alpha}\neq\mathbf{0}$. 证明向量组 $\boldsymbol{\alpha},\boldsymbol{A\alpha},\cdots,\boldsymbol{A}^{k-1}\boldsymbol{\alpha}$ 是线性无关的.

证 若 $l_1\boldsymbol{\alpha}+l_2\boldsymbol{A\alpha}+\cdots+l_k\boldsymbol{A}^{k-1}\boldsymbol{\alpha}=\mathbf{0}$，用 $\boldsymbol{A}^{k-1}$ 左乘上式，并把 $\boldsymbol{A}^k\boldsymbol{\alpha}=\mathbf{0},\boldsymbol{A}^{k+1}\boldsymbol{\alpha}=\mathbf{0},\cdots$ 代入，得 $l_1\boldsymbol{A}^{k-1}\boldsymbol{\alpha}=\mathbf{0}$.

由于 $\boldsymbol{A}^{k-1}\boldsymbol{\alpha}\neq\mathbf{0}$，故必有 $l_1=0$. 对 $l_2\boldsymbol{A\alpha}+\cdots+l_k\boldsymbol{A}^{k-1}\boldsymbol{\alpha}=\mathbf{0}$，用 $\boldsymbol{A}^{k-2}$ 左乘知必有 $l_2=0$.

归纳可得 $l_i=0(i=1,2,\cdots,k)$. 即 $\boldsymbol{\alpha},\boldsymbol{A\alpha},\cdots,\boldsymbol{A}^{k-1}\boldsymbol{\alpha}$ 线性无关.

36. 设向量组 $\boldsymbol{\alpha}_1=(a,0,c),\boldsymbol{\alpha}_2=(b,c,0),\boldsymbol{\alpha}_3=(0,a,b)$ 线性无关，则 a,b,c 必满足关系式________.

解 n 个 n 维向量 $\boldsymbol{\alpha}_1,\boldsymbol{\alpha}_2,\cdots,\boldsymbol{\alpha}_n$ 线性无关的充分必要条件是行列式 $|\boldsymbol{\alpha}_1,\boldsymbol{\alpha}_2,\cdots,\boldsymbol{\alpha}_n|\neq 0$.

$|\boldsymbol{\alpha}_1,\boldsymbol{\alpha}_2,\boldsymbol{\alpha}_3|=\begin{vmatrix}a&b&0\\0&c&a\\c&0&b\end{vmatrix}=2abc$，故应填 $abc\neq 0$.

37. 设向量组(Ⅰ)：$\boldsymbol{\alpha}_1,\boldsymbol{\alpha}_2,\cdots,\boldsymbol{\alpha}_r$ 可由向量组(Ⅱ)：$\boldsymbol{\beta}_1,\boldsymbol{\beta}_2,\cdots,\boldsymbol{\beta}_s$ 线性表示，则

(A)当 $r<s$ 时，向量组(Ⅱ)必线性相关；

(B)当 $r>s$ 时，向量组(Ⅱ)必线性相关；

(C)当 $r<s$ 时，向量组(Ⅰ)必线性相关；

(D)当 $r>s$ 时，向量组(Ⅰ)必线性相关.

解 根据定理"若 $\boldsymbol{\alpha}_1,\boldsymbol{\alpha}_2,\cdots,\boldsymbol{\alpha}_s$ 可由 $\boldsymbol{\beta}_1,\boldsymbol{\beta}_2,\cdots,\boldsymbol{\beta}_t$ 线性表示，且 $s>t$，则 $\boldsymbol{\alpha}_1,\boldsymbol{\alpha}_2,\cdots,\boldsymbol{\alpha}_s$ 必线性相关"，即若多数向量可由少数向量线性表示，则这多数向量必线性相关，故应选(D).

38. 设 $\boldsymbol{\alpha}_i=(a_{i1},a_{i2},\cdots,a_{in})^{\mathrm{T}}(i=1,2,\cdots,r;r<n)$ 是 n 维实向量，且 $\boldsymbol{\alpha}_1,\boldsymbol{\alpha}_2,\cdots,\boldsymbol{\alpha}_r$ 线性无关. 已知 $\boldsymbol{\beta}=(b_1,b_2,\cdots,b_n)^{\mathrm{T}}$ 是线性方程组

$$\begin{cases}a_{11}x_1+a_{12}x_2+\cdots+a_{1n}x_n=0;\\a_{21}x_1+a_{22}x_2+\cdots+a_{2n}x_n=0;\\\quad\vdots\qquad\vdots\qquad\qquad\vdots\\a_{r1}x_1+a_{r2}x_2+\cdots+a_{rn}x_n=0.\end{cases}$$

的非零解向量. 试判断向量组 $\boldsymbol{\alpha}_1,\boldsymbol{\alpha}_2,\cdots,\boldsymbol{\alpha}_r,\boldsymbol{\beta}$ 的线性相关性.

解 设 $k_1\boldsymbol{\alpha}_1+k_2\boldsymbol{\alpha}_2+\cdots+k_r\boldsymbol{\alpha}_r+l\boldsymbol{\beta}=\mathbf{0}$,因为 $\boldsymbol{\beta}$ 为方程组的非零解,故

$$\begin{cases}a_{11}b_1+a_{12}b_2+\cdots+a_{1n}b_n=0;\\a_{21}b_1+a_{22}b_2+\cdots+a_{2n}b_n=0;\\\quad\vdots\qquad\vdots\qquad\qquad\vdots\\a_{r1}b_1+a_{r2}b_2+\cdots+a_{rn}b_n=0.\end{cases}\tag{*}$$

即 $\boldsymbol{\beta}\neq\mathbf{0},\boldsymbol{\beta}^{\mathrm{T}}\boldsymbol{\alpha}_1=\mathbf{0},\cdots,\boldsymbol{\beta}^{\mathrm{T}}\boldsymbol{\alpha}_r=\mathbf{0}$. 用 $\boldsymbol{\beta}^{\mathrm{T}}$ 左乘(*),并把 $\boldsymbol{\beta}^{\mathrm{T}}\boldsymbol{\alpha}_i=\mathbf{0}$ 代入得 $l\boldsymbol{\beta}^{\mathrm{T}}\boldsymbol{\beta}=\mathbf{0}$.

因为 $\boldsymbol{\beta}\neq\mathbf{0}$,有 $\boldsymbol{\beta}^{\mathrm{T}}\boldsymbol{\beta}>0$,故必有 $l=0$. 从而(*)式为 $k_1\boldsymbol{\alpha}_1+k_2\boldsymbol{\alpha}_2+\cdots+k_r\boldsymbol{\alpha}_r=\mathbf{0}$,由于 $\boldsymbol{\alpha}_1,\boldsymbol{\alpha}_2,\cdots,\boldsymbol{\alpha}_r$ 线性无关,所以有 $k_1=k_2=\cdots=k_r=0$. 因此向量组 $\boldsymbol{\alpha}_1,\boldsymbol{\alpha}_2,\cdots,\boldsymbol{\alpha}_r,\boldsymbol{\beta}$ 线性无关.

39. 设向量组 $\boldsymbol{\alpha}_1,\boldsymbol{\alpha}_2,\boldsymbol{\alpha}_3$ 线性无关,向量 $\boldsymbol{\beta}_1$ 可由 $\boldsymbol{\alpha}_1,\boldsymbol{\alpha}_2,\boldsymbol{\alpha}_3$ 线性表示,而向量 $\boldsymbol{\beta}_2$ 不能由 $\boldsymbol{\alpha}_1,\boldsymbol{\alpha}_2,\boldsymbol{\alpha}_3$ 线性表示,则对于任意常数 k,必有________.

(A) $\boldsymbol{\alpha}_1,\boldsymbol{\alpha}_2,\boldsymbol{\alpha}_3,k\boldsymbol{\beta}_1+\boldsymbol{\beta}_2$ 线性无关;

(B) $\boldsymbol{\alpha}_1,\boldsymbol{\alpha}_2,\boldsymbol{\alpha}_3,k\boldsymbol{\beta}_1+\boldsymbol{\beta}_2$ 线性相关;

(C) $\boldsymbol{\alpha}_1,\boldsymbol{\alpha}_2,\boldsymbol{\alpha}_3,\boldsymbol{\beta}_1+k\boldsymbol{\beta}_2$ 线性无关;

(D) $\boldsymbol{\alpha}_1,\boldsymbol{\alpha}_2,\boldsymbol{\alpha}_3,k\boldsymbol{\beta}_1+k\boldsymbol{\beta}_2$ 线性相关.

解 如果 $\boldsymbol{\alpha}_1,\boldsymbol{\alpha}_2,\cdots,\boldsymbol{\alpha}_s$ 线性无关,$\boldsymbol{\beta}$ 不能由 $\boldsymbol{\alpha}_1,\boldsymbol{\alpha}_2,\cdots,\boldsymbol{\alpha}_s$ 线性表示,则 $\boldsymbol{\alpha}_1,\boldsymbol{\alpha}_2,\cdots,\boldsymbol{\alpha}_s,\boldsymbol{\beta}$ 线性无关. 这是因为 $\boldsymbol{\beta}$ 不能由 $\boldsymbol{\alpha}_1,\boldsymbol{\alpha}_2,\cdots,\boldsymbol{\alpha}_s$ 线性表示等价于方程组

$$x_1\boldsymbol{\alpha}_1+x_2\boldsymbol{\alpha}_2+\cdots+x_s\boldsymbol{\alpha}_s=\boldsymbol{\beta}$$

无解. 故 $r(\boldsymbol{\alpha}_1,\cdots,\boldsymbol{\alpha}_s)\neq r(\boldsymbol{\alpha}_1,\cdots,\boldsymbol{\alpha}_s,\boldsymbol{\beta})$. 由 $\boldsymbol{\alpha}_1,\cdots,\boldsymbol{\alpha}_s$ 线性无关,知 $r(\boldsymbol{\alpha}_1,\cdots,\boldsymbol{\alpha}_s)=s$. 从而 $r(\boldsymbol{\alpha}_1,\cdots,\boldsymbol{\alpha}_s,\boldsymbol{\beta})=s+1$,即 $\boldsymbol{\alpha}_1,\cdots,\boldsymbol{\alpha}_s,\boldsymbol{\beta}$ 线性无关.

因为 $\boldsymbol{\beta}_2$ 不能由 $\boldsymbol{\alpha}_1,\boldsymbol{\alpha}_2,\boldsymbol{\alpha}_3$ 线性表示,$\boldsymbol{\alpha}_1,\boldsymbol{\alpha}_2,\boldsymbol{\alpha}_3$ 线性无关,不论 k 取何值 $k\boldsymbol{\beta}_1$ 总能由 $\boldsymbol{\alpha}_1,\boldsymbol{\alpha}_2,\boldsymbol{\alpha}_3$ 线性表示,所以 $\boldsymbol{\alpha}_1,\boldsymbol{\alpha}_2,\boldsymbol{\alpha}_3,k\boldsymbol{\beta}_1+\boldsymbol{\beta}_2$ 必线性无关. 故(B)不正确,即应选(A).

而 $\boldsymbol{\alpha}_1,\boldsymbol{\alpha}_2,\boldsymbol{\alpha}_3,\boldsymbol{\beta}_1+k\boldsymbol{\beta}_2$ 当 $k=0$ 时线性相关,当 $k\neq0$ 时线性无关. 即(C),(D)均不正确.

40. 设三阶矩阵 $\boldsymbol{A}=\begin{bmatrix}1&2&-2\\2&1&2\\3&0&4\end{bmatrix}$,三维列向量 $\boldsymbol{\alpha}=(a,1,1)^{\mathrm{T}}$. 已知 $\boldsymbol{A\alpha}$ 与 $\boldsymbol{\alpha}$ 线性相关,则 $\boldsymbol{\alpha}=$________.

解 因为 $\boldsymbol{A\alpha}=\begin{bmatrix}1&2&-2\\2&1&2\\3&0&4\end{bmatrix}\begin{bmatrix}a\\1\\1\end{bmatrix}=\begin{bmatrix}a\\2a+3\\3a+4\end{bmatrix}$,那么由 $\boldsymbol{A\alpha},\boldsymbol{\alpha}$ 线性相关,有 $a/a=(2a+3)/1=(3a+4)/1,\Rightarrow a=-1$.

注意 两个向量 $\boldsymbol{\alpha},\boldsymbol{\beta}$ 线性相关 $\Leftrightarrow\boldsymbol{\alpha},\boldsymbol{\beta}$ 的坐标成比例. 三个向量 $\boldsymbol{\alpha},\boldsymbol{\beta},\boldsymbol{\gamma}$ 线性相关 $\Leftrightarrow\boldsymbol{\alpha},\boldsymbol{\beta},\boldsymbol{\gamma}$

共面.

41. 设 $\boldsymbol{\alpha}_1,\boldsymbol{\alpha}_2\cdots,\boldsymbol{\alpha}_s$ 均为 n 维向量，下列结论不正确的是________.

(A)若对于任意一组不全为零的数 $k_1,k_2\cdots,k_s$，都有 $k_1\boldsymbol{\alpha}_1+k_2\boldsymbol{\alpha}_2+\cdots+k_s\boldsymbol{\alpha}_s\neq\mathbf{0}$，则 $\boldsymbol{\alpha}_1,\boldsymbol{\alpha}_2,\cdots,\boldsymbol{\alpha}_s$ 线性无关；

(B)若 $\boldsymbol{\alpha}_1,\boldsymbol{\alpha}_2,\cdots,\boldsymbol{\alpha}_s$ 线性相关，则对于任意一组不全为零的数 $k_1,k_2\cdots,k_s$，有 $k_1\boldsymbol{\alpha}_1+k_2\boldsymbol{\alpha}_2+\cdots+k_s\boldsymbol{\alpha}_s=\mathbf{0}$；

(C) $\boldsymbol{\alpha}_1,\boldsymbol{\alpha}_2,\cdots,\boldsymbol{\alpha}_s$ 线性无关的充分必要条件是此向量组的秩为 s；

(D) $\boldsymbol{\alpha}_1,\boldsymbol{\alpha}_2,\cdots,\boldsymbol{\alpha}_s$ 线性无关的必要条件是其中任意两个向量线性无关.

解 按线性相关定义，若存在不全为零的数 $k_1,k_2\cdots,k_s$，使 $k_1\boldsymbol{\alpha}_1+k_2\boldsymbol{\alpha}_2+\cdots+k_s\boldsymbol{\alpha}_s=\mathbf{0}$，则称向量组 $\boldsymbol{\alpha}_1,\boldsymbol{\alpha}_2,\cdots,\boldsymbol{\alpha}_s$ 线性相关. 即齐次方程组 $(\boldsymbol{\alpha}_1,\boldsymbol{\alpha}_2,\cdots,\boldsymbol{\alpha}_s)[x_1,x_2,\cdots,x_s]^{\mathrm{T}}=\mathbf{0}$ 有非零解，则向量组 $\boldsymbol{\alpha}_1,\boldsymbol{\alpha}_2,\cdots,\boldsymbol{\alpha}_s$ 线性相关，而非零解就是关系式中的组合系数.

按定义不难看出(B)是错误的，因为式中的常数 $k_1,k_2,\cdots,k_s$ 不能是任意的，而应当是齐次方程组的解. 所以应选(B).

而向量组 $\boldsymbol{\alpha}_1,\boldsymbol{\alpha}_2,\cdots,\boldsymbol{\alpha}_s$ 线性无关，即齐次方程组 $(\boldsymbol{\alpha}_1,\boldsymbol{\alpha}_2,\cdots,\boldsymbol{\alpha}_s)[x_1,x_2,\cdots,x_s]^{\mathrm{T}}=\mathbf{0}$ 只有零解，亦即系数矩阵的秩 $r(\boldsymbol{\alpha}_1,\boldsymbol{\alpha}_2,\cdots,\boldsymbol{\alpha}_s)=s$. 故(C)是正确的，不应当选.

因为线性无关等价于齐次方程组只有零解，那么，若 $k_1,k_2,\cdots,k_s$ 不全为 0，则 $(k_1,k_2,\cdots,k_s)^{\mathrm{T}}$ 必不是齐次方程组的解，即必有 $k_1\boldsymbol{\alpha}_1+k_2\boldsymbol{\alpha}_2+\cdots+k_s\boldsymbol{\alpha}_s\neq\mathbf{0}$. 可知(A)是正确的，不应当选.

因为"如果 $\boldsymbol{\alpha}_1,\boldsymbol{\alpha}_2,\cdots,\boldsymbol{\alpha}_s$ 线性相关，则必有 $\boldsymbol{\alpha}_1,\cdots,\boldsymbol{\alpha}_s,\boldsymbol{\alpha}_{s+1}$ 线性相关"，所以若 $\boldsymbol{\alpha}_1,\boldsymbol{\alpha}_2,\cdots,\boldsymbol{\alpha}_s$ 中有某两个向量线性相关，则必有 $\boldsymbol{\alpha}_1,\boldsymbol{\alpha}_2,\cdots,\boldsymbol{\alpha}_s$ 线性相关. 那么 $\boldsymbol{\alpha}_1,\boldsymbol{\alpha}_2,\cdots,\boldsymbol{\alpha}_s$ 线性无关的必要条件是其任一个部分组必线性无关. 因此(D)是正确的，不应当选.

42. 设 $\boldsymbol{A},\boldsymbol{B}$ 为满足 $\boldsymbol{AB}=\boldsymbol{O}$ 的任意两个非零矩阵，则必有

(A) $\boldsymbol{A}$ 的列向量组线性相关，$\boldsymbol{B}$ 的行向量组线性相关；

(B) $\boldsymbol{A}$ 的列向量组线性相关，$\boldsymbol{B}$ 的列向量组线性相关；

(C) $\boldsymbol{A}$ 的行向量组线性相关，$\boldsymbol{B}$ 的行向量组线性相关；

(D) $\boldsymbol{A}$ 的行向量组线性相关，$\boldsymbol{B}$ 的列向量组线性相关.

解 设 $\boldsymbol{A}$ 是 $m\times n$，$\boldsymbol{B}$ 是 $n\times s$ 矩阵，且 $\boldsymbol{AB}=\boldsymbol{O}$，那么 $r(\boldsymbol{A})+r(\boldsymbol{B})\leqslant n$.

由于 $\boldsymbol{A},\boldsymbol{B}$ 均非 $\boldsymbol{O}$，故 $0<r(\boldsymbol{A})<n,0<r(\boldsymbol{B})<n$.

由 $r(\boldsymbol{A})=\boldsymbol{A}$ 的列秩，知 $\boldsymbol{A}$ 的列向量组线性相关.

由 $r(\boldsymbol{B})=\boldsymbol{B}$ 的行秩，知 $\boldsymbol{B}$ 的行向量组线性相关. 故应选(A).

43. 设行向量组 $(2,1,1,1),(2,1,a,a),(3,2,1,a),(4,3,2,1)$ 线性相关，且 $a\neq1$，则 $a=$________.

解 n 个 n 维向量线性相关 $\Leftrightarrow|\boldsymbol{\alpha}_1,\boldsymbol{\alpha}_2,\cdots,\boldsymbol{\alpha}_n|=0$. 根据题设有

$$\begin{vmatrix}2&2&3&4\\1&1&2&3\\1&a&1&2\\1&a&a&1\end{vmatrix}=\begin{vmatrix}0&0&-1&-2\\1&1&2&3\\1&a&1&2\\0&0&a-1&-1\end{vmatrix}=\begin{vmatrix}1&a&1&2\\1&1&2&3\\0&0&1&2\\0&0&a-1&-1\end{vmatrix}$$

$$=(1-a)(1-2a)=0,$$

由于题设规定 $a\neq1$，所以 $b=1,c=2$.

44. 已知向量组 $\boldsymbol{\alpha}_1=(1,2,3,4)$，$\boldsymbol{\alpha}_2=(2,3,4,5)$，$\boldsymbol{\alpha}_3=(3,4,5,6)$，$\boldsymbol{\alpha}_4=(4,5,6,7,)$，则该向量组的秩是________.

解 经初等变换向量组的秩不变. 由

$$\boldsymbol{A}=\begin{bmatrix}\boldsymbol{\alpha}_1\\\boldsymbol{\alpha}_2\\\boldsymbol{\alpha}_3\\\boldsymbol{\alpha}_4\end{bmatrix}=\begin{bmatrix}1&2&3&4\\2&3&4&5\\3&4&5&6\\4&5&6&7\end{bmatrix}\to\begin{bmatrix}1&2&3&4\\0&-1&-2&-3\\0&-2&-4&-6\\0&-3&-6&-9\end{bmatrix}\to\begin{bmatrix}1&2&3&4\\0&1&2&3\\0&0&0&0\\0&0&0&0\end{bmatrix},$$

知 $r(\boldsymbol{\alpha}_1,\boldsymbol{\alpha}_2,\boldsymbol{\alpha}_3,\boldsymbol{\alpha}_4)=r(\boldsymbol{A})=2$.

45. 设有向量组 $\boldsymbol{\alpha}_1=(1,-1,2,4)$，$\boldsymbol{\alpha}_2=(0,3,1,2)$，$\boldsymbol{\alpha}_3=(3,0,7,14)$，$\boldsymbol{\alpha}_4=(1,-2,2,0)$，$\boldsymbol{\alpha}_5=(2,1,5,10)$，则该向量组的极大线性无关组是________.

(A) $\boldsymbol{\alpha}_1,\boldsymbol{\alpha}_2,\boldsymbol{\alpha}_3$；　(B) $\boldsymbol{\alpha}_1,\boldsymbol{\alpha}_2,\boldsymbol{\alpha}_4$；　(C) $\boldsymbol{\alpha}_1,\boldsymbol{\alpha}_2,\boldsymbol{\alpha}_5$；　(D) $\boldsymbol{\alpha}_1,\boldsymbol{\alpha}_2,\boldsymbol{\alpha}_4,\boldsymbol{\alpha}_5$.

解 由
$$\begin{bmatrix}1&-1&2&4\\0&3&1&2\\3&0&7&14\\1&-2&2&0\\2&1&5&10\end{bmatrix}\to\begin{bmatrix}1&-1&2&4\\0&3&1&2\\0&3&1&2\\0&-1&0&-4\\0&3&1&2\end{bmatrix}\to\begin{bmatrix}1&-1&2&4\\0&3&1&2\\0&0&0&0\\0&-1&0&-4\\0&0&0&0\end{bmatrix}\begin{matrix}\boldsymbol{\alpha}_1\\\boldsymbol{\alpha}_2\\\boldsymbol{\alpha}_3-3\boldsymbol{\alpha}_1-\boldsymbol{\alpha}_2\\\boldsymbol{\alpha}_4-\boldsymbol{\alpha}_1\\\boldsymbol{\alpha}_5-2\boldsymbol{\alpha}_1-\boldsymbol{\alpha}_2\end{matrix}$$

知秩为 3，极大线性无关组是 $\boldsymbol{\alpha}_1,\boldsymbol{\alpha}_2,\boldsymbol{\alpha}_4$. 或用列向量作行变换，有

$$\begin{bmatrix}1&0&3&1&2\\-1&3&0&-2&1\\2&1&7&2&5\\4&2&14&0&10\end{bmatrix}\to\begin{bmatrix}1&0&3&1&2\\0&3&3&-1&3\\0&1&1&0&1\\0&2&2&-4&2\end{bmatrix}\to$$
$$\begin{bmatrix}1&0&3&1&2\\0&1&1&0&1\\0&3&3&-1&3\\0&2&2&-4&2\end{bmatrix}\to\begin{bmatrix}1&0&3&1&2\\0&1&1&0&1\\0&0&0&1&0\\0&0&0&0&0\end{bmatrix},$$

每行第 1 个非 0 数在第 1,2,4 列，故是极大线性无关组. 因此应选(B).

46. 已知向量组(Ⅰ)：$\boldsymbol{\alpha}_1,\boldsymbol{\alpha}_2,\boldsymbol{\alpha}_3$；(Ⅱ)：$\boldsymbol{\alpha}_1,\boldsymbol{\alpha}_2,\boldsymbol{\alpha}_3,\boldsymbol{\alpha}_4$；(Ⅲ)：$\boldsymbol{\alpha}_1,\boldsymbol{\alpha}_2,\boldsymbol{\alpha}_3,\boldsymbol{\alpha}_5$. 如果各向量组的秩分别为 r(Ⅰ)$=r$(Ⅱ)$=3$，r(Ⅲ)$=4$. 证明向量组 $\boldsymbol{\alpha}_1,\boldsymbol{\alpha}_2,\boldsymbol{\alpha}_3,\boldsymbol{\alpha}_5-\boldsymbol{\alpha}_4$ 的秩为 4.

证 因为 r(Ⅰ)$=r$(Ⅱ)$=3$，所以 $\boldsymbol{\alpha}_1,\boldsymbol{\alpha}_2,\boldsymbol{\alpha}_3$ 线性无关，而 $\boldsymbol{\alpha}_1,\boldsymbol{\alpha}_2,\boldsymbol{\alpha}_3,\boldsymbol{\alpha}_4$ 线性相关，因此 $\boldsymbol{\alpha}_4$ 可由 $\boldsymbol{\alpha}_1,\boldsymbol{\alpha}_2,\boldsymbol{\alpha}_3$ 线性表出，设为 $\boldsymbol{\alpha}_4=l_1\boldsymbol{\alpha}_1+l_2\boldsymbol{\alpha}_2+l_3\boldsymbol{\alpha}_3$.

若 $k_1\boldsymbol{\alpha}_1+k_2\boldsymbol{\alpha}_2+k_3\boldsymbol{\alpha}_3+k_4(\boldsymbol{\alpha}_5-\boldsymbol{\alpha}_4)=\boldsymbol{0}$，即

$$(k_1-l_1k_4)\boldsymbol{\alpha}_1+(k_2-l_2k_4)\boldsymbol{\alpha}_2+(k_3-l_3k_4)\boldsymbol{\alpha}_3+k_4\boldsymbol{\alpha}_5=\boldsymbol{0},$$

由于 r(Ⅲ)$=4$，即 $\boldsymbol{\alpha}_1,\boldsymbol{\alpha}_2,\boldsymbol{\alpha}_3,\boldsymbol{\alpha}_5$ 线性无关. 故必有

$$\begin{cases} k_1 - l_1 k_4 = 0; \\ k_2 - l_2 k_4 = 0; \\ k_3 - l_3 k_4 = 0; \\ \qquad\quad k_4 = 0. \end{cases}$$

解出 $k_4=0, k_3=0, k_2=0, k_1=0$. 于是 $\boldsymbol{\alpha}_1, \boldsymbol{\alpha}_2, \boldsymbol{\alpha}_3, \boldsymbol{\alpha}_5-\boldsymbol{\alpha}_4$ 线性无关. 即其秩为 4.

47. 已知向量组 $\boldsymbol{\alpha}_1=(1,2,-1,1), \boldsymbol{\alpha}_2=(2,0,t,0), \boldsymbol{\alpha}_3=(0,-4,5,-2)$ 的秩为 2,则 t = ________.

解 经初等变换向量组的秩不变,由

$$\begin{bmatrix} 1 & 2 & -1 & 1 \\ 2 & 0 & t & 0 \\ 0 & -4 & 5 & -2 \end{bmatrix} \to \begin{bmatrix} 1 & 2 & -1 & 1 \\ 0 & -4 & t+2 & -2 \\ 0 & -4 & 5 & -2 \end{bmatrix} \to \begin{bmatrix} 1 & 2 & -1 & 1 \\ 0 & -4 & t+2 & -2 \\ 0 & 0 & 3-t & 0 \end{bmatrix}$$

知 $t=3$.

48. 设向量组 $\boldsymbol{\alpha}_1=(1,1,1,3)^{\mathrm{T}}, \boldsymbol{\alpha}_2=(-1,-3,5,1)^{\mathrm{T}}, \boldsymbol{\alpha}_3=(3,2,-1,p+2)^{\mathrm{T}}, \boldsymbol{\alpha}_4=(-2,-6,10,p)^{\mathrm{T}}$.

(1) p 为何值时,该向量组线性无关? 并在此时将向量 $\boldsymbol{\alpha}=(4,1,6,10)^{\mathrm{T}}$ 用 $\boldsymbol{\alpha}_1, \boldsymbol{\alpha}_2, \boldsymbol{\alpha}_3, \boldsymbol{\alpha}_4$ 线性表出.

(2) p 为何值时,该向量组线性相关? 并在此时求出它的秩和一个极大线性无关组.

解 对矩阵 $[\boldsymbol{\alpha}_1 \boldsymbol{\alpha}_2 \boldsymbol{\alpha}_3 \boldsymbol{\alpha}_4 \vdots \boldsymbol{\alpha}]$ 作初等行变换

$$\left[\begin{array}{cccc:c} 1 & -1 & 3 & -2 & 4 \\ 1 & -3 & 2 & -6 & 1 \\ 1 & 5 & -1 & 10 & 6 \\ 3 & 1 & p+2 & p & 10 \end{array}\right] \to \left[\begin{array}{cccc:c} 1 & -1 & 3 & -2 & 4 \\ 0 & -2 & -1 & -4 & -3 \\ 0 & 6 & -4 & 12 & 2 \\ 0 & 4 & p-7 & p+6 & -2 \end{array}\right] \to$$

$$\left[\begin{array}{cccc:c} 1 & -1 & 3 & -2 & 4 \\ 0 & -2 & -1 & -4 & -3 \\ 0 & 0 & -7 & 0 & -7 \\ 0 & 0 & p-9 & p-2 & -8 \end{array}\right] \to \left[\begin{array}{cccc:c} 1 & -1 & 3 & -2 & 4 \\ 0 & -2 & -1 & -4 & -3 \\ 0 & 0 & 1 & 0 & 1 \\ 0 & 0 & 0 & p-2 & 1-p \end{array}\right].$$

(1) 当 $p \neq 2$ 时,向量组 $\boldsymbol{\alpha}_1, \boldsymbol{\alpha}_2, \boldsymbol{\alpha}_3, \boldsymbol{\alpha}_4$ 线性无关. 由 $\boldsymbol{\alpha}=x_1\boldsymbol{\alpha}_1+x_2\boldsymbol{\alpha}_2+x_3\boldsymbol{\alpha}_3+x_4\boldsymbol{\alpha}_4$,解得

$$x_1=2, x_2=\frac{3p-4}{p-2}, x_3=1, x_4=\frac{1-p}{p-2}.$$

(2) 当 $p=2$ 时,向量组 $\boldsymbol{\alpha}_1, \boldsymbol{\alpha}_2, \boldsymbol{\alpha}_3, \boldsymbol{\alpha}_4$ 线性相关. 此时,向量组的秩等于 3. $\boldsymbol{\alpha}_1, \boldsymbol{\alpha}_2, \boldsymbol{\alpha}_3$(或 $\boldsymbol{\alpha}_1, \boldsymbol{\alpha}_3, \boldsymbol{\alpha}_4$)为其一个极大线性无关组.

注意 列向量作行变换 $\boldsymbol{A}=(\boldsymbol{\alpha}_1, \boldsymbol{\alpha}_2, \boldsymbol{\alpha}_2, \boldsymbol{\alpha}_4) \to \boldsymbol{B}=(\boldsymbol{\beta}_1, \boldsymbol{\beta}_2, \boldsymbol{\beta}_3, \boldsymbol{\beta}_4)$,那么在阶梯形矩阵 $\boldsymbol{B}$ 中,每行第一个非 0 的数所在的列对应的就是 $\boldsymbol{\alpha}_1, \boldsymbol{\alpha}_2, \boldsymbol{\alpha}_3, \boldsymbol{\alpha}_4$ 的一个极大线性无关组. 即若 $\boldsymbol{\beta}_1, \boldsymbol{\beta}_2, \boldsymbol{\beta}_3$ 是 $\boldsymbol{\beta}_1, \boldsymbol{\beta}_2, \boldsymbol{\beta}_3, \boldsymbol{\beta}_4$ 的极大线性无关组,则 $\boldsymbol{\alpha}_1, \boldsymbol{\alpha}_2, \boldsymbol{\alpha}_3$ 是 $\boldsymbol{\alpha}_1, \boldsymbol{\alpha}_2, \boldsymbol{\alpha}_3, \boldsymbol{\alpha}_4$ 的极大线性无关组.

49. 已知 R^3 的两个基为

$$\boldsymbol{\alpha}_1=\begin{bmatrix}1\\1\\1\end{bmatrix},\boldsymbol{\alpha}_2=\begin{bmatrix}1\\0\\-1\end{bmatrix},\boldsymbol{\alpha}_3=\begin{bmatrix}1\\0\\1\end{bmatrix}\text{与}\boldsymbol{\beta}_1=\begin{bmatrix}1\\2\\1\end{bmatrix},\boldsymbol{\beta}_2=\begin{bmatrix}2\\3\\4\end{bmatrix},\boldsymbol{\beta}_3=\begin{bmatrix}3\\4\\3\end{bmatrix}.$$

求由基 $\boldsymbol{\alpha}_1,\boldsymbol{\alpha}_2,\boldsymbol{\alpha}_3$ 到基 $\boldsymbol{\beta}_1,\boldsymbol{\beta}_2,\boldsymbol{\beta}_3$ 的过渡矩阵.

解 设由基 $\boldsymbol{\alpha}_1,\boldsymbol{\alpha}_2,\boldsymbol{\alpha}_3$ 到基 $\boldsymbol{\beta}_1,\boldsymbol{\beta}_2,\boldsymbol{\beta}_3$ 的过渡矩阵为 $\boldsymbol{C}$,则

$$(\boldsymbol{\beta}_1,\boldsymbol{\beta}_2,\boldsymbol{\beta}_3)=(\boldsymbol{\alpha}_1,\boldsymbol{\alpha}_2,\boldsymbol{\alpha}_3)\boldsymbol{C}.\text{ 故 }\boldsymbol{C}=(\boldsymbol{\alpha}_1,\boldsymbol{\alpha}_2,\boldsymbol{\alpha}_3)^{-1}(\boldsymbol{\beta}_1,\boldsymbol{\beta}_2,\boldsymbol{\beta}_3).$$

因$(\boldsymbol{\alpha}_1,\boldsymbol{\alpha}_2,\boldsymbol{\alpha}_3)^{-1}=\begin{bmatrix}1&1&1\\1&0&0\\1&-1&1\end{bmatrix}^{-1}=\begin{bmatrix}0&1&0\\1/2&0&-1/2\\1/2&-1&1/2\end{bmatrix}$,于是

$$\boldsymbol{C}=\begin{bmatrix}0&1&0\\1/2&0&-1/2\\1/2&-1&1/2\end{bmatrix}\begin{bmatrix}1&2&3\\2&3&4\\1&4&3\end{bmatrix}=\begin{bmatrix}2&3&4\\0&-1&0\\-1&0&-1\end{bmatrix}.$$

50. 从 $\boldsymbol{R}^2$ 的基 $\boldsymbol{\alpha}_1=\begin{bmatrix}1\\0\end{bmatrix},\boldsymbol{\alpha}_2=\begin{bmatrix}1\\-1\end{bmatrix}$到基 $\boldsymbol{\beta}_1=\begin{bmatrix}1\\0\end{bmatrix},\boldsymbol{\beta}_2=\begin{bmatrix}1\\2\end{bmatrix}$的过渡矩阵为________.

解 设由基 $\boldsymbol{\alpha}_1,\boldsymbol{\alpha}_2$ 到基 $\boldsymbol{\beta}_1,\boldsymbol{\beta}_2$ 的过渡矩阵为 $\boldsymbol{C}$,即$(\boldsymbol{\beta}_1,\boldsymbol{\beta}_2)=(\boldsymbol{\alpha}_1,\boldsymbol{\alpha}_2)\boldsymbol{C}$,所以

$$\boldsymbol{C}=(\boldsymbol{\alpha}_1,\boldsymbol{\alpha}_2)^{-1}(\boldsymbol{\beta}_1,\boldsymbol{\beta}_2).$$

因$(\boldsymbol{\alpha}_1,\boldsymbol{\alpha}_2)^{-1}=\begin{bmatrix}1&1\\0&-1\end{bmatrix}^{-1}=\begin{bmatrix}1&1\\0&-1\end{bmatrix}$. 于是 $\boldsymbol{C}=\begin{bmatrix}1&1\\0&-1\end{bmatrix}\begin{bmatrix}1&1\\0&2\end{bmatrix}=\begin{bmatrix}1&3\\0&-2\end{bmatrix}$.

51. 设线性方程组

$$\begin{cases}x_1+a_1x_2+a_1^2x_3=a_1^3;\\x_1+a_2x_2+a_2^2x_3=a_2^3;\\x_1+a_3x_2+a_3^2x_3=a_3^3;\\x_1+a_4x_2+a_4^2x_3=a_4^3.\end{cases}$$

(1)证明若 a_1,a_2,a_3,a_4 两两不相等,则此线性方程组无解.

(2)设 $a_1=a_3=k,a_2=a_4=-k(k\neq 0)$,且已知 $\boldsymbol{\beta}_1,\boldsymbol{\beta}_2$ 是该方程组的两个解,其中

$$\boldsymbol{\beta}_1=\begin{bmatrix}-1\\1\\1\end{bmatrix},\boldsymbol{\beta}_2=\begin{bmatrix}1\\1\\-1\end{bmatrix},$$

写出此方程组的通解.

解 因为增广矩阵 $\widetilde{\boldsymbol{A}}$ 的行列式是范德蒙行列式,

$$|\widetilde{\boldsymbol{A}}|=(a_2-a_1)(a_3-a_1)(a_4-a_1)(a_3-a_2)(a_4-a_2)(a_4-a_3)\neq 0,$$

故 $r(\widetilde{\boldsymbol{A}})=4$. 而系数矩阵 $\boldsymbol{A}$ 的秩 $r(\boldsymbol{A})=3$,所以方程组无解.

当 $a_1=a_3=k, a_2=a_4=-k(k\neq 0)$ 时，方程组同解于

$$\begin{cases}x_1+kx_2+k^2x_3=k^3;\\ x_1-kx_2+k^2x_3=-k^3.\end{cases}$$

因为 $\begin{vmatrix}1 & k\\ 1 & -k\end{vmatrix}=-2k\neq 0$，知 $r(\mathbf{A})=r(\widetilde{\mathbf{A}})=2$. 由 $n-r(\mathbf{A})=3-2=1$，知导出组 $\mathbf{A}\boldsymbol{x}=\mathbf{0}$ 的基础解系含有 1 个解向量，故

$$\boldsymbol{\eta}=\boldsymbol{\beta}_1-\boldsymbol{\beta}_2=\begin{bmatrix}-1\\1\\1\end{bmatrix}-\begin{bmatrix}1\\1\\-1\end{bmatrix}=\begin{bmatrix}-2\\0\\2\end{bmatrix}$$

是 $\mathbf{A}\boldsymbol{x}=\mathbf{0}$ 的基础解系. 于是方程组的通解为

$$\boldsymbol{\beta}_1+k\boldsymbol{\eta}=\begin{bmatrix}-1\\1\\1\end{bmatrix}+k\begin{bmatrix}-2\\0\\2\end{bmatrix}, \quad (k \text{ 为任意常数}).$$

52. 已知线性方程组

$$\begin{cases}x_1+x_2+2x_3+3x_4=1;\\ x_1+3x_2+6x_3+x_4=3;\\ 3x_1-x_2-k_1x_3+15x_4=3;\\ x_1-5x_2-10x_3+12x_4=k_2.\end{cases}$$

问 k_1 和 k_2 各取何值时，方程组无解？有唯一解？有无穷多解？在方程组有无穷多解的情况下，试求一般解.

解 $\widetilde{\mathbf{A}}\xrightarrow[\text{行变换}]{\text{经初等}}\begin{bmatrix}1 & 1 & 2 & 3 & 1\\ 0 & 1 & 2 & -1 & 1\\ 0 & 0 & 2-k_1 & 2 & 4\\ 0 & 0 & 0 & 3 & k_2+5\end{bmatrix}=\widetilde{\mathbf{A}}_1$

(1) 当 $k_1\neq 2$ 时，$r(\mathbf{A})=r(\widetilde{\mathbf{A}})=4$，方程组有唯一解；

(2) 当 $k_1=2$ 时，对 $\widetilde{\mathbf{A}}_1$ 继续进行初等行变换，得

$$\widetilde{\mathbf{A}}_1\rightarrow\begin{bmatrix}1 & 1 & 2 & 3 & 1\\ 0 & 1 & 2 & -1 & 1\\ 0 & 0 & 0 & 1 & 2\\ 0 & 0 & 0 & 0 & k_2-1\end{bmatrix}=\widetilde{\mathbf{A}}_2.$$

(a) 若 $k_1=2$ 且 $k_2\neq 1$，则 $r(\mathbf{A})=3, r(\widetilde{\mathbf{A}})=4, r(\mathbf{A})\neq r(\widetilde{\mathbf{A}})$，方程组无解.

(b) 若 $k_1=2$ 且 $k_2=1$，经初等行变换，得

$$\widetilde{\mathbf{A}}_2\rightarrow\begin{bmatrix}1 & 0 & 0 & 0 & -8\\ 0 & 1 & 2 & 0 & 3\\ 0 & 0 & 0 & 1 & 2\\ 0 & 0 & 0 & 0 & 0\end{bmatrix},$$

其基础解系为 $\boldsymbol{\alpha}_1=[0,-2,1,0]^{\mathrm{T}}$，特解 $\boldsymbol{\eta}_0=[-8,3,0,2]^{\mathrm{T}}$. 一般解为

$$\boldsymbol{\eta}=k\boldsymbol{\alpha}_1+\boldsymbol{\eta}_0 \ (k \text{ 为任意常数}).$$

53. 设

$$\boldsymbol{A}=\begin{bmatrix}1&1&1&\cdots&1\\a_1&a_2&a_3&\cdots&a_n\\a_1^2&a_2^2&a_3^2&\cdots&a_n^2\\\vdots&\vdots&\vdots&&\vdots\\a_1^{n-1}&a_2^{n-1}&a_3^{n-1}&\cdots&a_n^{n-1}\end{bmatrix},\boldsymbol{x}=\begin{bmatrix}x_1\\x_2\\x_3\\\vdots\\x_n\end{bmatrix},\boldsymbol{b}=\begin{bmatrix}1\\1\\1\\\vdots\\1\end{bmatrix},$$

其中 $a_i\neq a_j(i\neq j,i,j=1,2,\cdots,n)$. 则线性方程 $\boldsymbol{A}^{\mathrm{T}}\boldsymbol{x}=\boldsymbol{b}$ 的解是________.

解 因为 $|\boldsymbol{A}|$ 是范德蒙行列式，由 $a_i\neq a_j$ 知 $|\boldsymbol{A}|=\prod(a_i-a_j)\neq 0$. 所以方程组 $\boldsymbol{A}^{\mathrm{T}}\boldsymbol{x}=\boldsymbol{b}$ 有唯一解.

根据克莱姆法则，对于

$$\begin{bmatrix}1&a_1&a_1^2&\cdots&a_1^{n-1}\\1&a_2&a_2^2&\cdots&a_2^{n-1}\\1&a_3&a_3^2&\cdots&a_3^{n-1}\\\vdots&\vdots&\vdots&&\vdots\\1&a_n&a_n^2&\cdots&a_n^{n-1}\end{bmatrix}\begin{bmatrix}x_1\\x_2\\x_3\\\vdots\\x_n\end{bmatrix}=\begin{bmatrix}1\\1\\1\\\vdots\\1\end{bmatrix},$$

$D=|\boldsymbol{A}|,D_1=|\boldsymbol{A}|,D_2=D_3=\cdots=D_n=0$. 故 $\boldsymbol{A}^{\mathrm{T}}\boldsymbol{x}=\boldsymbol{b}$ 的解是 $(1,0,0,\cdots,0)^{\mathrm{T}}$.

54. 已知下列非齐次线性方程组(Ⅰ)，(Ⅱ)：

$$(\text{Ⅰ})\begin{cases}x_1+x_2-2x_4=-6,\\4x_1-x_2-x_3-x_4=1,\\3x_1-x_2-x_3=3;\end{cases}\quad(\text{Ⅱ})\begin{cases}x_1+mx_2-x_3-x_4=-5,\\nx_2-x_3-2x_4=-11,\\x_3-2x_4=-t+1.\end{cases}$$

(1) 求解方程组(Ⅰ)，用其导出组的基础解系表示通解.

(2) 当方程组中的参数 m,n,t 为何值时，方程组(Ⅰ)与(Ⅱ)同解.

解 (1) 对方程组(Ⅰ)的增广矩阵作初等行变换，有

$$\widetilde{\boldsymbol{A}}_1=\left[\begin{array}{cccc:c}1&1&0&-2&-6\\4&-1&-1&-1&1\\3&-1&-1&0&3\end{array}\right]\to\left[\begin{array}{cccc:c}1&1&0&-2&-6\\&-5&-1&7&25\\&-4&-1&6&21\end{array}\right]\to$$

$$\left[\begin{array}{cccc:c}1&1&0&-2&-6\\0&-1&0&1&4\\0&-4&-1&6&21\end{array}\right]\to\left[\begin{array}{cccc:c}1&1&0&-2&-6\\0&1&0&-1&-4\\0&0&-1&2&5\end{array}\right].$$

由于 $r(\boldsymbol{A}_1)=r(\widetilde{\boldsymbol{A}}_1)=3<4$，则方程组(Ⅰ)有无穷多解.

令 $x_4=0$，得方程组(Ⅰ)的特解为 $(-2,-4,-5,0)^{\mathrm{T}}$；

令 $x_4=1$，得方程组(Ⅰ)的导出组的基础解系为 $(1,1,2,1)^{\mathrm{T}}$.

故方程组(Ⅰ)的通解为 $(-2,-4,-5,0)^{\mathrm{T}}+k(1,1,2,1)^{\mathrm{T}}$，其中 k 为任意常数.

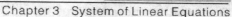

(2)把方程组(Ⅰ)的通解 $x_1=-2+k, x_2=-4+k, x_3=-5+2k, x_4=k$ 代入到方程组(Ⅱ)中,整理有

$$\begin{cases}(m-2)(k-4)=0;\\(n-4)(k-4)=0;\\t=6.\end{cases}$$

因为 k 是任意常数,故 $m=2, n=4, t=6$. 此时方程组(Ⅰ)的解全是方程组(Ⅱ)的解.

由于 $r(\boldsymbol{A}_1)=r(\widetilde{\boldsymbol{A}_1})=3$,当 $n=4$ 时,$r(\boldsymbol{A}_2)=r(\widetilde{\boldsymbol{A}_2})=3$. 所以 r((Ⅰ)的解)$=r$((Ⅱ)的解)$=r$((Ⅰ)的解,(Ⅱ)的解). 因此,(Ⅱ)的解也必是(Ⅰ)的解,从而(Ⅰ)与(Ⅱ)同解.

55. 设 $\boldsymbol{\alpha}=\begin{bmatrix}1\\2\\1\end{bmatrix}, \boldsymbol{\beta}=\begin{bmatrix}1\\1/2\\0\end{bmatrix}, \boldsymbol{\gamma}=\begin{bmatrix}0\\0\\8\end{bmatrix}, \boldsymbol{A}=\boldsymbol{\alpha\beta}^{\mathrm{T}}, \boldsymbol{B}=\boldsymbol{\beta}^{\mathrm{T}}\boldsymbol{\alpha}$,其中 $\boldsymbol{\beta}^{\mathrm{T}}$ 是 $\boldsymbol{\beta}$ 的转置,求解方程 $2\boldsymbol{B}^2\boldsymbol{A}^2\boldsymbol{x}=\boldsymbol{A}^4\boldsymbol{x}+\boldsymbol{B}^4\boldsymbol{x}+\boldsymbol{\gamma}$.

解 由已知,得

$$\boldsymbol{A}=\begin{bmatrix}1\\2\\1\end{bmatrix}\begin{bmatrix}1 & \frac{1}{2} & 0\end{bmatrix}=\begin{bmatrix}1 & 1/2 & 0\\2 & 1 & 0\\1 & 1/2 & 0\end{bmatrix}, \boldsymbol{B}=\begin{pmatrix}1 & \frac{1}{2} & 0\end{pmatrix}\begin{bmatrix}1\\2\\1\end{bmatrix}=2.$$

又 $\boldsymbol{A}^2=\boldsymbol{\alpha\beta}^{\mathrm{T}}\boldsymbol{\alpha\beta}^{\mathrm{T}}=\boldsymbol{\alpha}(\boldsymbol{\beta}^{\mathrm{T}}\boldsymbol{\alpha})\boldsymbol{\beta}^{\mathrm{T}}=2\boldsymbol{A}$,递推得 $\boldsymbol{A}^4=2^3\boldsymbol{A}$. 代入原方程,得 $16\boldsymbol{Ax}=8\boldsymbol{Ax}+16\boldsymbol{x}+\boldsymbol{\gamma}$. 即 $8(\boldsymbol{Ax}-2\boldsymbol{E})\boldsymbol{x}=\boldsymbol{\gamma}$(其中 $\boldsymbol{E}$ 是 3 阶单位矩阵). 令 $\boldsymbol{x}=(x_1,x_2,x_3)^{\mathrm{T}}$,代入上式,得到非齐次线性方程组

$$\begin{cases}-x_1+\frac{1}{2}x_2=0;\\2x_1-x_2=0;\\x_1+\frac{1}{2}x_2-2x_3=1.\end{cases}$$

解其对应的齐次方程组,得通解 $\boldsymbol{\xi}=k\begin{bmatrix}1\\2\\1\end{bmatrix}$($k$ 为任意常数).

非齐次线性方程组的一个特解为 $\boldsymbol{\eta}^*=\begin{bmatrix}0\\0\\-1/2\end{bmatrix}$,于是所求方程的解为 $\boldsymbol{\eta}=\boldsymbol{\xi}+\boldsymbol{\eta}^*$,即

$$\boldsymbol{\eta}=k\begin{bmatrix}1\\2\\1\end{bmatrix}+\begin{bmatrix}0\\0\\-1/2\end{bmatrix}, \text{其中 } k \text{ 为任意常数}.$$

56. 已知 4 阶方阵 $\boldsymbol{A}=(\boldsymbol{\alpha}_1,\boldsymbol{\alpha}_2,\boldsymbol{\alpha}_3,\boldsymbol{\alpha}_4)$,$\boldsymbol{\alpha}_1,\boldsymbol{\alpha}_2,\boldsymbol{\alpha}_3,\boldsymbol{\alpha}_4$ 均为 4 维列向量,其中 $\boldsymbol{\alpha}_2,\boldsymbol{\alpha}_3,\boldsymbol{\alpha}_4$ 线性无关,$\boldsymbol{\alpha}_1=2\boldsymbol{\alpha}_2-\boldsymbol{\alpha}_3$. 如果 $\boldsymbol{\beta}=\boldsymbol{\alpha}_1+\boldsymbol{\alpha}_2+\boldsymbol{\alpha}_3+\boldsymbol{\alpha}_4$,求线性方程组 $\boldsymbol{Ax}=\boldsymbol{\beta}$ 的通解.

解 由 $\boldsymbol{\alpha}_2,\boldsymbol{\alpha}_3,\boldsymbol{\alpha}_4$ 线性无关及 $\boldsymbol{\alpha}_1=2\boldsymbol{\alpha}_2-\boldsymbol{\alpha}_3$,知向量组的秩 $r(\boldsymbol{\alpha}_1,\boldsymbol{\alpha}_2,\boldsymbol{\alpha}_3,\boldsymbol{\alpha}_4)=3$,即矩阵

$\boldsymbol{A}$ 的秩为 3. 因此 $\boldsymbol{Ax}=\boldsymbol{0}$ 的基础解系中只包含一个解向量. 由

$$(\boldsymbol{\alpha}_1,\boldsymbol{\alpha}_2,\boldsymbol{\alpha}_3,\boldsymbol{\alpha}_4)\begin{bmatrix}1\\-2\\1\\0\end{bmatrix}=\boldsymbol{\alpha}_1-2\boldsymbol{\alpha}_2+\boldsymbol{\alpha}_3=\boldsymbol{0},$$

知 $\boldsymbol{Ax}=\boldsymbol{0}$ 的基础解系是 $(1,-2,1,0)^{\mathrm{T}}$. 再由

$$\boldsymbol{\beta}=\boldsymbol{\alpha}_1+\boldsymbol{\alpha}_2+\boldsymbol{\alpha}_3+\boldsymbol{\alpha}_4=(\boldsymbol{\alpha}_1,\boldsymbol{\alpha}_2,\boldsymbol{\alpha}_3,\boldsymbol{\alpha}_4)\begin{bmatrix}1\\1\\1\\1\end{bmatrix}=\boldsymbol{A}\begin{bmatrix}1\\1\\1\\1\end{bmatrix},$$

知 $(1,1,1,1)^{\mathrm{T}}$ 是 $\boldsymbol{Ax}=\boldsymbol{\beta}$ 的一个特解. 故 $\boldsymbol{Ax}=\boldsymbol{\beta}$ 的通解是 $\boldsymbol{\eta}=k\begin{bmatrix}1\\-2\\1\\0\end{bmatrix}+\begin{bmatrix}1\\1\\1\\1\end{bmatrix}$. 其中 k 为任意常数.

57. 设线性方程组

$$\begin{cases}x_1+\lambda x_2+x_3+x_4=0;\\2x_1+x_2+x_3+2x_4=0;\\3x_1+(2+\lambda)x_2+(4+\mu)x_3+4x_4=1.\end{cases}$$

已知 $(1,-1,1,-1,)^{\mathrm{T}}$ 是该方程组的一个解，试求

(Ⅰ)方程组的全部解，并用对应的齐次方程组的基础解系表示全部解；

(Ⅱ)该方程组满足 $x_2=x_3$ 的全部解.

解 将 $(1,-1,1,-1,)^{\mathrm{T}}$ 代入方程组，得 $\lambda=\mu$. 对增广矩阵作初等行变换，有

$$\widetilde{\boldsymbol{A}}=\left[\begin{array}{cccc:c}1&\lambda&\lambda&1&0\\2&1&1&2&0\\3&2+\lambda&4+\lambda&4&1\end{array}\right]\rightarrow\left[\begin{array}{cccc:c}1&\lambda&\lambda&1&0\\0&1-2\lambda&1-2\lambda&0&0\\0&2-2\lambda&4-2\lambda&1&0\end{array}\right]\rightarrow$$

$$\left[\begin{array}{cccc:c}1&\lambda&\lambda&1&0\\0&1-2\lambda&1-2\lambda&0&0\\0&1&3&1&1\end{array}\right].$$

(Ⅰ)当 $\lambda=1/2$ 时，

$$\widetilde{\boldsymbol{A}}\rightarrow\left[\begin{array}{cccc:c}1&1/2&1/2&1&0\\0&1&3&1&1\\0&0&0&0&0\end{array}\right].$$

因 $r(\boldsymbol{A})=r(\widetilde{\boldsymbol{A}})=2<4$，方程组有无穷多解，其全部解为

$\boldsymbol{\eta}=(-1/2,1,0,0)^{\mathrm{T}}+k_1(1,-3,1,0)^{\mathrm{T}}+k_2(-1,-2,0,2)^{\mathrm{T}}$,($k_1,k_2$ 为任意常数).

当 $\lambda\neq 1/2$ 时,

$$\widetilde{\mathbf{A}}\to\left[\begin{array}{cccc:c}1&\lambda&\lambda&1&0\\0&1&1&0&0\\0&1&3&1&1\end{array}\right]\to\left[\begin{array}{cccc:c}1&0&0&1&0\\0&1&1&0&0\\0&0&2&1&1\end{array}\right].$$

因 $r(\mathbf{A})=r(\widetilde{\mathbf{A}})=3<4$,方程组有无穷多解,其全部解为

$$\boldsymbol{\eta}=(-1,0,0,1)^{\mathrm{T}}+k(2,-1,1,-2)^{\mathrm{T}},(k\text{ 为任意常数}).$$

(Ⅱ)当 $\lambda=1/2$ 时,若 $x_2=x_3$,由方程组的通解

$$\begin{cases}x_1=-1/2+k_1-k_2;\\x_2=1-3k_1-2k_2;\\x_3=k_1;\\x_4=2k_2.\end{cases}$$

知 $1-3k_1-2k_2=k_1$,即 $k_1=1/4-k_2/2$,将其代入整理,得全部解为

$$x_1=-1/4-3k_2/2,x_2=1/4-k_2/2,x_3=1/4-k_2/2,x_4=2k_2,$$

或 $(-1/4,1/4,1/4,0)^{\mathrm{T}}+k_2(-3/2,-1/2,-1/2,2)^{\mathrm{T}}$,其中 k_2 为任意常数.

当 $\lambda\neq 1/2$ 时,由 $x_2=x_3$ 知 $-k=k$,即 $k=0$.从而只有唯一解 $(-1,0,0,1)^{\mathrm{T}}$.

58.设 $\mathbf{A}$ 为 $m\times n$ 矩阵,齐次线性方程组 $\mathbf{Ax}=\mathbf{0}$ 仅有零解的充分条件是________.

(A)$\mathbf{A}$ 的列向量线性无关;　　(B)$\mathbf{A}$ 的列向量线性相关;

(C)$\mathbf{A}$ 的行向量线性无关;　　(D)$\mathbf{A}$ 的行向量线性无关.

解　齐次方程组 $\mathbf{Ax}=\mathbf{0}$ 只有零解 $\Leftrightarrow r(\mathbf{A})=n$.

由于 $r(\mathbf{A})=\mathbf{A}$ 的行秩 $=\mathbf{A}$ 的列秩,现 $\mathbf{A}$ 是 $m\times n$ 矩阵,$r(\mathbf{A})=n$,即 $\mathbf{A}$ 的列向量线性无关,故应选(A).

注意　虽 $\mathbf{A}$ 的行秩 $=\mathbf{A}$ 的列秩,但行向量组与列向量组的线性相关性是可能不同的.

59.设齐次线性方程组

$$\begin{cases}\lambda x_1+x_2+x_3=0;\\x_1+\lambda x_2+x_3=0;\\x_1+x_2+x_3=0.\end{cases}$$

只有零解,则 λ 应满足的条件是________.

解　n 个方程 n 个未知数的齐次方程组 $\mathbf{Ax}=\mathbf{0}$ 有非零解的充分必要条件是 $|\mathbf{A}|=0$.而

$$\begin{vmatrix}\lambda&1&1\\1&\lambda&1\\1&1&1\end{vmatrix}=\begin{vmatrix}\lambda-1&0&0\\0&\lambda-1&0\\1&1&1\end{vmatrix}=(\lambda-1)^2,\text{所以应填 }\lambda\neq 1.$$

60.设 n 元齐次线性方程组 $\mathbf{Ax}=\mathbf{0}$ 的系数矩阵 $\mathbf{A}$ 的秩为 r,则 $\mathbf{Ax}=\mathbf{0}$ 有非零解的充分必

要条件是________.

(A)$r=n$;　　　(B)$r\geqslant n$;　　　(C)$r<n$;　　　(D)$r>n$.

解 对矩阵 $\boldsymbol{A}$ 的按列分块,有 $\boldsymbol{A}=(\boldsymbol{\alpha}_1,\boldsymbol{\alpha}_2,\cdots,\boldsymbol{\alpha}_n)$,则 $\boldsymbol{Ax}=\boldsymbol{0}$ 的向量形式为

$$x_1\boldsymbol{\alpha}_1+x_2\boldsymbol{\alpha}_2+\cdots+x_n\boldsymbol{\alpha}_n=\boldsymbol{0}.$$

$\boldsymbol{Ax}=\boldsymbol{0}$ 有非零解$\Leftrightarrow\boldsymbol{\alpha}_1,\boldsymbol{\alpha}_2,\cdots,\boldsymbol{\alpha}_n$ 线性相关$\Leftrightarrow r(\boldsymbol{\alpha}_1,\boldsymbol{\alpha}_2,\cdots,\boldsymbol{\alpha}_n)<n\Leftrightarrow r(\boldsymbol{A})<n$. 故应选(C).

注意 n 元方程组只是强调有 n 个未知数而方程的个数不一定是 n,因此,系数矩阵 $\boldsymbol{A}$ 不一定是 n 阶方阵,所以我们应当用 $r(\boldsymbol{A})<n$.

61. 已知 3 阶矩阵 $\boldsymbol{B}\neq\boldsymbol{O}$,且 $\boldsymbol{B}$ 的每一个列向量都是以下方程组的解

$$\begin{cases}x_1+2x_2-2x_3=0;\\2x_1-x_2+\lambda x_3=0;\\3x_1+x_2-x_3=0.\end{cases}$$

(1)求 λ 的值;(2)证明 $|\boldsymbol{B}|=0$.

解 (1)因为 $\boldsymbol{B}\neq\boldsymbol{O}$,故 $\boldsymbol{B}$ 中至少有一个非零列向量. 依题意,所给齐次方程组 $\boldsymbol{Ax}=\boldsymbol{0}$ 有非零解,于是

$$|\boldsymbol{A}|=\begin{vmatrix}1&2&-2\\2&-1&\lambda\\3&1&-1\end{vmatrix}=\begin{vmatrix}1&0&-2\\2&\lambda-1&\lambda\\3&0&-1\end{vmatrix}=5(\lambda-1)=0,$$

解得 $\lambda=1$.

(2)对于 $\boldsymbol{AB}=\boldsymbol{O}$,若 $|\boldsymbol{B}|\neq0$,则 $\boldsymbol{B}$ 可逆,则 $\boldsymbol{A}=(\boldsymbol{AB})\boldsymbol{B}^{-1}=\boldsymbol{OB}^{-1}=\boldsymbol{O}$. 与已知条件 $\boldsymbol{A}\neq\boldsymbol{O}$ 矛盾. 故 $|\boldsymbol{B}|=0$.

62. 设 n 阶矩阵 $\boldsymbol{A}$ 的各行元素之和均为零,且 $\boldsymbol{A}$ 的秩为 $n-1$,则线性方程组 $\boldsymbol{Ax}=\boldsymbol{0}$ 的通解为________.

解 因为 $r(\boldsymbol{A})=n-1$,由 $n-r(\boldsymbol{A})=1$,知齐次方程组的基础解系含一个解向量,故 $\boldsymbol{Ax}=\boldsymbol{0}$ 的通解形式为 $k\boldsymbol{\eta}$. 因 $\boldsymbol{A}$ 的各行元素之和均为零,即

$$\begin{cases}a_{11}+a_{12}+\cdots+a_{1n}=0;\\a_{21}+a_{22}+\cdots+a_{2n}=0;\\\vdots\quad\ \vdots\qquad\quad\ \vdots\quad\vdots\\a_{n1}+a_{n2}+\cdots+a_{nn}=0.\end{cases}$$

而齐次方程组 $\boldsymbol{Ax}=\boldsymbol{0}$ 为

$$\begin{cases}a_{11}x_1+a_{12}x_2+\cdots+a_{1n}x_n=0;\\a_{21}x_1+a_{22}x_2+\cdots+a_{2n}x_n=0;\\\quad\vdots\qquad\ \vdots\qquad\qquad\ \vdots\quad\ \vdots\\a_{n1}x_1+a_{n2}x_2+\cdots+a_{nn}x_n=0.\end{cases}$$

两者相比较,可知 $x_1=1,x_2=1,\cdots,x_n=1$ 是 $\boldsymbol{Ax}=\boldsymbol{0}$ 的解. 所以应填 $k(1,1,\cdots1)^{\mathrm{T}}$.

63. 设 4 元线性齐次方程组(Ⅰ)为$\begin{cases}x_1+x_2=0;\\x_2-x_4=0.\end{cases}$已知某线性齐次方程组(Ⅱ)的通解为 $k_1(0,1,1,0)+k_2(-1,2,2,1)$.

(1)求线性方程组(Ⅰ)的基础解系.

(2)问线性方程组(Ⅰ)和(Ⅱ)是否有非零公共解？若有，则求出所有的非零公共解，若没有则说明理由.

解 (1)由已知，(Ⅰ)的系数矩阵为

$$\boldsymbol{A}=\begin{bmatrix}1&1&0&0\\0&1&0&-1\end{bmatrix}.$$

由 $n-r(\boldsymbol{A})=2$，取 x_3,x_4 为自由未知量，则(Ⅰ)的基础解系为 $(0,0,1,0),(-1,1,0,1)$.

(2)方程组(Ⅰ)与方程组(Ⅱ)有非零公共解.

将(Ⅱ)的通解 $x_1=-k_2,x_2=k_1+2k_2,x_3=k_1+2k_2,x_4=k_2$ 代入方程组(Ⅰ)，则有

$$\begin{cases}-k_2+k_1+2k_2=0;\\k_1+2k_2-k_2=0.\end{cases}\Rightarrow k_1=-k_2.$$

故当 $k_1=-k_2\neq0$ 时，向量

$$k_1(0,1,1,0)+k_2(-1,2,2,1)=k_1(1,-1,-1,-1)$$

是(Ⅰ)与(Ⅱ)的非零公共解.

64. 求齐次方程组

$$\begin{cases}x_1+x_2+x_5=0;\\x_1+x_2-x_3=0;\\x_3+x_4+x_5=0.\end{cases}$$

的基础解系.

解 对系数矩阵作初等行变换，有

$$\begin{vmatrix}1&1&0&0&1\\1&1&-1&0&0\\0&0&1&1&1\end{vmatrix}\rightarrow\begin{vmatrix}1&1&0&0&1\\0&0&-1&0&-1\\0&0&0&1&0\end{vmatrix}.$$

由 $n-r(\boldsymbol{A})=5-3=2$，取 x_2,x_5 为自由未知量，得

$$\boldsymbol{\eta}_1=(-1,1,0,0,0)^{\mathrm{T}},\boldsymbol{\eta}_2=(-1,0,-1,0,1)^{\mathrm{T}}.$$

65. 设 $\boldsymbol{\alpha}_1,\boldsymbol{\alpha}_2,\boldsymbol{\alpha}_3$ 是齐次线性方程组 $\boldsymbol{Ax}=\boldsymbol{0}$ 的一个基础解系，证明 $\boldsymbol{\alpha}_1+\boldsymbol{\alpha}_2,\boldsymbol{\alpha}_2+\boldsymbol{\alpha}_3,\boldsymbol{\alpha}_3+\boldsymbol{\alpha}_1$ 也是该方程组的一个基础解系.

证 由 $\boldsymbol{A}(\boldsymbol{\alpha}_1+\boldsymbol{\alpha}_2)=\boldsymbol{A\alpha}_1+\boldsymbol{A\alpha}_2=\boldsymbol{0}+\boldsymbol{0}=\boldsymbol{0}$，知 $\boldsymbol{\alpha}_1+\boldsymbol{\alpha}_2$ 是 $\boldsymbol{Ax}=\boldsymbol{0}$ 的解. 同理知 $\boldsymbol{\alpha}_2+\boldsymbol{\alpha}_3$，$\boldsymbol{\alpha}_3+\boldsymbol{\alpha}_1$ 也都是 $\boldsymbol{Ax}=\boldsymbol{0}$ 的解.

若 $k_1(\boldsymbol{\alpha}_1+\boldsymbol{\alpha}_2)+k_2(\boldsymbol{\alpha}_2+\boldsymbol{\alpha}_3)+k_3(\boldsymbol{\alpha}_3+\boldsymbol{\alpha}_1)=\boldsymbol{0}$. 即 $(k_1+k_3)\boldsymbol{\alpha}_1+(k_1+k_2)\boldsymbol{\alpha}_2+(k_2+k_3)\boldsymbol{\alpha}_3=\boldsymbol{0}$，由于 $\boldsymbol{\alpha}_1,\boldsymbol{\alpha}_2,\boldsymbol{\alpha}_3$ 是基础解系，知 $\boldsymbol{\alpha}_1,\boldsymbol{\alpha}_2,\boldsymbol{\alpha}_3$ 线性无关. 故

$$\begin{cases} k_1 + \quad k_3 = 0; \\ k_1 + k_2 \quad = 0; \\ \quad k_2 + k_3 = 0. \end{cases}$$

因系数行列式 $\begin{vmatrix} 1 & 0 & 1 \\ 1 & 1 & 0 \\ 0 & 1 & 1 \end{vmatrix} = 2 \neq 0$，所以方程组只有零解 $k_1 = k_2 = k_3 = 0$. 从而 $\boldsymbol{\alpha}_1 + \boldsymbol{\alpha}_2, \boldsymbol{\alpha}_2 + \boldsymbol{\alpha}_3$, $\boldsymbol{\alpha}_3 + \boldsymbol{\alpha}_1$ 线性无关.

由已知，$\boldsymbol{Ax} = \mathbf{0}$ 的基础解系含三个线性无关的解向量，所以 $\boldsymbol{\alpha}_1 + \boldsymbol{\alpha}_2, \boldsymbol{\alpha}_2 + \boldsymbol{\alpha}_3, \boldsymbol{\alpha}_3 + \boldsymbol{\alpha}_1$ 是 $\boldsymbol{Ax} = \mathbf{0}$ 的基础解系.

66. 已知线性方程组

$$(\text{I})\begin{cases} a_{11}x_1 + a_{12}x_2 + \cdots + a_{1,2n}x_{2n} = 0; \\ a_{21}x_1 + a_{22}x_2 + \cdots + a_{2,2n}x_{2n} = 0; \\ \quad \vdots \qquad \vdots \qquad\qquad \vdots \qquad \vdots \\ a_{n1}x_1 + a_{n2}x_2 + \cdots + a_{n,2n}x_{2n} = 0. \end{cases}$$

的一个基础解系为 $(b_{11}, b_{12}, \cdots, b_{1,2n})^{\mathrm{T}}, (b_{21}, b_{22}, \cdots, b_{2,2n})^{\mathrm{T}}, \cdots, (b_{n1}, b_{n2}, \cdots, b_{n,2n})^{\mathrm{T}}$. 试写出线性方程组

$$(\text{II})\begin{cases} b_{11}y_1 + b_{12}y_2 + \cdots + b_{1,2n}y_{2n} = 0; \\ b_{21}y_1 + b_{22}y_2 + \cdots + b_{2,2n}y_{2n} = 0; \\ \quad \vdots \qquad \vdots \qquad\qquad \vdots \qquad \vdots \\ b_{n1}y_1 + b_{n2}y_2 + \cdots + b_{n,2n}y_{2n} = 0. \end{cases}$$

的通解，并说明理由.

解 记方程组(Ⅰ)和(Ⅱ)的系数矩阵分别为 $\boldsymbol{A}$ 和 $\boldsymbol{B}$. 由于 $\boldsymbol{B}$ 的每一行都是 $\boldsymbol{Ax} = \mathbf{0}$ 的解。故 $\boldsymbol{AB}^{\mathrm{T}} = \boldsymbol{O}, \boldsymbol{BA}^{\mathrm{T}} = (\boldsymbol{AB}^{\mathrm{T}})^{\mathrm{T}} = \boldsymbol{O}$. 因此，$\boldsymbol{A}$ 的行向量是方程组(Ⅱ)的解.

由于 $\boldsymbol{B}$ 的行向量是(Ⅰ)的基础解系，它们应线性无关，从而知 $r(\boldsymbol{B}) = n$. 且由(Ⅰ)的解的结构，知 $2n - r(\boldsymbol{A}) = n$. 故 $r(\boldsymbol{A}) = n$. 于是 $\boldsymbol{A}$ 的行向量线性无关.

又因(Ⅱ)的解空间是 $2n - r(\boldsymbol{B}) = n$ 维的，所以 $\boldsymbol{A}$ 的行向量是(Ⅱ)解空间的一组基. 所以(Ⅱ)的通解为：

$$k_1(a_{11}, a_{12}, \cdots, a_{1,2n})^{\mathrm{T}} + k_2(a_{21}, a_{22}, \cdots, a_{2,2n})^{\mathrm{T}} + k_n(a_{n1}, a_{n2}, \cdots, a_{n,2n})^{\mathrm{T}},$$

其中 $k_1, k_2, \cdots, k_n$ 是任意常数.

67. 设 $\boldsymbol{A}$ 为 n 阶实矩阵，$\boldsymbol{A}^{\mathrm{T}}$ 是 $\boldsymbol{A}$ 的转置矩阵，则对于线性方程组(Ⅰ)$\boldsymbol{Ax} = \mathbf{0}$ 和(Ⅱ)$\boldsymbol{A}^{\mathrm{T}}\boldsymbol{Ax} = \mathbf{0}$，必有________.

(A)(Ⅱ)的解是(Ⅰ)的解，(Ⅰ)的解也是(Ⅱ)的解；

(B)(Ⅱ)的解是(Ⅰ)的解，但(Ⅰ)的解不是(Ⅱ)的解；

(C)(Ⅰ)的解不是(Ⅱ)的解，(Ⅱ)的解也不是(Ⅰ)的解；

(D)(Ⅰ)的解是(Ⅱ)的解，但(Ⅱ)的解不是(Ⅰ)的解.

解 若 $\boldsymbol{\eta}$ 是(Ⅰ)的解，则 $\boldsymbol{A\eta}=\mathbf{0}$，则 $(\boldsymbol{A}^{\mathrm{T}}\boldsymbol{A})\boldsymbol{\eta}=\boldsymbol{A}^{\mathrm{T}}\mathbf{0}=\mathbf{0}$，即 $\boldsymbol{\eta}$ 是(Ⅱ)的解.

若 $\boldsymbol{\alpha}$ 是(Ⅱ)的解，有 $\boldsymbol{A}^{\mathrm{T}}\boldsymbol{A\alpha}=\mathbf{0}$，用 $\boldsymbol{\alpha}^{\mathrm{T}}$ 左乘得 $\boldsymbol{\alpha}^{\mathrm{T}}\boldsymbol{A}^{\mathrm{T}}\boldsymbol{A\alpha}=\mathbf{0}$，即 $(\boldsymbol{A\alpha}^{\mathrm{T}})(\boldsymbol{A\alpha})=\mathbf{0}$. 亦即 $\boldsymbol{A\alpha}$ 自己的内积 $(\boldsymbol{A\alpha},\boldsymbol{A\alpha})=0$，故必有 $\boldsymbol{A\alpha}=\mathbf{0}$，即 $\boldsymbol{\alpha}$ 是(Ⅰ)的解. 所以(Ⅰ)与(Ⅱ)同解，故应选(A).

68. 设 $\boldsymbol{\alpha}_1,\boldsymbol{\alpha}_2,\cdots,\boldsymbol{\alpha}_s$ 为线性方程组 $\boldsymbol{Ax}=\mathbf{0}$ 的一个基础解系，$\boldsymbol{\beta}_1=t_1\boldsymbol{\alpha}_1+t_2\boldsymbol{\alpha}_2$，$\boldsymbol{\beta}_2=t_1\boldsymbol{\alpha}_1+t_2\boldsymbol{\alpha}_2$，$\cdots$，$\boldsymbol{\beta}_s=t_1\boldsymbol{\alpha}_s+t_2\boldsymbol{\alpha}_1$，其中 t_1,t_2 为实数. 试问 t_1,t_2 满足什么关系时，$\boldsymbol{\beta}_1,\boldsymbol{\beta}_2,\cdots,\boldsymbol{\beta}_s$ 也为 $\boldsymbol{Ax}=\mathbf{0}$ 的一个基础解系.

解 由于 $\boldsymbol{\beta}_i(i=1,2,\cdots,s)$ 是 $\boldsymbol{\alpha}_1,\boldsymbol{\alpha}_2,\cdots,\boldsymbol{\alpha}_s$ 的线性组合，又 $\boldsymbol{\alpha}_1,\cdots,\boldsymbol{\alpha}_s$ 是 $\boldsymbol{Ax}=\mathbf{0}$ 的解，所以根据齐次方程组解的性质知 $\boldsymbol{\beta}_i(i=1,2,\cdots,s)$ 均为 $\boldsymbol{Ax}=\mathbf{0}$ 的解.

由 $\boldsymbol{\alpha}_1,\boldsymbol{\alpha}_2,\cdots,\boldsymbol{\alpha}_s$ 是 $\boldsymbol{Ax}=\mathbf{0}$ 的基础解系，知 $s=n-r(\boldsymbol{A})$. 设 $k_1\boldsymbol{\beta}_1+k_2\boldsymbol{\beta}_2+\cdots+k_s\boldsymbol{\beta}_s=\mathbf{0}$，即 $(t_1k_1+t_2k_2)\boldsymbol{\alpha}_1+(t_2k_1+t_1k_2)\boldsymbol{\alpha}_2+(t_2k_2+t_1k_3)\boldsymbol{\alpha}_3+\cdots+(t_2k_{s-1}+t_1k_s)\boldsymbol{\alpha}_s=\mathbf{0}$，由于 $\boldsymbol{\alpha}_1,\boldsymbol{\alpha}_2,\cdots,\boldsymbol{\alpha}_s$ 线性无关，因此有

$$\begin{cases} t_1k_1+t_2k_s=0; \\ t_2k_1+t_1k_2=0; \\ t_2k_2+t_1k_3=0; \\ \quad\vdots \quad\quad \vdots \quad\quad \vdots \\ t_2k_{s-1}+t_1k_s=0. \end{cases} \tag{$*$}$$

因为系数行列式

$$\begin{vmatrix} t_1 & 0 & 0 & \cdots & 0 & t_2 \\ t_2 & t_1 & 0 & \cdots & 0 & 0 \\ 0 & t_2 & t_1 & \cdots & 0 & 0 \\ \vdots & \vdots & \vdots & & \vdots & \vdots \\ 0 & 0 & 0 & \cdots & t_2 & t_1 \end{vmatrix}=t_1^s+(-1)^{s+1}t_2^s,$$

所以当 $t_1^s+(-1)^{s+1}t_2^s\neq0$ 时，方程组($*$)只有零解 $k_1=k_2=\cdots=k_s=0$. 从而 $\boldsymbol{\beta}_1,\boldsymbol{\beta}_2,\cdots,\boldsymbol{\beta}_s$ 线性无关. 即当 s 为偶数，$t_1\neq\pm t_2$，s 为奇数，$t_1\neq-t_2$ 时，$\boldsymbol{\beta}_1,\boldsymbol{\beta}_2,\cdots,\boldsymbol{\beta}_s$ 也为 $\boldsymbol{Ax}=\mathbf{0}$ 的一个基础解系.

69. 设 $\boldsymbol{A}$ 是 $m\times n$ 矩阵，$\boldsymbol{B}$ 是 $n\times m$ 矩阵，则线性方程组 $(\boldsymbol{AB})\boldsymbol{x}=\mathbf{0}$ ________.

(A)当 $n>m$ 时仅有零解； (B)当 $n>m$ 时必有非零解；

(C)当 $m>n$ 时仅有零解； (D)当 $m>n$ 时必有非零解.

解 $\boldsymbol{AB}$ 是 m 阶矩阵，那么 $\boldsymbol{ABx}=\mathbf{0}$ 仅有零解的充分必要条件是 $r(\boldsymbol{AB})=m$.

又因 $r(\boldsymbol{AB})\leqslant r(\boldsymbol{B})\leqslant\min(m,n)$. 故当 $m>n$ 时，必有 $r(\boldsymbol{AB})\leqslant\min(m,n)$. $=n<m$. 所以应当选(D).

70. 已知 $\boldsymbol{\alpha}_1,\boldsymbol{\alpha}_2,\boldsymbol{\alpha}_3,\boldsymbol{\alpha}_4$ 是线性方程组 $\boldsymbol{Ax}=\mathbf{0}$ 的一个基础解系，若 $\boldsymbol{\beta}_1=\boldsymbol{\alpha}_1+t\boldsymbol{\alpha}_2$，$\boldsymbol{\beta}_2=\boldsymbol{\alpha}_2+t\boldsymbol{\alpha}_3$，$\boldsymbol{\beta}_3=\boldsymbol{\alpha}_3+t\boldsymbol{\alpha}_4$，$\boldsymbol{\beta}_4=\boldsymbol{\alpha}_4+t\boldsymbol{\alpha}_1$，讨论实数 t 满足什么关系时，$\boldsymbol{\beta}_1,\boldsymbol{\beta}_2,\boldsymbol{\beta}_3,\boldsymbol{\beta}_4$ 也是 $\boldsymbol{Ax}=\mathbf{0}$ 的一基础解系.

解 对应的行列式为

$$\begin{vmatrix}1&0&0&t\\t&1&0&0\\0&t&1&0\\0&0&t&1\end{vmatrix}=t^4-1,$$

所以 $t\neq\pm1$ 时，$\boldsymbol{\beta}_1,\boldsymbol{\beta}_2,\boldsymbol{\beta}_3,\boldsymbol{\beta}_4$ 是 $\boldsymbol{Ax}=\boldsymbol{0}$ 的一个基础解系.

71. 设 4 次齐次线性方程组（Ⅰ）为

$$\begin{cases}2x_1+3x_2-x_3=0;\\x_1+2x_2+x_3-x_4=0.\end{cases}$$

而已知另一 4 元齐次线性方程组（Ⅱ）的一基础解系为

$$\boldsymbol{\alpha}_1=(2,-1,a+2,1)^{\mathrm{T}},\boldsymbol{\alpha}_2=(-1,2,4,a+8)^{\mathrm{T}}.$$

(1)求方程组（Ⅰ）的一个基础解系；

(2)当 $\boldsymbol{\alpha}$ 为何值时，方程组（Ⅰ）与（Ⅱ）有非零公共解？在有非零公共解时，求出全部非零公共解.

解 (1)对方程组（Ⅰ）的系数矩阵作初等行变换，有

$$\begin{bmatrix}2&3&-1&0\\1&2&1&-1\end{bmatrix}\to\begin{bmatrix}1&2&1&-1\\0&1&3&-2\end{bmatrix}.$$

由于 $n-r(\boldsymbol{A})=4-2=2$，基础解系由 2 个线性无关的解向量所构成，取 x_3,x_4 为自由变量，得 $\boldsymbol{\beta}_1=(5,-3,1,0)^{\mathrm{T}},\boldsymbol{\beta}_2=(-3,2,0,1)^{\mathrm{T}}$是方程组（Ⅰ）的基础解系.

(2)设 $\boldsymbol{\eta}$ 是方程组（Ⅰ）与（Ⅱ）的非零公共解，则 $\boldsymbol{\eta}=k_1\boldsymbol{\beta}_1+k_2\boldsymbol{\beta}_2=l_1\boldsymbol{\alpha}_1+l_2\boldsymbol{\alpha}_2$，其中 k_1,k_2 与 l_1,l_2 均为不全为零的常数. 由此得齐次方程组（Ⅲ）

$$\begin{cases}5k_1-3k_2-2l_1+l_2=0;\\-3k_1+2k_2+l_1-2l_2=0;\\k_1-(a+2)l_1-4l_2=0;\\k_2-l_1-(a+8)l_2=0.\end{cases}$$

有非零解. 对系数矩阵作初等行变换，有

$$\begin{bmatrix}5&-3&-2&1\\-3&2&1&-2\\1&0&-a-2&-4\\0&1&-1&-a-8\end{bmatrix}\to\begin{bmatrix}1&0&-a-2&-4\\0&1&-1&-a-8\\0&2&-3a-5&-14\\0&-3&5a+8&21\end{bmatrix}\to$$

$$\begin{bmatrix}1&0&-a-2&-4\\0&1&-1&-a-8\\0&0&-3a-3&2a+2\\0&0&5a+5&-3a-3\end{bmatrix}.$$

当且仅当 $a+1=0$ 时，r(Ⅲ)<4，方程组有非零解. 此时，（Ⅲ）的同解方程组是

$\begin{cases}k_1-l_1-4l_2=0,\\k_2-l_1-7l_2=0.\end{cases}$于是

$$\boldsymbol{\eta}=(l_1+4l_2)\boldsymbol{\beta}_1+(l_1+7l_2)\boldsymbol{\beta}_2=l_1(\boldsymbol{\beta}_1+\boldsymbol{\beta}_2)+l_2(4\boldsymbol{\beta}_1+7\boldsymbol{\beta}_2)=l_1\begin{bmatrix}2\\-1\\1\\1\end{bmatrix}+l_2\begin{bmatrix}-1\\2\\4\\7\end{bmatrix}.$$

72. 设有齐次线性方程组 $\boldsymbol{Ax}=\boldsymbol{0}$ 和 $\boldsymbol{Bx}=\boldsymbol{0}$，其中 $\boldsymbol{A},\boldsymbol{B}$ 均为 $m\times n$ 矩阵，现有 4 个命题：

①若 $\boldsymbol{Ax}=\boldsymbol{0}$ 的解均是 $\boldsymbol{Bx}=\boldsymbol{0}$ 的解，则 $r(\boldsymbol{A})\geqslant r(\boldsymbol{B})$；

②若 $r(\boldsymbol{A})\geqslant r(\boldsymbol{B})$，则 $\boldsymbol{Ax}=\boldsymbol{0}$ 的解均是 $\boldsymbol{Bx}=\boldsymbol{0}$ 的解；

③若 $\boldsymbol{Ax}=\boldsymbol{0}$ 与 $\boldsymbol{Bx}=\boldsymbol{0}$ 同解，则 $r(\boldsymbol{A})=r(\boldsymbol{B})$；

④若 $r(\boldsymbol{A})=r(\boldsymbol{B})$，则 $\boldsymbol{Ax}=\boldsymbol{0}$ 与 $\boldsymbol{Bx}=\boldsymbol{0}$ 同解.

以上命题中正确的是________.

(A)①②；　　(B)①③；　　(C)②④；　　(D)③④.

解　显然命题④错误，因此排除(C)，(D). 对于(A)与(B)其中必有一个正确，因此命题①必正确，那么②与③哪一个命题正确呢？

由命题①，"若 $\boldsymbol{Ax}=\boldsymbol{0}$ 的解均是 $\boldsymbol{Bx}=\boldsymbol{0}$ 的解，则 $r(\boldsymbol{A})\geqslant r(\boldsymbol{B})$"正确，知"若 $\boldsymbol{Bx}=\boldsymbol{0}$ 的解均是 $\boldsymbol{Ax}=\boldsymbol{0}$ 的解，则 $r(\boldsymbol{B})\geqslant r(\boldsymbol{A})$"正确，可见"若 $\boldsymbol{Ax}=\boldsymbol{0}$ 与 $\boldsymbol{Bx}=\boldsymbol{0}$ 同解，则 $r(\boldsymbol{A})=r(\boldsymbol{B})$"正确，即命题③正确，所以应当选(B).

73. 设有齐次线性方程组

$$\begin{cases}(1+a)x_1+x_2+x_3+x_4=0;\\2x_1+(2+a)x_2+2x_3+2x_4=0;\\3x_1+3x_2+(3+a)x_3+x_4=0;\\4x_1+4x_2+4x_3+(4+a)x_4=0.\end{cases}$$

试问 a 取何值时，该方程组有非零解，并求出其通解。

解　方程组的系数行列式

$$|\boldsymbol{A}|=\begin{vmatrix}1+a&1&1&1\\2&2+a&2&2\\3&3&3+a&3\\4&4&4&4+a\end{vmatrix}=\begin{vmatrix}10+a&10+a&10+a&10+a\\2&2+a&2&2\\3&3&3+a&3\\4&4&4&4+a\end{vmatrix}$$

$$=(10+a)\begin{vmatrix}1&1&1&1\\2&2+a&2&2\\3&3&3+a&3\\4&4&4&4+a\end{vmatrix}=(10+a)\begin{vmatrix}1&1&1&1\\0&a&0&0\\0&0&a&0\\0&0&0&a\end{vmatrix}$$

$$=(a+10)a^3.$$

当 $a=0$ 或 $a=-10$ 时，方程组有非零解.

当 $a=0$ 时，对系数矩阵 $\boldsymbol{A}$ 作初等行变换，有

$$A=\begin{bmatrix}1&1&1&1\\2&2&2&2\\3&3&3&3\\4&4&4&4\end{bmatrix}\to\begin{bmatrix}1&1&1&1\\0&0&0&0\\0&0&0&0\\0&0&0&0\end{bmatrix},$$

故方程组的同解方程组为 $x_1+x_2+x_3+x_4=0$，其基础解系为

$$\boldsymbol{\eta}_1=(-1,1,0,0)^{\mathrm{T}},\boldsymbol{\eta}_2=(-1,0,1,0)^{\mathrm{T}},\boldsymbol{\eta}_3=(-1,0,0,1)^{\mathrm{T}}.$$

于是所求方程组的通解为 $\boldsymbol{x}=k_1\boldsymbol{\eta}_1+k_2\boldsymbol{\eta}_2+k_3\boldsymbol{\eta}_3$，其中 k_1,k_2,k_3 为任意常数.

当 $a=-10$ 时，对 $\boldsymbol{A}$ 作初等行变换，有

$$A=\begin{bmatrix}-9&1&1&1\\2&-8&2&2\\3&3&-7&3\\4&4&4&-6\end{bmatrix}\to\begin{bmatrix}-9&1&1&1\\20&-10&0&0\\30&0&-10&0\\40&0&0&-10\end{bmatrix}\to$$

$$\begin{bmatrix}-9&1&1&1\\-2&1&0&0\\-3&0&1&0\\-4&0&0&1\end{bmatrix}\to\begin{bmatrix}0&0&0&0\\-2&1&0&0\\-3&0&1&0\\-4&0&0&1\end{bmatrix},$$

故方程组的同解方程组为

$$\begin{cases}x_2=2x_1;\\x_3=3x_1;\\x_4=4x_1.\end{cases}$$

其基础解系为 $\boldsymbol{\eta}=(1,2,3,4)^{\mathrm{T}}$，于是所求方程组的通解为 $\boldsymbol{x}=k\boldsymbol{\eta}$，其中 k 为任意常数.

74. 设 n 阶矩阵 $\boldsymbol{A}$ 的伴随矩阵 $\boldsymbol{A}^*\neq\boldsymbol{O}$，若 $\boldsymbol{\xi}_1,\boldsymbol{\xi}_2,\boldsymbol{\xi}_3,\boldsymbol{\xi}_4$ 是非齐次线性方程 $\boldsymbol{Ax}=\boldsymbol{0}$ 的互不相等的解，则对应的齐次线性方程组 $\boldsymbol{Ax}=\boldsymbol{0}$ 的基础解系________.

(A)不存在；

(B)仅含一个非零解向量；

(C)含有两个线性无关的解向量；

(D)含有三个线性无关的解向量.

解 因为 $\boldsymbol{\xi}_1\neq\boldsymbol{\xi}_2$，知 $\boldsymbol{\xi}_1-\boldsymbol{\xi}_2$ 是 $\boldsymbol{Ax}=\boldsymbol{0}$ 的非零解，故秩 $r(\boldsymbol{A})<n$. 又因伴随矩阵 $\boldsymbol{A}^*\neq\boldsymbol{O}$，说明有代数余子式 $A_{ij}\neq0$，即 $|\boldsymbol{A}|$ 中有 $n-1$ 阶子式非零. 因此秩 $r(\boldsymbol{A})=n-1$. 那么 $n-r(\boldsymbol{A})=1$，即 $\boldsymbol{Ax}=\boldsymbol{0}$ 的基础解系仅含有一个非零解向量，应选(B).

75. 已知 3 阶矩阵 $\boldsymbol{A}$ 的第一行是 (a,b,c)，a,b,c 不全为零，矩阵 $\boldsymbol{B}=\begin{bmatrix}1&2&3\\2&4&6\\3&6&k\end{bmatrix}$（$k$ 为常数），且 $\boldsymbol{AB}=\boldsymbol{O}$，求线性方程组 $\boldsymbol{Ax}=\boldsymbol{0}$ 的通解.

解法一 由 $\boldsymbol{AB}=\boldsymbol{O}$，知 $r(\boldsymbol{A})+r(\boldsymbol{B})\leqslant 3$，又 $\boldsymbol{A}\neq\boldsymbol{O}.\boldsymbol{B}\neq\boldsymbol{O}$，故

$$1\leqslant r(\boldsymbol{A})\leqslant 2,1\leqslant r(\boldsymbol{B})\leqslant 2.$$

(1)若 $r(\boldsymbol{A})=2$，必有 $r(\boldsymbol{B})=1$，此时 $k=9$. 方程组 $\boldsymbol{Ax}=\boldsymbol{0}$ 的通解是 $t(1,2,3)^{\mathrm{T}}$，其中 t 为任意实数.

(2)若 $r(\boldsymbol{A})=1$，则 $\boldsymbol{Ax}=\boldsymbol{0}$ 的同解方程组是 $ax_1+bx_2+cx_3=0$ 且满足

$$\begin{cases}a+2b+3c=0;\\(k-9)c=0.\end{cases}$$

如果 $c\neq 0$，方程组的通解是 $t_1(c,0,-a)^{\mathrm{T}}+t_2(0,c,-b)^{\mathrm{T}}$，其中 t_1,t_2 为任意实数；

如果 $c=0$，方程组的通解是 $t_1(1,2,0)^{\mathrm{T}}+t_2(0,0,1)^{\mathrm{T}}$，其中 t_1,t_2 为任意实数.

解法二 (1)如果 $k\neq 9$，则秩 $r(\boldsymbol{B})=2$. 由 $\boldsymbol{AB}=\boldsymbol{O}$ 知 $r(\boldsymbol{A})+r(\boldsymbol{B})\leqslant 3$. 因此，秩 $r(\boldsymbol{A})=1$，所以 $\boldsymbol{Ax}=\boldsymbol{0}$ 的通解是 $t_1(1,2,3)^{\mathrm{T}}+t_2(3,6,k)^{\mathrm{T}}$，其中 t_1,t_2 为任意实数.

(2)如果 $k=9$，则秩 $r(\boldsymbol{B})=1$，那么，秩 $r(\boldsymbol{A})=1$ 或 2.

若 $r(\boldsymbol{A})=2$，则 $\boldsymbol{Ax}=\boldsymbol{0}$ 的通解是 $t(1,2,3)^{\mathrm{T}}$，其中 t 为任意实数.

若 $r(\boldsymbol{A})=1$，对 $ax_1+bx_2+cx_3=0$，设 $c\neq 0$，则方程组的通解是 $t_1(c,0,-a)^{\mathrm{T}}+t_2(0,c,-b)^{\mathrm{T}}$.

76. 已知齐次线性方程组

$$\text{(i)}\begin{cases}x_1+2x_2+3x_3=0;\\2x_1+3x_2+5x_3=0;\\x_1+x_2+ax_3=0.\end{cases}\text{和(ii)}\begin{cases}x_1+bx_2+cx_3=0;\\2x_1+b^2x_2+(c+1)x_3=0.\end{cases}$$

同解，求 a,b,c 的值.

解 因为方程组(ii)中方程个数<未知数个数，(ii)必有无穷多解，所以(i)必有无穷多解. 因此(i)的系数行列式必为0，即有

$$\begin{vmatrix}1&2&3\\2&3&5\\1&1&a\end{vmatrix}=2-a=0,\Rightarrow a=2.$$

对(i)的系数矩阵作初等行变换，有

$$\begin{bmatrix}1&2&3\\2&3&5\\1&1&1\end{bmatrix}\to\begin{bmatrix}1&2&3\\0&1&1\\0&0&0\end{bmatrix},$$

可求出方程组(i)的通解是 $k(-1,-1,1)^{\mathrm{T}}$.

因为 $(-1,-1,1)^{\mathrm{T}}$ 应当是方程组(ii)的解，故有

$$\begin{cases}-1-b+c=0;\\-2-b+c+1=0.\end{cases}$$

解得 $b=1,c=2$ 或 $b=0,c=1$.

当 $b=0,c=1$ 时，方程组(ii)为 $\begin{cases}x_1+x_3=0;\\2x_1+2x_3=0.\end{cases}$ 因其系数矩阵的秩为 1，从而(i)与(ii)不同解，故 $b=0,c=1$ 应舍去.

当 $a=2,b=1,c=2$ 时，(i)与(ii)同解.

77. 已知方程组 $\begin{bmatrix}1&2&1\\2&3&a+2\\1&a&-2\end{bmatrix}\begin{bmatrix}x_1\\x_2\\x_3\end{bmatrix}=\begin{bmatrix}1\\3\\0\end{bmatrix}$ 无解，则 $a=$________.

解 方程组无解的充分必要条件是 $r(\boldsymbol{A})\neq r(\widetilde{\boldsymbol{A}})$. 对增广矩阵作初等行变换，

$$\begin{bmatrix}1&2&1&1\\2&3&a+2&3\\1&a&-2&0\end{bmatrix}\rightarrow\begin{bmatrix}1&2&1&1\\0&-1&a&1\\0&a-2&-3&-1\end{bmatrix}\rightarrow\begin{bmatrix}1&2&1&1\\0&-1&a&1\\0&0&a^2-2a-3&a-3\end{bmatrix},$$

若 $a=-1$，则 $\widetilde{\boldsymbol{A}}\rightarrow\begin{bmatrix}1&2&1&1\\0&-1&-1&1\\0&0&0&-4\end{bmatrix}$. 于是有 $r(\boldsymbol{A})=2,r(\widetilde{\boldsymbol{A}})=3$，从而方程组无解，故应填 $a=-1$.

78. 已知 $\boldsymbol{\beta}_1,\boldsymbol{\beta}_2$ 是非齐次线性方程组 $\boldsymbol{Ax}=\boldsymbol{b}$ 的两个不同的解，$\boldsymbol{\alpha}_1,\boldsymbol{\alpha}_2$ 是对应齐次线性方程组 $\boldsymbol{Ax}=\boldsymbol{0}$ 的基础解系，k_1,k_2 为任意常数，则方程组 $\boldsymbol{Ax}=\boldsymbol{b}$ 的通解必是________.

(A) $k_1\boldsymbol{\alpha}_1+k_2(\boldsymbol{\alpha}_1+\boldsymbol{\alpha}_2)+\dfrac{\boldsymbol{\beta}_1-\boldsymbol{\beta}_2}{2}$；　　(B) $k_1\boldsymbol{\alpha}_1+k_2(\boldsymbol{\alpha}_1-\boldsymbol{\alpha}_2)+\dfrac{\boldsymbol{\beta}_1+\boldsymbol{\beta}_2}{2}$；

(C) $k_1\boldsymbol{\alpha}_1+k_2(\boldsymbol{\beta}_1+\boldsymbol{\beta}_2)+\dfrac{\boldsymbol{\beta}_1-\boldsymbol{\beta}_2}{2}$；　　(D) $k_1\boldsymbol{\alpha}_1+k_2(\boldsymbol{\beta}_1-\boldsymbol{\beta}_2)+\dfrac{\boldsymbol{\beta}_1+\boldsymbol{\beta}_2}{2}$.

解 由 $\boldsymbol{\alpha}_1,\boldsymbol{\alpha}_2$ 是 $\boldsymbol{Ax}=\boldsymbol{0}$ 的基础解系，知 $\boldsymbol{Ax}=\boldsymbol{b}$ 的通解形式为 $k_1\boldsymbol{\eta}_1+k_2\boldsymbol{\eta}_2+\boldsymbol{\xi}$，其中 $\boldsymbol{\eta}_1,\boldsymbol{\eta}_2$ 是 $\boldsymbol{Ax}=\boldsymbol{0}$ 的基础解系，$\boldsymbol{\xi}$ 是 $\boldsymbol{Ax}=\boldsymbol{b}$ 的特解.

由解的性质知 $\boldsymbol{\alpha}_1,\boldsymbol{\alpha}_1+\boldsymbol{\alpha}_2,\dfrac{\boldsymbol{\beta}_1-\boldsymbol{\beta}_2}{2},\boldsymbol{\alpha}_1-\boldsymbol{\alpha}_2,\boldsymbol{\beta}_1-\boldsymbol{\beta}_2$ 都是 $\boldsymbol{Ax}=\boldsymbol{0}$ 的解，$\dfrac{\boldsymbol{\beta}_1+\boldsymbol{\beta}_2}{2}$ 是 $\boldsymbol{Ax}=\boldsymbol{b}$ 的解.

(A)中没有特解 $\boldsymbol{\xi}$，(C)中既没有特解 $\boldsymbol{\xi}$，且 $\boldsymbol{\beta}_1+\boldsymbol{\beta}_2$ 也不是 $\boldsymbol{Ax}=\boldsymbol{0}$ 的解. (D)中虽有特解，但 $\boldsymbol{\alpha}_1,\boldsymbol{\beta}_1-\boldsymbol{\beta}_2$ 的线性相关性不能判定，故(A)、(C)、(D)均不正确.

唯(B)中，$\dfrac{\boldsymbol{\beta}_1+\boldsymbol{\beta}_2}{2}$ 是 $\boldsymbol{Ax}=\boldsymbol{b}$ 的解，$\boldsymbol{\alpha}_1,\boldsymbol{\alpha}_1-\boldsymbol{\alpha}_2$ 是 $\boldsymbol{Ax}=\boldsymbol{0}$ 的线性无关的解，是基础解系. 故应选(B).

79. 设 $\boldsymbol{A}$ 是 $m\times n$ 矩阵，$\boldsymbol{Ax}=\boldsymbol{0}$ 是非齐次线性方程组 $\boldsymbol{Ax}=\boldsymbol{b}$ 所对应的齐次线性方程组，则下列结论正确的是________.

(A)若 $\boldsymbol{Ax}=\boldsymbol{0}$ 仅有零解，则 $\boldsymbol{Ax}=\boldsymbol{b}$ 有唯一解；

(B)若 $\boldsymbol{Ax}=\boldsymbol{0}$ 有非零解，则 $\boldsymbol{Ax}=\boldsymbol{b}$ 有无穷多个解；

(C)若 $\boldsymbol{Ax}=\boldsymbol{b}$ 有无穷多个解，则 $\boldsymbol{Ax}=\boldsymbol{0}$ 仅有零解；

(D)若 $\boldsymbol{Ax}=\boldsymbol{b}$ 有无穷多个解，则 $\boldsymbol{Ax}=\boldsymbol{0}$ 有非零解.

解 $\boldsymbol{Ax}=\mathbf{0}$ 仅有零解$\Leftrightarrow r(\boldsymbol{A})=n$，$\boldsymbol{Ax}=\boldsymbol{b}$ 有唯一解$\Leftrightarrow r(\boldsymbol{A})=r(\widetilde{\boldsymbol{A}})=n$.

现在的问题是由 $r(\boldsymbol{A})=n$ 能否推出 $r(\widetilde{\boldsymbol{A}})=n$？若 $\boldsymbol{A}$ 是 n 阶矩阵，结论肯定正确，那么 $m\times n$ 矩阵呢？考察下面的例子：

$$\begin{cases}x_1+x_2=0;\\x_1-x_2=0;\\x_1+x_2=0.\end{cases}\begin{cases}x_1+x_2=1;\\x_1-x_2=2;\\x_1+x_2=3.\end{cases}$$

显然 $\boldsymbol{Ax}=\mathbf{0}$ 只有零解，而 $\boldsymbol{Ax}=\boldsymbol{b}$ 无解，可见(A)不正确.

$\boldsymbol{Ax}=\boldsymbol{b}$ 有无穷多解$\Leftrightarrow r(\boldsymbol{A})=r(\widetilde{\boldsymbol{A}})<n$. 因为 $r(\boldsymbol{A})<0$，故 $\boldsymbol{Ax}=\mathbf{0}$ 必有非零解. 所以(D)正确. 故应选(D).

80. 要使 $\boldsymbol{\xi}_1=\begin{bmatrix}1\\0\\2\end{bmatrix}$，$\boldsymbol{\xi}_2=\begin{bmatrix}0\\1\\-1\end{bmatrix}$ 都是线性方程组 $\boldsymbol{Ax}=\mathbf{0}$ 的解，只要系数矩阵 $\boldsymbol{A}$ 为________.

(A) $(-2\quad 1\quad 1)$；

(B) $\begin{bmatrix}2&0&1\\0&1&1\end{bmatrix}$；

(C) $\begin{bmatrix}-1&0&2\\0&1&-1\end{bmatrix}$；

(D) $\begin{bmatrix}0&1&-1\\4&-2&-2\\0&1&1\end{bmatrix}$.

解 因为 $\boldsymbol{\xi}_1,\boldsymbol{\xi}_2$ 是 $\boldsymbol{Ax}=\mathbf{0}$ 的 2 个线性无关的解，故 $n-r(\boldsymbol{A})\geqslant 2$，知 $r(\boldsymbol{A})\leqslant 1$. 所以只能选(A).

81. 非齐次线性方程组 $\boldsymbol{Ax}=\boldsymbol{b}$ 中未知量个数为 n，方程个数为 m，系数矩阵 $\boldsymbol{A}$ 的秩为 r，则________.

(A) $r=m$ 时，方程组 $\boldsymbol{Ax}=\boldsymbol{b}$ 有解；

(B) $r=n$ 时，方程组 $\boldsymbol{Ax}=\boldsymbol{b}$ 有唯一解；

(C) $m=n$ 时，方程组 $\boldsymbol{Ax}=\boldsymbol{b}$ 有唯一解；

(D) $r<n$ 时，方程组 $\boldsymbol{Ax}=\boldsymbol{b}$ 有无穷多解.

解 因 $\boldsymbol{A}$ 是 $m\times n$ 矩阵，若秩 $r(\boldsymbol{A})=m$，则 $m=r(\boldsymbol{A})\leqslant r(\boldsymbol{A},\boldsymbol{b})\leqslant m$. 于是 $r(\boldsymbol{A})=r(\boldsymbol{A},\boldsymbol{b})$ 故方程组有解，选(A).

或，由 $r(\boldsymbol{A})=m$，知 $\boldsymbol{A}$ 的行向量组线性无关，那么其延伸组必线性无关，故增广矩阵$(\boldsymbol{A},\boldsymbol{b})$的 m 个行向量也是线性无关的亦知 $r(\boldsymbol{A})=r(\boldsymbol{A},\boldsymbol{b})$.

关于(B)、(D)不正确的原因是：由 $r(\boldsymbol{A})=r$ 不能推导出 $r(\boldsymbol{A},\boldsymbol{b})=n$（注意 $\boldsymbol{A}$ 是 $m\times n$ 矩阵，m 可能大于 n），由 $r(\boldsymbol{A})=r$ 亦不能导出 $r(\boldsymbol{A},\boldsymbol{b})=r$.

至于(C)，由克莱姆法则，$r(\boldsymbol{A})=n$ 时才有唯一解，而现在的条件是 $r(\boldsymbol{A})=r$，因此(C)，不正确.

82. 设线性方程组

$$\begin{cases}x_1+x_2+x_3=0;\\x_1+2x_2+ax_3=0;\\x_1+4x_2+a^2x_3=0.\end{cases}\tag{1}$$

与方程

$$x_1+2x_2+x_3=a-1 \tag{2}$$

有公共解,求 a 的值及所有公共解.

解 将(1)与(2)联立,得

$$\begin{cases}x_1+x_2+x_3=0;\\x_1+2x_2+ax_3=0;\\x_1+4x_2+a^2x_3=0;\\x_1+2x_2+x_3=a-1.\end{cases} \tag{3}$$

则方程组(3)的解就是方程组(1)与(2)的公共解。

对方程组(3)的增广矩阵作初等变换,有

$$\widetilde{\boldsymbol{A}}=\begin{bmatrix}1&1&1&0\\1&2&a&0\\1&4&a^2&0\\1&2&1&a-1\end{bmatrix}\to\begin{bmatrix}1&1&1&0\\0&1&a-1&0\\0&3&a^2-1&0\\0&1&0&a-1\end{bmatrix}\to\begin{bmatrix}1&1&1&0\\0&1&a-1&0\\0&0&(a-1)(a-1)&0\\0&0&1-a&a-1\end{bmatrix},$$

如果 $a=1$,则 $\widetilde{\boldsymbol{A}}\to\begin{bmatrix}1&1&1&0\\0&1&0&0\\0&0&0&0\\0&0&0&0\end{bmatrix}$. 从而方程组的通解为 $k(0,1,-1)^{\mathrm{T}}$,即是方程组(1)与(2)的公共解.

如果 $a=2$,则 $\widetilde{\boldsymbol{A}}\to\begin{bmatrix}1&1&1&0\\0&1&1&0\\0&0&-1&1\\0&0&0&0\end{bmatrix}$. 从而方程组的解为 $(0,1,-1)^{\mathrm{T}}$,即是方程组(1)与(2)的公共解.

83. 设 n 元线性方程组 $\boldsymbol{Ax}=\boldsymbol{b}$,其中

$$\boldsymbol{A}=\begin{bmatrix}2a&1&&&&\\a^2&2a&1&&&\\&a^2&2a&1&&\\&&\ddots&\ddots&\ddots&\\&&&a^2&2a&1\\&&&&a^2&2a\end{bmatrix}_{n\times n},\boldsymbol{x}=\begin{bmatrix}x_1\\x_2\\\vdots\\x_n\end{bmatrix},\boldsymbol{b}=\begin{bmatrix}1\\0\\\vdots\\0\end{bmatrix}.$$

(Ⅰ)当 a 为何值时,该方程组有唯一解,并求 x_1;

(Ⅱ)当 a 为何值时,该方程组有无穷多解,并求通解.

解 (Ⅰ)由克莱姆法则,$|\boldsymbol{A}|\neq0$,方程组有唯一解,故 $a\neq0$ 时方程组有唯一解,且用克莱姆(记 n 阶行列式 $|\boldsymbol{A}|$ 的值为 D_n),有

$$x_1=\frac{\begin{vmatrix}1 & 1 & & & \\ 0 & 2a & 1 & & \\ 0 & a^2 & 2a & 1 & \\ \vdots & & \ddots & \ddots & \ddots \\ 0 & & & a^2 & 2a & 1\end{vmatrix}}{D_n}=\frac{na^{n-1}}{(n+1)a^n}=\frac{n}{(n+1)a}.$$

(Ⅱ)当 $a=0$,方程组 $\begin{bmatrix}0 & 1 & & & \\ & 0 & 1 & & \\ & & \ddots & \ddots & \\ & & & \ddots & 1 \\ & & & & 0\end{bmatrix}\begin{bmatrix}x_1\\x_2\\\vdots\\x_n\end{bmatrix}=\begin{bmatrix}1\\0\\\vdots\\0\end{bmatrix}$ 有无穷多解. 其通解为 $(0,1,0,\cdots,0)^{\mathrm{T}}+k(1,0,0,\cdots,0)^{\mathrm{T}}$,$k$ 为任意常数.

84. 设 $\boldsymbol{\alpha}_1,\boldsymbol{\alpha}_2,\boldsymbol{\alpha}_3$ 是 4 元非齐次线性方程组 $\boldsymbol{Ax}=\boldsymbol{b}$ 的三个解向量,且秩$(\boldsymbol{A})=3$,$\boldsymbol{\alpha}_1=(1,2,3,4)^{\mathrm{T}}$,$\boldsymbol{\alpha}_2+\boldsymbol{\alpha}_3=(0,1,2,3)^{\mathrm{T}}$,$c$ 表示任意常数,则线性方程组 $\boldsymbol{Ax}=\boldsymbol{b}$ 的通解 $\boldsymbol{x}=$________.

(A) $\begin{bmatrix}1\\2\\3\\4\end{bmatrix}+c\begin{bmatrix}1\\1\\1\\1\end{bmatrix}$;　　(B) $\begin{bmatrix}1\\2\\3\\4\end{bmatrix}+c\begin{bmatrix}0\\1\\2\\3\end{bmatrix}$;

(C) $\begin{bmatrix}1\\2\\3\\4\end{bmatrix}+c\begin{bmatrix}2\\3\\4\\5\end{bmatrix}$;　　(D) $\begin{bmatrix}1\\2\\3\\4\end{bmatrix}+c\begin{bmatrix}3\\4\\5\\6\end{bmatrix}$.

解　方程组 $\boldsymbol{Ax}=\boldsymbol{b}$ 有解,应搞清解的结构.

由 $n-r(\boldsymbol{A})=4-3=1$,所以通解形式为 $\boldsymbol{\alpha}+k\boldsymbol{\eta}$,其中 $\boldsymbol{\alpha}$ 是特解,$\boldsymbol{\eta}$ 是导出组 $\boldsymbol{Ax}=\boldsymbol{0}$ 的基础解系. 现特解可取为 $\boldsymbol{\alpha}_1$,下面应找出 $\boldsymbol{Ax}=\boldsymbol{0}$ 的一个非零解:

由于 $\boldsymbol{A\alpha}_i=\boldsymbol{b}$,有 $\boldsymbol{A}[2\boldsymbol{\alpha}_1-(\boldsymbol{\alpha}_2+\boldsymbol{\alpha}_3)]=\boldsymbol{0}$,即 $2\boldsymbol{\alpha}_1-(\boldsymbol{\alpha}_2+\boldsymbol{\alpha}_3)=(2,3,4,5)^{\mathrm{T}}$ 是 $\boldsymbol{Ax}=\boldsymbol{0}$ 的一个非零解. 故应选(C).

85. 设 $\boldsymbol{A}$ 是 n 阶矩阵,$\boldsymbol{\alpha}$ 是 n 维列向量,若秩$\begin{bmatrix}\boldsymbol{A} & \boldsymbol{\alpha}\\ \boldsymbol{\alpha}^{\mathrm{T}} & \boldsymbol{O}\end{bmatrix}=$秩$(\boldsymbol{A})$,则线性方程组________.

(A) $\boldsymbol{Ax}=\boldsymbol{\alpha}$ 必有无穷多解;　　(B) $\boldsymbol{Ax}=\boldsymbol{\alpha}$ 必有唯一解;

(C) $\begin{bmatrix}\boldsymbol{A} & \boldsymbol{\alpha}\\ \boldsymbol{\alpha}^{\mathrm{T}} & \boldsymbol{O}\end{bmatrix}\begin{bmatrix}\boldsymbol{x}\\ \boldsymbol{y}\end{bmatrix}=\boldsymbol{0}$ 仅有零解;　　(D) $\begin{bmatrix}\boldsymbol{A} & \boldsymbol{\alpha}\\ \boldsymbol{\alpha}^{\mathrm{T}} & \boldsymbol{O}\end{bmatrix}\begin{bmatrix}\boldsymbol{x}\\ \boldsymbol{y}\end{bmatrix}=\boldsymbol{0}$ 必有非零解.

解　因为"$\boldsymbol{Ax}=\boldsymbol{0}$ 仅有零解"与"$\boldsymbol{Ax}=\boldsymbol{0}$ 必有非零解"这两个命题必然是一对一错,不可能两个命题同时正确,也不可能两个命题同时错误. 所以本题应当从(C)或(D)入手.

由于 $\begin{bmatrix}\boldsymbol{A} & \boldsymbol{\alpha}\\ \boldsymbol{\alpha}^{\mathrm{T}} & \boldsymbol{O}\end{bmatrix}$ 是 $n+1$ 阶矩阵,$\boldsymbol{A}$ 是 n 阶矩阵,故必有 $r\begin{bmatrix}\boldsymbol{A} & \boldsymbol{\alpha}\\ \boldsymbol{\alpha}^{\mathrm{T}} & \boldsymbol{O}\end{bmatrix}=r(\boldsymbol{A})\leqslant n<n+1$. 因此(D)正确.

86. 已知平面上三条不同直线的方程分别为

$$l_1: ax+2by+3c=0;$$
$$l_2: bx+2cy+3b=0;$$
$$l_3: cx+2ay+3c=0.$$

试证这三条直线交于一点的充分必要条件为 $a+b+c=0$.

证 必要性 若三条直线交于一点，则线性方程组

$$\begin{cases} ax+2by=-3c; \\ bx+2cy=-3a; \\ cx+2ay=-3b. \end{cases} \tag{1}$$

有唯一解，故 $r(\boldsymbol{A})=r(\widetilde{\boldsymbol{A}})=2$. 于是 $|\widetilde{\boldsymbol{A}}|=0$. 由于

$$\begin{aligned} |\widetilde{\boldsymbol{A}}| &= \begin{vmatrix} a & 2b & -3c \\ b & 2c & -3a \\ c & 2a & -3b \end{vmatrix} = 6(a+b+c)\begin{vmatrix} 1 & 1 & -1 \\ b & c & -a \\ c & a & -b \end{vmatrix} \\ &= 6(a+b+c)(a^2+b^2+c^2-ab-ac-bc) \\ &= 3(a+b+c)[(a-b)^2+(b-c)^2(c-a)^2], \end{aligned} \tag{2}$$

由 l_1, l_2, l_3 是三条不同直线，知 $a=b=c$ 不成立，故 $(a-b)^2+(b-c)^2+(c-a)^2\neq 0$. 故必有 $a+b+c=0$.

充分性 若 $a+b+c=0$，由(2)知 $|\widetilde{\boldsymbol{A}}|=0$，故秩 $r(\widetilde{\boldsymbol{A}})<3$. 由

$$\begin{vmatrix} a & 2b \\ b & 2c \end{vmatrix} = 2(ac-b)^2 = -2[a(a+b)+b^2] = -2\left[\left(a+\frac{1}{2}b\right)^2+\frac{3}{4}b^2\right]\neq 0,$$

(否则 $a=b=c=0$.)知 $r(\boldsymbol{A})=2$. 于是 $r(\boldsymbol{A})=r(\widetilde{\boldsymbol{A}})=2$. 因此，方程组(1)有唯一解，即三条直线 l_1, l_2, l_3 交于一点.

87. 设 $\boldsymbol{\alpha}_1, \boldsymbol{\alpha}_2, \boldsymbol{\alpha}_3$ 是 3 维向量空间 $\boldsymbol{R}^3$ 的一组基，则由基 $\boldsymbol{\alpha}_1, \frac{1}{2}\boldsymbol{\alpha}_2, \frac{1}{3}\boldsymbol{\alpha}_3$ 到基 $\boldsymbol{\alpha}_1+\boldsymbol{\alpha}_2, \boldsymbol{\alpha}_2+\boldsymbol{\alpha}_3, \boldsymbol{\alpha}_3+\boldsymbol{\alpha}_1$ 的过渡矩阵为

(A) $\begin{vmatrix} 1 & 0 & 1 \\ 2 & 2 & 0 \\ 0 & 3 & 3 \end{vmatrix}$;　　(B) $\begin{vmatrix} 1 & 2 & 0 \\ 0 & 2 & 3 \\ 1 & 0 & 3 \end{vmatrix}$;

(C) $\begin{vmatrix} \frac{1}{2} & \frac{1}{4} & -\frac{1}{6} \\ -\frac{1}{2} & \frac{1}{4} & \frac{1}{6} \\ \frac{1}{2} & -\frac{1}{4} & \frac{1}{6} \end{vmatrix}$;　　(D) $\begin{vmatrix} \frac{1}{2} & -\frac{1}{2} & \frac{1}{2} \\ \frac{1}{4} & \frac{1}{4} & -\frac{1}{4} \\ -\frac{1}{6} & \frac{1}{6} & \frac{1}{6} \end{vmatrix}$.

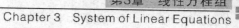

解 由于

$$(\boldsymbol{\alpha}_1+\boldsymbol{\alpha}_2,\boldsymbol{\alpha}_2+\boldsymbol{\alpha}_3,\boldsymbol{\alpha}_3+\boldsymbol{\alpha}_1)=\left(\boldsymbol{\alpha}_1,\frac{1}{2}\boldsymbol{\alpha}_2,\frac{1}{3}\boldsymbol{\alpha}_3\right)\begin{bmatrix}1&0&1\\2&2&0\\0&3&3\end{bmatrix},$$

按过渡矩阵定义知,应选(A).

Chapter 4 第 4 章

相似矩阵

Similar Matrix

内容提要

一、特征值与特征向量

1. 特征值

(1)特征矩阵　设 $\boldsymbol{A}=(a_{ij})_{n\times n}$ 为 n 阶方阵,含有数 λ 的矩阵 $(\lambda\boldsymbol{E}-\boldsymbol{A})$,称为 $\boldsymbol{A}$ 的特征矩阵.

(2)特征多项式　$\boldsymbol{A}$ 的特征矩阵的行列式 $|\lambda\boldsymbol{E}-\boldsymbol{A}|$ 称为 $\boldsymbol{A}$ 的特征多项式. 它是 λ 的 n 次多项式:$f(\lambda)=\lambda^n+a_1\lambda^{n-1}+\cdots+a_n$.

(3)特征值　方程 $|\lambda\boldsymbol{E}-\boldsymbol{A}|=0$ 称为 $\boldsymbol{A}$ 的特征方程;特征方程的根称为 $\boldsymbol{A}$ 的特征值(或特征根).

2. 特征向量　设 λ_0 是 $\boldsymbol{A}$ 的一个特征值,齐次线性方程组 $(\lambda_0\boldsymbol{E}-\boldsymbol{A})\boldsymbol{x}=\boldsymbol{0}$ 的任意一个非零解 $\boldsymbol{\xi}$,称为矩阵 $\boldsymbol{A}$ 对应于特征值 λ_0 的特征向量.

3. 特征值与特征向量的性质

定理　设有 n 阶方阵 $\boldsymbol{A}$、常数 λ 及 n 维向量 $\boldsymbol{\xi}$,向量 $\boldsymbol{\xi}$ 是方阵 $\boldsymbol{A}$ 对应于特征值 λ 的特征向量的充分必要条件是 $\boldsymbol{A\xi}=\lambda\boldsymbol{\xi}$.

定理　n 阶方阵 $\boldsymbol{A}$ 与其转置矩阵 $\boldsymbol{A}^{\mathrm{T}}$ 有相同的特征值.

定理　设 n 阶方阵 $\boldsymbol{A}=(a_{ij})_{n\times n}$ 的 n 个特征值为 $\lambda_1,\lambda_2,\cdots,\lambda_n$,则

(1) $\lambda_1\cdot\lambda_2\cdots\lambda_n=|\boldsymbol{A}|$;

(2) $\lambda_1+\lambda_2+\cdots+\lambda_n=a_{11}+a_{22}+\cdots+a_{nn}$.

矩阵 $\boldsymbol{A}$ 的主对角线上元素的和称为矩阵 $\boldsymbol{A}$ 的迹,记作 $\mathrm{tr}(\boldsymbol{A})$,即

$$\mathrm{tr}(\boldsymbol{A})=a_{11}+a_{22}+\cdots+a_{nn}=\sum_{i=1}^{n}\lambda_i.$$

推论　n 阶方阵 $\boldsymbol{A}$ 可逆的充要条件是 $\boldsymbol{A}$ 的特征值不等于零.

定理　特征多项式的展开式为

$$|\lambda \boldsymbol{E}-\boldsymbol{A}|=\lambda^n-\sum_{i=1}^{n}a_{ii}\lambda^{n-1}+\cdots+(-1)^k S_k\lambda^{n-k}+\cdots+(-1)^n|\boldsymbol{A}|.$$

其中 S_k 是 $\boldsymbol{A}$ 的全体 k 阶主子式的和.

定理 矩阵 $\boldsymbol{A}$ 关于同一个特征值 λ_i 的任意两个特征向量 $\boldsymbol{\xi}_{i1},\boldsymbol{\xi}_{i2}$ 的非零线性组合

$$k_1\boldsymbol{\xi}_{i1}+k_2\boldsymbol{\xi}_{i2}\quad (k_1,k_2\text{ 不全为零}),$$

也是 $\boldsymbol{A}$ 对应于特征值 λ_i 的特征向量.

定理 矩阵 $\boldsymbol{A}$ 的不同的特征值所对应的特征向量是线性无关的.

定理 矩阵 $\boldsymbol{A}$ 的 r 个不同的特征值所对应的 r 组线性无关的特征向量组并在一起仍然是线性无关的.

定理 设 λ_0 是 n 阶方阵 $\boldsymbol{A}$ 的一个 t 重特征值,则 λ_0 对应的特征向量集合中线性无关的向量个数不超过 t.

二、方阵的相似对角化

1. 相似矩阵的概念

定义 设 $\boldsymbol{A}$ 和 $\boldsymbol{B}$ 为两个 n 阶方阵,若存在可逆矩阵 $\boldsymbol{P}$,使得 $\boldsymbol{P}^{-1}\boldsymbol{AP}=\boldsymbol{B}$,则称 $\boldsymbol{A}$ 和 $\boldsymbol{B}$ 相似,或称 $\boldsymbol{A}$ 相似于 $\boldsymbol{B}$,记为 $\boldsymbol{A}\sim\boldsymbol{B}$. 可逆矩阵 $\boldsymbol{P}$ 称为相似变换矩阵.

定理 设 n 阶方阵 $\boldsymbol{A}=(a_{ij})$ 和 $\boldsymbol{B}=(b_{ij})$ 相似,则有

(1) $r(\boldsymbol{A})=r(\boldsymbol{B})$;

(2) $|\boldsymbol{A}|=|\boldsymbol{B}|$;

(3) $|\lambda\boldsymbol{E}-\boldsymbol{A}|=|\lambda\boldsymbol{E}-\boldsymbol{B}|$,即相似矩阵有相同的特征多项式,因而有相同的特征值;

(4) $\sum_{i=1}^{n}a_{ii}=\sum_{i=1}^{n}\lambda_i=\sum_{i=1}^{n}b_{ii}$,即矩阵 $\boldsymbol{A}$ 和 $\boldsymbol{B}$ 有相同的迹.

相似是方阵之间的一种关系,这种关系具有下列性质:

(1) 自反性,即 $\boldsymbol{A}\sim\boldsymbol{A}$;

(2) 对称性,即 $\boldsymbol{A}\sim\boldsymbol{B}$,则 $\boldsymbol{B}\sim\boldsymbol{A}$;

(3) 传递性,即 $\boldsymbol{A}\sim\boldsymbol{B},\boldsymbol{B}\sim\boldsymbol{C}$,则 $\boldsymbol{A}\sim\boldsymbol{C}$.

2. 方阵相似于对角矩阵的条件

定义 对于 n 阶方阵 $\boldsymbol{A}$,若存在可逆矩阵 $\boldsymbol{P}$,使得

$$\boldsymbol{P}^{-1}\boldsymbol{AP}=\boldsymbol{\Lambda}=\begin{bmatrix}\lambda_1 & & & \\ & \lambda_2 & & \\ & & \ddots & \\ & & & \lambda_n\end{bmatrix},$$

则称 $\boldsymbol{A}$ 相似于对角矩阵,或称 $\boldsymbol{A}$ 可相似对角化.

定理 n 阶方阵 $\boldsymbol{A}$ 可相似对角化的充分必要条件是 $\boldsymbol{A}$ 有 n 个线性无关的特征向量.

注意 若 $\boldsymbol{A}$ 可通过相似变换化为对角矩阵 $\boldsymbol{\Lambda}$,则 $\boldsymbol{\Lambda}$ 的对角线上的元素是 $\boldsymbol{A}$ 的 n 个特征值 $\lambda_1,\lambda_2,\cdots,\lambda_n$,相似变换矩阵 $\boldsymbol{P}$ 的列向量是 $\boldsymbol{A}$ 的特征值对应的 n 个线性无关的特征向量 $\boldsymbol{\xi}_1,\boldsymbol{\xi}_2,\cdots,\boldsymbol{\xi}_n$.

推论 1 若 n 阶方阵 $\boldsymbol{A}$ 有 n 个互异的特征值，则 $\boldsymbol{A}$ 必能够相似于对角矩阵.

推论 2 n 阶方阵 $\boldsymbol{A}$ 相似于对角矩阵的充要条件是，$\boldsymbol{A}$ 的每一个 t_i 重特征值 λ_i 对应 t_i 个线性无关的特征向量.

3. 化 $\boldsymbol{A}$ 为对角矩阵 $\boldsymbol{\Lambda}$ 步骤

(1)先求出 $\boldsymbol{A}$ 的特征值 $\lambda_1,\lambda_2,\cdots,\lambda_n$；

(2)再求所对应的线性无关的特征向量 $\boldsymbol{\xi}_1,\boldsymbol{\xi}_2,\cdots,\boldsymbol{\xi}_n$；

(3)构造可逆矩阵 $\boldsymbol{P}=(\boldsymbol{\xi}_1,\boldsymbol{\xi}_2,\cdots,\boldsymbol{\xi}_n)$，则 $|P|\neq 0$，且 $\boldsymbol{P}^{-1}\boldsymbol{AP}=\boldsymbol{\Lambda}$.

范例解析

例 1 (1)问 $(\lambda_0\boldsymbol{E}-\boldsymbol{A})\boldsymbol{x}=\boldsymbol{0}$ 的解向量是否都是 $\boldsymbol{A}$ 的属于特征值 λ_0 的特征向量？

(2)如果 $\boldsymbol{\alpha}$ 是 $\boldsymbol{A}$ 的属于特征值 λ_0 的特征向量，则 $\boldsymbol{\alpha}$ 的倍向量 $k\boldsymbol{\alpha}$ 是否也是 $\boldsymbol{A}$ 的属于 λ_0 的特征向量？

(3)如果 $\boldsymbol{\alpha},\boldsymbol{\beta}$ 是 $\boldsymbol{A}$ 的属于特征值 λ_0 的任意两个特征向量，则其线性组合 $k_1\boldsymbol{\alpha}+k_2\boldsymbol{\beta}$ 是否都是 $\boldsymbol{A}$ 的属于 λ_0 的特征向量？

解 由定义知，特征向量是非零向量，因此

(1)如解向量是非零向量，就是 $\boldsymbol{A}$ 的属于 λ_0 的特征向量.

(2)如 $k\boldsymbol{\alpha}\neq\boldsymbol{0}$，即 $k\neq 0$，则 $k\boldsymbol{\alpha}$ 也是 $\boldsymbol{A}$ 的属于 λ_0 的特征向量.

(3)如果 $k_1\boldsymbol{\alpha}+k_2\boldsymbol{\beta}\neq\boldsymbol{0}$，则它就是 $\boldsymbol{A}$ 的属于 λ_0 的特征向量.

例 2 对于特征值 λ_0，如果方程组 $(\lambda_0\boldsymbol{E}-\boldsymbol{A})\boldsymbol{x}=\boldsymbol{0}$ 的基础解系由 $\boldsymbol{\alpha}_1,\boldsymbol{\alpha}_2$ 所组成，那么 $\boldsymbol{A}$ 的属于 λ_0 的全部特征向量为 $k_1\boldsymbol{\alpha}_1(k_1\neq 0)$，或为 $k_2\boldsymbol{\alpha}_2(k_2\neq 0)$，或为 $k_1\boldsymbol{\alpha}_1+k_2\boldsymbol{\alpha}_2$，这些说法对吗？

解 说法都不对. 把 $k_1\boldsymbol{\alpha}_1$ 或 $k_2\boldsymbol{\alpha}_2(k_1\neq 0,k_2\neq 0)$ 作为 $\boldsymbol{A}$ 的属于 λ_0 的全部特征向量，丢掉了 k_1,k_2 全不为零的特征向量；把 $k_1\boldsymbol{\alpha}_1+k_2\boldsymbol{\alpha}_2$ 作为 $\boldsymbol{A}$ 的属于 λ_0 的全部特征向量，由于没有指明 k_1,k_2 不同时为零，因而把 $k_1=k_2=0$ 时所得到的零向量也作为特征向量，不符合定义.

例 3 设 $\boldsymbol{\alpha}$ 为矩阵 $\boldsymbol{A}$ 的属于特征值 λ 的特征向量，记 $\boldsymbol{B}=\boldsymbol{A}^2+p\boldsymbol{A}+q\boldsymbol{E}$（$p,q$ 为常数），证明 $\boldsymbol{\alpha}$ 是矩阵 $\boldsymbol{B}$ 属于特征值 $\lambda^2+p\lambda+q$ 的特征向量.

证 由 $\boldsymbol{A\alpha}=\lambda\boldsymbol{\alpha}$，得到 $\boldsymbol{A}^2\boldsymbol{\alpha}=\lambda\boldsymbol{A\alpha}=\lambda^2\boldsymbol{\alpha}$，故

$$\begin{aligned}\boldsymbol{B\alpha}&=(\boldsymbol{A}^2+p\boldsymbol{A}+q\boldsymbol{E})\boldsymbol{\alpha}=\boldsymbol{A}^2\boldsymbol{\alpha}+p(\boldsymbol{A\alpha})+q\boldsymbol{E\alpha}\\&=\lambda^2\boldsymbol{\alpha}+p\lambda\boldsymbol{\alpha}+q\boldsymbol{\alpha}=(\lambda^2+p\lambda+q)\boldsymbol{\alpha}.\end{aligned}$$

例 4 设 $\boldsymbol{A}$ 为 n 阶可逆阵，且有 n 个线性无关的特征向量，证明 $\boldsymbol{A}^{-1}$ 与 $\boldsymbol{A}$ 及 $\boldsymbol{A}+\boldsymbol{A}^{-1}$ 与 $\boldsymbol{A}$ 都有相同的 n 个线性无关的特征向量.

证 因 $\boldsymbol{A\alpha}=\lambda\boldsymbol{\alpha}$，$\boldsymbol{A}$ 可逆，故 $\lambda\neq 0$，即 $\boldsymbol{A}^{-1}\boldsymbol{A\alpha}=\lambda\boldsymbol{A}^{-1}\boldsymbol{\alpha}$，亦即 $\boldsymbol{A}^{-1}\boldsymbol{\alpha}=(1/\lambda)\boldsymbol{\alpha}$，所以 $\boldsymbol{A}^{-1}$ 与 $\boldsymbol{A}$ 都有相同的 n 个线性无关的特征向量. 又由

$$(\boldsymbol{A}+\boldsymbol{A}^{-1})\boldsymbol{\alpha}=\boldsymbol{A\alpha}+\boldsymbol{A}^{-1}\boldsymbol{\alpha}=\lambda\boldsymbol{\alpha}+(1/\lambda)\boldsymbol{\alpha}=(\lambda+1/\lambda)\boldsymbol{\alpha}$$

可知，$\boldsymbol{A}+\boldsymbol{A}^{-1}$ 与 $\boldsymbol{A}$ 有相同的 n 个线性无关的特征向量.

例 5 一个向量 $\boldsymbol{\alpha}$ 不可能同时是矩阵 $\boldsymbol{A}$ 的不同特征值的特征向量（即一个特征向量只能属于一个特征值），试证之.

证 用反证法证之.如果$\boldsymbol{\alpha}$是矩阵$\boldsymbol{A}$的不同特征值λ_1,λ_2的特征向量,则

$$\boldsymbol{A\alpha}=\lambda_1\boldsymbol{\alpha},\boldsymbol{A\alpha}=\lambda_2\boldsymbol{\alpha}.$$

从而$\lambda_1\boldsymbol{\alpha}=\lambda_2\boldsymbol{\alpha}$,即$(\lambda_1-\lambda_2)\boldsymbol{\alpha}=\boldsymbol{0}$,因$\lambda_1\neq\lambda_2$,故$\boldsymbol{\alpha}=0$,这与特征向量的定义矛盾.

例6 设λ_1,λ_2是n阶矩阵$\boldsymbol{A}$的两个不同的特征值,$\boldsymbol{\alpha}_1,\boldsymbol{\alpha}_2$分别是$\boldsymbol{A}$的属于$\lambda_1,\lambda_2$的特征向量,证明$\boldsymbol{\alpha}_1+\boldsymbol{\alpha}_2$不是$\boldsymbol{A}$的特征向量.

证 假设$\boldsymbol{\alpha}_1+\boldsymbol{\alpha}_2$是$\boldsymbol{A}$的属于特征值$\lambda$的特征向量,则

$$\boldsymbol{A}(\boldsymbol{\alpha}_1+\boldsymbol{\alpha}_2)=\lambda(\boldsymbol{\alpha}_1+\boldsymbol{\alpha}_2)=\lambda\boldsymbol{\alpha}_1+\lambda\boldsymbol{\alpha}_2. \tag{1}$$

又

$$\boldsymbol{A}(\boldsymbol{\alpha}_1+\boldsymbol{\alpha}_2)=\boldsymbol{A\alpha}_1+\boldsymbol{A\alpha}_2=\lambda_1\boldsymbol{\alpha}_1+\lambda_2\boldsymbol{\alpha}_2, \tag{2}$$

(1)−(2)得

$$(\lambda-\lambda_1)\boldsymbol{\alpha}_1+(\lambda-\lambda_2)\boldsymbol{\alpha}_2=\boldsymbol{0}.$$

由于$\lambda_1\neq\lambda_2$,$\boldsymbol{\alpha}_1$与$\boldsymbol{\alpha}_2$线性无关,故$\lambda-\lambda_1=\lambda-\lambda_2=0$,从而$\lambda_1=\lambda_2$与$\lambda_1\neq\lambda_2$矛盾,故$\boldsymbol{\alpha}_1+\boldsymbol{\alpha}_2$不是$\boldsymbol{A}$的特征向量.

例7 设$\boldsymbol{\alpha}_i$为矩阵$\boldsymbol{A}$的属于互异特征值$\lambda_i(1,2,\cdots,t)$的特征向量,证明当k_i中至少有两个不为零时$(i=1,2,\cdots,t)$,则$k_1\boldsymbol{\alpha}_1+k_2\boldsymbol{\alpha}_2+\cdots+k_t\boldsymbol{\alpha}_t$必不是$\boldsymbol{A}$的特征向量.

证 设$\boldsymbol{A}(k_1\boldsymbol{\alpha}_1+\cdots+k_t\boldsymbol{\alpha}_t)=\lambda(k_1\boldsymbol{\alpha}_1+\cdots+k_t\boldsymbol{\alpha}_t)$,则

$$k_1(\lambda-\lambda_1)\boldsymbol{\alpha}_1+k_2(\lambda-\lambda_2)\boldsymbol{\alpha}_2+\cdots+k_t(\lambda-\lambda_t)\boldsymbol{\alpha}_t=\boldsymbol{0}.$$

因属于不同特征值的特征向量线性无关,故

$$k_1(\lambda-\lambda_1)=k_2(\lambda-\lambda_2)=\cdots=k_t(\lambda-\lambda_t)=0,$$

但由题设$k_1,k_2,\cdots,k_t$中至少有两个不为零,不妨设$k_r\neq0,k_s\neq0(1\leqslant r,s\leqslant t)$,由

$$k_r(\lambda-\lambda_r)=k_s(\lambda-\lambda_s)=0.$$

得到$\lambda=\lambda_r=\lambda_s$,这与特征值互异矛盾,所以$k_1\boldsymbol{\alpha}_1+\cdots+k_t\boldsymbol{\alpha}_t$必不是$\boldsymbol{A}$的特征向量.

例8 求矩阵$\boldsymbol{A}=\begin{bmatrix}1&2&3\\2&1&3\\3&3&6\end{bmatrix}$的特征值和特征向量,并问其特征向量是否两两正交.

解 为求$\boldsymbol{A}$的特征值,将$|\lambda\boldsymbol{E}-\boldsymbol{A}|$分解成$\lambda$的一次因式的乘积,为此将$|\lambda\boldsymbol{E}-\boldsymbol{A}|$中某个元素(例如第三行第1列处元素)消成零,提取$\lambda$的一次因式:

$$\begin{aligned}|\lambda\boldsymbol{E}-\boldsymbol{A}|&=\begin{vmatrix}\lambda-1&-2&-3\\-2&\lambda-1&-3\\-3&-3&\lambda-6\end{vmatrix}=\begin{vmatrix}\lambda+1&-2&-3\\-\lambda-1&\lambda-1&-3\\0&-3&\lambda-6\end{vmatrix}\\&=(\lambda+1)\begin{vmatrix}1&-2&-3\\-1&\lambda-1&-3\\0&-3&\lambda-6\end{vmatrix}=(\lambda+1)\begin{vmatrix}1&-2&-3\\0&\lambda-3&-6\\0&-3&\lambda-6\end{vmatrix}\\&=(\lambda+1)[(\lambda-3)(\lambda-6)-18]\\&=(\lambda+1)(\lambda-9)\lambda,\end{aligned}$$

故 $\boldsymbol{A}$ 的三个特征值为 $\lambda_1=-1,\lambda_2=9,\lambda_3=0$.

解 $(\lambda_1\boldsymbol{E}-\boldsymbol{A})\boldsymbol{x}=\boldsymbol{0}$ 得线性无关的特征向量 $\boldsymbol{\xi}_1=(1,-1,0)^{\mathrm{T}}$;

解 $(\lambda_2\boldsymbol{E}-\boldsymbol{A})\boldsymbol{x}=\boldsymbol{0}$ 得线性无关的特征向量 $\boldsymbol{\xi}_2=(1,1,2)^{\mathrm{T}}$;

解 $(\lambda_3\boldsymbol{E}-\boldsymbol{A})\boldsymbol{x}=\boldsymbol{0}$ 得线性无关的特征向量 $\boldsymbol{\xi}_3=(1,1,-1)^{\mathrm{T}}$.

因 $\boldsymbol{A}$ 为实对称矩阵,属于不同特征值的特征向量两两正交.

例 9 求矩阵 $\boldsymbol{A}=\begin{bmatrix}-3&-1&2\\0&-1&4\\-1&0&1\end{bmatrix}$ 的实特征值和对应的特征向量.

解
$$|\lambda\boldsymbol{E}-\boldsymbol{A}|=\begin{vmatrix}\lambda+3&1&-2\\0&\lambda+1&-4\\1&0&\lambda-1\end{vmatrix}=\begin{vmatrix}\lambda+3&1&0\\0&\lambda+1&2\lambda-2\\1&0&\lambda-1\end{vmatrix}$$
$$=(\lambda-1)\begin{vmatrix}\lambda+3&1&0\\0&\lambda+1&2\\1&0&1\end{vmatrix}=(\lambda-1)\begin{vmatrix}\lambda+3&1&0\\-2&\lambda+1&0\\0&0&1\end{vmatrix}$$
$$=(\lambda-1)[(\lambda+3)(\lambda+1)+2]=(\lambda-1)(\lambda^2+4\lambda+5).$$

显然矩阵 $\boldsymbol{A}$ 的实特征值为 $\lambda=1$.

由特征方程 $(\boldsymbol{E}-\boldsymbol{A})\boldsymbol{x}=\boldsymbol{0}$,得基础解系 $\boldsymbol{\xi}_1=(0,2,1)^{\mathrm{T}}$. 故 $\lambda=1$ 对应的特征向量为 $k\boldsymbol{\xi}=k(0,2,1)^{\mathrm{T}}$ ($k\neq0$,任意常数).

例 10 求 $\boldsymbol{A}=\begin{bmatrix}3&1&0\\-4&-1&0\\4&-8&-2\end{bmatrix}$ 的特征值与特征向量.

解 $|\lambda\boldsymbol{E}-\boldsymbol{A}|=\begin{vmatrix}\lambda-3&-1&0\\4&\lambda+1&0\\-4&8&\lambda+2\end{vmatrix}=(\lambda+2)(\lambda^2-2\lambda+1)$. 故 $\boldsymbol{A}$ 的特征值是 $\lambda_1=\lambda_2=1,\lambda_3=-2$.

当 $\lambda=1$ 时,$(\boldsymbol{E}-\boldsymbol{A})=\begin{bmatrix}-2&-1&0\\4&2&0\\-4&8&3\end{bmatrix}\to\begin{bmatrix}2&1&0\\0&10&3\\0&0&0\end{bmatrix}$,解 $(\boldsymbol{E}-\boldsymbol{A})\boldsymbol{x}=\boldsymbol{0}$,得基础解系 $\boldsymbol{\xi}_1=(3,-6,20)^{\mathrm{T}}$,相应的特征向量为 $k_1\boldsymbol{\xi}_1$ ($k_1\neq0$).

当 $\lambda=-2$ 时,$(-2\boldsymbol{E}-\boldsymbol{A})=\begin{bmatrix}-5&-1&0\\4&-1&0\\-4&8&0\end{bmatrix}\to\begin{bmatrix}-1&-2&0\\0&7&0\\0&0&0\end{bmatrix}$,解 $(-2\boldsymbol{E}-\boldsymbol{A})\boldsymbol{x}=\boldsymbol{0}$,得基础解系 $\boldsymbol{\xi}_2=(0,0,1)^{\mathrm{T}}$,相应的特征向量为 $k_2\boldsymbol{\xi}_2$ ($k_2\neq0$).

例 11 求 $\boldsymbol{A}=\begin{bmatrix}1&0&2\\0&1&2\\3&-a-2&2a\end{bmatrix}$ 的特征值与特征向量.

解 $|\lambda\boldsymbol{E}-\boldsymbol{A}|=\begin{vmatrix}\lambda-1&0&-2\\0&\lambda-1&-2\\-3&a+2&\lambda-2a\end{vmatrix}=\begin{vmatrix}\lambda-1&1-\lambda&0\\0&\lambda-1&-2\\-3&a+2&\lambda-2a\end{vmatrix}$

$$=(\lambda-1)[\lambda^2-(2a+1)\lambda+4a-2]=(\lambda-1)(\lambda-2)[\lambda-(2a-1)].$$

故 $\boldsymbol{A}$ 的特征值为 $\lambda_1=1,\lambda_2=2,\lambda_3=2a-1$

当 $\lambda=1$ 时，

$$(\boldsymbol{E}-\boldsymbol{A})=\begin{bmatrix}0&0&-2\\0&0&-2\\-3&a+2&1-2a\end{bmatrix}\to\begin{bmatrix}-3&a+2&1-2a\\0&0&1\\0&0&0\end{bmatrix},$$

解 $(\boldsymbol{E}-\boldsymbol{A})\boldsymbol{x}=\boldsymbol{0}$，得基础解系 $\boldsymbol{\xi}_1=(a+2,3,0)^{\mathrm{T}}$，相应的特征向量为 $k_1\boldsymbol{\xi}_1(k_1\neq0)$.

当 $\lambda=2$ 时，

$$(2\boldsymbol{E}-\boldsymbol{A})=\begin{bmatrix}1&0&-2\\0&1&-2\\-3&a+2&2-2a\end{bmatrix}\to\begin{bmatrix}1&0&-2\\0&1&-2\\0&0&0\end{bmatrix},$$

解 $(2\boldsymbol{E}-\boldsymbol{A})\boldsymbol{x}=\boldsymbol{0}$，得基础解系 $\boldsymbol{\xi}_2=(2,2,1)^{\mathrm{T}}$，相应的特征向量为 $k_2\boldsymbol{\xi}_2(k_2\neq0)$.

当 $\lambda=2a-1$ 时，

$$((2a-1)\boldsymbol{E}-\boldsymbol{A})=\begin{bmatrix}2a-2&0&-2\\0&2a-2&-2\\-3&a+2&-1\end{bmatrix}\xrightarrow{\text{如 } a\neq1}\begin{bmatrix}a-1&0&-1\\1-a&a-1&0\\0&0&0\end{bmatrix},$$

解 $((2a-1)\boldsymbol{E}-\boldsymbol{A})\boldsymbol{x}=\boldsymbol{0}$，得基础解系为 $\boldsymbol{\xi}_3=(1,1,a-1)^{\mathrm{T}}$，相应的特征向量为 $k_3\boldsymbol{\xi}_3(k_3\neq0)$，若 $a=1$，即 $\lambda=1$，显然其特征向量就是 $k_1\boldsymbol{\xi}_1$.

例 12 已知矩阵 $\boldsymbol{A}=\begin{bmatrix}a&1&b\\2&3&4\\-1&1&-1\end{bmatrix}$ 的特征值之和为 3，特征值之积为 -24，则 $b=$________.

解 由 $a+3+(-1)=\sum\lambda_i=3$，则 $a=1$.

又 $\prod\lambda_i=\begin{vmatrix}a&1&b\\2&3&4\\-1&1&-1\end{vmatrix}=\begin{vmatrix}1&1&b\\2&3&4\\-1&1&-1\end{vmatrix}=\begin{vmatrix}1&1&b\\0&1&4-2b\\0&2&b-1\end{vmatrix}=5b-9=-24$，

所以，$b=-3$.

例 13 矩阵 $\boldsymbol{A}=\begin{bmatrix}1&1&0\\1&0&1\\0&1&1\end{bmatrix}$ 的特征值是________.

(A) 1,1,0； (B) 1,−1,−2； (C) 1,−1,2； (D) 1,1,2.

解 由 $\sum a_{ii}=2$，知(B)，(D)应排除，又由 $\prod\lambda_i=|\boldsymbol{A}|$，而 $|\boldsymbol{A}|=-2$，知(A)应排除，

故应选(C).

例 14 设矩阵 $\boldsymbol{A}$ 是 3 阶矩阵,特征值是 1,2,3,则

(1)$\boldsymbol{A}+2\boldsymbol{E}$ 的特征值是________.

(2)$\boldsymbol{A}^{-1}$ 的特征值是________.

(3)伴随矩阵 $\boldsymbol{A}^*$ 的特征值是________.

(4)$\boldsymbol{A}^2+\boldsymbol{E}$ 的特征值是________.

(5)$(\boldsymbol{A}^*-2\boldsymbol{E})^2$ 的特征值是________.

解 设 $\boldsymbol{A\alpha}=\lambda\boldsymbol{\alpha},\boldsymbol{\alpha}\neq 0$,则(1)由 $(\boldsymbol{A}+2\boldsymbol{E})\boldsymbol{\alpha}=\boldsymbol{A\alpha}+2\boldsymbol{\alpha}=(\lambda+2)\boldsymbol{\alpha}$ 知,若 λ 是矩阵 $\boldsymbol{A}$ 的特征值,则 $\lambda+2$ 是矩阵 $\boldsymbol{A}+2\boldsymbol{E}$ 的特征值,因此 $\boldsymbol{A}+2\boldsymbol{E}$ 的特征值是 3,4,5.

(2)对 $\boldsymbol{A\alpha}=\lambda\boldsymbol{\alpha}$,左乘 $\boldsymbol{A}^{-1}$ 有 $\boldsymbol{\alpha}=\lambda\boldsymbol{A}^{-1}\boldsymbol{\alpha}$,因为 $\boldsymbol{\alpha}\neq 0$ 知 $\lambda\neq 0$,从而 $\boldsymbol{A}^{-1}\boldsymbol{\alpha}=\frac{1}{\lambda}\boldsymbol{\alpha}$. 即若 λ 是矩阵 $\boldsymbol{A}$ 的特征值,则 $\frac{1}{\lambda}$ 是 $\boldsymbol{A}^{-1}$ 的特征值,因此 $\boldsymbol{A}^{-1}$ 的特征值是 $1,\frac{1}{2},\frac{1}{3}$.

(3)由于 $\boldsymbol{A}^*=|\boldsymbol{A}|\boldsymbol{A}^{-1}$,于是 $\boldsymbol{A}^*\boldsymbol{\alpha}=|\boldsymbol{A}|\boldsymbol{A}^{-1}\boldsymbol{\alpha}=\frac{|\boldsymbol{A}|}{\lambda}\boldsymbol{\alpha}$. 即若 λ 是矩阵的特征值,则 $\frac{|\boldsymbol{A}|}{\lambda}$ 是伴随矩阵 $\boldsymbol{A}^*$ 的特征值. 又因 $|\boldsymbol{A}|=\prod\lambda_i=6$,所以 $\boldsymbol{A}^*$ 的特征值是 6,3,2.

(4)对 $\boldsymbol{A\alpha}=\lambda\boldsymbol{\alpha}$ 有 $\boldsymbol{A}^2\boldsymbol{\alpha}=\boldsymbol{A}(\lambda\boldsymbol{\alpha})=\lambda\boldsymbol{A\alpha}=\lambda^2\boldsymbol{\alpha}$,即若 λ 是矩阵 $\boldsymbol{A}$ 的特征值,则 λ^2 是 $\boldsymbol{A}^2$ 的特征值,因此 $\boldsymbol{A}^2+\boldsymbol{E}$ 的特征值是 2,5,10.

(5)由 $\boldsymbol{A}^*$ 的特征值是 6,3,2,知 $\boldsymbol{A}^*-2\boldsymbol{E}$ 的特征值是 4,1,0,故 $(\boldsymbol{A}^*-2\boldsymbol{E})^2$ 的特征值是 16,1,0.

例 15 求可逆矩阵 $\boldsymbol{P}$,化 $\boldsymbol{A}=\begin{bmatrix}3 & 4\\4 & -3\end{bmatrix}$ 为对角形.

解 $|\lambda\boldsymbol{E}-\boldsymbol{A}|=\begin{vmatrix}\lambda-3 & -4\\-4 & \lambda+3\end{vmatrix}=\lambda^2-25\Rightarrow\boldsymbol{A}$ 的特征值 $\lambda_1=5,\lambda_2=-5$.

当 $\lambda=5$ 时,$(5\boldsymbol{E}-\boldsymbol{A})=\begin{bmatrix}2 & -4\\-4 & 8\end{bmatrix}\to\begin{bmatrix}1 & -2\\0 & 0\end{bmatrix}$,从而解得基础解系 $\boldsymbol{\xi}_1=\begin{bmatrix}2\\1\end{bmatrix}$;

当 $\lambda=-5$ 时,$(-5\boldsymbol{E}-\boldsymbol{A})=\begin{bmatrix}-8 & -4\\-4 & -2\end{bmatrix}\to\begin{bmatrix}2 & 1\\0 & 0\end{bmatrix}$,从而解得基础解系 $\boldsymbol{\xi}_2=\begin{bmatrix}1\\-2\end{bmatrix}$.

令 $\boldsymbol{P}=\begin{bmatrix}2 & 1\\1 & -2\end{bmatrix}$,则 $\boldsymbol{P}^{-1}\boldsymbol{AP}=\begin{bmatrix}5 & \\ & -5\end{bmatrix}$.

例 16 已知三阶方阵 $\boldsymbol{A}=\begin{bmatrix}0 & 0 & 2\\0 & 2 & x\\2 & 0 & 0\end{bmatrix}$ 可对角化,则 $x=$________.

解 $|\lambda\boldsymbol{E}-\boldsymbol{A}|=\begin{vmatrix}\lambda & 0 & -2\\0 & \lambda-2 & -x\\-2 & 0 & \lambda\end{vmatrix}=(\lambda-2)^2(\lambda+2)=0$,解得 $\boldsymbol{A}$ 的特征值为 $\lambda_1=\lambda_2=2,\lambda_3=-2$.

要使 $\boldsymbol{A}$ 可对角化,则必有 $r(2\boldsymbol{E}-\boldsymbol{A})=1$.

$$(2\boldsymbol{E}-\boldsymbol{A})=\begin{bmatrix}2&0&-2\\0&0&-x\\-2&0&2\end{bmatrix}\rightarrow\begin{bmatrix}2&0&-2\\0&0&-x\\0&0&0\end{bmatrix},$$

故必有 $x=0$.

例 17 设 n 阶方阵 $\boldsymbol{A}$ 有 n 个特征值分别为 $2,3,4,\cdots,n,n+1$，且方阵 $\boldsymbol{B}$ 与 $\boldsymbol{A}$ 相似，则 $|\boldsymbol{B}-\boldsymbol{E}|=$________.

解 由相似矩阵有相同的特征值，故 $\boldsymbol{B}$ 的特征值为 $2,3,4,\cdots,n,n+1$，从而 $\boldsymbol{B}-\boldsymbol{E}$ 的特征值为 $1,2,3,\cdots,n$. 故 $|\boldsymbol{B}-\boldsymbol{E}|=1\cdot2\cdot3\cdots n=n!$.

例 18 设 $\boldsymbol{A}$ 为 n 阶方阵，如果有正整数 k 使 $\boldsymbol{A}^k=\boldsymbol{O}$，称 $\boldsymbol{A}$ 为幂零矩阵. 证明幂零矩阵的特征值全为零.

证 设 λ 为 $\boldsymbol{A}$ 的任一特征值，$\boldsymbol{\alpha}$ 为 $\boldsymbol{A}$ 的属于 λ 的特征向量，在 $\boldsymbol{A\alpha}=\lambda\boldsymbol{\alpha}$ 的两边，$k-1$ 次左乘矩阵 $\boldsymbol{A}$，并反复利用 $\boldsymbol{A\alpha}=\lambda\boldsymbol{\alpha}$，得到 $\boldsymbol{A}^k\boldsymbol{\alpha}=\lambda^k\boldsymbol{\alpha}$. 因 $\boldsymbol{A}^k=\boldsymbol{O}$，故 $\lambda^k\boldsymbol{\alpha}=\boldsymbol{0}$，而 $\boldsymbol{\alpha}\neq\boldsymbol{0}$，从而 $\lambda=0$. 由 λ 的任意性，本例得证.

例 19 设 λ 是 n 阶方阵 $\boldsymbol{A}$ 的特征值，$\boldsymbol{\alpha}$ 是 $\boldsymbol{A}$ 的属于 λ 的特征向量，试证 λ^m 是 $\boldsymbol{A}^m$ 的特征值，$\boldsymbol{\alpha}$ 是 $\boldsymbol{A}^m$ 的属于 λ^m 的特征向量(m 为正整数).

证 由题意有 $\boldsymbol{A\alpha}=\lambda\boldsymbol{\alpha}$，两端左乘矩阵 $\boldsymbol{A}^{m-1}$，反复利用 $\boldsymbol{A\alpha}=\lambda\boldsymbol{\alpha}$，得到

$$\boldsymbol{A}^m\boldsymbol{\alpha}=\boldsymbol{A}(\boldsymbol{A}^{m-1}\boldsymbol{\alpha})=\lambda^{m-1}\boldsymbol{A\alpha}=\lambda^m\boldsymbol{\alpha}.$$

上式表明 λ^m 是 $\boldsymbol{A}^m$ 的特征值，$\boldsymbol{A}$ 的属于 λ 的特征向量 $\boldsymbol{\alpha}$ 同时是 $\boldsymbol{A}^m$ 的属于 λ^m 的特征向量.

例 20 设 λ 是 $\boldsymbol{A}$ 的一个特征值，$\boldsymbol{\alpha}$ 是 $\boldsymbol{A}$ 的属于 λ 的特征向量，$f(\lambda)$ 是 λ 的多项式，$f(\boldsymbol{A})$ 是 $\boldsymbol{A}$ 的多项式矩阵，试证 $f(\lambda)$ 是 $f(\boldsymbol{A})$ 的特征值，而 $\boldsymbol{\alpha}$ 是 $f(\boldsymbol{A})$ 的属于 $f(\lambda)$ 的特征向量.

证 设 $f(\lambda)=a_n\lambda^n+a_{n-1}\lambda^{n-1}+\cdots+a_1\lambda+a_0$，则

$$f(\boldsymbol{A})=a_n\boldsymbol{A}^n+a_{n-1}\boldsymbol{A}^{n-1}+\cdots+a_1\boldsymbol{A}+a_0\boldsymbol{E}.$$

$$\begin{aligned}f(\boldsymbol{A})\boldsymbol{\alpha}&=(a_n\boldsymbol{A}^n+a_{n-1}\boldsymbol{A}^{n-1}+\cdots+a_1\boldsymbol{A}+a_0\boldsymbol{E})\boldsymbol{\alpha}\\&=a_n\boldsymbol{A}^n\boldsymbol{\alpha}+a_{n-1}\boldsymbol{A}^{n-1}\boldsymbol{\alpha}+\cdots+a_1\boldsymbol{A\alpha}+a_0\boldsymbol{\alpha}\\&=a_n\lambda^n\boldsymbol{\alpha}+a_{n-1}\lambda^{n-1}\boldsymbol{\alpha}+\cdots+a_1\lambda\boldsymbol{\alpha}+a_0\boldsymbol{\alpha}\\&=(a_n\lambda^n+a_{n-1}\lambda^{n-1}+\cdots+a_1\lambda+a_0)\boldsymbol{\alpha}=f(\lambda)\boldsymbol{\alpha}.\end{aligned}$$

上式表明 $f(\lambda)$ 是 $f(\boldsymbol{A})$ 的一个特征值，$\boldsymbol{\alpha}$ 是 $f(\boldsymbol{A})$ 的属于 $f(\lambda)$ 的特征向量.

例 21 设 $\boldsymbol{A}$ 为 $m\times n$ 矩阵，$\boldsymbol{B}$ 为 $n\times m$ 矩阵，证明 $\boldsymbol{AB}$ 和 $\boldsymbol{BA}$ 有相同的非零特征值. 属于相同的一个非零特征值的特征向量是否相同?

证 令 λ 为 $\boldsymbol{BA}$ 的一个非零特征值，$\boldsymbol{\alpha}$ 是 $\boldsymbol{BA}$ 的属于 λ 的特征向量，则 $\boldsymbol{BA\alpha}=\lambda\boldsymbol{\alpha}(\boldsymbol{\alpha}\neq\boldsymbol{0})$. 下证 $\boldsymbol{A\alpha}\neq\boldsymbol{0}$. 事实上如 $\boldsymbol{A\alpha}=\boldsymbol{0}$，则 $\boldsymbol{BA\alpha}=\boldsymbol{B}\,\boldsymbol{0}=\boldsymbol{0}=\lambda\boldsymbol{\alpha}(\boldsymbol{\alpha}\neq\boldsymbol{0})$. 因 $\lambda\neq0$，故 $\boldsymbol{\alpha}=\boldsymbol{0}$. 这与 $\boldsymbol{\alpha}\neq\boldsymbol{0}$ 矛盾，所以 $\boldsymbol{A\alpha}\neq\boldsymbol{0}$. 于是 λ 为 $\boldsymbol{AB}$ 的非零特征值，且 $\boldsymbol{A\alpha}$ 是 $\boldsymbol{AB}$ 的属于 λ 的特征向量.

同法可证，$\boldsymbol{AB}$ 的非零特征值 λ 也是 $\boldsymbol{BA}$ 的非零特征值，故 $\boldsymbol{AB}$ 与 $\boldsymbol{BA}$ 有相同的非零特征值. 如 $\boldsymbol{\beta}$ 是 $\boldsymbol{AB}$ 的属于 λ 的特征向量，则 $\boldsymbol{B\beta}$ 是 $\boldsymbol{BA}$ 的属于 λ 的特征向量.

由上可知，属于 $\boldsymbol{AB}$ 与 $\boldsymbol{BA}$ 的相同的非零特征值的特征向量 $\boldsymbol{A\alpha}$ 与 $\boldsymbol{B\beta}$ 是完全不同的，前

者为 m 维向量，后者为 n 维向量.

例 22 $\boldsymbol{A},\boldsymbol{B}$ 为 n 阶矩阵，当 $\boldsymbol{A}$ 可逆时，证明 $\boldsymbol{AB}$ 与 $\boldsymbol{BA}$ 有相同的特征值.

证一 $\boldsymbol{A}$ 可逆时，有 $\boldsymbol{BA}=\boldsymbol{A}^{-1}(\boldsymbol{AB})\boldsymbol{A}$，即 $\boldsymbol{BA}$ 与 $\boldsymbol{AB}$ 为相似矩阵，故 $\boldsymbol{AB}$ 与 $\boldsymbol{BA}$ 有相同的特征值.

证二 证 $\boldsymbol{AB}$ 与 $\boldsymbol{BA}$ 有相同的特征多项式，因 $\boldsymbol{A}$ 可逆，故

$$\begin{aligned}|\lambda \boldsymbol{E}-\boldsymbol{AB}| &= |\boldsymbol{A}|^{-1}|\boldsymbol{A}||\lambda\boldsymbol{E}-\boldsymbol{AB}| \\ &= |\boldsymbol{A}^{-1}||\lambda\boldsymbol{E}-\boldsymbol{AB}||\boldsymbol{A}| = |\boldsymbol{A}^{-1}(\lambda\boldsymbol{E})\boldsymbol{A}-\boldsymbol{A}^{-1}(\boldsymbol{AB})\boldsymbol{A}| \\ &= |\lambda\boldsymbol{E}\boldsymbol{A}^{-1}\boldsymbol{A}-(\boldsymbol{A}^{-1}\boldsymbol{A})\boldsymbol{BA}| = |\lambda\boldsymbol{E}-\boldsymbol{BA}|.\end{aligned}$$

例 23 设 λ_0 是方阵 $\boldsymbol{A}$ 的特征值，证明 λ_0 也是 $(\boldsymbol{P}^{-1}\boldsymbol{AP})^{\mathrm{T}}$ 的特征值.

证 设 $\boldsymbol{B}=\boldsymbol{P}^{-1}\boldsymbol{AP}$. 因 $\boldsymbol{B}$ 与 $\boldsymbol{A}$ 相似，故 λ_0 也是 $\boldsymbol{B}$ 的特征值. 又 $(\boldsymbol{P}^{-1}\boldsymbol{AP})^{\mathrm{T}}=\boldsymbol{B}^{\mathrm{T}}$，因 $\boldsymbol{B}$ 和 $\boldsymbol{B}^{\mathrm{T}}$ 的特征值相同，故 $\boldsymbol{B}$ 的特征值 λ_0 也是 $\boldsymbol{B}^{\mathrm{T}}$ 即是 $(\boldsymbol{P}^{-1}\boldsymbol{AP})^{\mathrm{T}}$ 的特征值.

例 24 设 $\boldsymbol{A}$ 为 n 阶矩阵，试证齐次线性方程组 $\boldsymbol{Ax}=\boldsymbol{0}$ 有非零解的充要条件是 $\boldsymbol{A}$ 有零特征值.

证 必要性. 因 $\boldsymbol{Ax}=\boldsymbol{0}$ 有非零解，故 $|\boldsymbol{A}|=0$. 因而 $|0\boldsymbol{E}-\boldsymbol{A}|=|-\boldsymbol{A}|=(-1)^n|\boldsymbol{A}|=0$，所以数 0 是 $\boldsymbol{A}$ 的特征值.

充分性. 因 0 为 $\boldsymbol{A}$ 的特征值，故 $0=|0\boldsymbol{E}-\boldsymbol{A}|=|-\boldsymbol{A}|=(-1)^n|\boldsymbol{A}|$，所以 $|\boldsymbol{A}|=0$，因而 $\boldsymbol{Ax}=\boldsymbol{0}$ 有非零解.

例 25 证明：零是矩阵 $\boldsymbol{A}=\begin{bmatrix}1&4&3\\2&5&6\\3&6&9\end{bmatrix}$ 的一个特征值.

证 只需证明 $|0\boldsymbol{E}-\boldsymbol{A}|=0$，即需证 $|-\boldsymbol{A}|=(-1)^3|\boldsymbol{A}|=0$. 事实上，因 $\boldsymbol{A}$ 的第 1 列与第 3 列成比例，由行列式性质即得 $|\boldsymbol{A}|=0$.

注意 当矩阵 $\boldsymbol{A}$ 的元素已知时，欲证某数 λ 为该矩阵的特征值，可归结为证明行列式 $|\lambda\boldsymbol{E}-\boldsymbol{A}|=0$.

例 26 已知 3 阶矩阵 $\boldsymbol{A}$ 的特征值为 $1,-1,2$. 设矩阵 $\boldsymbol{B}=\boldsymbol{A}^3-5\boldsymbol{A}^2$，试求 $\boldsymbol{B}$ 的特征值.

解 因 $\boldsymbol{B}=f(\boldsymbol{A})=\boldsymbol{A}^3-5\boldsymbol{A}^2$，设 $\boldsymbol{A}$ 的特征值为 λ，则 $\boldsymbol{B}=f(\boldsymbol{A})$ 的特征值为 $f(\lambda)=\lambda^3-5\lambda^2$. 将 $\boldsymbol{A}$ 的 3 个特征值 $\lambda_1=1,\lambda_2=-1,\lambda_3=2$ 分别代入上式，即得 $\boldsymbol{B}=f(\boldsymbol{A})$ 的 3 个特征值：

$$f(1)=-4,\ f(-1)=-6,\ f(2)=-12.$$

例 27 若 n 阶可逆阵 $\boldsymbol{A}$ 的每行元素之和为 $a\,(a\neq 0)$，求矩阵 $4\boldsymbol{A}^3+3\boldsymbol{A}^2+5\boldsymbol{A}+\boldsymbol{E}$ 的一个特征值.

解 因 $\boldsymbol{A}$ 的各行元素之和为 a，故 $\boldsymbol{A}$ 的一个特征值为 a，于是 $4\boldsymbol{A}^3+3\boldsymbol{A}^2+5\boldsymbol{A}+\boldsymbol{E}$ 的一个特征值为 $4a^3+3a^2+5a+1$.

例 28 设 $\boldsymbol{A}=(a_{ij})_{n\times n}$，其特征多项式为

$$f(\lambda)=|\lambda\boldsymbol{E}-\boldsymbol{A}|=\lambda^n+a_1\lambda^{n-1}+\cdots+a_{n-1}\lambda+a_n.$$

证明 (1) $a_1=-(a_{11}+a_{22}+\cdots+a_{nn})$；(2) $a_n=(-1)^n|\boldsymbol{A}|$.

证 (1)$f(\lambda)=\begin{vmatrix}\lambda-a_{11} & -a_{12} & \cdots & -a_{1n}\\ -a_{21} & \lambda-a_{22} & \cdots & -a_{2n}\\ \vdots & \vdots & & \vdots\\ -a_{n1} & -a_{n2} & \cdots & \lambda-a_{nn}\end{vmatrix}=\lambda^n+a_1\lambda^{n-1}+\cdots+a_{n-1}\lambda+a_n$.

上面特征多项式即行列式$|\lambda \boldsymbol{E}-\boldsymbol{A}|$的展开式中必有一项是其主对角线上元素的乘积$(\lambda-a_{11})(\lambda-a_{22})\cdots(\lambda-a_{nn})$，展开式中其余各项，因为要去掉一行和一列，故至多包含有$n-2$个主对角线上的元素的乘积，所以这些项中λ的次数最多是$n-2$次，因此特征多项式$f(\lambda)$中含λ的n次与$n-1$次的项，只能在对角线上元素的连乘积那些项中出现. 事实上

$$(\lambda-a_{11})(\lambda-a_{22})\cdots(\lambda-a_{nn})=\lambda^n-(a_{11}+a_{22}+\cdots+a_{nn})\lambda^{n-1}+\cdots,$$

因而$a_1=-(a_{11}+a_{22}+\cdots+a_{nn})$. 令$\lambda=0$，得

$$\begin{vmatrix}-a_{11} & -a_{12} & \cdots & -a_{1n}\\ -a_{21} & -a_{22} & \cdots & -a_{2n}\\ \vdots & \vdots & & \vdots\\ -a_{n1} & -a_{n2} & \cdots & \lambda-a_{nn}\end{vmatrix}=a_n,$$

故$a_n=(-1)^n|\boldsymbol{A}|$. 证毕.

注意 此例说明n阶矩阵的特征多项式是一个λ的(首项系数为1的)多项式，其$n-1$次项的系数为矩阵$\boldsymbol{A}$的主对角线上元素之和的相反数，其常数项为$(-1)^n$与矩阵$\boldsymbol{A}$的行列式$|\boldsymbol{A}|$的乘积.

例 29 已知3阶矩阵$\boldsymbol{A}$的特征值为$1,-1,2$. 设矩阵$\boldsymbol{B}=\boldsymbol{A}^3-5\boldsymbol{A}^2$，试计算

(1)$|\boldsymbol{B}|$;(2)$|\boldsymbol{A}-5\boldsymbol{E}|$.

解 (1)设$f(\lambda)=\lambda^3-5\lambda^2$，则$\boldsymbol{B}=f(\boldsymbol{A})=\boldsymbol{A}^3-5\boldsymbol{A}^2$，因$\boldsymbol{A}$的所有特征值为$1,-1,2$，故$\boldsymbol{B}$的特征值为$f(1)=1-5=-4$，$f(-1)=-1-5=-6$，$f(2)=8-20=-12$. $|\boldsymbol{B}|=(-4)\times(-6)\times(-12)=-288$.

(2)**解法一** 令$f(\boldsymbol{A})=\boldsymbol{A}-5\boldsymbol{E}$，因$\boldsymbol{A}$的所有特征值为$\lambda=1,-1,2$，故$f(\boldsymbol{A})=\boldsymbol{A}-5\boldsymbol{E}$的所有特征值为$f(\lambda)=\lambda-5$，即$f(1)=1-5=-4$，$f(-1)=-1-5=-6$，$f(2)=2-5=-3$，$|\boldsymbol{A}-5\boldsymbol{E}|=|f(\boldsymbol{A})|=f(1)f(-1)f(2)=-72$.

解法二 因$\boldsymbol{A}$的所有特征值为$1,-1,2$，故$|\boldsymbol{A}|=-2$，又$\boldsymbol{B}=\boldsymbol{A}^3-5\boldsymbol{A}^2=\boldsymbol{A}^2(\boldsymbol{A}-5\boldsymbol{E})$，故$|\boldsymbol{B}|=|\boldsymbol{A}|^2|\boldsymbol{A}-5\boldsymbol{E}|$，即$|\boldsymbol{A}-5\boldsymbol{E}|=|\boldsymbol{B}|/|\boldsymbol{A}|^2=(-288)/4=-72$.

解法三 因$\boldsymbol{A}$的3个特征值为$1,-1,2$，故$|\lambda\boldsymbol{E}-\boldsymbol{A}|=(\lambda-1)(\lambda+1)(\lambda-2)$. 令$\lambda=5$，由上式得到$|5\boldsymbol{E}-\boldsymbol{A}|=(5-1)(5+1)(5-2)=72$，故$|\boldsymbol{A}-5\boldsymbol{E}|=(-1)^3|5\boldsymbol{E}-\boldsymbol{A}|=-72$.

注意 用特征值计算矩阵$\boldsymbol{A}$的行列式$|\boldsymbol{A}|$，①要善于应用$|\boldsymbol{A}|=\lambda_1\lambda_2\cdots\lambda_n$. ②应熟悉$\boldsymbol{A}$的矩阵多项式$f(\boldsymbol{A})$的特征值的求法.

例 30 设矩阵$\boldsymbol{A}$满足$\boldsymbol{A}^2=\boldsymbol{E}$，证明$(3\boldsymbol{E}-\boldsymbol{A})$可逆.

证 因$\boldsymbol{A}^2=\boldsymbol{E}$，于是$\boldsymbol{A}$的特征值为$\lambda_1=1,\lambda_2=-1$，故3不是$\boldsymbol{A}$的特征值，即$|3\boldsymbol{E}-\boldsymbol{A}|\neq 0$，从而$3\boldsymbol{E}-\boldsymbol{A}$可逆.

例 31 已知n阶矩阵$\boldsymbol{A}$的特征值为λ，且$\lambda\neq\pm1$，试证$\boldsymbol{A}\pm\boldsymbol{E}$为可逆矩阵.

证 因 $\lambda\neq\pm1$，故 ±1 不是 $\boldsymbol{A}$ 的特征值，于是 $|1\cdot\boldsymbol{E}-\boldsymbol{A}|\neq0$，$|(-1)\boldsymbol{E}-\boldsymbol{A}|\neq0$. 因

$$|\boldsymbol{E}-\boldsymbol{A}|=|-(\boldsymbol{A}-\boldsymbol{E})|=(-1)^n|\boldsymbol{A}-\boldsymbol{E}|,\ |-\boldsymbol{E}-\boldsymbol{A}|=|-(\boldsymbol{A}+\boldsymbol{E})|=(-1)^n|\boldsymbol{A}+\boldsymbol{E}|,$$

故 $|\boldsymbol{A}-\boldsymbol{E}|\neq0$，$|\boldsymbol{A}+\boldsymbol{E}|\neq0$，从而 $(\boldsymbol{A}\pm\boldsymbol{E})$ 为可逆矩阵.

例 32 设 $\boldsymbol{A}$ 为正交矩阵，若 $|\boldsymbol{A}|=-1$，则 $-\boldsymbol{E}-\boldsymbol{A}$ 不可逆.

证

$$\begin{aligned}|-\boldsymbol{E}-\boldsymbol{A}|&=|(-1)\boldsymbol{A}\boldsymbol{A}^{\mathrm{T}}-\boldsymbol{A}|=|\boldsymbol{A}[(-1)\boldsymbol{A}^{\mathrm{T}}-\boldsymbol{E}]|\\&=|\boldsymbol{A}||(-1)\boldsymbol{A}^{\mathrm{T}}-\boldsymbol{E}|=|\boldsymbol{A}||-\boldsymbol{E}-\boldsymbol{A}^{\mathrm{T}}|\\&=|\boldsymbol{A}||-\boldsymbol{E}-\boldsymbol{A}|=(-1)|-\boldsymbol{E}-\boldsymbol{A}|,\end{aligned}$$

即 $2|-\boldsymbol{E}-\boldsymbol{A}|=0$，从而 $|-\boldsymbol{E}-\boldsymbol{A}|=0$，故 $(-\boldsymbol{E}-\boldsymbol{A})$ 不可逆.

例 33 $(2n+1)$ 阶正交矩阵 $\boldsymbol{A}$，如果 $|\boldsymbol{A}|=1$，证明 $\boldsymbol{E}-\boldsymbol{A}$ 为不可逆矩阵.

证 $|\boldsymbol{E}-\boldsymbol{A}|=|\boldsymbol{A}\boldsymbol{A}^{\mathrm{T}}-\boldsymbol{A}|=|\boldsymbol{A}||\boldsymbol{A}^{\mathrm{T}}-\boldsymbol{E}|=|\boldsymbol{A}||\boldsymbol{A}-\boldsymbol{E}|=(-1)^{2n+1}|\boldsymbol{E}-\boldsymbol{A}|$，故 $2|\boldsymbol{E}-\boldsymbol{A}|=0$，即 $|\boldsymbol{E}-\boldsymbol{A}|=0$，$(\boldsymbol{E}-\boldsymbol{A})$ 不可逆.

注意 用矩阵 $\boldsymbol{A}$ 的特征值证明 $k\boldsymbol{E}-\boldsymbol{A}$ 可逆或不可逆，只需证常数 k 不是或是 $\boldsymbol{A}$ 的特征值，即若 k 不是 $\boldsymbol{A}$ 的特征值，因 $|k\boldsymbol{E}-\boldsymbol{A}|\neq0$，$k\boldsymbol{E}-\boldsymbol{A}$ 可逆；若 k 是 $\boldsymbol{A}$ 的特征值，$k\boldsymbol{E}-\boldsymbol{A}$ 不可逆.

例 34 若 n 阶矩阵可对角化，则 $\boldsymbol{A}^{\mathrm{T}}$，$k\boldsymbol{A}$ 也可对角化（k 为常数）.

证 因 A 可对角化，故存在可逆阵 $\boldsymbol{P}_1$，使 $\boldsymbol{P}_1^{-1}\boldsymbol{A}\boldsymbol{P}_1=\mathrm{diag}(\lambda_1,\lambda_2,\cdots,\lambda_n)$，其中 $\lambda_1,\lambda_2,\cdots,\lambda_n$ 为 $\boldsymbol{A}$ 的特征值. 对上式取转置，得 $\boldsymbol{P}_1^{\mathrm{T}}\boldsymbol{A}^{\mathrm{T}}(\boldsymbol{P}_1^{-1})^{\mathrm{T}}=\mathrm{diag}(\lambda_1,\lambda_2,\cdots,\lambda_n)$，即

$$[(\boldsymbol{P}_1^{-1})^{\mathrm{T}}]^{-1}\boldsymbol{A}^{\mathrm{T}}(\boldsymbol{P}_1^{-1})^{\mathrm{T}}=\mathrm{diag}(\lambda_1,\lambda_2,\cdots,\lambda_n).$$

令 $(\boldsymbol{P}_1^{-1})^{\mathrm{T}}=\boldsymbol{P}$，显然 $\boldsymbol{P}$ 可逆，且 $\boldsymbol{P}^{-1}\boldsymbol{A}^{\mathrm{T}}\boldsymbol{P}=\mathrm{diag}(\lambda_1,\lambda_2,\cdots,\lambda_n)$. 故 $\boldsymbol{A}^{\mathrm{T}}$ 可对角化. 同法可证 $k\boldsymbol{A}$ 也可对角化.

例 35 (1)若二阶实矩阵 $\boldsymbol{A}$ 的行列式 $|\boldsymbol{A}|<0$，则 $\boldsymbol{A}$ 与对角矩阵相似.

(2)设 $\boldsymbol{A}=\begin{bmatrix}a&b\\c&d\end{bmatrix}$，若 $ad-bc=1$，$|a+d|>2$，则 $\boldsymbol{A}$ 与对角阵相似.

证 (1)令 $\boldsymbol{A}$ 的特征多项式为 $f(\lambda)$，则 $f(\lambda)=|\lambda\boldsymbol{E}-\boldsymbol{A}|=\lambda^2+a_1\lambda+a_2$，其中 $a_2=(-1)^2|\boldsymbol{A}|=|\boldsymbol{A}|<0$（$a_n=(-1)^n|\boldsymbol{A}|$）. 又设 $\boldsymbol{A}$ 的两个特征值为 λ_1,λ_2，由韦达定理知 $a_2=\lambda_1\lambda_2=|\boldsymbol{A}|<0$，故 λ_1 与 λ_2 异号. 因而 $\boldsymbol{A}$ 的两个特征值互异，故 $\boldsymbol{A}$ 可对角化，即 $\boldsymbol{A}$ 与对角阵相似.

(2)$\boldsymbol{A}$ 的特征多项式 $f(\lambda)=\lambda^2-(a+d)\lambda+1$. 因 $|a+d|>2$，$f(\lambda)$ 的判别式 $=(a+d)^2-4>0$，故 $\boldsymbol{A}$ 有两个不等的非零实特征值，从而 $\boldsymbol{A}$ 与对角阵相似.

例 36 下列矩阵中 a,b,c 取何值时，$\boldsymbol{A}$ 可对角化？

$$\boldsymbol{A}=\begin{bmatrix}1&0&0&0\\a&1&0&0\\2&b&2&0\\2&3&c&2\end{bmatrix}.$$

解 $|\boldsymbol{E}-\boldsymbol{A}|=(\lambda-1)^2(\lambda-2)^2$，故 $\boldsymbol{A}$ 的特征值根为 $\lambda_1=\lambda_2=1$，$\lambda_3=\lambda_4=2$. 为使

$$\text{秩}(\lambda_1 \boldsymbol{E}-\boldsymbol{A})=\text{秩}(\boldsymbol{E}-\boldsymbol{A})=\text{秩}\begin{bmatrix}0&0&0&0\\a&0&0&0\\-2&-b&-1&0\\-2&-3&-c&-1\end{bmatrix}=n-k_1=4-2=2.$$

必有 $a=0,b,c$ 可任意. 同样,为使

$$\text{秩}(\lambda_3 \boldsymbol{E}-\boldsymbol{A})=\text{秩}(2\boldsymbol{E}-\boldsymbol{A})=\begin{bmatrix}1&0&0&0\\-a&1&0&0\\-2&-b&0&0\\-2&-3&-c&0\end{bmatrix}=n-k_3=4-2=2.$$

必有 $c=0,a,b$ 任意,从而 $a=c=0,b$ 为任意时,$\boldsymbol{A}$ 可对角化.

注意 如果对 n 阶矩阵 $\boldsymbol{A}$ 的每个 k_i 重特征值 λ_i,有秩$(\lambda_i\boldsymbol{E}-\boldsymbol{A})=n-k_i$,则 $\boldsymbol{A}$ 与对角阵相似,否则不相似.

例 37 矩阵 $\boldsymbol{A}=\begin{bmatrix}-4&-10&0\\1&3&0\\3&6&1\end{bmatrix}$ 能否与对角阵相似？如果能,试求可逆阵 $\boldsymbol{P}$,化 $\boldsymbol{A}$ 为对角阵.

解 (1)$\boldsymbol{A}$ 的特征多项式 $|\lambda\boldsymbol{E}-\boldsymbol{A}|=(\lambda-1)^2(\lambda+2)$,故其特征值 $\lambda_1=\lambda_2=1,\lambda_3=-2$. 对于 $\lambda_1=\lambda_2=1$,解方程组 $(\lambda\boldsymbol{E}-\boldsymbol{A})\boldsymbol{x}=\boldsymbol{0}$ 得基础解系为 $\boldsymbol{\alpha}_1=[-2,1,0]^{\mathrm{T}},\boldsymbol{\alpha}_2=[0,0,1]^{\mathrm{T}}$. 对于 $\lambda_3=-2$,解 $(\lambda\boldsymbol{E}-\boldsymbol{A})\boldsymbol{x}=\boldsymbol{0}$,得基础解系为 $\boldsymbol{\alpha}_3=[5,-1,-3]^{\mathrm{T}}$. $\boldsymbol{A}$ 的线性无关的特征向量的个数与 $\boldsymbol{A}$ 的阶数相等,故 $\boldsymbol{A}$ 与对角阵相似.

(2)令 $\boldsymbol{P}=[\boldsymbol{\alpha}_1,\boldsymbol{\alpha}_3,\boldsymbol{\alpha}_2]$,易验证有 $\boldsymbol{P}^{-1}\boldsymbol{A}\boldsymbol{P}=\mathrm{diag}(1,-2,1)$. $\boldsymbol{P}$ 为所求.

注意 (1)对角元 λ_i 的排列次序与其特征向量 $\boldsymbol{\alpha}_i$ 的排列次序是一致的.(2)由于基础解系不唯一,满足上式的可逆阵 $\boldsymbol{P}$ 不唯一,但总有 $\boldsymbol{P}^{-1}\boldsymbol{A}\boldsymbol{P}=\mathrm{diag}(1,-2,1)$.

例 38 $\boldsymbol{A}=\begin{bmatrix}3&0&0\\0&3&0\\0&0&3\end{bmatrix}$ 与 $\boldsymbol{B}=\begin{bmatrix}3&1&0\\0&3&1\\0&0&3\end{bmatrix}$ 是否相似？

解 $\boldsymbol{A}$ 与 $\boldsymbol{B}$ 有相同的特征值,如果 $\boldsymbol{B}$ 能与对角阵相似,则 $\boldsymbol{B}$ 与 $\boldsymbol{A}$ 相似. 因 $\boldsymbol{B}$ 有 3 重特征值,$k_1=3$,而秩$(3\boldsymbol{E}-\boldsymbol{B})=2\neq n-k_1=3-3=0$,故 $\boldsymbol{B}$ 不与对角阵相似,从而 $\boldsymbol{B}$ 与 $\boldsymbol{A}$ 不相似.

例 39 若 n 阶方阵 $\boldsymbol{A}\neq\boldsymbol{O}$,但 $\boldsymbol{A}^k=\boldsymbol{O}$($k$ 为正整数),证明 $\boldsymbol{A}$ 不与对角矩阵相似.

证 用反证法证之. 如果 $\boldsymbol{A}$ 与对角矩阵相似,则存在可逆矩阵 $\boldsymbol{P}$,使

$$\boldsymbol{P}^{-1}\boldsymbol{A}\boldsymbol{P}=\mathrm{diag}(\lambda_1,\lambda_2,\cdots,\lambda_n)\quad(\lambda_i\text{ 为 }\boldsymbol{A}\text{ 的特征值}),$$

因而 $\boldsymbol{P}^{-1}\boldsymbol{A}^k\boldsymbol{P}=\mathrm{diag}(\lambda_1^k,\lambda_2^k,\cdots,\lambda_n^k)$.

由 $\boldsymbol{A}^k=\boldsymbol{O}$ 知 $\boldsymbol{A}^k$ 的所有特征值 $\lambda_i^k=0(i=1,2,\cdots,n)$,从而 $\boldsymbol{P}^{-1}\boldsymbol{A}\boldsymbol{P}=\boldsymbol{O}$,故 $\boldsymbol{A}=\boldsymbol{O}$,这与 $\boldsymbol{A}\neq\boldsymbol{O}$ 矛盾,所以 $\boldsymbol{A}$ 不与对角矩阵相似.

例 40 设 $\boldsymbol{A},\boldsymbol{B}$ 都是 n 阶方阵,且 $|\boldsymbol{A}|\neq0$,证明 $\boldsymbol{AB}$ 与 $\boldsymbol{BA}$ 相似.

证 要证 $\boldsymbol{AB}\sim\boldsymbol{BA}$,只要找到可逆矩阵 $\boldsymbol{P}$,使 $\boldsymbol{P}^{-1}\boldsymbol{ABP}=\boldsymbol{BA}$ 即可. 令 $\boldsymbol{P}=\boldsymbol{A}$,因 $|\boldsymbol{A}|\neq0$,故

P 为可逆阵，且有 $P^{-1}(AB)P=A^{-1}(AB)A=(A^{-1}A)BA=BA$，故 AB 与 BA 相似.

例 41 若 A 可逆，且 $A\sim B$，证明 $A^*\sim B^*$.

证 $A\sim B$，A 可逆，则 B 也可逆，事实上，因存在可逆阵 P_1，使 $P_1^{-1}AP_1=B$，对等式两边取行列式，则 $|B|\neq 0$. 对等式两边求逆得到 $P_1^{-1}A^{-1}P_1=B^{-1}$，从而 $A^{-1}\sim B^{-1}$. 因

$$A^*=|A|A^{-1},B^*=|B|B^{-1},$$

由 $A\sim B$，有 $|A|=|B|$（A 与 B 有相同的特征值）. 于是 $P_1^{-1}A^{-1}P_1=B^{-1}$ 两边同乘以 $|A|$，得 $P_1^{-1}|A|A^{-1}P_1=|B|B^{-1}$，即 $P_1^{-1}A^*P_1=B^*$，故 $A^*\sim B^*$.

例 42 如果 $A\sim B$，$C\sim D$，证明 $\begin{bmatrix}A & O\\O & C\end{bmatrix}\sim\begin{bmatrix}B & O\\O & D\end{bmatrix}$.

证 因 $A\sim B$，故存在可逆阵 P_1，使 $B=P_1^{-1}AP_1$. 又因 $C\sim D$，故存在可逆阵 P_2，使 $D=P_2^{-1}CP_2$，令 $P=\begin{bmatrix}P_1 & O\\O & P_2\end{bmatrix}$，则 $|P|=|P_1||P_2|\neq 0$，故 P 可逆，且

$$P^{-1}\begin{bmatrix}A & O\\O & C\end{bmatrix}P=\begin{bmatrix}P_1^{-1} & O\\O & P_2^{-1}\end{bmatrix}\begin{bmatrix}A & O\\O & C\end{bmatrix}\begin{bmatrix}P_1 & O\\O & P_2\end{bmatrix}=\begin{bmatrix}P_1^{-1}AP_1 & O\\O & P_2^{-1}CP_2\end{bmatrix}=\begin{bmatrix}B & O\\O & D\end{bmatrix}.$$

例 43 设 $A\sim B$，试证明存在可逆阵 P，使 $AP\sim BP$.

证 因 $A\sim B$，故存在可逆阵 P_1，使 $P_1^{-1}AP_1=B$，即 $A=P_1BP_1^{-1}$. 令 $P=P_1$，且在等式两端右乘 P，则 $AP=P_1BP_1^{-1}P=P_1BP_1P_1^{-1}=P_1BPP_1^{-1}$. 这里用到 $P_1P_1^{-1}=P_1^{-1}P_1=E$，故 $P_1^{-1}(AP)P_1=BP$，即 $AP\sim BP$.

例 44 设同阶矩阵 A,B 均与对角阵相似，且其特征值一致，则 A 与 B 相似.

证 由题设，存在可逆阵 P_1，使 $P_1^{-1}AP_1=\mathrm{diag}(\lambda_1,\lambda_2,\cdots,\lambda_n)=\Lambda_1$，又存在可逆阵 P_2，使 $P_2^{-1}BP_2=\mathrm{diag}(\lambda_{i1},\lambda_{i2},\cdots,\lambda_{in})=\Lambda_2$. 即 $A\sim\Lambda_1$，$B\sim\Lambda_2$. 由于 Λ_1 与 Λ_2 的对角元素相同，仅是排列次序不同，有 $\Lambda_1\sim\Lambda_2$. 又由相似的对称性得到 $\Lambda_2\sim B$. 于是由相似的传递性得到 $A\sim\Lambda_1\sim\Lambda_2\sim B$ 即 $A\sim B$.

例 45 设 n 阶方阵 A 的 n 个特征值互异，B 与 A 有完全不同的特征值，证明有非奇异矩阵 P 及另一矩阵 R，使 $A=PR$，$B=RP$.

证 由上例可知 $A\sim B$，于是存在可逆阵 P，使

$$P^{-1}AP=B,\text{则 } A=P(BP^{-1}),B=(P^{-1}A)P.$$

又由 $P^{-1}AP=B$，得到 $P^{-1}A=BP^{-1}$. 令 $P^{-1}A=BP^{-1}=R$. 该例得证.

例 46 已知 $A=\begin{bmatrix}-1 & 1 & 0\\-2 & 2 & 0\\4 & x & 1\end{bmatrix}$ 能对角化，求 A^n.

解 因为 A 能对角化，A 必有三个线性无关的特征向量，由于

$$|\lambda E-A|=\begin{vmatrix}\lambda+1 & -1 & 0\\2 & \lambda-2 & 0\\-4 & -x & \lambda-1\end{vmatrix}=(\lambda-1)(\lambda^2-\lambda).$$

$\lambda=1$ 是二重特征值，必有两个线性无关的特征向量，因此 $r(\boldsymbol{E}-\boldsymbol{A})=1$，得 $x=-2$.

求出 $\lambda=1$ 的特征向量 $\boldsymbol{x}_1=(1,2,0)^{\mathrm{T}}$，$\boldsymbol{x}_2=(0,0,1)^{\mathrm{T}}$ 及 $\lambda=0$ 的特征向量 $\boldsymbol{x}_3=(1,1,-2)^{\mathrm{T}}$. 令

$$\boldsymbol{P}=(\boldsymbol{x}_1,\boldsymbol{x}_2,\boldsymbol{x}_3)=\begin{bmatrix}1&0&1\\2&0&1\\0&1&-2\end{bmatrix},$$

有 $\boldsymbol{P}^{-1}=\begin{bmatrix}-1&1&0\\4&-2&1\\2&-1&0\end{bmatrix}$. 于是 $\boldsymbol{P}^{-1}\boldsymbol{A}\boldsymbol{P}=\boldsymbol{\Lambda}=\begin{bmatrix}1&&\\&1&\\&&0\end{bmatrix}$，得 $\boldsymbol{A}=\boldsymbol{P}\boldsymbol{\Lambda}\boldsymbol{P}^{-1}$，则

$$\boldsymbol{A}^n=\boldsymbol{P}\boldsymbol{\Lambda}^n\boldsymbol{P}^{-1}=\begin{bmatrix}1&0&1\\2&0&1\\0&1&-2\end{bmatrix}\begin{bmatrix}1&&\\&1&\\&&0\end{bmatrix}\begin{bmatrix}-1&1&0\\4&-2&1\\2&-1&0\end{bmatrix}=\begin{bmatrix}-1&1&0\\-2&2&0\\4&-2&1\end{bmatrix}.$$

例 47 已知 $\boldsymbol{A}=\begin{bmatrix}1&2\\4&3\end{bmatrix}$，求 $\boldsymbol{A}^n$.

解 由 $|\lambda\boldsymbol{E}-\boldsymbol{A}|=(\lambda-5)(\lambda+1)=0$ 得到 $\boldsymbol{A}$ 特征值为 $\lambda_1=5,\lambda_2=-1$. $\boldsymbol{A}$ 与对角阵相似. 解 $(\lambda_1\boldsymbol{E}-\boldsymbol{A})\boldsymbol{x}=\boldsymbol{0}$，$(\lambda_2\boldsymbol{E}-\boldsymbol{A})\boldsymbol{x}=\boldsymbol{0}$ 分别得到线性无关的解向量 $\boldsymbol{\alpha}_1=[1,2]^{\mathrm{T}}$，$\boldsymbol{\alpha}_2=[-1,1]^{\mathrm{T}}$，取 $\boldsymbol{P}=[\boldsymbol{\alpha}_1,\boldsymbol{\alpha}_2]=\begin{bmatrix}1&-1\\2&1\end{bmatrix}$，则 $\boldsymbol{P}^{-1}=\frac{1}{3}\begin{bmatrix}1&1\\-2&1\end{bmatrix}$.

$$\boldsymbol{A}^n=\boldsymbol{P}\begin{bmatrix}5&0\\0&-1\end{bmatrix}^n\boldsymbol{P}^{-1}=\frac{1}{3}\begin{bmatrix}5^n-2(-1)^{n+1}&5^n+(-1)^{n+1}\\2\cdot5^n-2(-1)^n&2\cdot5^n+(-1)^n\end{bmatrix}.$$

注意 计算矩阵 $\boldsymbol{A}$ 的高次幂十分复杂. 但若 $\boldsymbol{A}$ 与对角矩阵 $\boldsymbol{\Lambda}$ 相似，即存在可逆矩阵 $\boldsymbol{P}$，使 $\boldsymbol{P}^{-1}\boldsymbol{A}\boldsymbol{P}=\boldsymbol{\Lambda}$，则 $\boldsymbol{A}^k=\boldsymbol{P}\boldsymbol{\Lambda}^k\boldsymbol{P}^{-1}$（$k$ 为自然数）.

例 48 设 $\boldsymbol{P}^{-1}\boldsymbol{A}\boldsymbol{P}=\boldsymbol{\Lambda}$，其中 $\boldsymbol{P}=\begin{bmatrix}-1&-4\\1&1\end{bmatrix}$，$\boldsymbol{\Lambda}=\begin{bmatrix}-1&0\\0&2\end{bmatrix}$，求 $\boldsymbol{A}^{11}$.

解 由题设知 $\boldsymbol{A}=\boldsymbol{P}\boldsymbol{\Lambda}\boldsymbol{P}^{-1}$，$\boldsymbol{A}^2=(\boldsymbol{P}\boldsymbol{\Lambda}\boldsymbol{P}^{-1})(\boldsymbol{P}\boldsymbol{\Lambda}\boldsymbol{P}^{-1})=\boldsymbol{P}\boldsymbol{\Lambda}^2\boldsymbol{P}^{-1}$，$\boldsymbol{A}^3=\boldsymbol{P}\boldsymbol{\Lambda}^3\boldsymbol{P}^{-1}$，…，$\boldsymbol{A}^{11}=\boldsymbol{P}\boldsymbol{\Lambda}^{11}\boldsymbol{P}^{-1}$. 而

$$\boldsymbol{P}^{-1}=\frac{1}{3}\begin{bmatrix}1&4\\-1&-1\end{bmatrix},$$

$$\boldsymbol{\Lambda}^{11}=\begin{bmatrix}-1&0\\0&2\end{bmatrix}^{11}=\begin{bmatrix}-1&0\\0&2^{11}\end{bmatrix},$$

$$\boldsymbol{A}^{11}=\boldsymbol{P}\boldsymbol{\Lambda}^{11}\boldsymbol{P}^{-1}=\frac{1}{3}\begin{bmatrix}-1&-4\\1&1\end{bmatrix}\begin{bmatrix}-1&0\\0&2^{11}\end{bmatrix}\begin{bmatrix}1&4\\-1&-1\end{bmatrix}=\begin{bmatrix}2\,731&2\,732\\-683&-684\end{bmatrix}.$$

例 49 设 $\boldsymbol{A}=\begin{bmatrix}\lambda&1&0\\0&\lambda&1\\0&0&\lambda\end{bmatrix}$，求 $\boldsymbol{A}^n$（$n\geqslant2$，自然数）.

解 因 A 为主对角元素相同的上三角矩阵.

$$\begin{bmatrix}\lambda & 1 & 0\\0 & \lambda & 1\\0 & 0 & \lambda\end{bmatrix}=\lambda\begin{bmatrix}1 & 0 & 0\\0 & 1 & 0\\0 & 0 & 1\end{bmatrix}+\begin{bmatrix}0 & 1 & 0\\0 & 0 & 1\\0 & 0 & 0\end{bmatrix}=\lambda E+B,$$

$B=\begin{bmatrix}0 & 1 & 0\\0 & 0 & 1\\0 & 0 & 0\end{bmatrix}$ 为幂零矩阵(幂零矩阵的特征值全为零),必存在某正整数 k,使 $A^k=O$. 事实上

$$B^2=\begin{bmatrix}0 & 1 & 0\\0 & 0 & 1\\0 & 0 & 0\end{bmatrix}^2=\begin{bmatrix}0 & 0 & 1\\0 & 0 & 0\\0 & 0 & 0\end{bmatrix},$$

$$B^3=\begin{bmatrix}0 & 1 & 0\\0 & 0 & 1\\0 & 0 & 0\end{bmatrix}^3=\begin{bmatrix}0 & 0 & 1\\0 & 0 & 0\\0 & 0 & 0\end{bmatrix}\begin{bmatrix}0 & 1 & 0\\0 & 0 & 1\\0 & 0 & 0\end{bmatrix}=\begin{bmatrix}0 & 0 & 0\\0 & 0 & 0\\0 & 0 & 0\end{bmatrix},$$

注意到 $B^k=\begin{bmatrix}0 & 1 & 0\\0 & 0 & 1\\0 & 0 & 0\end{bmatrix}^k=O(k\geqslant 3)$,故

$$\begin{aligned}A^n&=(\lambda E+B)^n=(\lambda E)^n+C_n^1(\lambda E)^{n-1}B+C_n^2(\lambda E)^{n-2}B^2+C_n^3(\lambda E)^{n-3}B^3+\cdots\\&=(\lambda E)^n+C_n^1(\lambda E)^{n-1}B+C_n^2(\lambda E)^{n-2}B^2\\&=\begin{bmatrix}\lambda^n & 0 & 0\\0 & \lambda^n & 0\\0 & 0 & \lambda^n\end{bmatrix}+\begin{bmatrix}0 & C_n^1\lambda^{n-1} & 0\\0 & 0 & C_n^1\lambda^{n-1}\\0 & 0 & 0\end{bmatrix}+\begin{bmatrix}0 & 0 & C_n^2\lambda^{n-2}\\0 & 0 & 0\\0 & 0 & 0\end{bmatrix}\\&=\begin{bmatrix}\lambda^n & C_n^1\lambda^{n-1} & C_n^2\lambda^{n-2}\\0 & \lambda^n & C_n^1\lambda^{n-1}\\0 & 0 & \lambda^n\end{bmatrix}.\end{aligned}$$

例 50 设 $\lambda_1,\lambda_2,\lambda_3$ 为 3 阶矩阵 A 的特征值,其对应的特征向量分别为 $\alpha_1=[1,1,1]^{\mathrm T}$,$\alpha_2=[0,1,1]^{\mathrm T}$,$\alpha_3=[0,0,1]^{\mathrm T}$,求证

$$(A^n)^{\mathrm T}=\begin{bmatrix}\lambda_1^n & \lambda_1^n-\lambda_2^n & \lambda_1^n-\lambda_2^n\\0 & \lambda_2^n & \lambda_2^n-\lambda_3^n\\0 & 0 & \lambda_3^n\end{bmatrix}.$$

证 $\alpha_1,\alpha_2,\alpha_3$ 线性无关,因而 A 与 $\mathrm{diag}(\lambda_1,\lambda_2,\lambda_3)$ 相似. 令 $P=[\alpha_1,\alpha_2,\alpha_3]$,得到

$$\begin{aligned}(A^n)^{\mathrm T}&=(P\mathrm{diag}(\lambda_1^n,\lambda_2^n,\lambda_3^n)P^{-1})^{\mathrm T}=(P^{-1})^{\mathrm T}\mathrm{diag}(\lambda_1^n,\lambda_2^n,\lambda_3^n)P^{\mathrm T}\\&=\begin{bmatrix}1 & -1 & 0\\0 & 1 & -1\\0 & 0 & 1\end{bmatrix}\begin{bmatrix}\lambda_1^n & 0 & 0\\0 & \lambda_2^n & 0\\0 & 0 & \lambda_3^n\end{bmatrix}\begin{bmatrix}1 & 1 & 1\\0 & 1 & 1\\0 & 0 & 1\end{bmatrix}=\begin{bmatrix}\lambda_1^n & \lambda_1^n-\lambda_2^n & \lambda_1^n-\lambda_2^n\\0 & \lambda_2^n & \lambda_2^n-\lambda_3^n\\0 & 0 & \lambda_3^n\end{bmatrix}.\end{aligned}$$

自测题

一、填空题

(1)设四阶矩阵 $\boldsymbol{A}$ 满足 $|2\boldsymbol{E}+\boldsymbol{A}|=0$，$\boldsymbol{A}\boldsymbol{A}^{\mathrm{T}}=3\boldsymbol{E}$，$|\boldsymbol{A}|<0$，其中 $\boldsymbol{E}$ 为四阶单位矩阵，则伴随矩阵 $\boldsymbol{A}^*$ 必有一个特征值为________.

(2)矩阵 $\boldsymbol{A}=\begin{bmatrix}2&4&2\\1&2&1\\3&6&3\end{bmatrix}$ 的非零特征值是________.

(3)设矩阵 $\boldsymbol{A}=\begin{bmatrix}0&0&1\\x&1&y\\1&0&0\end{bmatrix}$ 有 3 个线性无关的特征向量，则 x,y 应满足的条件是________.

(4)已知三阶矩阵 $\boldsymbol{A}$ 的特征值为 $-1,2,-3$. 矩阵 $\boldsymbol{B}=2\boldsymbol{A}^3+\boldsymbol{A}^2$，则 $\boldsymbol{B}$ 的特征值为________.

(5)已知 $\boldsymbol{A}=\begin{bmatrix}1&2\\3&x\end{bmatrix}$ 与 $\boldsymbol{B}=\begin{bmatrix}2&3\\4&y\end{bmatrix}$ 相似，则 $x=$________，$y=$________.

(6)设实对称矩阵 $\boldsymbol{A}$ 满足 $\boldsymbol{A}^3+3\boldsymbol{A}^2+\boldsymbol{A}=5\boldsymbol{E}$，则 $\boldsymbol{A}=$________.

(7)设 $\boldsymbol{A}$ 为 n 阶可逆矩阵，且 $r(\boldsymbol{A}-\boldsymbol{E})<n$，则 $\boldsymbol{A}$ 必有特征值________，且其重数至少是________.

(8)已知 n 阶实对称矩阵 $\boldsymbol{A}$ 的特征值只能是 1 和 -1，则 $\boldsymbol{A}^2=$________.

(9)已知三阶实对称矩阵 $\boldsymbol{A}$ 的特征值为 $\lambda_1=-1,\lambda_2=\lambda_3=1$，对应于 λ_1 的特征向量为 $\boldsymbol{\alpha}_1=(0,1,1)^{\mathrm{T}}$，则矩阵 $\boldsymbol{A}=$________.

(10)已知向量 $\boldsymbol{\alpha}_1=(1,k,1)^{\mathrm{T}}$ 是矩阵 $\boldsymbol{A}=\begin{bmatrix}2&1&1\\1&2&1\\1&1&2\end{bmatrix}$ 的逆矩阵 $\boldsymbol{A}^{-1}$ 的特征向量，则 $k=$________.

二、选择题

(1)若矩阵 $\boldsymbol{A}$ 与矩阵 $\boldsymbol{B}$ 相似，则下列说法正确的是(　　).

(A)$\lambda\boldsymbol{E}-\boldsymbol{A}=\lambda\boldsymbol{E}-\boldsymbol{B}$；

(B)$\boldsymbol{A}$ 与 $\boldsymbol{B}$ 均相似于同一对角矩阵；

(C)$r(\boldsymbol{A})=r(\boldsymbol{B})$；

(D)对于相同的特征值 λ，$\boldsymbol{A}$，$\boldsymbol{B}$ 有相同的特征向量.

(2)设三阶矩阵 $\boldsymbol{A}=\begin{bmatrix}-1&2&2\\3&-1&1\\2&2&-1\end{bmatrix}$ 则 $\boldsymbol{A}$ 的特征值为(　　).

(A)$1,-1,1$；　　(B)$2,0,1$；

(C)$3,-3,-3$；　　(D)$2,0,-1$.

(3)设矩阵 $\boldsymbol{A}$ 满足 $\boldsymbol{A}^3-2\boldsymbol{A}^2-\boldsymbol{A}+2\boldsymbol{E}=\boldsymbol{O}$,则下列矩阵必为可逆矩阵的是(　　).

(A)$\boldsymbol{A}+\boldsymbol{E}$;　(B)$\boldsymbol{A}-\boldsymbol{E}$;　(C)$\boldsymbol{A}+2\boldsymbol{E}$;　(D)$\boldsymbol{A}-2\boldsymbol{E}$.

(4)n 阶方阵 $\boldsymbol{A}$ 的每行元素之和均为 8,则 $\boldsymbol{A}^{-1}$ 有一特征值等于(　　).

(A)1/8;　(B)−1/8;　(C)8;　(D)−8.

(5)已知四阶方阵 $\boldsymbol{A}$,$|\boldsymbol{A}|=3$,并且 $3\boldsymbol{A}+\boldsymbol{E}$ 不可逆,则 $\boldsymbol{A}^*-\boldsymbol{E}$ 的一个特征值 λ 为(　　).

(A)3;　(B)−2/3;　(C)2;　(D)−10.

(6)设 $\boldsymbol{A}$ 是 n 阶非零矩阵,$\boldsymbol{A}^k=\boldsymbol{O}$,下列命题不正确的是(　　).

(A)$\boldsymbol{A}$ 必不能对角化;　(B)$\boldsymbol{A}$ 只有一个线性无关的特征向量;

(C)$\boldsymbol{A}$ 的特征值只有一个零;　(D)$\boldsymbol{E}+\boldsymbol{A}+\boldsymbol{A}^2+\cdots+\boldsymbol{A}^{k-1}$ 必可逆.

(7)与矩阵 $\boldsymbol{A}=\begin{bmatrix}1&0&0\\0&1&0\\0&0&2\end{bmatrix}$ 相似的矩阵是(　　).

(A)$\begin{bmatrix}1&1&0\\0&2&1\\0&0&1\end{bmatrix}$;　(B)$\begin{bmatrix}1&1&0\\0&1&0\\0&0&2\end{bmatrix}$;　(C)$\begin{bmatrix}1&0&1\\0&1&0\\0&0&2\end{bmatrix}$;　(D)$\begin{bmatrix}1&0&1\\0&2&1\\0&0&1\end{bmatrix}$.

(8)设 n 阶方阵 $\boldsymbol{A}$ 相似于对角矩阵,则下列正确的是(　　).

(A)$\boldsymbol{A}$ 必为可逆矩阵;　(B)$\boldsymbol{A}$ 有 n 个不同的特征值;

(C)$\boldsymbol{A}$ 必为实对称矩阵;　(D)$\boldsymbol{A}$ 必有 n 个线性无关的特征向量.

(9)若 $\boldsymbol{A}$ 与 $\boldsymbol{B}$ 相似,则下列结论中不正确的是(　　).

(A)$\boldsymbol{A}^{\mathrm{T}}$ 与 $\boldsymbol{B}^{\mathrm{T}}$ 相似;　(B)$\boldsymbol{A}^{-1}$ 与 $\boldsymbol{B}^{-1}$ 相似;

(C)$\boldsymbol{A}^k$ 与 $\boldsymbol{B}^k$ 相似;　(D)$\boldsymbol{A}$,$\boldsymbol{B}$ 均与一个对角矩阵相似.

(10)设 $\boldsymbol{A}$,$\boldsymbol{B}$ 为 n 阶矩阵,且 $\boldsymbol{A}$ 与 $\boldsymbol{B}$ 相似,$\boldsymbol{E}$ 为 n 阶单位矩阵,则(　　).

(A)$\lambda\boldsymbol{E}-\boldsymbol{A}=\lambda\boldsymbol{E}-\boldsymbol{B}$;　(C)$\boldsymbol{A}$ 与 $\boldsymbol{B}$ 有相同的特征值和特征向量;

(C)$\boldsymbol{A}$ 与 $\boldsymbol{B}$ 都相似于一个对角矩阵;　(D)对任意常数 t,$t\boldsymbol{E}-\boldsymbol{A}$ 与 $t\boldsymbol{E}-\boldsymbol{B}$ 相似.

三、计算与证明题

(1)已知 $\boldsymbol{A}=\begin{bmatrix}1&2\\4&3\end{bmatrix}$,求 $\boldsymbol{A}^{100}$.

(2)已知三阶矩阵 $\boldsymbol{A}=\begin{bmatrix}a&-5&8\\0&a+1&8\\0&3a+3&25\end{bmatrix}$,且 $r(\boldsymbol{A})<3$,并已知 $\boldsymbol{B}$ 有三个特征值,1,−1,0,对应的特征向量分别为 $\boldsymbol{\beta}_1=(1,2a,-1)^{\mathrm{T}}$,$\boldsymbol{\beta}_2=(a,a+3,a+2)^{\mathrm{T}}$,$\boldsymbol{\beta}_3=(a-2,-1,a+1)^{\mathrm{T}}$,试求参数 a 及矩阵 $\boldsymbol{B}$.

(3)已知 6 是三阶矩阵 $\boldsymbol{A}=\begin{bmatrix}1&-1&1\\2&4&-2\\-3&-3&a\end{bmatrix}$ 的特征值.①求 a 的值及矩阵 $\boldsymbol{A}$ 的其他特征值 λ_1,λ_2;②求可逆矩阵 $\boldsymbol{P}$,使得 $\boldsymbol{P}^{-1}\boldsymbol{A}\boldsymbol{P}=\begin{bmatrix}\lambda_1&&\\&6&\\&&\lambda_2\end{bmatrix}$.

(4)设 $\lambda_1,\lambda_2,\cdots,\lambda_n$ 为 n 阶实对称方阵 $\boldsymbol{A}$ 的特征值,求证:$\lambda_1^4,\lambda_2^4,\cdots,\lambda_n^4$ 为 $\boldsymbol{A}^4$ 的特征值.

(5)设三阶矩阵 $\boldsymbol{A}$ 有特征值 1,-1,3,证明:$\boldsymbol{B}=(3\boldsymbol{E}+\boldsymbol{A}^*)^2$ 可对角化,并求 $\boldsymbol{B}$ 的一个相似对角阵.

(6)设方阵 $\boldsymbol{A}$ 满足条件 $\boldsymbol{A}^{\mathrm{T}}\boldsymbol{A}=\boldsymbol{E}$,其中 $\boldsymbol{A}^{\mathrm{T}}$ 是 $\boldsymbol{A}$ 的转置矩阵,$\boldsymbol{E}$ 为单位阵,试证明 $\boldsymbol{A}$ 的实特征向量所对应的特征值的绝对值等于1.

自测题参考答案

一、填空题

解 (1)依题意有 $|2\boldsymbol{E}+\boldsymbol{A}|=|\boldsymbol{A}-(-2\boldsymbol{E})|=0$,即 $|-2\boldsymbol{E}-\boldsymbol{A}|=0$,$\lambda=-2$ 为 $\boldsymbol{A}$ 的一个特征值.设其对应的一个特征向量为 $\boldsymbol{\alpha}$,则 $\boldsymbol{A\alpha}=-2\boldsymbol{\alpha}$.由 $\boldsymbol{AA}^{\mathrm{T}}=3\boldsymbol{E}$,得 $|\boldsymbol{A}|^2=3^4=81$,即 $|\boldsymbol{A}|=\pm9$,由 $|\boldsymbol{A}|<0$,得 $|\boldsymbol{A}|=-9$,由 $\boldsymbol{A\alpha}=-2\boldsymbol{\alpha}$,$\boldsymbol{A}^*\boldsymbol{A\alpha}=-2\boldsymbol{A}^*\boldsymbol{\alpha}$,即 $\boldsymbol{A}^*\boldsymbol{\alpha}=-|\boldsymbol{A}|\boldsymbol{\alpha}/2=9\boldsymbol{\alpha}/2$,故 9/2 为 $\boldsymbol{A}^*$ 的一个特征值.

(2)由矩阵 $\boldsymbol{A}$ 的特征多项式

$$|\lambda\boldsymbol{E}-\boldsymbol{A}|=\begin{vmatrix}\lambda-2 & -4 & -2\\ -1 & \lambda-2 & -1\\ -3 & -6 & \lambda-3\end{vmatrix}=\lambda(\lambda^2-7\lambda)$$

知矩阵 $\boldsymbol{A}$ 的特征值是 $\lambda_1=\lambda_2=0,\lambda_3=7$,故应填 7.

(3)因为 $|\boldsymbol{A}-\lambda\boldsymbol{E}|=(\lambda-1)^2(\lambda+1)=0$,所以 $\lambda_1=1$ 为二重特征根,故 $\lambda_1=1$ 对应有两个线性无关的特征向量,即线性方程组 $(\boldsymbol{A}-\boldsymbol{E})\boldsymbol{x}=\boldsymbol{0}$ 的解空间的维数为 2,所以 $r(\boldsymbol{A}-\boldsymbol{E})=1$,又

$$\boldsymbol{A}-\boldsymbol{E}=\begin{bmatrix}-1 & 0 & 1\\ x & 0 & y\\ 1 & 0 & -1\end{bmatrix}\to\begin{bmatrix}1 & 0 & -1\\ 0 & 0 & x+y\\ 0 & 0 & 0\end{bmatrix},$$

因此 $x+y=0$.

(4)由 $\boldsymbol{B}=f(\boldsymbol{A})=2\boldsymbol{A}^3+\boldsymbol{A}^2$,设 $\boldsymbol{A}$ 的特征值为 λ,则 $\boldsymbol{B}$ 的特征值为 $2\lambda^3+\lambda^2$.由 $\boldsymbol{A}$ 的 3 个特征值为 -1,2,-3.则 $\boldsymbol{B}$ 的特征值分别为 $2(-1)^3+(-1)^2$,$2\times2^3+2^2$,$2(-3)^3+(-3)^2$.即分别为 -1,20,-45.

(5)由 $\boldsymbol{A}$ 与 $\boldsymbol{B}$ 相似,则 $\boldsymbol{A}$、$\boldsymbol{B}$ 有相同的特征值 λ_1,λ_2,且

$$|\boldsymbol{A}|=|\boldsymbol{B}|=\lambda_1\lambda_2,1+x=2+y=\lambda_1+\lambda_2,$$

即 $\begin{cases}x-6=2y-12;\\1+x=2+y.\end{cases}\Rightarrow\begin{cases}x-2y=-6;\\x-y=1.\end{cases}\Rightarrow\begin{cases}x=8\\y=7\end{cases}.$

(6)设 $\boldsymbol{A}$ 的特征值为 λ,由 $\boldsymbol{A}$ 是实对称矩阵,故 λ 必为实数.由 $\boldsymbol{A}^3+3\boldsymbol{A}^2+\boldsymbol{A}=5\boldsymbol{E}$,得 $\lambda^3+3\lambda^2+\lambda=5$,即 $(\lambda-1)(\lambda^2+4\lambda+5)=0$.

由 λ 为实数，故 $\boldsymbol{A}$ 的特征值只能为 1. 由实对称矩阵必可对角化，故存在可逆矩阵 $\boldsymbol{P}$，使得 $\boldsymbol{P}^{-1}\boldsymbol{AP}=\boldsymbol{E}$，即 $\boldsymbol{A}=\boldsymbol{E}$.

(7)由 $r(\boldsymbol{A}-\boldsymbol{E})<n$，故 $|\boldsymbol{A}-\boldsymbol{E}|=0$，即 $|\boldsymbol{E}-\boldsymbol{A}|=0$，故 $\boldsymbol{A}$ 必有特征值 1. 由 $(\boldsymbol{A}-\boldsymbol{E})\boldsymbol{x}=\boldsymbol{0}$，可得 $n-r(\boldsymbol{A}-\boldsymbol{E})$ 个线性无关的解. 故它的重数至少为 $n-r(\boldsymbol{A}-\boldsymbol{E})$.

(8)由于 $\boldsymbol{A}$ 为实对称矩阵，故 $\boldsymbol{A}$ 必与对角阵相似，即存在可逆矩阵 $\boldsymbol{P}$，使得 $\boldsymbol{P}^{-1}\boldsymbol{AP}=\boldsymbol{\Lambda}$，其中 $\boldsymbol{\Lambda}$ 的对角线元素只能是 1 和 -1. 则 $\boldsymbol{P}^{-1}\boldsymbol{A}^2\boldsymbol{P}=\boldsymbol{E}$，解得 $\boldsymbol{A}^2=\boldsymbol{E}$.

(9)设对应于 $\lambda_2=\lambda_3$ 的特征向量为 $\boldsymbol{\alpha}=(x_1,x_2,x_3)^{\mathrm{T}}$，依题意有 $\boldsymbol{\alpha}^{\mathrm{T}}\boldsymbol{\alpha}_1=\boldsymbol{0}$，即 $0x_1+x_2+x_3=0$. 解得基础解系为 $\boldsymbol{\alpha}_2=(1,0,0)^{\mathrm{T}}$，$\boldsymbol{\alpha}_3=(0,1,-1)^{\mathrm{T}}$，则 $\boldsymbol{\alpha}_2,\boldsymbol{\alpha}_3$ 是对应于 $\lambda_2=\lambda_3=1$ 的特征向量. 取

$$\boldsymbol{Q}=(\boldsymbol{\alpha}_1,\boldsymbol{\alpha}_2,\boldsymbol{\alpha}_3)=\begin{bmatrix}0&1&0\\1&0&1\\1&0&-1\end{bmatrix},\boldsymbol{\Lambda}=\begin{bmatrix}-1&&\\&1&\\&&1\end{bmatrix}$$

则 $\boldsymbol{Q}^{-1}\boldsymbol{AQ}=\boldsymbol{\Lambda}$

$$\boldsymbol{A}=\boldsymbol{Q\Lambda Q}^{-1}=\begin{bmatrix}0&1&0\\1&0&1\\1&0&-1\end{bmatrix}\begin{bmatrix}-1&0&0\\0&1&0\\0&0&1\end{bmatrix}\begin{bmatrix}0&1/2&1/2\\1&0&0\\0&1/2&-1/2\end{bmatrix}=\begin{bmatrix}1&0&0\\0&0&-1\\0&-1&0\end{bmatrix}.$$

(10)由 $\boldsymbol{\alpha}$ 是 $\boldsymbol{A}^{-1}$ 的特征向量，知 $\boldsymbol{\alpha}$ 也是 $\boldsymbol{A}$ 的特征向量. 设 $\boldsymbol{\alpha}$ 对应的 $\boldsymbol{A}$ 的特征值为 λ，则有 $\boldsymbol{A\alpha}=\lambda\boldsymbol{\alpha}$. 即

$$\begin{bmatrix}2&1&1\\1&2&1\\1&1&2\end{bmatrix}\begin{bmatrix}1\\k\\1\end{bmatrix}=\lambda\begin{bmatrix}1\\k\\1\end{bmatrix},$$

得方程组 $\begin{cases}2+k+1=\lambda;\\1+2k+1=\lambda k;\\1+k+2=\lambda.\end{cases}$ 解之得 $k=1$ 或 $k=-2$.

二、选择题

解 (1)由相似矩阵有相同的特征多项式，即有 $|\lambda\boldsymbol{E}-\boldsymbol{A}|=|\lambda\boldsymbol{E}-\boldsymbol{B}|$. 但 $\lambda\boldsymbol{E}-\boldsymbol{A}$ 不一定等于 $\lambda\boldsymbol{E}-\boldsymbol{B}$. 若 $\lambda\boldsymbol{E}-\boldsymbol{A}=\lambda\boldsymbol{E}-\boldsymbol{B}$，则必有 $\boldsymbol{A}=\boldsymbol{B}$，显然不对，排除(A).

由 $\boldsymbol{A}$、$\boldsymbol{B}$ 相似，则 $\boldsymbol{A}$、$\boldsymbol{B}$ 有相同的特征值且有相同的特征多项式. 若 0 不是 $\boldsymbol{A}$、$\boldsymbol{B}$ 的特征值，则必有 $|\boldsymbol{A}|\neq0$，$|\boldsymbol{B}|\neq0$，则有 $r(\boldsymbol{A})=r(\boldsymbol{B})=n$. 若 0 是 $\boldsymbol{A}$、$\boldsymbol{B}$ 的 k 重特征值，则 $(0\boldsymbol{E}-\boldsymbol{A})\boldsymbol{x}=\boldsymbol{0}$ 即 $\boldsymbol{Ax}=\boldsymbol{0}$，与 $(0\boldsymbol{E}-\boldsymbol{B})\boldsymbol{x}=\boldsymbol{0}$ 即 $\boldsymbol{Bx}=\boldsymbol{0}$. 的基础解系的秩必为 k，即有 $r(\boldsymbol{A})=r(\boldsymbol{B})=n-k$. 从而证得 $r(\boldsymbol{A})=r(\boldsymbol{B})=n-k$，其中 k 为特征值 0 的重数，故(C)为正确答案.

(B)中，由于 $\boldsymbol{A}$ 与 $\boldsymbol{B}$ 相似的对角矩阵不唯一，故 $\boldsymbol{A}$,$\boldsymbol{B}$ 可以相似于不同的对角矩阵，排除(B). 关于(D)，设 $\boldsymbol{A}$,$\boldsymbol{B}$ 的特征值为 $\lambda_1,\lambda_2,\cdots,\lambda_n$，则存在可逆矩阵 $\boldsymbol{P}$,$\boldsymbol{Q}$ 使得

$$\boldsymbol{P}^{-1}\boldsymbol{AP}=\begin{bmatrix}\lambda_1&&&\\&\lambda_2&&\\&&\ddots&\\&&&\lambda_n\end{bmatrix},\boldsymbol{Q}^{-1}\boldsymbol{AP}=\begin{bmatrix}\lambda_1&&&\\&\lambda_2&&\\&&\ddots&\\&&&\lambda_n\end{bmatrix}$$

若相同的特征值对应相同的特征向量，则有 $\boldsymbol{P}=\boldsymbol{Q}$，因此就有 $\boldsymbol{A}=\boldsymbol{B}$，显然是不正确的，排除(D)故正确答案(B).

(2)利用特征值的性质，即所有特征值的和等于对角线元素之和. 即有 $\lambda_1+\lambda_2+\lambda_3=-3$，立即可以排除(A)，(B)，(D)，正确答案为(C).

(3)由 $\boldsymbol{A}^3-2\boldsymbol{A}^2-\boldsymbol{A}+2\boldsymbol{E}=\boldsymbol{O}$，有 $(\boldsymbol{A}+\boldsymbol{E})(\boldsymbol{A}-\boldsymbol{E})(\boldsymbol{A}-2\boldsymbol{E})=\boldsymbol{O}$，故 $\boldsymbol{A}$ 的特征值只能为 1，-1 或 2.

若 $\lambda=1$ 是 $\boldsymbol{A}$ 的特征值，则 $\boldsymbol{E}-\boldsymbol{A}$ 非可逆，即 $\boldsymbol{A}-\boldsymbol{E}$ 也非可逆，排除(B).

若 $\lambda=-1$ 是 $\boldsymbol{A}$ 的特征值，则 $-\boldsymbol{E}-\boldsymbol{A}$ 非可逆，即 $\boldsymbol{A}+\boldsymbol{E}$ 也非可逆，排除(A).

若 $\lambda=2$ 是 $\boldsymbol{A}$ 的特征值，则 $2\boldsymbol{E}-\boldsymbol{A}$ 非可逆，即 $\boldsymbol{A}-2\boldsymbol{E}$ 也非可逆，排除(D).

由于 $\lambda=-2$ 一定不是 $\boldsymbol{A}$ 的特征值，故 $|-2\boldsymbol{E}-\boldsymbol{A}|\neq 0$，即 $\boldsymbol{A}+2\boldsymbol{E}$ 必可逆. 正确答案为(C).

(4)设 $\boldsymbol{A}=(a_{ij})_{n\times n}$，因 $\boldsymbol{A}$ 的每行元素之和均为 8，则

$$\begin{cases} a_{11}+a_{12}+\cdots+a_{1n}=8; \\ a_{21}+a_{22}+\cdots+a_{2n}=8; \\ \vdots \quad\quad \vdots \quad\quad\quad\quad \vdots \quad\quad \vdots \\ a_{n1}+a_{n2}+\cdots+a_{nn}=8. \end{cases}$$

即 $\begin{bmatrix} a_{11} & a_{12} & \cdots & a_{1n} \\ a_{21} & a_{22} & \cdots & a_{2n} \\ \vdots & \vdots & & \vdots \\ a_{n1} & a_{n2} & \cdots & a_{nn} \end{bmatrix}\begin{bmatrix} 1 \\ 1 \\ \vdots \\ 1 \end{bmatrix}=8\begin{bmatrix} 1 \\ 1 \\ \vdots \\ 1 \end{bmatrix}$ 亦即 $A\begin{bmatrix} 1 \\ 1 \\ \vdots \\ 1 \end{bmatrix}=8\begin{bmatrix} 1 \\ 1 \\ \vdots \\ 1 \end{bmatrix}$，从而，8 是 $\boldsymbol{A}$ 的特征值，进而

$\boldsymbol{A}^{-1}\begin{bmatrix} 1 \\ 1 \\ \vdots \\ 1 \end{bmatrix}=\frac{1}{8}\begin{bmatrix} 1 \\ 1 \\ \vdots \\ 1 \end{bmatrix}$，即 $\boldsymbol{A}^{-1}$ 有一特征值为 $\frac{1}{8}$，故选(A).

(5)因为 $3\boldsymbol{A}+\boldsymbol{E}$ 不可逆，所以 $|3\boldsymbol{A}+\boldsymbol{E}|=0$，即

$$\left|-3\left(-\frac{1}{3}\boldsymbol{E}-\boldsymbol{A}\right)\right|=(-3)^4\left|-\frac{1}{3}\boldsymbol{E}-\boldsymbol{A}\right|=0,$$

所以 $-\frac{1}{3}$ 是 $\boldsymbol{A}$ 的一个特征值. 又因为 $\boldsymbol{A}^*=|\boldsymbol{A}|\boldsymbol{A}^{-1}$ 且 $|\boldsymbol{A}|=3$，所以 $3\times\frac{1}{-1/3}=-9$ 是 $\boldsymbol{A}^*$ 的一个特征值. 所以 $\boldsymbol{A}^*-\boldsymbol{E}$ 的一个特征值为 $\lambda=-9-1=-10$. 故应选(D).

(6)假设 $\boldsymbol{A}$ 可对角化，则存在可逆矩阵 $\boldsymbol{P}$，使 $\boldsymbol{P}^{-1}\boldsymbol{A}\boldsymbol{P}=\boldsymbol{\Lambda}$ 或 $\boldsymbol{A}=\boldsymbol{P}\boldsymbol{\Lambda}\boldsymbol{P}^{-1}$.

因为 $\boldsymbol{A}^k=\boldsymbol{O}$，所以 $\boldsymbol{A}^k=(\boldsymbol{P}\boldsymbol{\Lambda}\boldsymbol{P}^{-1})\cdots(\boldsymbol{P}\boldsymbol{\Lambda}\boldsymbol{P}^{-1})=\boldsymbol{P}\boldsymbol{\Lambda}^k\boldsymbol{P}^{-1}=\boldsymbol{O}$. 所以 $\boldsymbol{\Lambda}^k=\boldsymbol{O}$，则 $\boldsymbol{\Lambda}=\boldsymbol{O}$，所以 $\boldsymbol{A}=\boldsymbol{O}$. 这与 $\boldsymbol{A}\neq\boldsymbol{O}$ 矛盾，故 $\boldsymbol{A}$ 必不能对角化.

又知 $\boldsymbol{A}$ 应该有 $n-r(\boldsymbol{A})$ 个线性无关的特征向量，而 $\boldsymbol{A}$ 的秩并没有已知是 $r(\boldsymbol{A})=n-1$，所以选项(B)的说法不正确. 故应选(B).

(7)因为矩阵 $\boldsymbol{A}$ 及四个选项中的矩阵的特征值都是 $\lambda_1=1$(二重)，$\lambda_2=2$，其中 $\boldsymbol{A}$ 是对角阵，所以只需判断选项中的矩阵哪个可以对角化.

记(A),(B),(C),(D)中的矩阵分别为 $\boldsymbol{A}_1,\boldsymbol{A}_2,\boldsymbol{A}_3,\boldsymbol{A}_4$.

关于(A),对于特征值 $\lambda_1=1$,解齐次线性方程组 $(\boldsymbol{E}-\boldsymbol{A}_1)\boldsymbol{x}=\boldsymbol{0}$,得基础解系 $\boldsymbol{\alpha}_1=(1,0,0)^{\mathrm{T}}$,因为 $\lambda_1=1$ 是二重特征值,却找不到两个线性无关的特征向量,所以 $\boldsymbol{A}_1$ 不可对角化,排除(A);关于(B),同理,对于特征值 $\lambda_1=1$(二重)也只对应一个特征向量,所以 $\boldsymbol{A}_2$ 不可对角化,故排除(B);关于(C),对于特征值 $\lambda_1=1$,解齐次线性方程 $(\boldsymbol{E}-\boldsymbol{A}_3)\boldsymbol{x}=\boldsymbol{0}$,得基础解系 $\boldsymbol{\alpha}_1=(1,0,0)^{\mathrm{T}},\boldsymbol{\alpha}_2=(0,1,0)^{\mathrm{T}}$. 对于特征值 $\lambda_1=2$,解齐次线性方程组 $(2\boldsymbol{E}-\boldsymbol{A}_3)\boldsymbol{x}=\boldsymbol{0}$,得基础解系 $\boldsymbol{\alpha}_3=(1,0,1)^{\mathrm{T}}$,所以 $\boldsymbol{A}_3$ 可对角化. 故本题应选(C).

(8)$\boldsymbol{A}$ 相似于对角矩阵,若 $\boldsymbol{A}$ 有 0 特征值,则必有 $|\boldsymbol{A}|=0$. 故 $\boldsymbol{A}$ 可以是不可逆矩阵,排除(A).

$\boldsymbol{A}$ 相似于对角矩阵,$\boldsymbol{A}$ 可以有相同的特征值,只要求特征值的重数等于它所对应的线性无关的特征向量的个数,故 $\boldsymbol{A}$ 必有 n 个线性无关的特征向量,排除(B),正确答案为(D).

$\boldsymbol{A}$ 可对角化,不要求 $\boldsymbol{A}$ 为实对称矩阵,但 $\boldsymbol{A}$ 为实对称矩阵,则 $\boldsymbol{A}$ 必不可对角化,排除(C),下面举例说明. 取

$$\boldsymbol{A}=\begin{bmatrix}1&2&3\\0&0&0\\0&0&0\end{bmatrix},$$

则 $|\boldsymbol{A}|=0$,且 $|\lambda\boldsymbol{E}-\boldsymbol{A}|=(\lambda-1)\lambda^2=0$. 故 $\boldsymbol{A}$ 的特征值为 0 和 1,且 $\boldsymbol{A}$ 可对角化,但 $\boldsymbol{A}$ 不是实对称矩阵,可排除(A)、(C). 又 $\boldsymbol{A}$ 有重根,即特征值 0 是二重,排除(B). 故正确答案为(D).

(9)由 $\boldsymbol{A}$ 与 $\boldsymbol{B}$ 相似,故存在可逆矩阵 $\boldsymbol{T}$,使得 $\boldsymbol{A}=\boldsymbol{T}^{-1}\boldsymbol{B}\boldsymbol{T}$,从而有 $\boldsymbol{A}^{\mathrm{T}}=(\boldsymbol{T}^{-1}\boldsymbol{B}\boldsymbol{T})^{\mathrm{T}}=\boldsymbol{T}^{\mathrm{T}}\boldsymbol{B}^{\mathrm{T}}(\boldsymbol{T}^{\mathrm{T}})^{-1}$. 令 $\boldsymbol{P}=(\boldsymbol{T}^{\mathrm{T}})^{-1}$,有 $\boldsymbol{A}^{\mathrm{T}}=\boldsymbol{P}^{-1}\boldsymbol{B}^{\mathrm{T}}\boldsymbol{P}$,故 $\boldsymbol{A}^{\mathrm{T}}$ 与 $\boldsymbol{B}^{\mathrm{T}}$ 相似,排除(A).

由 $\boldsymbol{A}^{-1}=\boldsymbol{T}^{-1}\boldsymbol{B}^{-1}\boldsymbol{T}$,故 $\boldsymbol{A}^{-1}$ 与 $\boldsymbol{B}^{-1}$ 相似,排除(B).

由 $\boldsymbol{A}^k=(\boldsymbol{T}^{-1}\boldsymbol{B}\boldsymbol{T})^k=\boldsymbol{T}^{-1}\boldsymbol{B}^k\boldsymbol{T}$,故 $\boldsymbol{A}^k$ 与 $\boldsymbol{B}^k$ 相似,排除(C).

由 $\boldsymbol{A}$ 与 $\boldsymbol{B}$ 相似,但 $\boldsymbol{A}$ 与 $\boldsymbol{B}$ 未必可以对角化,即 $\boldsymbol{A},\boldsymbol{B}$ 未必与对角矩阵相似,故选(D).

(10)由 $\boldsymbol{A}$ 与 $\boldsymbol{B}$ 相似,可得 $|\lambda\boldsymbol{E}-\boldsymbol{A}|=|\lambda\boldsymbol{E}-\boldsymbol{B}|$,但不一定有 $\lambda\boldsymbol{E}-\boldsymbol{A}=\lambda\boldsymbol{E}-\boldsymbol{B}$ 成立,故可排除(A). 由 $|\lambda\boldsymbol{E}-\boldsymbol{A}|=|\lambda\boldsymbol{E}-\boldsymbol{B}|$,知 $\boldsymbol{A},\boldsymbol{B}$ 有相同的特征多项式,从而有相同的特征值,但特征向量未必相同,可排除(B). 由 $\boldsymbol{A},\boldsymbol{B}$ 相似,但 $\boldsymbol{A},\boldsymbol{B}$ 自身不一定能对角化,即相似于对角矩阵,可排除(C). 由 $\boldsymbol{A}$ 与 $\boldsymbol{B}$ 相似,故存在可逆矩阵 $\boldsymbol{P}$,使得 $\boldsymbol{P}^{-1}\boldsymbol{A}\boldsymbol{P}=\boldsymbol{B}$,从而有 $\boldsymbol{P}^{-1}(t\boldsymbol{E}-\boldsymbol{A})\boldsymbol{P}=\boldsymbol{P}^{-1}t\boldsymbol{P}-\boldsymbol{P}^{-1}\boldsymbol{A}\boldsymbol{P}=t\boldsymbol{E}-\boldsymbol{B}$,即 $t\boldsymbol{E}-\boldsymbol{A}$ 与 $t\boldsymbol{E}-\boldsymbol{B}$ 相似,故正确答案为(D).

三、计算与证明题

解 (1)$|\lambda\boldsymbol{E}-\boldsymbol{A}|=\begin{vmatrix}\lambda-1&-2\\-4&\lambda-3\end{vmatrix}=\lambda^2-4\lambda-5=(\lambda-5)(\lambda+1)=0$. 解得特征值为 $\lambda_1=5,\lambda_2=-1$.

由 $(5\boldsymbol{E}-\boldsymbol{A})\boldsymbol{x}=\boldsymbol{0}$,解得 $\lambda_1=5$ 对应的特征向量为 $\boldsymbol{\alpha}_1=(1,2)^{\mathrm{T}}$. 由 $(-\boldsymbol{E}-\boldsymbol{A})\boldsymbol{x}=\boldsymbol{0}$,解得 $\lambda_2=-1$ 对应的特征向量为 $\boldsymbol{\alpha}_2=(-1,2)^{\mathrm{T}}$.

取 $\boldsymbol{P}=(\boldsymbol{\alpha}_1,\boldsymbol{\alpha}_2)=\begin{bmatrix}1&-1\\2&1\end{bmatrix}$,则 $\boldsymbol{P}^{-1}=\begin{bmatrix}1/3&1/3\\-2/3&1/3\end{bmatrix}$且使 $\boldsymbol{P}^{-1}\boldsymbol{A}\boldsymbol{P}=\begin{bmatrix}5&0\\0&-1\end{bmatrix}$故 $\boldsymbol{A}=$

$P\begin{bmatrix}5 & 0\\0 & -1\end{bmatrix}P^{-1}$，

$$A^{100}=P\begin{bmatrix}5 & 0\\0 & -1\end{bmatrix}P^{-1}P\begin{bmatrix}5 & 0\\0 & 1\end{bmatrix}P^{-1}\cdots P\begin{bmatrix}5 & 0\\0 & -1\end{bmatrix}P^{-1}$$

$$=P\begin{bmatrix}5 & 0\\0 & -1\end{bmatrix}^{100}P^{-1}=P\begin{bmatrix}5^{100} & 0\\0 & 1\end{bmatrix}P^{-1}=\begin{bmatrix}5^{100}+2 & 5^{100}-1\\2\times5^{100}-2 & 2\times5^{100}+1\end{bmatrix}.$$

解 (2)由 $r(A)<3$，知 $|A|=0$，即有

$$|A|=\begin{vmatrix}a & -5 & 8\\0 & a+1 & 8\\0 & 3a+3 & 25\end{vmatrix}=\begin{vmatrix}a & -5 & 8\\0 & a+1 & 8\\0 & 0 & 1\end{vmatrix}=a(a+1)=0,$$

故 $a=0$ 或 $a=-1$.

当 $a=0$ 时，$\beta_1=(1,0,-1)^T$，$\beta_2=(0,3,2)^T$，$\beta_3=(-2,-1,1)^T$，此时，β_1,β_2,β_3 性线无关，故 $a=0$ 满足题意的要求. 因为 $B\beta_1=\beta_1$，$B\beta_2=-\beta_2$，$B\beta_3=0\cdot\beta_3$，故 $B(\beta_1,\beta_2,\beta_3)=(\beta_1,-\beta_2,0)$. 即

$$B=(\beta_1,-\beta_2,\mathbf{0})(\beta_1,\beta_2,\beta_3)^{-1}=\begin{bmatrix}1 & 0 & 0\\0 & -3 & 0\\-1 & -2 & 0\end{bmatrix}\begin{bmatrix}1 & 0 & -2\\0 & 3 & -1\\-1 & 2 & 1\end{bmatrix}^{-1}$$

$$=\begin{bmatrix}1 & 0 & 0\\0 & -3 & 0\\-1 & -2 & 0\end{bmatrix}\begin{bmatrix}-5 & 4 & -6\\-1 & 1 & -1\\-3 & 2 & -3\end{bmatrix}=\begin{bmatrix}-5 & 4 & -6\\3 & -3 & 3\\7 & -6 & 8\end{bmatrix},$$

当 $a=-1$ 时，$\beta_1=(1,-2,-1)^T$，$\beta_2=(-1,2,1)^T$，$\beta_3=(-3,-1,0)^T$. 易验证 β_1,β_2,β_3 线性相关，而依题意知，β_1,β_2,β_3 是不同特征值对应的特征向量应该是线性无关的，故 $a=-1$不合题意.

解 (3)① $|\lambda E-A|=\begin{vmatrix}\lambda-1 & 1 & -1\\-2 & \lambda-4 & 2\\3 & 3 & \lambda-a\end{vmatrix}=(\lambda-2)[\lambda^2-(3+a)\lambda+3a-3]=0$. 由于 6 为 A 的特征值，故 $\lambda=6$ 是 $\lambda^2-(3+a)\lambda+3a-3=0$ 的解，即 $6^2-(3+a)\times6+3a-3=0$，解得 $a=5$，故 $|\lambda E-A|=(\lambda-2)^2(\lambda-6)=0$，得 A 的其他特征值为 $\lambda_1=\lambda_2=2$(二重).

②当 $\lambda=2$ 时，解 $(2E-A)x=\mathbf{0}$ 得基础解系为 $\alpha_1=(-1,1,0)^T$，$\alpha_2=(1,0,1)^T$. 当 $\lambda=6$ 时，解 $(6E-A)x=\mathbf{0}$ 的基础解系为 $\alpha_3=(1,-2,3)^T$.

令 $P=(\alpha_1,\alpha_2,\alpha_3)=\begin{bmatrix}-1 & 1 & 1\\1 & -2 & 0\\0 & 3 & 1\end{bmatrix}$，则有 $P^{-1}AP=\begin{bmatrix}2 & & \\ & 6 & \\ & & 2\end{bmatrix}$.

证 (4)设 α_i 为 A 的属于 λ_i 的特征向量，$(i=1,2,\cdots,n)$即有 $A\alpha_i=\lambda_i\alpha_i$，故

$$A^2\alpha_i=A(A\alpha_i)=A(\lambda_i\alpha_i)=\lambda_iA\alpha_i=\lambda_i^2\alpha_i$$
$$A^3\alpha_i=A(A^2\alpha_i)=A(\lambda_1^2\alpha_i)=\lambda_i^2A\alpha_i=\lambda_i^3\alpha_i$$

$$A^4\boldsymbol{\alpha}_i=A(A^3\boldsymbol{\alpha}_i)=A(\lambda_i^3\boldsymbol{\alpha}_i)=\lambda_i^3A\boldsymbol{\alpha}_i=\lambda_i^4\boldsymbol{\alpha}_i$$

因此,A 的属于 λ_i 的特征向量 $\boldsymbol{\alpha}_i$,同时是 A^4 的属于 λ_i^4 的特征向量,λ_i^4 是 A^4 的特征值($i=1,2,\cdots,n$).

证 (5)由 $|A|=\lambda_1\lambda_2\lambda_3=1\times(-1)\times3=-3$,$AA^*=|A|E=-3E$,即 $A^*=-3A^{-1}$,故 A^* 的特征值为 $-3/1,-3/-1,-3/3$,即为 $-3,3,-1$,从而 $3E+A^*$ 的特征值为 $0,6,2$,故 B 有三个不同的特征值,从而 B 必可对角化,且

$$B\sim\Lambda=\begin{bmatrix}0 & & \\ & 36 & \\ & & 4\end{bmatrix}$$

解 (6)设 x 是 A 的实特征向量,其所对应的特征值为 λ,则有 $Ax=\lambda x$,$x^TA^T=\lambda x^T$. 因此,$x^TA^TAx=\lambda^2x^Tx$. 因为 $A^TA=E$,所以 $x^Tx=\lambda^2x^Tx$,即 $(\lambda^2-1)x^Tx=\mathbf{0}$;因为 x 为实特征向量,故 $x^Tx>0$,所以 $\lambda^2-1=0$,即 $|\lambda|=1$.

考研题解析

1. 设 $A=\begin{bmatrix}-1 & 2 & 2\\ 2 & -1 & -2\\ 2 & -2 & -1\end{bmatrix}$,(1)试求矩阵 A 的特征值;(2)求矩阵 $E+A^{-1}$ 的特征值,其中 E 是3阶单位矩阵.

解 (1)由 $|\lambda E-A|=\begin{vmatrix}\lambda+1 & -2 & -2\\ -2 & \lambda+1 & 2\\ -2 & 2 & \lambda+1\end{vmatrix}=\begin{vmatrix}\lambda-1 & -2 & -2\\ \lambda-1 & \lambda+1 & 2\\ 0 & 2 & \lambda+1\end{vmatrix}$

$$=\begin{vmatrix}\lambda-1 & -2 & -2\\ 0 & \lambda+3 & 4\\ 0 & 2 & \lambda+1\end{vmatrix}=(\lambda-1)\begin{vmatrix}\lambda+3 & 4\\ 2 & \lambda+1\end{vmatrix}$$

$$=(\lambda-1)^2(\lambda+5)=0,$$

故矩阵 A 的特征值为:$1,1,-5$.

(2)由 A 的特征值是 $1,1,-5$,知 A^{-1} 的特征值是 $1,1,-\frac{1}{5}$. 则 $E+A^{-1}$ 的特征值是 $2,2,\frac{4}{5}$.

注意 若 $Ax=\lambda x$,则 $(A+kE)x=Ax+kx=(\lambda+k)x$. 即若 λ 是 A 的特征值,则 $A+kE$ 的特征值是 $\lambda+k$.

2. 设 A 为 n 阶矩阵,λ_1 和 λ_2 是 A 的两个不同的特征值,x_1,x_2 是分别属于 λ_1 和 λ_2 的特征向量,试证明 x_1+x_2 不是 A 的特征向量.

证明 (反证法)若 x_1+x_2 是 A 的特征向量,它所对应的特征值为 λ,则 $A(x_1+x_2)=\lambda(x_1+x_2)$. 由已知又有 $A(x_1+x_2)=Ax_1+Ax_2=\lambda_1x_1+\lambda_2x_2$. 两式相减得

$$(\lambda-\lambda_1)\boldsymbol{x}_1+(\lambda-\lambda_2)\boldsymbol{x}_2=\mathbf{0}.$$

由 $\lambda_1\neq\lambda_2$，知 $\lambda-\lambda_1,\lambda-\lambda_2$ 不全为零，于是 $\boldsymbol{x}_1,\boldsymbol{x}_2$ 线性相关，这与不同特征值的特征向量线性无关相矛盾．所以，$\boldsymbol{x}_1+\boldsymbol{x}_2$ 不是 $\boldsymbol{A}$ 的特征向量．

注意 若 $\boldsymbol{x}_1,\boldsymbol{x}_2$ 均是矩阵 $\boldsymbol{A}$ 属于特征值 λ 的特征向量，则 $k_1\boldsymbol{x}_1+k_2\boldsymbol{x}_2$ 非零时，仍是 $\boldsymbol{A}$ 属于特征值 λ 的特征向量，而 $\lambda_1\neq\lambda_2$ 时，$k\boldsymbol{x}_1+k\boldsymbol{x}_2$ 不是 $\boldsymbol{A}$ 的特征向量，不要相混淆．

3．设方阵 $\boldsymbol{A}$ 满足条件 $\boldsymbol{A}^{\mathrm{T}}\boldsymbol{A}=\boldsymbol{E}$，其中 $\boldsymbol{A}^{\mathrm{T}}$ 是 $\boldsymbol{A}$ 的转置矩阵，$\boldsymbol{E}$ 为单位阵．试证明 $\boldsymbol{A}$ 的实特征向量所对应的特征值的绝对值等于 1．

证明 设 λ 是 $\boldsymbol{A}$ 的特征值，$\boldsymbol{x}=(x_1,x_2,\cdots,x_n)^{\mathrm{T}}$ 是属于 λ 的实特征向量，则 $\boldsymbol{A}\boldsymbol{x}=\lambda\boldsymbol{x}$，$\boldsymbol{x}\neq\mathbf{0}$．两边转置有 $\boldsymbol{x}^{\mathrm{T}}\boldsymbol{A}^{\mathrm{T}}=\lambda\boldsymbol{x}^{\mathrm{T}}$．两式相乘得 $\boldsymbol{x}^{\mathrm{T}}\boldsymbol{A}^{\mathrm{T}}\boldsymbol{A}\boldsymbol{x}=\lambda^2\boldsymbol{x}^{\mathrm{T}}\boldsymbol{x}$．因为 $\boldsymbol{A}^{\mathrm{T}}\boldsymbol{A}=\boldsymbol{E}$，故 $\lambda^2\boldsymbol{x}^{\mathrm{T}}\boldsymbol{x}=\boldsymbol{x}^{\mathrm{T}}\boldsymbol{x}$，即 $(\lambda^2-1)\boldsymbol{x}^{\mathrm{T}}\boldsymbol{x}=\mathbf{0}$．因为 $\boldsymbol{x}^{\mathrm{T}}\boldsymbol{x}=x_1^2+x_2^2+\cdots+x_n^2>0$，从而 $\lambda^2-1=0$，即 $|\lambda|=1$．

4．假设 λ 为 n 阶可逆矩阵 $\boldsymbol{A}$ 的一个特征值，证明：(1) $1/\lambda$ 为 $\boldsymbol{A}^{-1}$ 的特征值；(2) $|\boldsymbol{A}|/\lambda$ 为 $\boldsymbol{A}$ 的伴随矩阵 $\boldsymbol{A}^*$ 的特征值．

证明 (1) 由 λ 是 $\boldsymbol{A}$ 的特征值可知，存在非零向量 $\boldsymbol{\alpha}$，使 $\boldsymbol{A}\boldsymbol{\alpha}=\lambda\boldsymbol{\alpha}$，两端左乘 $\boldsymbol{A}^{-1}$，得 $\boldsymbol{\alpha}=\lambda\boldsymbol{A}^{-1}\boldsymbol{\alpha}$．因为 $\boldsymbol{\alpha}\neq\mathbf{0}$，故 $\lambda\neq0$，于是有 $\boldsymbol{A}^{-1}\boldsymbol{\alpha}=\dfrac{1}{\lambda}\boldsymbol{\alpha}$．按特征值定义知 $\dfrac{1}{\lambda}$ 是 $\boldsymbol{A}^{-1}$ 的特征值．

(2) 由于 $\boldsymbol{A}^{-1}=\dfrac{\boldsymbol{A}^*}{|\boldsymbol{A}|}$，据 (1) 有 $\dfrac{\boldsymbol{A}^*}{|\boldsymbol{A}|}\boldsymbol{\alpha}=\dfrac{1}{\lambda}\boldsymbol{\alpha}$．从而得 $\boldsymbol{A}^*\boldsymbol{\alpha}=\dfrac{|\boldsymbol{A}|}{\lambda}\boldsymbol{\alpha}$．即 $\dfrac{|\boldsymbol{A}|}{\lambda}$ 为伴随矩阵 $\boldsymbol{A}^*$ 的特征值．

5．设 $\boldsymbol{A}$ 为 n 阶可逆矩阵，λ 是 $\boldsymbol{A}$ 的一个特征值，则 $\boldsymbol{A}$ 的伴随矩阵 $\boldsymbol{A}^*$ 的特征值之一是________．

(A) $\lambda^{-1}|\boldsymbol{A}|^n$；　(B) $\lambda^{-1}|\boldsymbol{A}|$；　(C) $\lambda|\boldsymbol{A}|$；　(D) $\lambda|\boldsymbol{A}|^n$．

解 由于 $\boldsymbol{A}\boldsymbol{x}=\lambda\boldsymbol{x}$，有 $\boldsymbol{A}^*(\lambda\boldsymbol{x})=\boldsymbol{A}^*\boldsymbol{A}\boldsymbol{x}$，即 $\lambda\boldsymbol{A}^*\boldsymbol{x}=|\boldsymbol{A}|\boldsymbol{x}$．于是 $\boldsymbol{A}^*\boldsymbol{x}=\lambda^{-1}|\boldsymbol{A}|\boldsymbol{x}$．所以应选 (B)．

6．已知向量 $\boldsymbol{\alpha}=(1,k,1)^{\mathrm{T}}$ 是矩阵 $\boldsymbol{A}=\begin{bmatrix}2&1&1\\1&2&1\\1&1&2\end{bmatrix}$ 的逆矩阵 $\boldsymbol{A}^{-1}$ 的特征向量，试求常数 k 的值．

解 设 λ_0 是 $\boldsymbol{\alpha}$ 所属的特征值，即 $\boldsymbol{A}^{-1}\boldsymbol{\alpha}=\lambda_0\boldsymbol{\alpha}$．则 $\boldsymbol{\alpha}=\lambda_0\boldsymbol{A}\boldsymbol{\alpha}$．即

$$\lambda_0\begin{bmatrix}2&1&1\\1&2&1\\1&1&2\end{bmatrix}\begin{bmatrix}1\\k\\1\end{bmatrix}=\begin{bmatrix}1\\k\\1\end{bmatrix}.$$

由此得 $\begin{cases}\lambda_0(2+k+1)=1;\\\lambda_0(1+2k+1)=k;\\\lambda_0(1+k+2)=1.\end{cases}$ 由 $\dfrac{3+k}{2+2k}=\dfrac{1}{k}$，$\Rightarrow k=-2$ 或 $k=1$．

7．设 $\lambda=2$ 是非奇异矩阵 $\boldsymbol{A}$ 的一个特征值，则矩阵 $(\boldsymbol{A}^2/3)^{-1}$ 有一个特征值等于________．

(A) 4/3；　(B) 3/4；　(C) 1/2；　(D) 1/4．

解 由 $A\alpha=\lambda\alpha,\alpha\neq 0$，有 $A^2\alpha=\lambda A\alpha=\lambda^2\alpha$ 故 $A^2\alpha/3=\lambda^2\alpha/3$.
即若 λ 是矩阵 A 的特征值，则 $\lambda^2/3$ 是矩阵 $A^2/3$ 的特征值，因此，$A^2/3$ 有特征值，从而 $(A^2/3)^{-1}$ 有特征值 3/4. 故应选(B).

或者，$(A^2/3)^{-1}\alpha=3(A^{-1})^2\alpha$，由 $\lambda=2$ 是 A 的特征值，知 1/2 是 A^{-1} 的特征值，于是 1/4 是 $(A^{-1})^2$ 的特征值. 亦知应选(B).

8. 设 A 为 4 阶矩阵，满足条件 $AA^{\mathrm{T}}=2E$，$|A|<0$，其中 E 是 4 阶单位矩阵，求方阵 A 的伴随矩阵 A^* 的一个特征值.

解 对 $AA^{\mathrm{T}}=2E$，两边取行列式有 $|A|^2=|A||A^{\mathrm{T}}|=|AA^{\mathrm{T}}|=|2E|=16$. 又因 $|A|<0$，故 $|A|=-4$.

由 $(A/\sqrt{2})(A/\sqrt{2})^{\mathrm{T}}=E$，知 $A/\sqrt{2}$ 是正交矩阵，故 $A/\sqrt{2}$ 的特征值取 1 或 -1. 因为 $|A|=\prod\lambda_i$，现在 $|A|=-4<0$，故 -1 必是 $A/\sqrt{2}$ 的特征值. 那么，$-\sqrt{2}$ 必是 A 的特征值，从而 $-4/-\sqrt{2}=2\sqrt{2}$ 必是 A^* 的一个特征值.

9. 设 A 为 n 阶矩阵，$|A|\neq 0$，A^* 为 A 的伴随矩阵，E 为 n 阶单位矩阵. 若 A 有特征值 λ，则 $(A^*)^2+E$ 必有特征值________.

解 A 有特征值 λ，$\Rightarrow A^*$ 有特征值 $|A|/\lambda\Rightarrow(A^*)^2$ 有特征值 $(|A|/\lambda)^2$，$\Rightarrow(A^*)^2+E$ 有特征值 $(|A|/\lambda)^2+1$.

10. 设向量 $\alpha=(a_1,a_2,\cdots,a_n)^{\mathrm{T}}$，$\beta=(b_1,b_2,\cdots,b_n)^{\mathrm{T}}$ 都是非零向量，且满足条件 $\alpha^{\mathrm{T}}\beta=0$，记 n 阶矩阵 $A=\alpha\beta^{\mathrm{T}}$.

(1) A^2；(2) 矩阵 A 的特征值和特征向量.

解 (1) 由 $A=\alpha\beta^{\mathrm{T}}$ 和 $\alpha^{\mathrm{T}}\beta=0$，有 $A^2=(\alpha\beta^{\mathrm{T}})(\alpha\beta^{\mathrm{T}})=\alpha(\beta^{\mathrm{T}}\alpha)\beta^{\mathrm{T}}=0\alpha\beta^{\mathrm{T}}=0$.

(2) 设 λ 是 A 的任一特征值，x 是 A 属于特征值 λ 的特征向量，即 $Ax=\lambda x$，$x\neq 0$. 那么 $A^2x=\lambda Ax=\lambda^2x$. 因为 $A^2=O$，故 $\lambda^2x=0$. 又因 $x\neq 0$，从而矩阵 A 的特征值是 $\lambda=0$(n 重根).

不妨设向量 α、β 的第 1 个分量 $a_1\neq 0$，$b_1\neq 0$. 对齐次线性方程组 $(0E-A)x=0$ 的系数矩阵作初等行变换，有

$$-A=\begin{bmatrix}-a_1b_1 & -a_1b_2 & \cdots & -a_1b_n\\ -a_2b_1 & -a_2b_2 & \cdots & -a_2b_n\\ \vdots & \vdots & & \vdots\\ -a_nb_1 & -a_nb_2 & \cdots & -a_nb_n\end{bmatrix}\to\begin{bmatrix}b_1 & b_2 & \cdots & b_n\\ 0 & 0 & \cdots & 0\\ \vdots & \vdots & & \vdots\\ 0 & 0 & \cdots & 0\end{bmatrix}.$$

得到基础解系

$$x_1=(-b_2,b_1,0,\cdots,0)^{\mathrm{T}},x_2=(-b_3,0,b_1,\cdots,0)^{\mathrm{T}},\cdots,x_{n-1}=(-b_n,0,0,\cdots,b_1)^{\mathrm{T}}$$

于是矩阵 A 属于特征值 $\lambda=0$ 的特征向量为 $k_1x_1+k_2x_2+\cdots+k_{n-1}x_{n-1}$，其中 $k_1,k_2,\cdots,k_{n-1}$ 是不全为零的任意常数.

11. 若 4 阶矩阵 A 与 B 相似，矩阵 A 的特征值为 1/2，1/3，1/4，1/5，则行列式 $|B^{-1}-E|=$________.

解 本题已知条件是特征值，而要求出行列式的值，因为 $|A|=\prod\lambda_i$，故应求出 $B^{-1}-E$ 的特征值.

由 $\boldsymbol{A}\sim\boldsymbol{B}$，知 $\boldsymbol{B}$ 的特征值是 1/2,1/3,1/4,1/5. 于是 $\boldsymbol{B}^{-1}$ 的特征值是 2,3,4,5. 那么 $\boldsymbol{B}^{-1}-\boldsymbol{E}$ 的特征值是 1,2,3,4. 从而 $|\boldsymbol{B}^{-1}-\boldsymbol{E}|=1\cdot2\cdot3\cdot4=24$.

12. 已知 4 阶矩阵 $\boldsymbol{A}$ 相似于 $\boldsymbol{B}$，$\boldsymbol{A}$ 的特征值为 2,3,4,5，$\boldsymbol{E}$ 为 4 阶单位矩阵，则 $|\boldsymbol{B}-\boldsymbol{E}|=$________.

解 与上题相比，数学四少考查了一个知识点，即 $\boldsymbol{B}$ 与 $\boldsymbol{B}^{-1}$ 特征值之间的关系. 而思路方法是一样的.

由 $\boldsymbol{A}\sim\boldsymbol{B}$ 得 $\boldsymbol{B}$ 的特征值为 2,3,4,5. 进而知 $\boldsymbol{B}-\boldsymbol{E}$ 的特征值为 1,2,3,4. 故应填:24.

若用 $\boldsymbol{B}\sim\boldsymbol{\Lambda}=\begin{bmatrix}1&&&\\&2&&\\&&3&\\&&&4\end{bmatrix}$，推出 $\boldsymbol{B}-\boldsymbol{E}\sim\boldsymbol{\Lambda}-\boldsymbol{E}$，进而知 $|\boldsymbol{B}-\boldsymbol{E}|=|\boldsymbol{\Lambda}-\boldsymbol{E}|$，亦可求出行列式的值.

13. 设 n 阶矩阵 $\boldsymbol{A}$ 的元素全为 1，则 $\boldsymbol{A}$ 的 n 个特征值是________.

解 因为 $r(\boldsymbol{A})=1$，所以 $\boldsymbol{A}$ 的特征多项式为

$$|\lambda\boldsymbol{E}-\boldsymbol{A}|=\begin{vmatrix}\lambda-1&-1&\cdots&-1\\-1&\lambda-1&\cdots&-1\\\vdots&\vdots&&\vdots\\-1&-1&\cdots&\lambda-1\end{vmatrix}=\lambda^n-n\lambda^{n-1}.$$

因此，$\boldsymbol{A}$ 的 n 个特征值是，$n,0,0,\cdots,0(n-1$ 个).

注意 若 $r(\boldsymbol{A})=1$，则 $|\lambda\boldsymbol{E}-\boldsymbol{A}|=\lambda^n-\sum a_{ii}\lambda^{n-1}$.

14. 设矩阵 $\boldsymbol{A}=\begin{bmatrix}a&-1&c\\5&b&3\\1-c&0&-a\end{bmatrix}$，其行列式 $|\boldsymbol{A}|=-1$，又 $\boldsymbol{A}$ 的伴随矩阵 $\boldsymbol{A}^*$ 有一个特征值 λ_0，属于 λ_0 的一个特征向量 $\boldsymbol{\alpha}=(-1,-1,1)^{\mathrm{T}}$，求 a,b,c 和 λ_0 的值.

解 因为 $\boldsymbol{\alpha}$ 是 $\boldsymbol{A}^*$ 属于特征值 λ_0 的特征向量，即

$$\boldsymbol{A}^*\boldsymbol{\alpha}=\lambda_0\boldsymbol{\alpha}. \tag{1}$$

根据 $\boldsymbol{A}\boldsymbol{A}^*=|\boldsymbol{A}|\boldsymbol{E}$ 及已知条件 $|\boldsymbol{A}|=-1$，用 $\boldsymbol{A}$ 左乘(1)式两端有 $-\boldsymbol{\alpha}=\lambda_0\boldsymbol{A}\boldsymbol{\alpha}$. 由此可得

$$\begin{cases}\lambda_0(-a+1+c)=1; & (2)\\\lambda_0(-5-b+3)=1; & (3)\\\lambda_0(-1+c-a)=-1. & (4)\end{cases}$$

(2)−(4)得 $\lambda_0=1$ 将 $\lambda_0=1$ 代入(3)得 $b=-3$，代入(2)得 $a=c$. 由 $|\boldsymbol{A}|=-1$ 和 $a=c$ 有

$$\begin{vmatrix}a&-1&a\\5&-3&3\\1-a&0&-a\end{vmatrix}=a-3=-1.$$

故 $a=c=2$. 因此 $a=2,b=-3,c=2,\lambda_0=1$.

15. 设 λ_1,λ_2 是矩阵 $\boldsymbol{A}$ 的两个不同的特征值，对应的特征向量分别为 $\boldsymbol{\alpha}_1,\boldsymbol{\alpha}_2$，则 $\boldsymbol{\alpha}_1,\boldsymbol{A}(\boldsymbol{\alpha}_1+\boldsymbol{\alpha}_2)$ 线性无关的充分必要条件是________.

(A) $\lambda_1\neq0$；　(B) $\lambda_2\neq0$；　(C) $\lambda_1=0$；　(D) $\lambda_2=0$.

解 按特征值特征向量定义，有 $\boldsymbol{A}(\boldsymbol{\alpha}_1+\boldsymbol{\alpha}_2)=\boldsymbol{A}\boldsymbol{\alpha}_1+\boldsymbol{A}\boldsymbol{\alpha}_2=\lambda_1\boldsymbol{\alpha}_1+\lambda_2\boldsymbol{\alpha}_2$.

$$\boldsymbol{\alpha}_1,\boldsymbol{A}(\boldsymbol{\alpha}_1+\boldsymbol{\alpha}_2)\text{线性无关}\Leftrightarrow k_1\boldsymbol{\alpha}_1+k_2\boldsymbol{A}(\boldsymbol{\alpha}_1+\boldsymbol{\alpha}_2)=\boldsymbol{0},k_1,k_2\text{ 恒为 }0$$
$$\Leftrightarrow(k_1+\lambda_1k_2)\boldsymbol{\alpha}_1+\lambda_2k_2\boldsymbol{\alpha}_2=\boldsymbol{0},k_1,k_2\text{ 恒为 }0.$$

由于不同特征值的特征向量线性无关，所以 $\boldsymbol{\alpha}_1,\boldsymbol{\alpha}_2$ 线性无关. 于是

$$\begin{cases}k_1+\lambda_1k_2=0;\\ \lambda_2k_2=0.\end{cases}\quad k_1,k_2\text{ 恒为 }0.$$

而齐次方程组 $\begin{cases}k_1+\lambda_1k_2=0;\\ \lambda_2k_2=0.\end{cases}$ 只有零解 $\Leftrightarrow\begin{vmatrix}1&\lambda_1\\0&\lambda_2\end{vmatrix}\neq0\Leftrightarrow\lambda_2\neq0$. 所以应选(B).

16. 设有齐次线性方程组

$$\begin{cases}(1+a)x_1+x_2+\cdots+x_n=0;\\ 2x_1+(2+a)x_2+\cdots+2x_n=0;\\ \vdots\qquad\qquad\vdots\qquad\qquad\vdots\\ nx_1+nx_2+\cdots+(n+a)x_n=0.\end{cases}\quad(n\geqslant2)$$

试问 a 为何值时，该方程组有非零解，并求其通解.

解 设齐次方程组的系数矩阵为 $\boldsymbol{A}$，则 $\boldsymbol{A}=a\boldsymbol{E}+\boldsymbol{B}$，其中 $\boldsymbol{B}=\begin{bmatrix}1&1&\cdots&1\\2&2&\cdots&2\\\vdots&\vdots&&\vdots\\n&n&\cdots&n\end{bmatrix}$，由 $r(\boldsymbol{B})=1$，知 $\boldsymbol{B}$ 的特征多项式 $|\lambda\boldsymbol{E}-\boldsymbol{B}|=\lambda^n-\frac{(n+1)n}{2}\lambda^{n-1}$，即 $\boldsymbol{B}$ 的特征值是 $\frac{1}{2}(n+1)n,0,0,\cdots,0(n-1\text{ 个})$，那么 $\boldsymbol{A}$ 的特征值是 $a+\frac{1}{2}(n+1)n,a,a,\cdots,a(n-1\text{ 个})$，从而 $|\boldsymbol{A}|=[a+\frac{1}{2}(n+1)n]a^{n-1}$. 那么，$\boldsymbol{Ax}=\boldsymbol{0}$ 有非零解 $\Leftrightarrow|\boldsymbol{A}|=0\Leftrightarrow a=0$ 或 $a=-\frac{1}{2}(n+1)n$.

当 $a=0$ 时，对系数矩阵 $\boldsymbol{A}$ 作初等行变换，有

$$\boldsymbol{A}=\begin{bmatrix}1&1&1&\cdots&1\\2&2&2&\cdots&2\\\vdots&\vdots&\vdots&&\vdots\\n&n&n&\cdots&n\end{bmatrix}\to\begin{bmatrix}1&1&1&\cdots&1\\0&0&0&\cdots&0\\\vdots&\vdots&\vdots&&\vdots\\0&0&0&\cdots&0\end{bmatrix},$$

故方程组的同解方程组为 $x_1+x_2+\cdots+x_3=0$，由此得基础解系为

$$\boldsymbol{\eta}_1=(-1,1,0,\cdots,0)^{\mathrm{T}},\boldsymbol{\eta}_1=(-1,0,1,\cdots,0)^{\mathrm{T}},\cdots,\boldsymbol{\eta}_{n-1}=(-1,0,0,\cdots,1)^{\mathrm{T}}.$$

于是方程组的通解为 $x=k_1\boldsymbol{\eta}_1+\cdots+k_{n-1}\boldsymbol{\eta}_{n-1}$，其中 $k_1,\cdots,k_{n-1}$ 为任意常数.

当 $a=-\frac{1}{2}(n+1)n$ 时，对系数矩阵作初等行变换，有

$$A=\begin{bmatrix}1+a & 1 & 1 & \cdots & 1\\ 2 & 2+a & 2 & \cdots & 2\\ \vdots & \vdots & \vdots & & \vdots\\ n & n & n & \cdots & n+a\end{bmatrix}\to\begin{bmatrix}1+a & 1 & 1 & \cdots & 1\\ -2a & a & 0 & \cdots & 0\\ \vdots & \vdots & \vdots & & \vdots\\ -na & 0 & 0 & \cdots & a\end{bmatrix}\to$$

$$\begin{bmatrix}1+a & 1 & 1 & \cdots & 1\\ -2 & 1 & 0 & \cdots & 0\\ \vdots & \vdots & \vdots & & \vdots\\ -n & 0 & 0 & \cdots & 1\end{bmatrix}\to\begin{bmatrix}0 & 0 & 0 & \cdots & 0\\ -2 & 1 & 0 & \cdots & 0\\ \vdots & \vdots & \vdots & & \vdots\\ -n & 0 & 0 & \cdots & 1\end{bmatrix}.$$

故方程组的同解方程组为 $\begin{cases}-2x_1+x_2=0;\\ -3x_1+x_3=0;\\ \quad\vdots\quad\quad\vdots\quad\vdots\\ -nx_1+x_n=0.\end{cases}$ 由此得基础解系为 $\boldsymbol{\eta}=(1,2,\cdots,n)^{\mathrm{T}}$，于是方程组的通解为 $x=k\boldsymbol{\eta}$，其中 k 为任意常数.

17. 设 $\boldsymbol{A}$ 是 n 阶实对称矩阵，$\boldsymbol{P}$ 是 n 阶可逆矩阵. 已知 n 维列向量 $\boldsymbol{\alpha}$ 是 $\boldsymbol{A}$ 的属于特征值 λ 的特征向量，则矩阵 $(\boldsymbol{P}^{-1}\boldsymbol{AP})^{\mathrm{T}}$ 属于特征值 λ 的特征向量是______.

(A) $\boldsymbol{P}^{-1}\boldsymbol{\alpha}$； (B) $\boldsymbol{P}^{\mathrm{T}}\boldsymbol{\alpha}$； (C) $\boldsymbol{P\alpha}$； (D) $(\boldsymbol{P}^{-1})^{\mathrm{T}}\boldsymbol{\alpha}$.

解 因为 $\boldsymbol{A}$ 是 n 阶实对称矩阵，故 $(\boldsymbol{P}^{-1}\boldsymbol{AP})^{\mathrm{T}}=\boldsymbol{P}^{\mathrm{T}}\boldsymbol{A}^{\mathrm{T}}(\boldsymbol{P}^{-1})^{\mathrm{T}}=\boldsymbol{P}^{\mathrm{T}}\boldsymbol{A}(\boldsymbol{P}^{\mathrm{T}})^{-1}$. 那么，由 $\boldsymbol{A\alpha}=\lambda\boldsymbol{\alpha}$ 知 $(\boldsymbol{P}^{-1}\boldsymbol{AP})^{\mathrm{T}}(\boldsymbol{P}^{\mathrm{T}}\boldsymbol{\alpha})=(\boldsymbol{P}^{\mathrm{T}}\boldsymbol{A}^{\mathrm{T}}(\boldsymbol{P}^{\mathrm{T}})^{-1})(\boldsymbol{P}^{\mathrm{T}}\boldsymbol{\alpha})=\boldsymbol{P}^{\mathrm{T}}\boldsymbol{A\alpha}=\lambda(\boldsymbol{P}^{\mathrm{T}}\boldsymbol{\alpha})$. 所以应选(B).

18. 设矩阵 $\boldsymbol{A}=\begin{bmatrix}3 & 2 & 2\\ 2 & 3 & 2\\ 2 & 2 & 3\end{bmatrix}$，$\boldsymbol{P}=\begin{bmatrix}0 & 1 & 0\\ 1 & 0 & 1\\ 0 & 0 & 1\end{bmatrix}$，$\boldsymbol{B}=\boldsymbol{P}^{-1}\boldsymbol{A}^{*}\boldsymbol{P}$，求 $\boldsymbol{B}+2\boldsymbol{E}$ 的特征值与特征向量，其中 $\boldsymbol{A}^{*}$ 为 $\boldsymbol{A}$ 的伴随矩阵，$\boldsymbol{E}$ 为 3 阶单位矩阵.

解 由于

$$|\lambda\boldsymbol{E}-\boldsymbol{A}|=\begin{vmatrix}\lambda-3 & -2 & -2\\ -2 & \lambda-3 & -2\\ -2 & -2 & \lambda-3\end{vmatrix}=\begin{vmatrix}\lambda-7 & \lambda-7 & \lambda-7\\ -2 & \lambda-3 & -2\\ 0 & 1-\lambda & \lambda-1\end{vmatrix}$$

$$=(\lambda-7)(\lambda-1)\begin{vmatrix}1 & 1 & 1\\ -2 & \lambda-3 & -2\\ 0 & -1 & 1\end{vmatrix}=(\lambda-1)^2(\lambda-7).$$

故 $\boldsymbol{A}$ 的特征值为 $\lambda_1=\lambda_2=1,\lambda_3=7$.

因为 $|\boldsymbol{A}|=\prod\lambda_i=7$，若 $\boldsymbol{Ax}=\lambda\boldsymbol{x}$，则 $\boldsymbol{A}^{*}\boldsymbol{x}=\frac{|\boldsymbol{A}|}{\lambda}\boldsymbol{x}$. 所以，$\boldsymbol{A}^{*}$ 的特征值为 7,7,1.

由于 $\boldsymbol{B}=\boldsymbol{P}^{-1}\boldsymbol{A}^{*}\boldsymbol{P}$，即 $\boldsymbol{A}^{*}$ 与 $\boldsymbol{B}$ 相似，故 $\boldsymbol{B}$ 的特征值为 7,7,1. 从而 $\boldsymbol{B}+2\boldsymbol{E}$ 的特征值为 9,9,3. 因为

$$B(P^{-1}x)=(P^{-1}A^*P)(P^{-1}x)=P^{-1}A^*x=\frac{|A|}{\lambda}P^{-1}x.$$

按定义可知矩阵 B 属于特征值 $|A|/\lambda$ 的特征向量是 $P^{-1}x$. 因此 $B+2E$ 属于特征值 $|A|/\lambda+2$ 的特征向量是 $P^{-1}x$. 由于 $P^{-1}=\begin{bmatrix}0&1&-1\\1&0&0\\0&0&1\end{bmatrix}$,

当 $\lambda=1$ 时,由 $(E-A)x=0$, $\begin{bmatrix}-2&-2&-2\\-2&-2&-2\\-2&-2&-2\end{bmatrix}\to\begin{bmatrix}1&1&1\\0&0&0\\0&0&0\end{bmatrix}$,得属于 $\lambda=1$ 的线性无关的特征向量为 $x_1=\begin{bmatrix}-1\\1\\0\end{bmatrix}$, $x_2=\begin{bmatrix}-1\\0\\1\end{bmatrix}$.

当 $\lambda=7$ 时,由 $(7E-A)x=0$, $\begin{bmatrix}4&-2&-2\\-2&4&-2\\-2&-2&4\end{bmatrix}\to\begin{bmatrix}1&-2&1\\0&1&-1\\0&0&0\end{bmatrix}$,得属于 $\lambda=7$ 的特征向量为 $x_3=\begin{bmatrix}1\\1\\1\end{bmatrix}$. 故 $P^{-1}x_1=\begin{bmatrix}1\\-1\\0\end{bmatrix}$, $P^{-1}x_2=\begin{bmatrix}-1\\-1\\1\end{bmatrix}$, $P^{-1}x_3=\begin{bmatrix}0\\1\\1\end{bmatrix}$. 因此, $B+2E$ 属于特征值 $\lambda=9$ 的全部特征向量为 $k_1\begin{bmatrix}1\\-1\\0\end{bmatrix}+k_2\begin{bmatrix}-1\\-1\\1\end{bmatrix}$,其中 k_1,k_2 是不全为零的任意常数. 而 $B+2E$ 属于特征值 $\lambda=3$ 的全部特征向量为 $k_3\begin{bmatrix}0\\1\\1\end{bmatrix}$,其中 k_3 为非零的任意常数.

19. 设 A 是 n 阶方阵,且 $2,4,\cdots,2n$ 是 A 的 n 个特征值, E 是 n 阶单位矩阵. 计算行列式 $|A-3E|$ 的值.

解法一 因为矩阵 A 有 n 个不同的特征值,故可相似对角化,即有可逆矩阵 P,使得

$$P^{-1}AP=\begin{bmatrix}2&&&\\&4&&\\&&\ddots&\\&&&2n\end{bmatrix}=\Lambda.$$

于是 $A=P\Lambda P^{-1}$. 从而 $A-3E=P\Lambda P^{-1}-3E=P(\Lambda-3E)P^{-1}$.

$$|A-3E|=|P|\cdot|\Lambda-3E|\cdot|P^{-1}|=|\Lambda-3E|$$

$$=\begin{vmatrix}-1&&&&\\&1&&&\\&&3&&\\&&&\ddots&\\&&&&2n-3\end{vmatrix}=-[(2n-3)!].$$

解法二 因为 A 的特征值是 $2,4,\cdots,2n$，故知 $A-3E$ 的特征值是 $-1,1,3,\cdots,2n-3$. 由于 $|A|=\prod\lambda_i$，所以 $|A-3E|=(-1)\cdot1\cdot3\cdots(2n-3)=-[(2n-3)!]$.

20. 设矩阵 $A=\begin{bmatrix}2&1&1\\1&2&1\\1&1&a\end{bmatrix}$ 可逆，向量 $\alpha=\begin{bmatrix}1\\b\\1\end{bmatrix}$ 是矩阵 A^* 的一个特征向量. λ 是 α 对应的特征值，其中 A^* 是矩阵 A 的伴随矩阵. 试求 a,b 和 λ 的值.

解 已知 $A^*\alpha=\lambda\alpha$，利用 $AA^*=|A|E$，有 $|A|\alpha=\lambda A\alpha$. 因为可逆，知 $|A|\neq0,\lambda\neq0$，于是有 $A\alpha=\dfrac{|A|}{\lambda}\alpha$. 即 $\begin{bmatrix}2&1&1\\1&2&1\\1&1&a\end{bmatrix}\begin{bmatrix}1\\b\\1\end{bmatrix}=\dfrac{|A|}{\lambda}\begin{bmatrix}1\\b\\1\end{bmatrix}$. 由此得方程组 $\begin{cases}3+b=|A|/\lambda; & (1)\\2+2b=|A|b/\lambda; & (2)\\a+b+1=|A|/\lambda. & (3)\end{cases}$

(3)−(1)得 $a=2$. (1)×b−(2)，得 $b^2+b-2=0$，即 $b=1$ 或 $b=-2$. 因为

$$|A|=\begin{vmatrix}2&1&1\\1&2&1\\1&1&a\end{vmatrix}=\begin{vmatrix}2&1&1\\1&2&1\\1&1&2\end{vmatrix}=4,$$

由(1)得 $\lambda=\dfrac{|A|}{3+b}=\dfrac{4}{3+b}$. 所以 $\lambda=1$ 或 4.

21. 若 4 阶矩阵 A 与 B 相似，矩阵 A 的特征值为 $1/2,1/3,1/4,1/5$，则行列式 $|B^{-1}-E|=$________.

解 本题已知条件是特征值，而要求出行列式的值. 因为 $|A|=\prod\lambda_i$，故应求出 $B^{-1}-E$ 的特征值.

由 $A\sim B$ 知 B 的特征值是 $1/2,1/3,1/4,1/5$. 于是 B^{-1} 的特征值是 $2,3,4,5$. 那么 $B^{-1}-E$ 的特征值是 $1,2,3,4$. 从而 $|B^{-1}-E|=1\cdot2\cdot3\cdot4=24$.

22. 已知 4 阶矩阵 A 相似于 B，A 的特征值为 $2,3,4,5$，E 为 4 阶单位矩阵，则 $|B-E|=$________.

解 与上题相比，数学四少考查了一个知识点，即 B 与 B^{-1} 特征值之间的关系. 而思路方法是一样的.

由 $A\sim B$ 和 B 的特征值为 $2,3,4,5$. 进而知 $B-E$ 的特征值为 $1,2,3,4$. 故应填：24.

23. 设矩阵 $B=\begin{bmatrix}0&0&1\\0&1&0\\1&0&0\end{bmatrix}$，已知矩阵 A 相似于 B，则秩$(A-2E)$与秩$(A-E)$之和等于

(A)2；　　(B)3；　　(C)4；　　(D)5.

解 若 $P^{-1}AP=B$，则 $P^{-1}(AP+kE)P=B+kE$. 即若 $A\sim B$，则 $A+kE\sim B+kE$. 又因相似矩阵有相同的秩，故

$$r(A-2E)+r(A-E)=r(B-2E)+r(B-E).$$

$$=r\begin{bmatrix}-2&0&1\\0&-1&0\\1&0&-2\end{bmatrix}+r\begin{bmatrix}-1&0&1\\0&0&0\\1&0&-1\end{bmatrix}=4.$$

故应选(C).

24. 设 3 阶矩阵 $\boldsymbol{A}$ 的特征值为 $\lambda_1=1,\lambda_2=2,\lambda_3=3$，对应的特征向量依次为 $\boldsymbol{\xi}_1=\begin{bmatrix}1\\1\\1\end{bmatrix}$，$\boldsymbol{\xi}_2=\begin{bmatrix}1\\2\\4\end{bmatrix}$，$\boldsymbol{\xi}_3=\begin{bmatrix}1\\3\\9\end{bmatrix}$，又向量 $\boldsymbol{\beta}=\begin{bmatrix}1\\1\\3\end{bmatrix}$. (1)将 $\boldsymbol{\beta}$ 用 $\boldsymbol{\xi}_1,\boldsymbol{\xi}_2,\boldsymbol{\xi}_3$ 线性表出. (2)求 $\boldsymbol{A}^n\boldsymbol{\beta}$($n$ 为自然数).

解 (1)设 $\boldsymbol{\beta}=x_1\boldsymbol{\xi}_1+x_2\boldsymbol{\xi}_2+x_3\boldsymbol{\xi}_3$，对增广矩阵 $(\boldsymbol{\xi}_1,\boldsymbol{\xi}_2,\boldsymbol{\xi}_3\boldsymbol{\beta})$ 作初等行变换，有

$$\begin{bmatrix}1&1&1&1\\1&2&3&1\\1&4&9&3\end{bmatrix}\rightarrow\begin{bmatrix}1&1&1&1\\0&1&2&0\\0&3&8&2\end{bmatrix}\rightarrow\begin{bmatrix}1&1&1&1\\0&1&2&0\\0&0&1&1\end{bmatrix}.$$

解得 $x_3=1,x_2=-2,x_1=2$，故 $\boldsymbol{\beta}=2\boldsymbol{\xi}_1-2\boldsymbol{\xi}_2+\boldsymbol{\xi}_3$.

(2)由 $\boldsymbol{A}\boldsymbol{\xi}_i=\lambda_i\boldsymbol{\xi}_i$，得 $\boldsymbol{A}^n\boldsymbol{\xi}_i=\lambda_i^n\boldsymbol{\xi}_i(i=1,2,3)$. 据(1)结论 $\boldsymbol{\beta}=2\boldsymbol{\xi}_1-2\boldsymbol{\xi}_2+\boldsymbol{\xi}_3$ 有

$$\boldsymbol{A\beta}=\boldsymbol{A}(2\boldsymbol{\xi}_1-2\boldsymbol{\xi}_2+\boldsymbol{\xi}_3)=2\boldsymbol{A\xi}_1-2\boldsymbol{A\xi}_2+\boldsymbol{A\xi}_3.$$

于是

$$\boldsymbol{A}^n\boldsymbol{\beta}=2\boldsymbol{A}^n\boldsymbol{\xi}_1-2\boldsymbol{A}^n\boldsymbol{\xi}_2+\boldsymbol{A}^n\boldsymbol{\xi}_3=2\lambda_1^n\boldsymbol{\xi}_1-2\lambda_2^n\boldsymbol{\xi}_2+\lambda_3^n\boldsymbol{\xi}_3$$

$$=2\begin{bmatrix}1\\1\\1\end{bmatrix}-2\cdot 2^n\begin{bmatrix}1\\2\\4\end{bmatrix}+3^n\begin{bmatrix}1\\3\\9\end{bmatrix}=\begin{bmatrix}2-2^{n+1}+3^n\\2-2^{n+2}+3^{n+1}\\2-2^{n+3}+3^{n-2}\end{bmatrix}.$$

25. 设矩阵 $\boldsymbol{A}$ 与 $\boldsymbol{B}$ 相似，其中

$$\boldsymbol{A}=\begin{bmatrix}-2&0&0\\2&x&2\\3&1&1\end{bmatrix},\boldsymbol{B}=\begin{bmatrix}-1&0&0\\0&2&0\\0&0&y\end{bmatrix}.$$

(1)求 x 和 y 的值；(2)求可逆矩阵 $\boldsymbol{P}$，使得 $\boldsymbol{P}^{-1}\boldsymbol{AP}=\boldsymbol{B}$.

解 (1)因为 $\boldsymbol{A}\sim\boldsymbol{B}$，故其特征多项式相同，即 $|\lambda\boldsymbol{E}-\boldsymbol{A}|=|\lambda\boldsymbol{E}-\boldsymbol{B}|$，即

$$(\lambda+2)[\lambda^2-(x+1)\lambda+(x-2)]=(\lambda+1)(\lambda-2)(\lambda-y).$$

令 $\lambda=0$，得 $2(x-2)=2y$.

令 $\lambda=1$，得 $3\cdot(-2)=-2(1-y)$. 由此两式解得 $y=-2,x=0$.

(2)由(1)知 $\begin{bmatrix}-2&0&0\\2&0&2\\3&1&1\end{bmatrix}\sim\begin{bmatrix}-1&&\\&2&\\&&-2\end{bmatrix}$. 于是矩阵 $\boldsymbol{A}$ 的特征值是 $\lambda_1=-1,\lambda_2=2,\lambda_3=-2$.

当 $\lambda_1=-1$ 时，由 $(-\boldsymbol{E}-\boldsymbol{A})\boldsymbol{x}=\boldsymbol{0}$，

$$\begin{bmatrix}1&0&0\\-2&-1&-2\\-3&-1&-2\end{bmatrix}\rightarrow\begin{bmatrix}1&0&0\\0&1&2\\0&0&0\end{bmatrix},$$

得属于特征值 $\lambda_1=-1$ 的特征向量 $\boldsymbol{\alpha}_1=(0,-2,1)^T$.

当 $\lambda_2=2$ 时，由 $(2\boldsymbol{E}-\boldsymbol{A})\boldsymbol{x}=\boldsymbol{0}$，

$$\begin{bmatrix}4&0&0\\-2&2&-2\\-3&-1&1\end{bmatrix}\rightarrow\begin{bmatrix}1&0&0\\0&1&-1\\0&0&0\end{bmatrix}.$$

得属于特征值 $\lambda_2=2$ 的特征向量 $\boldsymbol{\alpha}_2=(0,1,1)^T$.

当 $\lambda_3=-2$ 时，由 $(-2\boldsymbol{E}-\boldsymbol{A})\boldsymbol{x}=\boldsymbol{0}$，

$$\begin{bmatrix}0&0&0\\-2&-2&-2\\-3&-1&-3\end{bmatrix}\rightarrow\begin{bmatrix}1&1&1\\0&1&0\\0&0&0\end{bmatrix},$$

得属于特征值 $\lambda=-2$ 的特征向量 $\boldsymbol{\alpha}_3=(1,0,-1)^T$.

令 $\boldsymbol{P}=(\boldsymbol{\alpha}_1,\boldsymbol{\alpha}_2,\boldsymbol{\alpha}_3)=\begin{bmatrix}0&0&1\\-2&1&0\\1&1&-1\end{bmatrix}$，有 $\boldsymbol{P}^{-1}\boldsymbol{A}\boldsymbol{P}=\boldsymbol{B}$.

26. n 阶矩阵 $\boldsymbol{A}$ 具有 n 个不同的特征值是 $\boldsymbol{A}$ 与对角矩阵相似的________.

(A)充分必要条件； (B)充分而非必要条件；

(C)必要而非充分条件； (D)即非充分也非必要条件.

解 $\boldsymbol{A}\sim\boldsymbol{\Lambda}\Leftrightarrow\boldsymbol{A}$ 有 n 个线性无关的特征向量. 由于当特征值 $\lambda_1\neq\lambda_2$ 时，特征向量 $\boldsymbol{\alpha}_1,\boldsymbol{\alpha}_2$ 线性无关. 从而知，当 $\boldsymbol{A}$ 有 n 个不同特征值时，矩阵 $\boldsymbol{A}$ 有 n 个线性无关的特征向量，那么矩阵 $\boldsymbol{A}$ 可以相似对角化. 因为，当 $\boldsymbol{A}$ 的特征值有重根时，矩阵 $\boldsymbol{A}$ 仍有可能相似对角化，所以特征值不同仅是能相似对角化的充分条件，并非必要，故应选(B).

27. 设 $\boldsymbol{A}=\begin{bmatrix}0&0&1\\x&1&y\\1&0&0\end{bmatrix}$ 有三个线性无关的特征向量，求 x 和 y 应满足的条件.

解 由 $\boldsymbol{A}$ 的特征方程

$$|\lambda\boldsymbol{E}-\boldsymbol{A}|=\begin{vmatrix}\lambda&0&-1\\-x&\lambda-1&-y\\-1&0&\lambda\end{vmatrix}=(\lambda-1)\begin{vmatrix}\lambda&-1\\-1&\lambda\end{vmatrix}=(\lambda-1)^2(\lambda+1)=0,$$

得 $\boldsymbol{A}$ 的特征值为 $\lambda_1=\lambda_2=1,\lambda_3=-1$. 因此，$\lambda=1$ 必有 2 个线性无关的特征向量，从而 $r(\boldsymbol{E}-\boldsymbol{A})=1$. 由

$$\boldsymbol{E}-\boldsymbol{A}=\begin{bmatrix}1&0&-1\\-x&0&-y\\-1&0&1\end{bmatrix}\rightarrow\begin{bmatrix}1&0&-1\\0&0&-x-y\\0&0&0\end{bmatrix}$$

知 x 和 y 必须满足条件 $x+y=0$.

28.设三阶矩阵 $\boldsymbol{A}$ 满足 $\boldsymbol{A}\boldsymbol{\alpha}_i=i\boldsymbol{\alpha}_i(i=1,2,3)$，其中列向量 $\boldsymbol{\alpha}_1=(1,2,2)^{\mathrm{T}}$，$\boldsymbol{\alpha}_2=(2,-2,1)^{\mathrm{T}}$，$\boldsymbol{\alpha}_3=(-2,-1,2)^{\mathrm{T}}$. 试求矩阵 $\boldsymbol{A}$.

解 由 $\boldsymbol{A}\boldsymbol{\alpha}_1=\boldsymbol{\alpha}_1$，$\boldsymbol{A}\boldsymbol{\alpha}_2=2\boldsymbol{\alpha}_2$，$\boldsymbol{A}\boldsymbol{\alpha}_3=3\boldsymbol{\alpha}_3$，知 $\boldsymbol{\alpha}_1,\boldsymbol{\alpha}_2,\boldsymbol{\alpha}_3$ 是矩阵 $\boldsymbol{A}$ 的不同特征值的特征向量，它们线性无关. 利用分块矩阵，有 $\boldsymbol{A}(\boldsymbol{\alpha}_1,\boldsymbol{\alpha}_2,\boldsymbol{\alpha}_3)=(\boldsymbol{\alpha}_1,2\boldsymbol{\alpha}_2,3\boldsymbol{\alpha}_3)$.

由于 $\boldsymbol{\alpha}_1,\boldsymbol{\alpha}_2,\boldsymbol{\alpha}_3$ 线性无关，知$(\boldsymbol{\alpha}_1,\boldsymbol{\alpha}_2,\boldsymbol{\alpha}_3)$可逆，故

$$\boldsymbol{A}=(\boldsymbol{\alpha}_1,2\boldsymbol{\alpha}_2,3\boldsymbol{\alpha}_3)(\boldsymbol{\alpha}_1,\boldsymbol{\alpha}_2,\boldsymbol{\alpha}_3)^{-1}=\begin{bmatrix}1&4&-6\\2&-4&-3\\2&2&6\end{bmatrix}\frac{1}{9}\begin{bmatrix}1&2&2\\2&-2&1\\-2&-1&2\end{bmatrix}.$$

$$=\begin{bmatrix}3/7&0&-2/3\\0&5/3&-2/3\\-2/3&-2/3&2\end{bmatrix}.$$

29.已知 $\boldsymbol{\xi}=\begin{bmatrix}1\\1\\-1\end{bmatrix}$是矩阵 $\boldsymbol{A}=\begin{bmatrix}2&-1&2\\5&a&3\\-1&b&-2\end{bmatrix}$的一个特征向量.

(1)试确定参数 a,b 及特征向量 $\boldsymbol{\xi}$ 所对应的特征值；

(2)问 $\boldsymbol{A}$ 能否相似于对角阵？说明理由.

解 (1)设 $\boldsymbol{\xi}$ 是属于特征值 λ_0 的特征向量，即

$$\begin{bmatrix}2&-1&2\\5&a&3\\-1&b&-2\end{bmatrix}\begin{bmatrix}1\\1\\-1\end{bmatrix}=\lambda_0\begin{bmatrix}1\\1\\-1\end{bmatrix}，即\begin{cases}2-1-2=\lambda_0,\\5+a-3=\lambda_0,\\-1+b+2=-\lambda_0.\end{cases}$$

解得 $\lambda_0=-1$，$a=-3$，$b=0$.

(2)因为 $|\lambda\boldsymbol{E}-\boldsymbol{A}|=\begin{vmatrix}\lambda-2&1&-2\\-5&\lambda+3&-3\\1&0&\lambda+2\end{vmatrix}=(\lambda+1)^3$，知矩阵 $\boldsymbol{A}$ 的特征值为 $\lambda_1=\lambda_2=\lambda_3=-1$.

由于 $r(-\boldsymbol{E}-\boldsymbol{A})=r\begin{bmatrix}-3&1&-2\\-5&2&-3\\1&0&1\end{bmatrix}=2$，从而 $\lambda=-1$ 只有一个线性无关的特征向量，故 $\boldsymbol{A}$ 不能相似对角化.

30.设矩阵 $\boldsymbol{A}$ 与 $\boldsymbol{B}$ 相似，且

$$\boldsymbol{A}=\begin{bmatrix}1&-1&1\\2&4&-2\\-3&-3&a\end{bmatrix},\boldsymbol{B}=\begin{bmatrix}2&0&0\\0&2&0\\0&0&b\end{bmatrix}.$$

(1)求 a,b 的值；(2)求可逆矩阵 $\boldsymbol{P}$，使 $\boldsymbol{P}^{-1}\boldsymbol{A}\boldsymbol{P}=\boldsymbol{B}$.

解 (1)由于 $\boldsymbol{A}\sim\boldsymbol{B}$，故$\begin{cases}1+4+a=2+2+b,\\6(a-1)=|A|=|B|=4b.\end{cases}$ 解得 $a=5$，$b=6$.

(2)因为 $\boldsymbol{A}\sim\boldsymbol{B}$,$\boldsymbol{A}$ 与 $\boldsymbol{B}$ 有相同的特征值,故矩阵 $\boldsymbol{A}$ 的特征值是 $\lambda_1=\lambda_2=2,\lambda_3=6$.

当 $\lambda=2$ 时,由 $(2\boldsymbol{E}-\boldsymbol{A})\boldsymbol{x}=\boldsymbol{0}$.

$$\begin{bmatrix}1&1&-1\\-2&-2&2\\3&3&-3\end{bmatrix}\to\begin{bmatrix}1&1&-1\\0&0&0\\0&0&0\end{bmatrix},$$

得基础解系为 $\boldsymbol{\alpha}_1=(-1,1,0)^{\mathrm{T}},\boldsymbol{\alpha}_2=(1,2,1)^{\mathrm{T}}$,即为 $\boldsymbol{A}$ 属于特征值 $\lambda=2$ 的特征向量.

当 $\lambda=6$ 时,由 $(6\boldsymbol{E}-\boldsymbol{A})\boldsymbol{x}=\boldsymbol{0}$

$$\begin{bmatrix}5&1&-1\\-2&2&2\\3&3&1\end{bmatrix}\to\begin{bmatrix}1&-1&-1\\0&3&2\\0&0&0\end{bmatrix}$$

得其基础解系为 $\boldsymbol{\alpha}_3=(1,-2,3)^{\mathrm{T}}$,即为矩阵 $\boldsymbol{A}$ 属于特征值 $\lambda=6$ 的特征向量.

令 $\boldsymbol{P}=(\boldsymbol{\alpha}_1,\boldsymbol{\alpha}_2,\boldsymbol{\alpha}_3)=\begin{bmatrix}-1&1&1\\1&0&-2\\0&1&3\end{bmatrix}$,则有 $\boldsymbol{P}^{-1}\boldsymbol{A}\boldsymbol{P}=\boldsymbol{B}$.

31. 设 $\boldsymbol{A}$、$\boldsymbol{B}$ 为 n 阶矩阵,且 $\boldsymbol{A}$ 与 $\boldsymbol{B}$ 相似,$\boldsymbol{E}$ 为 n 阶单位矩阵,则________.

(A)$\lambda\boldsymbol{E}-\boldsymbol{A}=\lambda\boldsymbol{E}-\boldsymbol{B}$;

(B)$\boldsymbol{A}$ 与 $\boldsymbol{B}$ 有相同的特征值和特征向量;

(C)$\boldsymbol{A}$ 与 $\boldsymbol{B}$ 都相似于一个对角矩阵;

(D)对任意常数 t,$t\boldsymbol{E}-\boldsymbol{A}$ 与 $t\boldsymbol{E}-\boldsymbol{B}$ 相似.

解 若 $\lambda\boldsymbol{E}-\boldsymbol{A}=\lambda\boldsymbol{E}-\boldsymbol{B}$,则 $\boldsymbol{A}=\boldsymbol{B}$,故(A)不对.当 $\boldsymbol{A}\sim\boldsymbol{B}$ 时,即 $\boldsymbol{P}^{-1}\boldsymbol{A}\boldsymbol{P}=\boldsymbol{B}$,有 $\lambda\boldsymbol{E}-\boldsymbol{A}=\lambda\boldsymbol{E}-\boldsymbol{B}$,即 $\boldsymbol{A}$ 与 $\boldsymbol{B}$ 有相同的特征值,但若 $\boldsymbol{A}\boldsymbol{x}=\lambda\boldsymbol{x}$,则 $\boldsymbol{B}(\boldsymbol{P}^{-1}\boldsymbol{x})=\lambda\boldsymbol{P}^{-1}\boldsymbol{x}$.故 $\boldsymbol{A}$ 与 $\boldsymbol{B}$ 的特征向量不同.所以(B)不正确.当 $\boldsymbol{A}\sim\boldsymbol{B}$ 时,不能保证它们必可相似对角化,故(C)也不正确.

由 $\boldsymbol{P}^{-1}\boldsymbol{A}\boldsymbol{P}=\boldsymbol{B}$ 知,$\forall t$ 恒有 $\boldsymbol{P}^{-1}(t\boldsymbol{E}-\boldsymbol{A})\boldsymbol{P}=t\boldsymbol{E}-\boldsymbol{P}^{-1}\boldsymbol{A}\boldsymbol{P}=t\boldsymbol{E}-\boldsymbol{B}$,即 $t\boldsymbol{E}-\boldsymbol{A}\sim t\boldsymbol{E}-\boldsymbol{B}$.故应选(D).

32. 某试验性生产线每年一月份进行熟练工与非熟练工的人数统计,然后将 1/6 熟练工支援其他生产部门,其缺额由招收新的非熟练工补齐.新、老非熟练工经过培训及实践至年终考核有 2/5 成为熟练工.设第 n 年一月份统计的熟练工和非熟练工所占百分比为 x_n 和 y_n,记成向量 $\begin{bmatrix}x_n\\y_n\end{bmatrix}$.

(1)求 $\begin{bmatrix}x_{n+1}\\y_{n+1}\end{bmatrix}$ 与 $\begin{bmatrix}x_n\\y_n\end{bmatrix}$ 的关系式并写成矩阵形式:$\begin{bmatrix}x_{n+1}\\y_{n+1}\end{bmatrix}=\boldsymbol{A}\begin{bmatrix}x_n\\y_n\end{bmatrix}$;

(2)验证 $\boldsymbol{\eta}_1=\begin{pmatrix}4\\1\end{pmatrix},\boldsymbol{\eta}_2=\begin{pmatrix}-1\\1\end{pmatrix}$ 是 $\boldsymbol{A}$ 的两个线性无关的特征向量,并求出相应的特征值;

(3)当 $\begin{bmatrix}x_1\\y_1\end{bmatrix}=\begin{bmatrix}1/2\\1/2\end{bmatrix}$ 时,求 $\begin{bmatrix}x_{n+1}\\y_{n+1}\end{bmatrix}$.

解 (1)按题意有$\begin{cases} x_{n+1}=\dfrac{5}{6}x_n+\dfrac{2}{5}\left(\dfrac{1}{6}x_n+y_n\right), \\ y_{n+1}=\dfrac{3}{5}\left(\dfrac{1}{6}x_n+y_n\right). \end{cases}$ 即$\begin{cases} x_{n+1}=\dfrac{9}{10}x_n+\dfrac{2}{5}y_n, \\ y_{n+1}=\dfrac{1}{10}x_n+\dfrac{3}{5}y_n. \end{cases}$,用矩阵表示为

$\begin{bmatrix} x_{n+1} \\ y_{n+1} \end{bmatrix}=\begin{bmatrix} 9/10 & 2/5 \\ 1/10 & 3/5 \end{bmatrix}\begin{bmatrix} x_n \\ y_n \end{bmatrix}$,于是 $\boldsymbol{A}=\begin{bmatrix} 9/10 & 2/5 \\ 1/10 & 3/5 \end{bmatrix}$.

(2)令 $\boldsymbol{P}=(\boldsymbol{\eta}_1,\boldsymbol{\eta}_2)=\begin{bmatrix} 4 & -1 \\ 1 & 1 \end{bmatrix}$,则由 $|\boldsymbol{P}|=5\neq 0$ 知,$\boldsymbol{\eta}_1,\boldsymbol{\eta}_2$ 线性无关.

因 $\boldsymbol{A\eta}_1=\begin{pmatrix} 4 \\ 1 \end{pmatrix}=\boldsymbol{\eta}_1$,故 $\boldsymbol{\eta}_1$ 为 $\boldsymbol{A}$ 的特征向量,且相应的特征值 $\lambda_1=1$.

因 $\boldsymbol{A\eta}_2=\begin{pmatrix} -1/2 \\ 1/2 \end{pmatrix}=\dfrac{1}{2}\boldsymbol{\eta}_2$,故 $\boldsymbol{\eta}_2$ 为 $\boldsymbol{A}$ 的特征向量,且相应的特征值 $\lambda_2=\dfrac{1}{2}$.

(3)$\begin{bmatrix} x_{n+1} \\ y_{n+1} \end{bmatrix}=A\begin{bmatrix} x_n \\ y_n \end{bmatrix}=\boldsymbol{A}^2\begin{bmatrix} x_{n-1} \\ y_{n-1} \end{bmatrix}=\cdots=\boldsymbol{A}^{n-1}\begin{bmatrix} x_1 \\ y_1 \end{bmatrix}=\boldsymbol{A}^n\begin{bmatrix} 1/2 \\ 1/2 \end{bmatrix}$.

由 $\boldsymbol{P}^{-1}\boldsymbol{AP}=\begin{bmatrix} \lambda_1 & 0 \\ 0 & \lambda_2 \end{bmatrix}$,有 $\boldsymbol{A}=\boldsymbol{P}\begin{bmatrix} \lambda_1 & 0 \\ 0 & \lambda_2 \end{bmatrix}\boldsymbol{P}^{-1}$.

于是 $\boldsymbol{A}^n=\boldsymbol{P}\begin{bmatrix} \lambda_1{}^n & 0 \\ 0 & \lambda_2{}^n \end{bmatrix}\boldsymbol{P}^{-1}$,又 $\boldsymbol{P}^{-1}=\dfrac{1}{5}\begin{bmatrix} 1 & 1 \\ -1 & 4 \end{bmatrix}$.

故
$$\begin{aligned} \boldsymbol{A}^n &=\frac{1}{5}\begin{bmatrix} 4 & -1 \\ 1 & 1 \end{bmatrix}\begin{bmatrix} 1 & 0 \\ 0 & \left(\frac{1}{2}\right)^n \end{bmatrix}\begin{bmatrix} 1 & 1 \\ -1 & 4 \end{bmatrix} \\ &=\frac{1}{5}\begin{bmatrix} 4+\left(\frac{1}{2}\right)^n & 4-4\left(\frac{1}{2}\right)^n \\ 1-\left(\frac{1}{2}\right)^n & 1+4\left(\frac{1}{2}\right)^n \end{bmatrix}. \end{aligned}$$

因此
$$\begin{bmatrix} x_{n+1} \\ y_{n+1} \end{bmatrix}=\boldsymbol{A}^n\begin{bmatrix} \frac{1}{2} \\ \frac{1}{2} \end{bmatrix}=\frac{1}{10}\begin{bmatrix} 8-3\left(\frac{1}{2}\right)^n \\ 2+3\left(\frac{1}{2}\right)^n \end{bmatrix}.$$

33. 设矩阵 $\boldsymbol{A}=\begin{bmatrix} 1 & -1 & 1 \\ x & 4 & y \\ -3 & -3 & 5 \end{bmatrix}$,已知 $\boldsymbol{A}$ 有 3 个线性无关的特征向量,$\lambda=2$ 是其二重特征值,试求可逆矩阵 $\boldsymbol{P}$,使得 $\boldsymbol{P}^{-1}\boldsymbol{AP}$ 为对角形矩阵.

解 因为矩阵 $\boldsymbol{A}$ 有 3 个线性无关的特征向量,而 $\lambda=2$ 是其二重特征值,故 $\lambda=2$ 必有 2 个线性无关的特征向量,因此 $(2\boldsymbol{E}-\boldsymbol{A})\boldsymbol{x}=\boldsymbol{0}$ 的基础解系由 2 个解向量所构成. 于是 $r(2\boldsymbol{E}-\boldsymbol{A})=1$. 由

$$(2\boldsymbol{E}-\boldsymbol{A})=\begin{bmatrix} 1 & 1 & -1 \\ -x & -2 & -y \\ 3 & 3 & -3 \end{bmatrix}\rightarrow\begin{bmatrix} 1 & 1 & 1 \\ 0 & x-2 & -x-y \\ 0 & 0 & 0 \end{bmatrix},$$

得 $x=2,y=-2$. 那么，矩阵 $\boldsymbol{A}=\begin{bmatrix}1&-1&1\\2&4&-2\\-3&-3&5\end{bmatrix}$. 由此，得矩阵 $\boldsymbol{A}$ 的特征多项式为

$$|\lambda\boldsymbol{E}-\boldsymbol{A}|=\begin{vmatrix}\lambda-1&1&-1\\-2&\lambda-4&2\\3&3&\lambda-5\end{vmatrix}=(\lambda-2)^2(\lambda-6),$$

于是得矩阵 $\boldsymbol{A}$ 的特征值 $\lambda_1=\lambda_2=2,\lambda_3=6$.

对 $\lambda=2$，由 $(2\boldsymbol{E}-\boldsymbol{A})\boldsymbol{x}=\boldsymbol{0}$，$\begin{bmatrix}1&1&-1\\-2&-2&2\\3&3&-3\end{bmatrix}\to\begin{bmatrix}1&1&-1\\0&0&0\\0&0&0\end{bmatrix}$，得相应的特征向量为 $\boldsymbol{\alpha}_1=(1,-1,0)^{\mathrm{T}},\boldsymbol{\alpha}_2=(1,0,1)^{\mathrm{T}}$.

对 $\lambda=6$，由 $(6\boldsymbol{E}-\boldsymbol{A})\boldsymbol{x}=\boldsymbol{0}$，$\begin{bmatrix}5&1&-1\\-2&2&2\\3&3&1\end{bmatrix}\to\begin{bmatrix}1&-1&-1\\0&3&2\\0&0&0\end{bmatrix}$，得相应的特征向量为 $\boldsymbol{\alpha}_3=(1,-2,3)^{\mathrm{T}}$.

那么，令 $\boldsymbol{P}=(\boldsymbol{\alpha}_1,\boldsymbol{\alpha}_2,\boldsymbol{\alpha}_3)=\begin{bmatrix}1&1&1\\-1&0&-2\\0&1&3\end{bmatrix}$，有 $\boldsymbol{P}^{-1}\boldsymbol{AP}=\boldsymbol{\Lambda}=\begin{bmatrix}2&0&0\\0&2&0\\0&0&6\end{bmatrix}$.

34. 已知3阶矩阵 $\boldsymbol{A}$ 与三维向量 $\boldsymbol{x}$，使得向量组 $\boldsymbol{x},\boldsymbol{Ax},\boldsymbol{A}^2\boldsymbol{x}$ 线性无关，且满足 $\boldsymbol{A}^3\boldsymbol{x}=3\boldsymbol{Ax}-2\boldsymbol{A}^2\boldsymbol{x}$.

(1)记 $\boldsymbol{P}=(\boldsymbol{x},\boldsymbol{Ax},\boldsymbol{A}^2\boldsymbol{x})$，求3阶矩阵 $\boldsymbol{B}$，使 $\boldsymbol{A}=\boldsymbol{PBP}^{-1}$；

(2)计算行列式 $|\boldsymbol{A}+\boldsymbol{E}|$.

解法一 由于 $\boldsymbol{AP}=\boldsymbol{PB}$，即

$$\begin{aligned}\boldsymbol{A}(\boldsymbol{x},\boldsymbol{Ax},\boldsymbol{A}^2\boldsymbol{x})&=(\boldsymbol{Ax},\boldsymbol{A}^2\boldsymbol{x},\boldsymbol{A}^3\boldsymbol{x})=(\boldsymbol{Ax},\boldsymbol{A}^2\boldsymbol{x},3\boldsymbol{Ax}-2\boldsymbol{A}^2\boldsymbol{x})\\&=(\boldsymbol{x},\boldsymbol{Ax},\boldsymbol{A}^2\boldsymbol{x})\begin{bmatrix}0&0&0\\1&0&3\\0&1&-2\end{bmatrix}.\end{aligned}$$

所以 $\boldsymbol{B}=\begin{bmatrix}0&0&0\\1&0&3\\0&1&-2\end{bmatrix}$.

解法二 由于 $\boldsymbol{P}=(\boldsymbol{x},\boldsymbol{Ax},\boldsymbol{A}^2\boldsymbol{x})$ 可逆，那么 $\boldsymbol{P}^{-1}\boldsymbol{P}=\boldsymbol{E}$，即 $\boldsymbol{P}^{-1}(\boldsymbol{x},\boldsymbol{Ax},\boldsymbol{A}^2\boldsymbol{x})=\boldsymbol{E}$. 所以

$$\boldsymbol{P}^{-1}\boldsymbol{x}=\begin{bmatrix}1\\0\\0\end{bmatrix},\boldsymbol{P}^{-1}\boldsymbol{Ax}=\begin{bmatrix}0\\1\\0\end{bmatrix},\boldsymbol{P}^{-1}\boldsymbol{A}^2\boldsymbol{x}=\begin{bmatrix}0\\0\\1\end{bmatrix}.$$

于是

$$\boldsymbol{B}=\boldsymbol{P}^{-1}\boldsymbol{AP}=\boldsymbol{P}^{-1}(\boldsymbol{Ax},\boldsymbol{A}^2\boldsymbol{x},\boldsymbol{A}^3\boldsymbol{x})=\boldsymbol{P}^{-1}(\boldsymbol{Ax},\boldsymbol{A}^2\boldsymbol{x},3\boldsymbol{Ax}-2\boldsymbol{A}^2\boldsymbol{x})$$

$$=(P^{-1}Ax,P^{-1}A^2x,P^{-1}(3Ax-2A^2x))=\begin{bmatrix}0&0&0\\1&0&3\\0&1&-2\end{bmatrix}.$$

解法三 由 $A^3x+2A^2x-3Ax=\mathbf{0}$ 来求 A 的特征值与特征向量. 因为

$$A(A^2x+2Ax-3x)=0\cdot(A^2x+2Ax-3x),$$

又因 x,Ax,A^2x 线性无关,知 $A^2x+2Ax-3Ax\neq\mathbf{0}$,故 $\lambda=0$ 是 A 的特征值. $A^2x+2Ax-3Ax$ 是属于 $\lambda=0$ 的特征向量. 类似地,由

$$(A-E)(A^2x+3Ax)=\mathbf{0},(A+3E)(A^2x-Ax)=\mathbf{0}.$$

知 $\lambda=1$ 是 A 的特征值. 知特征向量是 A^2x+3Ax;$\lambda=-3$ 是 A 的特征值,A^2x-Ax 是特征向量. A 有三个不同的特征值 1,−3,0,也就有三个线性无关的特征向量,依次是

$$A^2x+3Ax,A^2x-Ax,A^2x+2Ax-3x.$$

令 $Q=(A^2x+3Ax,A^2x-Ax,A^2x+2Ax-3x)$,则有 $Q^{-1}AQ=\begin{bmatrix}1&&\\&-3&\\&&0\end{bmatrix}$. 而

$$Q=(x,Ax,A^2x)\begin{bmatrix}0&0&-3\\3&-1&2\\1&1&1\end{bmatrix}=PC,$$

于是 $A=Q\Lambda Q^{-1}=PC\Lambda C^{-1}P^{-1}$. 所以

$$B=P^{-1}AP=P^{-1}(PC\Lambda C^{-1}P^{-1})P=C\Lambda C^{-1}$$

$$=\begin{bmatrix}0&0&-3\\3&-1&2\\1&1&1\end{bmatrix}\begin{bmatrix}1&&\\&-3&\\&&0\end{bmatrix}\begin{bmatrix}0&0&-3\\3&-1&2\\1&1&1\end{bmatrix}^{-1}=\begin{bmatrix}0&0&0\\1&0&3\\0&1&-2\end{bmatrix}.$$

35. 设 A,B 为同阶方阵,

(1)如果 A,B 相似,试证 A,B 的特征多项式相等.

(2)举一个二阶方阵的例子说明(1)的逆命题不成立.

(3)当 A,B 均为实对称矩阵时,试证(1)的逆命题成立.

证 (1)若 A,B 相似,则存在可逆矩阵 P,使 $P^{-1}AP=B$,故

$$\begin{aligned}|\lambda E-B|&=|\lambda E-P^{-1}AP|=|P^{-1}\lambda EP-P^{-1}AP|\\&=|P^{-1}(\lambda E-A)P|=|P^{-1}||\lambda E-A||P|=|\lambda E-A|.\end{aligned}$$

(2)令 $A=\begin{bmatrix}0&1\\0&0\end{bmatrix},B=\begin{bmatrix}0&0\\0&0\end{bmatrix}$,则 $|\lambda E-A|=\lambda^2=|\lambda E-B|$.

但 A,B 不相似. 否则,存在可逆矩阵 P,使 $P^{-1}AP=B=O$. 从而 $A=POP^{-1}=O$,矛盾. 亦可从 $r(A)=1,r(B)=0$ 知 A 与 B 不相似.

(3)由 A,B 均为实对称矩阵知,A,B 均相似于对角阵,若 A,B 的特征多项式相等,记特

征多项式的根为 $\lambda_1,\cdots,\lambda_n$，则有

$$A\sim\begin{bmatrix}\lambda_1 & & \\ & \ddots & \\ & & \lambda_n\end{bmatrix},B\sim\begin{bmatrix}\lambda_1 & & \\ & \ddots & \\ & & \lambda_n\end{bmatrix},$$

即存在可逆阵 $\boldsymbol{P},\boldsymbol{Q}$，使

$$\boldsymbol{P}^{-1}\boldsymbol{AP}=\begin{bmatrix}\lambda_1 & & \\ & \ddots & \\ & & \lambda_n\end{bmatrix}=\boldsymbol{Q}^{-1}\boldsymbol{BQ}.$$

于是 $(\boldsymbol{PQ}^{-1})^{-1}\boldsymbol{A}(\boldsymbol{PQ}^{-1})=\boldsymbol{B}$. 由 $\boldsymbol{PQ}^{-1}$ 为可逆矩阵知，$\boldsymbol{A}$ 与 $\boldsymbol{B}$ 相似.

36. 设矩阵 $\boldsymbol{B}=\begin{bmatrix}0&0&1\\0&1&0\\1&0&0\end{bmatrix}$，已知矩阵 $\boldsymbol{A}$ 相似于 $\boldsymbol{B}$，则 $r(\boldsymbol{A}-2\boldsymbol{E})$ 与 $r(\boldsymbol{A}-\boldsymbol{E})$ 之和等于

(A)2；　　(B)3；　　(C)4；　　(D)5.

解　若 $\boldsymbol{P}^{-1}\boldsymbol{AP}=\boldsymbol{B}$，则 $\boldsymbol{P}^{-1}(\boldsymbol{A}+k\boldsymbol{E})\boldsymbol{P}=\boldsymbol{B}+k\boldsymbol{E}$，即若 $\boldsymbol{A}\sim\boldsymbol{B}$，则 $\boldsymbol{A}+k\boldsymbol{E}\sim\boldsymbol{B}+k\boldsymbol{E}$. 又因相似矩阵有相同的秩，故

$$\begin{aligned}r(\boldsymbol{A}-2\boldsymbol{E})+r(\boldsymbol{A}-\boldsymbol{E})&=r(\boldsymbol{B}-2\boldsymbol{E})+r(\boldsymbol{B}-\boldsymbol{E})\\&=r\begin{bmatrix}-2&0&1\\0&-1&0\\1&0&-2\end{bmatrix}+r\begin{bmatrix}-1&0&1\\0&0&0\\1&0&-1\end{bmatrix}=4.\end{aligned}$$

故应选(C).

37. 设矩阵 $\boldsymbol{A}=\begin{bmatrix}1&2&-3\\-1&4&-3\\1&a&5\end{bmatrix}$ 的特征方程有一个二重根，求 a 的值，并讨论 $\boldsymbol{A}$ 是否可相似对角化.

解　$\boldsymbol{A}$ 的特征多项式为

$$\begin{vmatrix}\lambda-1&-2&3\\1&\lambda-4&3\\-1&-a&\lambda-5\end{vmatrix}=(\lambda-2)(\lambda-8\lambda+18+3a).$$

若 $\lambda=2$ 是特征方程的二重根，则有 $2^2-16+18+3a=0$，解得 $a=-2$.

当 $a=-2$ 时，$\boldsymbol{A}$ 的特征值为 2，2，6，矩阵 $2\boldsymbol{E}-\boldsymbol{A}=\begin{bmatrix}1&-2&3\\1&-2&3\\-1&2&-3\end{bmatrix}$ 的秩为 1，故 $\lambda=2$ 对应的线性无关的特征向量有两个，从而 $\boldsymbol{A}$ 可相似对角化.

若 $\lambda=2$ 不是特征方程的二重根，则 $\lambda^2-8\lambda+18+3a$ 为完全平方，从而 $18+3a=16$，解

得 $a=-\frac{2}{3}$.

当 $a=-\frac{2}{3}$ 时，$\boldsymbol{A}$ 的特征值为 2,4,4，矩阵 $4\boldsymbol{E}-\boldsymbol{A}=\begin{bmatrix}3&-2&3\\1&0&3\\-1&2/3&-1\end{bmatrix}$ 的秩为 2，故 $\lambda=4$ 对应的线性无关的特征向量只有一个，从而 $\boldsymbol{A}$ 不可相似对角化.

38. 设 $\boldsymbol{A}$ 为三阶矩阵，$\boldsymbol{\alpha}_1,\boldsymbol{\alpha}_2,\boldsymbol{\alpha}_3$ 是线性无关的三维列向量，且满足

$$\boldsymbol{A}\boldsymbol{\alpha}_1=\boldsymbol{\alpha}_1+\boldsymbol{\alpha}_2+\boldsymbol{\alpha}_3,\boldsymbol{A}\boldsymbol{\alpha}_2=2\boldsymbol{\alpha}_2+\boldsymbol{\alpha}_3,\boldsymbol{A}\boldsymbol{\alpha}_3=2\boldsymbol{\alpha}_2+3\boldsymbol{\alpha}_3.$$

(1)求矩阵 $\boldsymbol{B}$，使得 $\boldsymbol{A}(\boldsymbol{\alpha}_1,\boldsymbol{\alpha}_2,\boldsymbol{\alpha}_3)=(\boldsymbol{\alpha}_1,\boldsymbol{\alpha}_2,\boldsymbol{\alpha}_3)\boldsymbol{B}$；

(2)求矩阵 $\boldsymbol{A}$ 的特征值；

(3)求可逆矩阵 $\boldsymbol{P}$，使得 $\boldsymbol{P}^{-1}\boldsymbol{AP}$ 为对角矩阵.

解 (1)按已知条件，有

$$\boldsymbol{A}(\boldsymbol{\alpha}_1,\boldsymbol{\alpha}_2,\boldsymbol{\alpha}_3)=(\boldsymbol{\alpha}_1+\boldsymbol{\alpha}_2+\boldsymbol{\alpha}_3,2\boldsymbol{\alpha}_2+\boldsymbol{\alpha}_3,2\boldsymbol{\alpha}_2+3\boldsymbol{\alpha}_3)=(\boldsymbol{\alpha}_1,\boldsymbol{\alpha}_2,\boldsymbol{\alpha}_3)\begin{bmatrix}1&0&0\\1&2&2\\1&1&3\end{bmatrix}.$$

所以矩阵 $\boldsymbol{B}=\begin{bmatrix}1&0&0\\1&2&2\\1&1&3\end{bmatrix}$.

(2)因为 $\boldsymbol{\alpha}_1,\boldsymbol{\alpha}_2,\boldsymbol{\alpha}_3$ 线性无关，矩阵 $\boldsymbol{C}=(\boldsymbol{\alpha}_1,\boldsymbol{\alpha}_2,\boldsymbol{\alpha}_3)$ 可逆，所以 $\boldsymbol{A}$ 与 $\boldsymbol{B}$ 相似. 由

$$|\lambda\boldsymbol{E}-\boldsymbol{B}|=\begin{vmatrix}\lambda-1&0&0\\-1&\lambda-2&-2\\-1&-1&\lambda-3\end{vmatrix}=(\lambda-1)^2(\lambda-4),$$

知矩阵 $\boldsymbol{B}$ 的特征值是 1,1,4. 故矩阵 $\boldsymbol{A}$ 的特征值是 1,1,4.

(3)对于矩阵 $\boldsymbol{B}$，由 $(\boldsymbol{E}-\boldsymbol{B})\boldsymbol{x}=\boldsymbol{0}$，得特征向量 $\boldsymbol{\eta}_1=(-1,1,0)^{\mathrm{T}}$，$\boldsymbol{\eta}_2=(-2,0,1)^{\mathrm{T}}$. 由 $(4\boldsymbol{E}-\boldsymbol{B})\boldsymbol{x}=\boldsymbol{0}$，得特征向量 $\boldsymbol{\eta}_3=(0,1,1)^{\mathrm{T}}$.

令 $\boldsymbol{P}_1=(\boldsymbol{\eta}_1,\boldsymbol{\eta}_2,\boldsymbol{\eta}_3)$，有 $\boldsymbol{P}_1^{-1}\boldsymbol{BP}_1=\begin{bmatrix}1&&\\&1&\\&&4\end{bmatrix}$. 从而 $\boldsymbol{P}_1^{-1}\boldsymbol{C}^{-1}\boldsymbol{ACP}_1=\begin{bmatrix}1&&\\&1&\\&&4\end{bmatrix}$.

故当 $\boldsymbol{P}=\boldsymbol{CP}_1=(\boldsymbol{\alpha}_1,\boldsymbol{\alpha}_2,\boldsymbol{\alpha}_3)\begin{bmatrix}-1&-2&0\\1&0&1\\0&1&1\end{bmatrix}=(-\boldsymbol{\alpha}_1+\boldsymbol{\alpha}_2,-2\boldsymbol{\alpha}_1+\boldsymbol{\alpha}_3,\boldsymbol{\alpha}_2+\boldsymbol{\alpha}_3)$ 时，

$$\boldsymbol{P}^{-1}\boldsymbol{AP}=\begin{bmatrix}1&&\\&1&\\&&4\end{bmatrix}.$$

39. 设三阶实对称矩阵 $\boldsymbol{A}$ 的特征值为 $\lambda_1=-1,\lambda_2=\lambda_3=1$，对应 λ_1 的特征向量为 $\boldsymbol{\xi}_1=(0,1,1)^{\mathrm{T}}$，求 $\boldsymbol{A}$.

解 设属于 $\lambda=1$ 的特征向量为 $\boldsymbol{\xi}=(x_1,x_2,x_3)^{\mathrm{T}}$，由于实对称矩阵的不同特征值所对应的特征向量相互正交，故 $\boldsymbol{\xi}^{\mathrm{T}}\boldsymbol{\xi}_1=x_2+x_3=0$. 从而 $\boldsymbol{\xi}_2=(1,0,0)^{\mathrm{T}}$，$\boldsymbol{\xi}_3=(0,1,-1)^{\mathrm{T}}$ 是 $\lambda=1$ 的线性无关的特征向量. 于是

$$\boldsymbol{A}(\boldsymbol{\xi}_1,\boldsymbol{\xi}_2,\boldsymbol{\xi}_3)=(-\boldsymbol{\xi}_1,\boldsymbol{\xi}_2,\boldsymbol{\xi}_3),\boldsymbol{A}=(-\boldsymbol{\xi}_1,\boldsymbol{\xi}_2,\boldsymbol{\xi}_3)(\boldsymbol{\xi}_1,\boldsymbol{\xi}_2,\boldsymbol{\xi}_3)^{-1}$$

$$=\begin{bmatrix}0 & 1 & 0\\ -1 & 0 & 1\\ -1 & 0 & -1\end{bmatrix}\begin{bmatrix}0 & 1/2 & 1/2\\ 1 & 0 & 0\\ 0 & 1/2 & -1/2\end{bmatrix}=\begin{bmatrix}1 & 0 & 0\\ 0 & 0 & -1\\ 0 & -1 & 0\end{bmatrix}.$$

40. 设三阶实对称矩阵 $\boldsymbol{A}$ 的特征值是 1,2,3；矩阵 $\boldsymbol{A}$ 的属于特征值 1,2 的特征向量分别是 $\boldsymbol{\alpha}_1=(-1,-1,1)^{\mathrm{T}}$，$\boldsymbol{\alpha}_2=(1,-2,-1)^{\mathrm{T}}$.

(1)求 $\boldsymbol{A}$ 的属于特征值 3 的特征向量；(2)求矩阵 $\boldsymbol{A}$.

解 (1)设 $\boldsymbol{A}$ 的属于特征值 $\lambda=3$ 的特征向量为 $\boldsymbol{\alpha}_3=(x_1,x_2,x_3)^{\mathrm{T}}$，因为实对称矩阵属于不同特征值的特征向量相互正交，故 $\begin{cases}\boldsymbol{\alpha}_1^{\mathrm{T}}\boldsymbol{\alpha}_3=-x_1-x_2+x_3=0;\\ \boldsymbol{\alpha}_2^{\mathrm{T}}\boldsymbol{\alpha}_3=x_1-2x_2-x_3=0.\end{cases}$ 解得基础解系为 $(1,0,1)^{\mathrm{T}}$.

因此，矩阵 $\boldsymbol{A}$ 的属于特征值 $\lambda=3$ 的特征向量为 $\boldsymbol{\alpha}_3=k(1,0,1)^{\mathrm{T}}$（$k$ 为非零常数）.

(2)由于矩阵 $\boldsymbol{A}$ 的特征值是 1,2,3 特征向量依次为 $\boldsymbol{\alpha}_1,\boldsymbol{\alpha}_2,\boldsymbol{\alpha}_3$，利用分块矩阵有

$$\boldsymbol{A}(\boldsymbol{\alpha}_1,\boldsymbol{\alpha}_2,\boldsymbol{\alpha}_3)=(\boldsymbol{\alpha}_1,2\boldsymbol{\alpha}_2,3\boldsymbol{\alpha}_3).$$

因为 $\boldsymbol{\alpha}_1,\boldsymbol{\alpha}_2,\boldsymbol{\alpha}_3$ 是不同特征值的特征向量，它们线性无关，于是矩阵 $(\boldsymbol{\alpha}_1,\boldsymbol{\alpha}_2,\boldsymbol{\alpha}_3)$ 可逆. 故

$$\boldsymbol{A}=(\boldsymbol{\alpha}_1,2\boldsymbol{\alpha}_2,3\boldsymbol{\alpha}_3)(\boldsymbol{\alpha}_1,\boldsymbol{\alpha}_2,\boldsymbol{\alpha}_3)^{-1}=\begin{bmatrix}-1 & 2 & 3\\ -1 & -4 & 0\\ 1 & -2 & 3\end{bmatrix}\begin{bmatrix}-1 & 1 & 1\\ -1 & -2 & 0\\ 1 & -1 & 1\end{bmatrix}^{-1}$$

$$=\frac{1}{6}\begin{bmatrix}-1 & 2 & 3\\ -1 & -4 & 0\\ 1 & -2 & 3\end{bmatrix}\begin{bmatrix}-2 & -2 & 2\\ 1 & -2 & -1\\ 3 & 0 & 3\end{bmatrix}=\frac{1}{6}\begin{bmatrix}13 & -2 & 5\\ -2 & 10 & 2\\ 5 & 2 & 13\end{bmatrix}.$$

41. 设矩阵 $\boldsymbol{A}=\begin{bmatrix}1 & 1 & a\\ 1 & a & 1\\ a & 1 & 1\end{bmatrix}$，$\boldsymbol{\beta}=\begin{bmatrix}1\\ 1\\ -2\end{bmatrix}$，已知线性方程组 $\boldsymbol{Ax}=\boldsymbol{\beta}$ 有解但不唯一，试求：

(1)a 的值；(2)正交矩阵 $\boldsymbol{Q}$，使 $\boldsymbol{Q}^{\mathrm{T}}\boldsymbol{AQ}$ 为对角矩阵.

解 方程组有解且不唯一，即方程组有无穷多解，故可由 $r(\widetilde{\boldsymbol{A}})=r(\boldsymbol{A})<3$ 来求 a 的值. 而 $\boldsymbol{Q}^{\mathrm{T}}\boldsymbol{AQ}=\boldsymbol{\Lambda}$ 即 $\boldsymbol{Q}^{-1}\boldsymbol{AQ}=\boldsymbol{\Lambda}$，为此应当求出 $\boldsymbol{A}$ 的特征值与特征向量再构造正交矩阵 $\boldsymbol{Q}$.

解 (1)对方程且 $\boldsymbol{Ax}=\boldsymbol{\beta}$ 的增广矩阵作初等行变换，有

$$\widetilde{\boldsymbol{A}}=\begin{bmatrix}1 & 1 & a & 1\\ 1 & a & 1 & 1\\ a & 1 & 1 & -2\end{bmatrix}\to\begin{bmatrix}1 & 1 & a & 1\\ & a-1 & 1-a & 0\\ & 1-a & 1-a^2 & -a-2\end{bmatrix}\to$$

$$\begin{bmatrix}1 & 1 & a & 1\\ 0 & a-1 & 1-a & 0\\ 0 & 0 & (a-1)(a+2) & a+2\end{bmatrix}.$$

因为方程组有无穷多解，所以 $r(\widetilde{\boldsymbol{A}})=r(\boldsymbol{A})<3$. 故 $a=-2$.

(2) $$|\lambda\boldsymbol{E}-\boldsymbol{A}|=\begin{vmatrix}\lambda-1 & -1 & 2\\ -1 & \lambda+2 & -1\\ 2 & -1 & \lambda-1\end{vmatrix}=\lambda(\lambda+3)(\lambda-3),$$

故矩阵 $\boldsymbol{A}$ 的特征值为 $\lambda_1=3,\lambda_2=0,\lambda_3=-3$.

当 $\lambda_1=3$ 时，由 $(3\boldsymbol{E}-\boldsymbol{A})\boldsymbol{x}=\boldsymbol{0}$，得属于特征值 $\lambda=3$ 的特征向量 $\boldsymbol{\alpha}_1=(1,0,-1)^{\mathrm{T}}$.

当 $\lambda_2=0$ 时，由 $(0\boldsymbol{E}-\boldsymbol{A})\boldsymbol{x}=\boldsymbol{0}$，得属于特征值 $\lambda=0$ 的特征向量 $\boldsymbol{\alpha}_2=(1,1,1)^{\mathrm{T}}$.

当 $\lambda_3=-3$ 时，由 $(-3\boldsymbol{E}-\boldsymbol{A})\boldsymbol{x}=\boldsymbol{0}$，得属于特征值 $\lambda=-3$ 的特征向量 $\boldsymbol{\alpha}_3=(1,-2,1)^{\mathrm{T}}$.

实对称矩阵的特征值不同时，其特征向量已经正交，故只需单位化.

$$\boldsymbol{\beta}_1=\frac{1}{\sqrt{2}}\begin{bmatrix}1\\0\\-1\end{bmatrix},\boldsymbol{\beta}_2=\frac{1}{\sqrt{3}}\begin{bmatrix}1\\1\\1\end{bmatrix},\boldsymbol{\beta}_3=\frac{1}{\sqrt{6}}\begin{bmatrix}1\\-2\\1\end{bmatrix}.$$

令 $\boldsymbol{Q}=(\boldsymbol{\beta}_1,\boldsymbol{\beta}_2,\boldsymbol{\beta}_2)=\begin{bmatrix}1/\sqrt{2} & 1/\sqrt{3} & 1/\sqrt{6}\\ 0 & 1/\sqrt{3} & -2/\sqrt{6}\\ -1/\sqrt{2} & 1/\sqrt{3} & 1/\sqrt{6}\end{bmatrix}$，得

$$\boldsymbol{Q}^{\mathrm{T}}\boldsymbol{A}\boldsymbol{Q}=\boldsymbol{Q}^{-1}\boldsymbol{A}\boldsymbol{Q}=\boldsymbol{\Lambda}\begin{bmatrix}3 & & \\ & 0 & \\ & & -3\end{bmatrix}.$$

42. 设 $\boldsymbol{A}$ 为 3 阶实对称矩阵，且满足条件 $\boldsymbol{A}^2+2\boldsymbol{A}=\boldsymbol{O}$，已知 $\boldsymbol{A}$ 的秩 $r(\boldsymbol{A})=2$.

(1)求 $\boldsymbol{A}$ 的全部特征值；(2)当 k 为何值时，矩阵 $\boldsymbol{A}+k\boldsymbol{E}$ 为正定矩阵，其中 $\boldsymbol{E}$ 为 3 阶单位矩阵.

解 (1)设 λ 是矩阵 $\boldsymbol{A}$ 的任一特征值，$\boldsymbol{\alpha}$ 是属于特征值 $\boldsymbol{A}$ 的特征向量，即 $\boldsymbol{A\alpha}=\lambda\boldsymbol{\alpha},\boldsymbol{\alpha}\neq\boldsymbol{0}$. 那么，$\boldsymbol{A}^2\boldsymbol{\alpha}=\lambda^2\boldsymbol{\alpha}$，于是由 $\boldsymbol{A}^2+2\boldsymbol{A}=\boldsymbol{O}$ 得 $(\boldsymbol{A}^2+2\boldsymbol{A})\boldsymbol{\alpha}=(\lambda^2+2\lambda)\boldsymbol{\alpha}=\boldsymbol{0}$. 又因 $\boldsymbol{\alpha}\neq\boldsymbol{0}$，故 $\lambda=-2$ 或 $\lambda=0$.

因为 $\boldsymbol{A}$ 是实对称矩阵，必可相似对角化，且 $r(\boldsymbol{\Lambda})=r(\boldsymbol{A})=2$. 所以

$$\boldsymbol{A}\sim\boldsymbol{\Lambda}=\begin{bmatrix}-2 & & \\ & -2 & \\ & & 0\end{bmatrix}.$$

即矩阵 $\boldsymbol{A}$ 的特征值为 $\lambda_1=\lambda_2=-2,\lambda_3=0$.

(2)由于 $\boldsymbol{A}+k\boldsymbol{E}$ 是对称矩阵，且由(1)知 $\boldsymbol{A}+k\boldsymbol{E}$ 的特征值为 $k-2,k-2,k$. 故 $\boldsymbol{A}+k\boldsymbol{E}$ 正定 $\Leftrightarrow\begin{cases}k-2>0;\\ k>0.\end{cases}$ 因此，$k>2$ 时，矩阵 $\boldsymbol{A}+k\boldsymbol{E}$ 为正定矩阵.

43. 设实对称矩阵 $\boldsymbol{A}=\begin{bmatrix}a & 1 & 1\\ 1 & a & -1\\ 1 & -1 & a\end{bmatrix}$，求可逆矩阵 $\boldsymbol{P}$，使 $\boldsymbol{P}^{-1}\boldsymbol{AP}$ 为对角形矩阵，并计算

行列式$|\boldsymbol{A}-\boldsymbol{E}|$的值.

解 由矩阵$\boldsymbol{A}$的特征多项式

$$|\lambda\boldsymbol{E}-\boldsymbol{A}|=\begin{vmatrix}\lambda-a & -1 & -1\\ -1 & \lambda-a & 1\\ -1 & 1 & \lambda-a\end{vmatrix}=(\lambda-a-1)^2(\lambda-a+2),$$

得矩阵$\boldsymbol{A}$的特征值为$\lambda_1=\lambda_2=a+1,\lambda_3=a-2$.

对于$\lambda=a+1$,由$[(a+1)\boldsymbol{E}-\boldsymbol{A}]\boldsymbol{x}=\boldsymbol{0}$,得特征向量$\boldsymbol{\alpha}_1=(1,1,0)^{\mathrm{T}},\boldsymbol{\alpha}_2=(1,0,1)^{\mathrm{T}}$.

对于$\lambda=a-2$,由$[(a-2)\boldsymbol{E}-\boldsymbol{A}]\boldsymbol{x}=\boldsymbol{0}$,得特征向量$\boldsymbol{\alpha}_3=(-1,1,1)^{\mathrm{T}}$.

令$\boldsymbol{P}=(\boldsymbol{\alpha}_1,\boldsymbol{\alpha}_2,\boldsymbol{\alpha}_3)=\begin{bmatrix}1 & 1 & -1\\ 1 & 0 & 1\\ 0 & 1 & 1\end{bmatrix}$,有$\boldsymbol{P}^{-1}\boldsymbol{A}\boldsymbol{P}=\boldsymbol{\Lambda}=\begin{bmatrix}a+1 & & \\ & a+1 & \\ & & a-2\end{bmatrix}$.

因为$\boldsymbol{A}$的特征值是$a+1,a+1,a-2$,故$\boldsymbol{A}-\boldsymbol{E}$的特征值是$a,a,a-3$.所以

$$|\boldsymbol{A}-\boldsymbol{E}|=a^2(a-3).$$

44.设$\boldsymbol{A}$为4阶实对称矩阵,且$\boldsymbol{A}^2+\boldsymbol{A}=\boldsymbol{O}$.若$\boldsymbol{A}$的秩为3,则$\boldsymbol{A}$相似于______.

(A) $\begin{bmatrix}1 & & & \\ & 1 & & \\ & & 1 & \\ & & & 0\end{bmatrix}$; (B) $\begin{bmatrix}1 & & & \\ & 1 & & \\ & & -1 & \\ & & & 0\end{bmatrix}$;

(C) $\begin{bmatrix}1 & & & \\ & -1 & & \\ & & -1 & \\ & & & 0\end{bmatrix}$; (D) $\begin{bmatrix}-1 & & & \\ & -1 & & \\ & & -1 & \\ & & & 0\end{bmatrix}$.

解 由$\boldsymbol{A}\boldsymbol{\alpha}=\lambda\boldsymbol{\alpha},\boldsymbol{\alpha}\neq\boldsymbol{0}$知$\boldsymbol{A}^n\boldsymbol{\alpha}=\lambda^n\boldsymbol{\alpha}$.

那么对于$\boldsymbol{A}^2+\boldsymbol{A}=\boldsymbol{O}$有$(\lambda^2+\lambda)\boldsymbol{\alpha}=\boldsymbol{0}\Rightarrow\lambda^2+\lambda=0$.

因此矩阵$\boldsymbol{A}$的特征值只能是-1或0.

又因$\boldsymbol{A}$是实对称矩阵,$\boldsymbol{A}$可以相似对角化(即$\boldsymbol{A}\sim\boldsymbol{\Lambda}$),而$\boldsymbol{\Lambda}$的对角线上的元素即矩阵$\boldsymbol{A}$的特征值,再由相似矩阵有相同的秩$r(\boldsymbol{A})=r(\boldsymbol{\Lambda})=3$,可知

$$\boldsymbol{A}\sim\begin{bmatrix}-1 & & & \\ & -1 & & \\ & & -1 & \\ & & & 0\end{bmatrix}.$$

故应选(D).

45.设3阶实对称矩阵$\boldsymbol{A}$的秩为2,$\lambda_1=\lambda_2=6$是$\boldsymbol{A}$的二重特征值.若$\boldsymbol{\alpha}_1=(1,1,0)^{\mathrm{T}},\boldsymbol{\alpha}_2=(2,1,1)^{\mathrm{T}},\boldsymbol{\alpha}_3=(-1,2,-3)^{\mathrm{T}}$都是$\boldsymbol{A}$的属于特征值6的特征向量.

(1)求$\boldsymbol{A}$的另一特征值和对应的特征向量;(2)求矩阵$\boldsymbol{A}$.

解 (1)由秩 $r(\boldsymbol{A})=2$,知 $|\boldsymbol{A}|=0$,所以 $\lambda=0$ 是 $\boldsymbol{A}$ 的另一特征值.

因为 $\lambda_1=\lambda_2=6$ 是实对称矩阵 $\boldsymbol{A}$ 的二重特征值,故 $\boldsymbol{A}$ 的属于特征值 $\lambda=6$ 的线性无关的特征向量有 2 个.因此 $\boldsymbol{\alpha}_1,\boldsymbol{\alpha}_2,\boldsymbol{\alpha}_3$ 必线性相关,而 $\boldsymbol{\alpha}_1,\boldsymbol{\alpha}_2$ 是 $\boldsymbol{A}$ 的属于特征值 $\lambda=6$ 的线性无关的特征向量.

设 $\lambda=0$ 所对应的特征向量为 $\boldsymbol{\alpha}=(x_1,x_2,x_3)^{\mathrm{T}}$,由于实对称矩阵不同特征值的特征向量相互正交,故有

$$\begin{cases}\boldsymbol{\alpha}_1^{\mathrm{T}}\boldsymbol{\alpha}=x_1+x_2=0;\\ \boldsymbol{\alpha}_2^{\mathrm{T}}\boldsymbol{\alpha}=2x_1+x_2+x_3=0.\end{cases}$$

解此方程组得基础解系 $\boldsymbol{\alpha}=(-1,1,1)^{\mathrm{T}}$,那么矩阵 $\boldsymbol{A}$ 属于特征值 $\lambda=0$ 的特征向量为 $k(-1,1,1)^{\mathrm{T}}$,k 是不为零的任意常数.

(2)令 $\boldsymbol{P}=(\boldsymbol{\alpha}_1,\boldsymbol{\alpha}_2,\boldsymbol{\alpha}_3)$,则 $\boldsymbol{P}^{-1}\boldsymbol{AP}=\begin{bmatrix}6&0&0\\0&6&0\\0&0&0\end{bmatrix}$.

所以 $\boldsymbol{A}=\boldsymbol{P}\begin{bmatrix}6&0&0\\0&6&0\\0&0&0\end{bmatrix}\boldsymbol{P}^{-1}$.又 $\boldsymbol{P}^{-1}=\begin{bmatrix}0&1&-1\\1/3&-1/3&2/3\\-1/3&1/3&1/3\end{bmatrix}$,故

$$\boldsymbol{A}=\begin{bmatrix}1&2&-1\\1&1&1\\0&1&1\end{bmatrix}\begin{bmatrix}6&0&0\\0&6&0\\0&0&0\end{bmatrix}\cdot\frac{1}{3}\begin{bmatrix}0&3&-3\\1&-1&2\\-1&1&1\end{bmatrix}=\begin{bmatrix}4&2&2\\2&4&-2\\2&-2&4\end{bmatrix}.$$

46.设 3 阶实对称矩阵 $\boldsymbol{A}$ 的特征值 $\lambda_1=1,\lambda_2=2,\lambda_3=-2$,$\boldsymbol{\alpha}_1=(1,-1,1)^{\mathrm{T}}$ 是 $\boldsymbol{A}$ 的属于 λ_1 的一个特征向量.记 $\boldsymbol{B}=\boldsymbol{A}^5-4\boldsymbol{A}^3+\boldsymbol{E}$,其中 $\boldsymbol{E}$ 为 3 阶单位矩阵.

(1)验证 $\boldsymbol{\alpha}_1$ 是矩阵 $\boldsymbol{B}$ 的特征向量,并求 $\boldsymbol{B}$ 的全部特征值的特征向量;(2)求矩阵 $\boldsymbol{B}$.

解 (1)由 $\boldsymbol{A\alpha}=\lambda\boldsymbol{\alpha}$,知 $\boldsymbol{A}^n\boldsymbol{\alpha}=\lambda^n\boldsymbol{\alpha}$,那么

$$\boldsymbol{B\alpha}_1=(\boldsymbol{A}^5-4\boldsymbol{A}^3+\boldsymbol{E})\boldsymbol{\alpha}_1=\boldsymbol{A}^5\boldsymbol{\alpha}_1-4\boldsymbol{A}^3\boldsymbol{\alpha}_1+\boldsymbol{\alpha}_1=(\lambda_1^5-4\lambda_1^3+1)\boldsymbol{\alpha}_1=-2\boldsymbol{\alpha}_1,$$

所以 $\boldsymbol{\alpha}_1$ 是矩阵 $\boldsymbol{B}$ 属于特征值 $\mu_1=-2$ 的特征向量.

类似地,若 $\boldsymbol{A\alpha}_2=\lambda_2\boldsymbol{\alpha}_2,\boldsymbol{A\alpha}_3=\lambda_3\boldsymbol{\alpha}_3$,有

$$\boldsymbol{B\alpha}_2=(\lambda_2^5-4\lambda_2^3+1)\boldsymbol{\alpha}_2,\boldsymbol{B\alpha}_3=(\lambda_3^5-4\lambda_3^3+1)\boldsymbol{\alpha}_3=\boldsymbol{\alpha}_3,$$

因此,矩阵 $\boldsymbol{B}$ 的特征值为 $\mu_1=-2,\mu_2=\mu_3=1$.

由矩阵 $\boldsymbol{A}$ 是对称矩阵知矩阵 $\boldsymbol{B}$ 也是对称矩阵,设矩阵 $\boldsymbol{B}$ 属于特征值 $\mu=1$ 的特征向量是 $\boldsymbol{\beta}=(x_1,x_2,x_3)^{\mathrm{T}}$,那么

$$\boldsymbol{\alpha}_1^{\mathrm{T}}\boldsymbol{\beta}=x_1-x_2+x_3=0.$$

所以矩阵 $\boldsymbol{B}$ 属于特征值 $\mu=1$ 的线性无关的特征向量是 $\boldsymbol{\beta}_2=(1,1,0)^{\mathrm{T}},\boldsymbol{\beta}_3=(-1,0,1)^{\mathrm{T}}$.因而,矩阵 $\boldsymbol{B}$ 属于特征值 $\mu_1=-2$ 的特征向量是 $k_1(1,-1,1)^{\mathrm{T}}$,其中 k_1 是不为 0 的任意常数.

矩阵 $\boldsymbol{B}$ 属于特征值 $\mu=1$ 的特征向量是 $k_2(1,1,0)^{\mathrm{T}}+k_3(-1,0,1)^{\mathrm{T}}$,其中 k_2,k_3 是不全为 0 的任意常数.

(2)由 $\boldsymbol{B}\boldsymbol{\alpha}_1=-2\boldsymbol{\alpha}_1,\boldsymbol{B}\boldsymbol{\beta}_2=\boldsymbol{\beta}_2,\boldsymbol{B}\boldsymbol{\beta}_3=\boldsymbol{\beta}_3$ 有 $\boldsymbol{B}(\boldsymbol{\alpha}_1,\boldsymbol{\alpha}_2,\boldsymbol{\alpha}_3)=(-2\boldsymbol{\alpha}_1,\boldsymbol{\beta}_2,\boldsymbol{\beta}_3)$.那么

$$\begin{aligned}\boldsymbol{B}&=(-2\boldsymbol{\alpha}_1,\boldsymbol{\beta}_2,\boldsymbol{\beta}_3)(\boldsymbol{\alpha}_1,\boldsymbol{\alpha}_2,\boldsymbol{\alpha}_3)^{-1}\\&=\begin{bmatrix}-2&1&-1\\2&1&0\\-2&0&1\end{bmatrix}\begin{bmatrix}1&1&-1\\-1&1&0\\1&0&1\end{bmatrix}^{-1}\\&=\begin{bmatrix}-2&1&-1\\2&1&0\\-2&0&1\end{bmatrix}\cdot\frac{1}{3}\begin{bmatrix}1&-1&1\\1&2&1\\-1&1&2\end{bmatrix}.\end{aligned}$$

Chapter 5 第5章

二次型

Quadratic Form

内容提要

一、向量的内积

1. 内积的定义

设有 n 维向量 $\boldsymbol{\alpha}=(a_1,a_2,\cdots,a_n)^{\mathrm{T}}$，$\boldsymbol{\beta}=(b_1,b_2,\cdots,b_n)^{\mathrm{T}}$，令

$$(\boldsymbol{\alpha},\boldsymbol{\beta})=a_1b_1+a_2b_2+\cdots+a_nb_n,$$

则称 $(\boldsymbol{\alpha},\boldsymbol{\beta})$ 为向量 $\boldsymbol{\alpha}$ 与 $\boldsymbol{\beta}$ 的内积.

向量的内积具有下列性质：

(1) $(\boldsymbol{\alpha},\boldsymbol{\beta})=(\boldsymbol{\beta},\boldsymbol{\alpha})$；

(2) $(k\boldsymbol{\alpha},\boldsymbol{\beta})=k(\boldsymbol{\alpha},\boldsymbol{\beta})$；

(3) $(\boldsymbol{\alpha}+\boldsymbol{\beta},\boldsymbol{\gamma})=(\boldsymbol{\alpha},\boldsymbol{\gamma})+(\boldsymbol{\beta},\boldsymbol{\gamma})$；

(4) $(\boldsymbol{\alpha},\boldsymbol{\alpha})\geqslant 0$，当有仅当 $\boldsymbol{\alpha}=\mathbf{0}$ 时等号成立.

2. 长度的定义

令 $|\boldsymbol{\alpha}|=\sqrt{(\boldsymbol{\alpha},\boldsymbol{\alpha})}=\sqrt{a_1^2+a_2^2+\cdots+a_n^2}$，称 $|\boldsymbol{\alpha}|$ 为 n 维向量 $\boldsymbol{\alpha}$ 的长度(或模). 称长度为1的向量为单位向量.

向量的长度具有下列性质：

(1) $|k\boldsymbol{\alpha}|=|k||\boldsymbol{\alpha}|$(其中 k 为实数)；

(2)柯西-许瓦兹(Cauchy-Schwarz)不等式：$|(\boldsymbol{\alpha},\boldsymbol{\beta})|\leqslant|\boldsymbol{\alpha}|\cdot|\boldsymbol{\beta}|$；

(3)三角不等式：$|\boldsymbol{\alpha}+\boldsymbol{\beta}|\leqslant|\boldsymbol{\alpha}|+|\boldsymbol{\beta}|$；

(4) $|\boldsymbol{\alpha}|\geqslant 0$，当且仅当 $\boldsymbol{\alpha}=\mathbf{0}$ 时等号成立.

3. 夹角的定义

设 $\boldsymbol{\alpha},\boldsymbol{\beta}$ 为非零向量，称

$$\theta=\arccos\frac{(\boldsymbol{\alpha},\boldsymbol{\beta})}{|\boldsymbol{\alpha}||\boldsymbol{\beta}|}$$

为 n 维向量 $\boldsymbol{\alpha}$ 与 $\boldsymbol{\beta}$ 的夹角. 当$(\boldsymbol{\alpha},\boldsymbol{\beta})=0$ 时,$\theta=\pi/2$,即 $\boldsymbol{\alpha}$ 与 $\boldsymbol{\beta}$ 垂直.

4. 正交与正交向量组

定义 若$(\boldsymbol{\alpha},\boldsymbol{\beta})=0$,则称向量 $\boldsymbol{\alpha}$ 与 $\boldsymbol{\beta}$ 正交(垂直),记作 $\boldsymbol{\alpha}\perp\boldsymbol{\beta}$.

定义 设有 m 个非零向量 $\boldsymbol{a}_1,\boldsymbol{a}_2,\cdots,\boldsymbol{a}_m$,若$(\boldsymbol{a}_i,\boldsymbol{a}_j)=0(i,j=1,2,\cdots,m.\ i\neq j)$,即向量之间两两正交,则称向量组 $\boldsymbol{a}_1,\boldsymbol{a}_2,\cdots,\boldsymbol{a}_m$ 为正交向量组.

定义 若向量组 $\boldsymbol{a}_1,\boldsymbol{a}_2,\cdots,\boldsymbol{a}_m$ 为正交向量组,且$|\boldsymbol{a}_i|=1(i=1,2,\cdots,m)$,则称该向量组为标准正交向量组.

定理 正交向量组 $\boldsymbol{a}_1,\boldsymbol{a}_2,\cdots,\boldsymbol{a}_m$ 是线性无关的向量组.

定理 设向量组 $\boldsymbol{a}_1,\boldsymbol{a}_2,\cdots,\boldsymbol{a}_m$ 线性无关,令

$$\begin{aligned}&\boldsymbol{\beta}_1=\boldsymbol{a}_1,\\&\boldsymbol{\beta}_2=\boldsymbol{a}_2-\frac{(\boldsymbol{\alpha}_2,\boldsymbol{\beta}_1)}{(\boldsymbol{\beta}_1,\boldsymbol{\beta}_1)}\boldsymbol{\beta}_1,\\&\cdots\cdots,\\&\boldsymbol{\beta}_m=\boldsymbol{\alpha}_m-\frac{(\boldsymbol{\alpha}_m,\boldsymbol{\beta}_1)}{(\boldsymbol{\beta}_1,\boldsymbol{\beta}_1)}\boldsymbol{\beta}_1-\frac{(\boldsymbol{\alpha}_m,\boldsymbol{\beta}_2)}{(\boldsymbol{\beta}_2,\boldsymbol{\beta}_2)}\boldsymbol{\beta}_2-\cdots-\frac{(\boldsymbol{\alpha}_m,\boldsymbol{\beta}_{m-1})}{(\boldsymbol{\beta}_{m-1},\boldsymbol{\beta}_{m-1})}\boldsymbol{\beta}_{m-1},\end{aligned}$$

则 $\boldsymbol{\beta}_1,\boldsymbol{\beta}_2,\cdots,\boldsymbol{\beta}_m$ 为正交向量组;再令

$$\boldsymbol{\eta}_i=\frac{\boldsymbol{\beta}_i}{|\boldsymbol{\beta}_i|}(i=1,2,\cdots,m),$$

则 $\boldsymbol{\eta}_1,\boldsymbol{\eta}_2,\cdots,\boldsymbol{\eta}_m$ 为标准正交向量组.

定理 设 $\boldsymbol{\alpha}_1,\boldsymbol{\alpha}_2,\cdots,\boldsymbol{\alpha}_3$ 是 n 维正交向量组,若 $r<n$,则存在 n 维非零向量 $\boldsymbol{x}$,使 $\boldsymbol{\alpha}_1,\boldsymbol{\alpha}_2,\cdots,\boldsymbol{\alpha}_r,\boldsymbol{x}$ 为正交向量组.

推论 含有 r 个($r<n$)向量的 n 维正交(或标准正交)向量组,总可以添加 $n-r$ 个 n 维非零向量,构成含有 n 个向量的 n 维正交向量组.

5. 正交矩阵

如果 n 阶矩阵 $\boldsymbol{A}$ 满足 $\boldsymbol{A}^{\mathrm{T}}\boldsymbol{A}=\boldsymbol{E}$ 或 $\boldsymbol{A}\boldsymbol{A}^{\mathrm{T}}=\boldsymbol{E}$,则称 $\boldsymbol{A}$ 为正交矩阵.

定理 正交矩阵具有如下性质:

(1)矩阵 $\boldsymbol{A}$ 为正交矩阵的充要条件是 $\boldsymbol{A}^{-1}=\boldsymbol{A}^{\mathrm{T}}$;

(2)正交矩阵的逆矩阵是正交矩阵;

(3)两个正交矩阵的乘积是正交矩阵;

(4)正交矩阵 $\boldsymbol{A}$ 是满秩的且$|\boldsymbol{A}|=1$ 或 -1;

(5)n 阶矩阵 $\boldsymbol{A}$ 为正交矩阵的充要条件是 $\boldsymbol{A}$ 的 n 个列(行)构成的向量组是标准正交向量组.

二、二次型

1. 二次型的概念及矩阵表示

定义 含有 n 个变量 $x_1,x_2,\cdots,x_n$ 的二次齐次多项式(即每项都是二次的多项式)

$$f(x_1,x_2,\cdots,x_n)=\sum_{i=1}^{n}\sum_{j=1}^{n}a_{ij}x_ix_j,\quad a_{ij}=a_{ji},$$

称为 n 元二次型. 令 $\boldsymbol{x}=(x_1,x_2,\cdots,x_n)^{\mathrm{T}}$，$\boldsymbol{A}=(a_{ij})$，则二次型可用矩阵乘法表示为

$$f(x_1,x_2,\cdots,x_n)=\boldsymbol{x}^{\mathrm{T}}\boldsymbol{A}\boldsymbol{x},$$

其中 $\boldsymbol{A}^{\mathrm{T}}=\boldsymbol{A}$ 是对称矩阵，称 $\boldsymbol{A}$ 为二次型 $f(x_1,x_2,\cdots,x_n)$ 的矩阵. 矩阵 $\boldsymbol{A}$ 的秩 $r(\boldsymbol{A})$ 称为二次型 f 的秩，记作 $r(f)$.

只含有平方项的 n 元二次型 $f(x_1,x_2,\cdots,x_n)=\boldsymbol{x}^{\mathrm{T}}\boldsymbol{A}\boldsymbol{x}=d_1x_1^2+d_2x_2^2+\cdots+d_n\boldsymbol{x}_n^2$，称为 n 元二次型的标准型.

2. 矩阵的合同

设 $\boldsymbol{A},\boldsymbol{B}$ 为 n 阶方阵，若存在 n 阶可逆矩阵 $\boldsymbol{P}$，使 $\boldsymbol{P}^{\mathrm{T}}\boldsymbol{A}\boldsymbol{P}=\boldsymbol{B}$，则称 $\boldsymbol{A}$ 与 $\boldsymbol{B}$ 合同，也称矩阵 $\boldsymbol{A}$ 经合同变换化为 $\boldsymbol{B}$，记作 $\boldsymbol{A}\sim\boldsymbol{B}$. 可逆矩阵 $\boldsymbol{P}$ 称为合同变换矩阵.

矩阵的合同关系有下列性质：

(1)自反性：$\boldsymbol{A}\sim\boldsymbol{A}$；

(2)对称性：若 $\boldsymbol{A}\sim\boldsymbol{B}$，则 $\boldsymbol{B}\sim\boldsymbol{A}$；

(3)传递性：若 $\boldsymbol{A}\sim\boldsymbol{B}$，$\boldsymbol{B}\sim\boldsymbol{C}$，则 $\boldsymbol{A}\sim\boldsymbol{C}$；

(4)合同变换不改变矩阵的秩；

(5)对称矩阵经合同变换仍化为对称矩阵.

定理 任何一个实对称矩阵 $\boldsymbol{A}$ 都合同于对角矩阵. 即对于一个 n 阶实对称矩阵 $\boldsymbol{A}$，总存在可逆矩阵 $\boldsymbol{P}$，使得 $\boldsymbol{P}^{\mathrm{T}}\boldsymbol{A}\boldsymbol{P}=\boldsymbol{\Lambda}$.

定理 （惯性定律）一个二次型经过可逆线性变换化为标准型，其标准型正、负项的个数是唯一确定的，它们的和等于该二次型的秩.

标准型中的正项个数 p、负项个数 q 分别称为二次型的正、负惯性指标，$p-q$ 称为二次型的符号差，用 s 表示. $s=p-q=2p-r$（$p+q=r$ 为二次型的秩）. 秩为 r，正惯性指标为 p 的 n 元二次型的标准型可化为 $f=z_1^2+z_2^2+\cdots+z_p^2-z_{p+1}^2-\cdots-z_r^2$. 称为二次型的规范形，规范形是唯一的.

定理 实对称矩阵 $\boldsymbol{A}\sim\boldsymbol{B}$ 的充分必要条件是：二次型 $\boldsymbol{x}^{\mathrm{T}}\boldsymbol{A}\boldsymbol{x}$ 与 $\boldsymbol{x}^{\mathrm{T}}\boldsymbol{B}\boldsymbol{x}$ 有相同的正负惯性指标.

三、用正交变换化二次型为标准型

1. 正交变换

设 $\boldsymbol{C}$ 为 n 阶正交矩阵，$\boldsymbol{x},\boldsymbol{y}$ 是 $\boldsymbol{R}^n$ 中的 n 维向量，称线性变换 $\boldsymbol{x}=\boldsymbol{C}\boldsymbol{y}$ 是 $\boldsymbol{R}^n$ 上的正交变换.

定理 1 $\boldsymbol{R}^n$ 上的线性变换 $\boldsymbol{x}=\boldsymbol{C}\boldsymbol{y}$ 是正交变换的充分必要条件是：在线性变换 $\boldsymbol{x}=\boldsymbol{C}\boldsymbol{y}$ 下，向量的内积不变，即对于 $\boldsymbol{R}^n$ 中的任意向量 $\boldsymbol{y}_1,\boldsymbol{y}_2$，在 $\boldsymbol{x}=\boldsymbol{C}\boldsymbol{y}$ 下，若 $\boldsymbol{x}_1=\boldsymbol{C}\boldsymbol{y}_1$，$\boldsymbol{x}_2=\boldsymbol{C}\boldsymbol{y}_2$，则 $(\boldsymbol{x}_1,\boldsymbol{x}_2)=(\boldsymbol{y}_1,\boldsymbol{y}_2)$.

定理 2 $\boldsymbol{R}^n$ 上的线性变换 $\boldsymbol{x}=\boldsymbol{C}\boldsymbol{y}$ 是正交变换的充分必要条件是：线性变换 $\boldsymbol{x}=\boldsymbol{C}\boldsymbol{y}$ 把 $\boldsymbol{R}^n$ 中的标准正交基变为标准正交基.

定理 3 实对称矩阵的特征值是实数.

定理 4 实对称矩阵的不同特征值所对应的特征向量是正交的.

定理 5 设 $\boldsymbol{A}$ 为 n 阶实对称矩阵，则必有正交矩阵 $\boldsymbol{C}$，使 $\boldsymbol{C}^{-1}\boldsymbol{AC}=\boldsymbol{\Lambda}$，即

$$\boldsymbol{C}^{-1}\boldsymbol{AC}=\boldsymbol{\Lambda}=\begin{bmatrix}\lambda_1 & & & \\ & \lambda_2 & & \\ & & \ddots & \\ & & & \lambda_n\end{bmatrix}.$$

其中 $\lambda_1,\lambda_2,\cdots,\lambda_n$ 是 $\boldsymbol{A}$ 的 n 个特征值，正交矩阵 $\boldsymbol{C}$ 的 n 个列向量是矩阵 $\boldsymbol{A}$ 对应于这 n 个特征值的标准正交的特征向量.

2. 用正交变换 $\boldsymbol{x}=\boldsymbol{Cy}$ 化二次型 $f=\boldsymbol{x}^{\mathrm{T}}\boldsymbol{Ax}$ 为标准型的步骤为

(1)由 $|\lambda\boldsymbol{E}-\boldsymbol{A}|=0$，求 $\boldsymbol{A}$ 的 n 个特征值 $\lambda_1,\lambda_2,\cdots,\lambda_n$；

(2)对于每一个特征值 λ_1，构造 $(\lambda_1\boldsymbol{E}-\boldsymbol{A})\boldsymbol{x}=\boldsymbol{0}$，求其基础解系(即特征值 λ_1 对应的线性无关的特征向量)；

(3)对 $t(t>1)$ 重特征值对应的 t 个线性无关的特征向量，用施密特(Schimidt)正交化方法，将 t 个线性无关的特征向量正交化；

(4)将 $\boldsymbol{A}$ 的 n 个正交的特征向量标准化，并以它们为列向量构成正交矩阵 $\boldsymbol{C}$，写出二次型的标准型 $f=\lambda_1y_1^2+\lambda_2y_2^2+\cdots+\lambda_ny_n^2=\boldsymbol{Y}^{\mathrm{T}}\boldsymbol{\Lambda y}$ 以及相应的正交变换 $\boldsymbol{x}=\boldsymbol{Cy}$.

四、二次型的正定性

定义 若二次型 $f=\boldsymbol{x}^{\mathrm{T}}\boldsymbol{Ax}$ 对于任意非零的 n 维向量 $\boldsymbol{x}$，恒有 $f=\boldsymbol{x}^{\mathrm{T}}\boldsymbol{Ax}>0(<0)$，则称 $f=\boldsymbol{x}^{\mathrm{T}}\boldsymbol{Ax}$ 为正定(负定)二次型，并称 $\boldsymbol{A}$ 为正定(负定)矩阵.

定理 n 元实二次型正定的充要条件是其正惯性指标等于 n.

定理 n 元实二次型正定的充要条件是其矩阵的 n 个特征值都是正数.

定理 n 阶实对称矩阵 $\boldsymbol{A}$ 正定的充要条件是其 n 个特征值都是正数.

定理 n 阶实对称矩阵 $\boldsymbol{A}$ 正定的充要条件是存在可逆矩阵 $\boldsymbol{U}$，使 $\boldsymbol{A}$ 合同于单位矩阵 $\boldsymbol{E}$，即 $\boldsymbol{U}^{\mathrm{T}}\boldsymbol{AU}=\boldsymbol{E}$.

推论 1 n 阶实对称矩阵 $\boldsymbol{A}$ 正定的充要条件是存在可逆矩阵 $\boldsymbol{B}$，使 $\boldsymbol{A}=\boldsymbol{B}^{\mathrm{T}}\boldsymbol{B}$.

推论 2 $\boldsymbol{A}$ 正定，则 $|\boldsymbol{A}|>0$.

推论 3 $\boldsymbol{A}$ 正定，则 $\boldsymbol{A}$ 主对角线上的所有元素为正数，即 $a_{ii}>0,i=1,2,\cdots,n$.

定义 设 $\boldsymbol{A}=(a_{ij})$ 为 n 阶实对称矩阵，沿 $\boldsymbol{A}$ 的主对角线自左上到右下顺序地取 $\boldsymbol{A}$ 的前 k 行 k 列元素构成的行列式，称为 $\boldsymbol{A}$ 的 k 阶顺序主子式，记为 Δ_k，即

$$\Delta_k=\begin{vmatrix}a_{11} & a_{12} & \cdots & a_{1k}\\ a_{21} & a_{22} & \cdots & a_{2k}\\ \vdots & \vdots & & \vdots\\ a_{k1} & a_{k2} & \cdots & a_{kk}\end{vmatrix},k=1,2,\cdots,n.$$

定理 (霍尔维茨(Sylvester)定理)n 阶实对称矩阵 $\boldsymbol{A}$ 正定的充要条件是 $\boldsymbol{A}$ 的各阶顺序主子式都大于零.

定理 n元实二次型$\boldsymbol{x}^{\mathrm{T}}\boldsymbol{A}\boldsymbol{x}$负定的充要条件是下列条件之一：

(1)$\boldsymbol{x}^{\mathrm{T}}\boldsymbol{A}\boldsymbol{x}$的负惯性指标等于$n$；

(2)$\boldsymbol{x}^{\mathrm{T}}\boldsymbol{A}\boldsymbol{x}$的矩阵$\boldsymbol{A}$的$n$个特征值都是负数；

(3)$\boldsymbol{x}^{\mathrm{T}}\boldsymbol{A}\boldsymbol{x}$的矩阵$\boldsymbol{A}$的奇数阶顺序主子式为负，偶数阶顺序主子式为正；

(4)存在可逆矩阵$\boldsymbol{U}$，使$\boldsymbol{A}$合同于$-\boldsymbol{E}$，即$\boldsymbol{U}^{\mathrm{T}}\boldsymbol{A}\boldsymbol{U}=-\boldsymbol{E}$.

范例解析

例1 已知$\boldsymbol{\alpha}=(2,1,3,2)$，$\boldsymbol{\beta}=(1,2,-2,1)$在通常的内积意义下，求$|\boldsymbol{\alpha}|$，$|\boldsymbol{\beta}|$，$(\boldsymbol{\alpha},\boldsymbol{\beta})$，$\cos(\boldsymbol{\alpha},\boldsymbol{\beta})$及$|\boldsymbol{\alpha}+\boldsymbol{\beta}|$.

解 $|\boldsymbol{\alpha}|=\sqrt{(\boldsymbol{\alpha},\boldsymbol{\alpha})}=\sqrt{2^2+1^2+3^2+2^2}=\sqrt{18}=3\sqrt{2}$；

$|\boldsymbol{\beta}|=\sqrt{(\boldsymbol{\beta},\boldsymbol{\beta})}=\sqrt{1^2+2^2+(-2)^2+1^2}=\sqrt{10}$；

$(\boldsymbol{\alpha},\boldsymbol{\beta})=2\cdot1+1\cdot2+3\cdot(-2)+2\cdot1=0$；

$\cos(\boldsymbol{\alpha},\boldsymbol{\beta})=\dfrac{(\boldsymbol{\alpha},\boldsymbol{\beta})}{|\boldsymbol{\alpha}||\boldsymbol{\beta}|}=0$；

$|\boldsymbol{\alpha}+\boldsymbol{\beta}|=\sqrt{(\boldsymbol{\alpha}+\boldsymbol{\beta},\boldsymbol{\alpha}+\boldsymbol{\beta})}=\sqrt{3^2+3^2+1^2+3^2}=\sqrt{28}$.

例2 已知向量$\boldsymbol{\alpha}=(1,2,-1,1)^{\mathrm{T}}$，$\boldsymbol{\beta}=(2,3,0,-1)^{\mathrm{T}}$，求向量$\boldsymbol{\alpha},\boldsymbol{\beta}$的长度及它们的夹角.

解 $|\boldsymbol{\alpha}|=\sqrt{(\boldsymbol{\alpha},\boldsymbol{\alpha})}=\sqrt{1^2+2^2+(-1)^2+1^2}=\sqrt{7}$. $|\boldsymbol{\beta}|=\sqrt{(\boldsymbol{\beta},\boldsymbol{\beta})}=\sqrt{2^2+3^2+0+(-1)^2}=\sqrt{14}$. 由于$(\boldsymbol{\alpha},\boldsymbol{\beta})=1\times2+2\times3+(-1)\times0+1\times(-1)=7$，所以$\cos\theta=\dfrac{(\boldsymbol{\alpha},\boldsymbol{\beta})}{|\boldsymbol{\alpha}||\boldsymbol{\beta}|}=\dfrac{1}{\sqrt{2}}$，故$\boldsymbol{\alpha}$与$\boldsymbol{\beta}$的夹角为$\dfrac{\pi}{4}$.

例3 设$\boldsymbol{\alpha}=(1,2,4,-2)^{\mathrm{T}}$和$\boldsymbol{\beta}=(2,-4,-1,2)^{\mathrm{T}}$. 求(1)$|\boldsymbol{\alpha}|$和$|\boldsymbol{\beta}|$，并使向量$\boldsymbol{\alpha}$和$\boldsymbol{\beta}$单位化；(2)$\boldsymbol{\alpha}$与$\boldsymbol{\beta}$的内积，以及$2\boldsymbol{\alpha}+\boldsymbol{\beta}$与$\boldsymbol{\alpha}-2\boldsymbol{\beta}$的内积；(3)$\boldsymbol{\alpha}+\boldsymbol{\beta}$与$\boldsymbol{\alpha}-\boldsymbol{\beta}$是正交的.

解 (1) $|\boldsymbol{\alpha}|=\sqrt{1^2+2^2+4^2+(-2)^2}=5$，$|\boldsymbol{\beta}|=5$，则$\boldsymbol{\alpha},\boldsymbol{\beta}$的单位向量为：

$$\boldsymbol{\alpha}^0=\frac{1}{|\boldsymbol{\alpha}|}\boldsymbol{\alpha}=\left(\frac{1}{5},\frac{2}{5},\frac{4}{5},-\frac{2}{5}\right)^{\mathrm{T}}\qquad \boldsymbol{\beta}^0=\frac{1}{|\boldsymbol{\beta}|}\boldsymbol{\beta}=\left(\frac{2}{5},-\frac{4}{5},-\frac{1}{5},\frac{2}{5}\right)^{\mathrm{T}}$$

(2)$\boldsymbol{\alpha}$和$\boldsymbol{\beta}$的内积为$(\boldsymbol{\alpha},\boldsymbol{\beta})=\boldsymbol{\alpha}^{\mathrm{T}}\boldsymbol{\beta}=(1,2,4,-2)(2,-4,-1,2)^{\mathrm{T}}=-14$.

$2\boldsymbol{\alpha}+\boldsymbol{\beta}=(4,0,7,-2)^{\mathrm{T}}$，$\boldsymbol{\alpha}-2\boldsymbol{\beta}=(-3,10,6,-6)^{\mathrm{T}}$，则$2\boldsymbol{\alpha}+\boldsymbol{\beta}$和$\boldsymbol{\alpha}-2\boldsymbol{\beta}$的内积为

$$(2\boldsymbol{\alpha}+\boldsymbol{\beta},\boldsymbol{\alpha}-2\boldsymbol{\beta})=(2\boldsymbol{\alpha}+\boldsymbol{\beta})^{\mathrm{T}}(\boldsymbol{\alpha}-2\boldsymbol{\beta})=(4,0,7,-2)(-3,10,6,-6)^{\mathrm{T}}=42.$$

这个内积也可由内积的性质来计算为：

$$(2\boldsymbol{\alpha}+\boldsymbol{\beta},\boldsymbol{\alpha}-2\boldsymbol{\beta})=2(\boldsymbol{\alpha},\boldsymbol{\alpha})-3(\boldsymbol{\alpha},\boldsymbol{\beta})-2(\boldsymbol{\beta},\boldsymbol{\beta})=2\times25+3\times14-2\times25=42.$$

(3)因$(\boldsymbol{\alpha}+\boldsymbol{\beta},\boldsymbol{\alpha}-\boldsymbol{\beta})=(\boldsymbol{\alpha}+\boldsymbol{\beta})^{\mathrm{T}}(\boldsymbol{\alpha}-\boldsymbol{\beta})=(3,-2,3,0)(-1,6,5,-4)=0$；或

$$(\boldsymbol{\alpha}+\boldsymbol{\beta},\boldsymbol{\alpha}-\boldsymbol{\beta})=(\boldsymbol{\alpha},\boldsymbol{\alpha})-(\boldsymbol{\beta},\boldsymbol{\beta})=25-25=0,$$

故 $\boldsymbol{\alpha}+\boldsymbol{\beta}$ 与 $\boldsymbol{\alpha}-\boldsymbol{\beta}$ 正交.

例 4 设 $\boldsymbol{B}$ 是 4×5 矩阵,$r(\boldsymbol{B})=3$. 若 $\boldsymbol{\alpha}_1=(2,3,2,2,-1)^{\mathrm{T}}$,$\boldsymbol{\alpha}_2=(1,1,2,3,-1)^{\mathrm{T}}$,$\boldsymbol{\alpha}_3=(0,-1,2,4,-1)^{\mathrm{T}}$是齐次线性方程组 $\boldsymbol{Bx}=\boldsymbol{0}$ 的解向量,求 $\boldsymbol{Bx}=\boldsymbol{0}$ 的解空间的一个标准正交基.

解 因为 $r(\boldsymbol{B})=3$,故解空间的维数 $n-r(\boldsymbol{B})=5-3=2$,又因为 $\boldsymbol{\alpha}_1,\boldsymbol{\alpha}_2,\boldsymbol{\alpha}_3$ 两两均线性无关,则其中任意两个都是解空间的一个基.

令 $\boldsymbol{\beta}_1=\boldsymbol{\alpha}_2$,$\boldsymbol{\beta}_2=\boldsymbol{\alpha}_3-\dfrac{(\boldsymbol{\beta}_1,\boldsymbol{\alpha}_3)}{(\boldsymbol{\beta}_1,\boldsymbol{\beta}_1)}\boldsymbol{\beta}_1=\boldsymbol{\alpha}_3-\boldsymbol{\beta}_1=(-1,-2,0,-1,0)^{\mathrm{T}}$

再单位化得 $\boldsymbol{\xi}_1=\dfrac{1}{4}(1,1,2,3,-1)^{\mathrm{T}}$,$\boldsymbol{\xi}_2=\dfrac{1}{\sqrt{6}}(1,2,0,-1,0)^{\mathrm{T}}$即为 $\boldsymbol{Bx}=\boldsymbol{0}$ 解空间的一个标准正交基.

注意 本题中 $\boldsymbol{\alpha}_1$ 的分量较繁杂,选 $\boldsymbol{\alpha}_2,\boldsymbol{\alpha}_3$ 为基计算量较小.

例 5 设 $\boldsymbol{A}$ 为 n 阶对称矩阵,且满足 $\boldsymbol{A}^2-4\boldsymbol{A}+3\boldsymbol{E}=\boldsymbol{O}$,证明 $\boldsymbol{A}-2\boldsymbol{E}$ 为正交矩阵.

证 只须验证$(\boldsymbol{A}-2\boldsymbol{E})(\boldsymbol{A}-2\boldsymbol{E})^{\mathrm{T}}=\boldsymbol{E}$ 即可. 因为 $\boldsymbol{A}^{\mathrm{T}}=\boldsymbol{A}$,则

$$\begin{aligned}(\boldsymbol{A}-2\boldsymbol{E})(\boldsymbol{A}-2\boldsymbol{E})^{\mathrm{T}}&=(\boldsymbol{A}-2\boldsymbol{E})(\boldsymbol{A}^{\mathrm{T}}-2\boldsymbol{E}^{\mathrm{T}})=(\boldsymbol{A}-2\boldsymbol{E})(\boldsymbol{A}-2\boldsymbol{E})\\&=\boldsymbol{A}^2-4\boldsymbol{A}+4\boldsymbol{E}=\boldsymbol{A}^2-4\boldsymbol{A}+3\boldsymbol{E}+\boldsymbol{E}=\boldsymbol{O}+\boldsymbol{E}=\boldsymbol{E}.\end{aligned}$$

故 $\boldsymbol{A}-2\boldsymbol{E}$ 为正交矩阵.

例 6 设 $\boldsymbol{A},\boldsymbol{B}$ 均是 n 阶正交矩阵,且$|\boldsymbol{A}|=-|\boldsymbol{B}|$,试求$|\boldsymbol{A}+\boldsymbol{B}|$.

解 因 $\boldsymbol{A},\boldsymbol{B}$ 为正交矩阵,故有 $\boldsymbol{AA}^{\mathrm{T}}=\boldsymbol{E}$,$\boldsymbol{B}^{\mathrm{T}}\boldsymbol{B}=\boldsymbol{E}$,且 $|\boldsymbol{A}|^2=|\boldsymbol{B}|^2=1$. 再利用 $|\boldsymbol{A}|=-|\boldsymbol{B}|$得

$$\begin{aligned}|\boldsymbol{A}+\boldsymbol{B}|&=|\boldsymbol{AA}^{\mathrm{T}}(\boldsymbol{A}+\boldsymbol{B})\boldsymbol{B}^{\mathrm{T}}\boldsymbol{B}|=|\boldsymbol{A}|\,|\boldsymbol{A}^{\mathrm{T}}(\boldsymbol{A}+\boldsymbol{B})\boldsymbol{B}^{\mathrm{T}}|\,|\boldsymbol{B}|\\&=|\boldsymbol{A}|\,|\boldsymbol{B}^{\mathrm{T}}+\boldsymbol{A}^{\mathrm{T}}|\,|\boldsymbol{B}|=-|\boldsymbol{A}|^2|\boldsymbol{A}+\boldsymbol{B}|=-|\boldsymbol{A}+\boldsymbol{B}|.\end{aligned}$$

故$|\boldsymbol{A}+\boldsymbol{B}|=0$.

例 7 写出下列二次型的矩阵

(1) $f(x_1,x_2,x_3,x_4)=x_1^2+3x_2^2-x_3^2+2x_1x_2+2x_1x_3-3x_2x_3$;

(2) $f(x_1,x_2,x_3)=[x_1,x_2,x_3]\begin{bmatrix}1&4&7\\1&4&5\\5&9&5\end{bmatrix}\begin{bmatrix}x_1\\x_2\\x_3\end{bmatrix}$.

解 (1)f 是一个 4 元二次型,其矩阵为 4 阶对称矩阵,虽然二次型表示式中某些变元不出现,在写二次型矩阵时仍要考虑这些变元,因此有 $f(x_1,x_2,x_3,x_4)=\boldsymbol{x}^{\mathrm{T}}\boldsymbol{Ax}$,其中 $\boldsymbol{x}=[x_1,x_2,x_3,x_4]^{\mathrm{T}}$,其矩阵 $\boldsymbol{A}$ 为 4 阶对称矩阵

$$\boldsymbol{A}=\begin{bmatrix}1&1&1&0\\1&3&-3/2&0\\1&-3/2&-1&0\\0&0&0&0\end{bmatrix}.$$

(2)所给二次型已经写成矩阵形式 $\boldsymbol{x}^{\mathrm{T}}\boldsymbol{A}\boldsymbol{x}$，但 $\boldsymbol{A}=\begin{bmatrix}1&4&7\\1&4&5\\5&9&5\end{bmatrix}$ 不是对称矩阵，因而不是该二次型的矩阵. 此时，将 $\boldsymbol{x}^{\mathrm{T}}\boldsymbol{A}\boldsymbol{x}$ 展开写成对称矩阵

$$\boldsymbol{A}=\begin{bmatrix}1&5/2&6\\5/2&4&7\\6&7&5\end{bmatrix}.$$

例 8 用配方法化二次型为标准型，并写出所用坐标变换

(1) $f(x_1,x_2,x_3)=2x_3^2-2x_1x_2+2x_1x_3-2x_2x_3$；

(2) $f(x_1,x_2,x_3)=x_1x_2+x_2x_3$

解 (1) $f=2(x_3^2+x_3(x_1-x_2))-2x_1x_2=2(x_3+\frac{1}{2}x_1-\frac{1}{2}x_2)^2-\frac{1}{2}(x_1-x_2)^2-2x_1x_2$

$$=2(x_3+\frac{1}{2}x_1-\frac{1}{2}x_2)^2-\frac{1}{2}(x_1+x_2)^2.$$

令 $\begin{cases}y_1=x_1,\\y_2=x_1+x_2,\\y_3=\frac{1}{2}x_1-\frac{1}{2}x_2+x_3,\end{cases}$ 即 $\boldsymbol{X}=\begin{bmatrix}1&0&0\\-1&1&0\\-1/2&1/2&1\end{bmatrix}\boldsymbol{Y}$，则 $f=-y_2^2/2+2y_3^2$ 为所求标准形.

(2)由于 $f(x_1,x_2,x_3)$ 中没有平方项，不能直接配方，观察二次型的特点，首先作线性变换 $\begin{cases}x_1=y_1+y_2;\\x_2=y_1-y_2;\\x_3=y_3.\end{cases}$ 则

$$f(x_1,x_2,x_3)=(y_1+y_2)(y_1-y_2)+(y_1-y_2)y_3=y_1^2-y_2^2+y_1y_3-y_2y_3.$$

再配方得

$$f(x_1,x_2,x_3)=\left(y_1^2+y_1y_3+\frac{1}{4}y_3^2\right)-\frac{1}{4}y_3^2-y_2^2-y_2y_3=\left(y_1+\frac{1}{2}y_3\right)^2-\left(y_2+\frac{1}{2}y_3\right)^2$$

令 $\begin{cases}z_1=y_1+y_3/2;\\z_2=y_2+y_3/2;\\z_3=y_3.\end{cases}$ 或 $\begin{cases}y_1=z_1-z_3/2;\\y_2=z_2-z_3/2;\\y_3=z_3.\end{cases}$ 得标准型为 $f=z_1^2-z_2^2$. 所用线性变换为

$$\begin{bmatrix}x_1\\x_2\\x_3\end{bmatrix}=\begin{bmatrix}1&1&0\\1&-1&0\\0&0&1\end{bmatrix}\begin{bmatrix}y_1\\y_2\\y_3\end{bmatrix}=\begin{bmatrix}1&1&0\\1&-1&0\\0&0&1\end{bmatrix}\begin{bmatrix}1&0&-1/2\\0&1&-1/2\\0&0&1\end{bmatrix}\begin{bmatrix}z_1\\z_2\\z_3\end{bmatrix}=\begin{bmatrix}1&1&-1\\1&-1&0\\0&0&1\end{bmatrix}\begin{bmatrix}z_1\\z_2\\z_3\end{bmatrix},$$

即 $$\begin{cases}x_1=z_1+z_2-z_3\\x_2=z_1-z_2\\x_3=z_3\end{cases}.$$

注意 用配方法化二次型为标准型的关键是消去非平方项并构造新平方项.分两种情况考虑:①含有平方项及非平方项的二次型,用完全平方公式化之.二次型含有某变量的平方,先集中含此变量的乘积项,然后配方,化成完全平方,每次只对一个变量配平方,余下的项中不应再出现这个变量,再对剩下的 $n-1$ 个变量同样进行,直到各项全部化成平方项为止.②二次型中没有平方项,只有非平方项,先用平方差公式,再用配方法化之.例如,若 $a_{ij}\neq 0(i\neq j)$,则作可逆线性变换 $x_i=y_i-y_j,x_j=y_i+y_j,x_k=y_k(k\neq i,j)$,化二次型为含平方项的二次项,再按①中配方法,化成标准型.

例 9 用合同变换化二次型为标准型

(1) $f(x_1,x_2,x_3)=2x_1x_2-2x_1x_3+2x_2x_3$;

(2) $f(x_1,x_2,x_3)=x_1^2+2x_2^2+5x_3^2+2x_1x_2+2x_1x_3+8x_2x_3$.

解 (1)写出 f 的对应矩阵 $\boldsymbol{A}$,对 $\begin{bmatrix}\boldsymbol{A}\\ \boldsymbol{E}\end{bmatrix}$ 作相同的初等行,列变换,化 $\boldsymbol{A}$ 为对角阵.

$$\begin{bmatrix}\boldsymbol{A}\\ \boldsymbol{E}\end{bmatrix}=\begin{bmatrix}0&1&-1\\1&0&1\\-1&1&0\\1&0&0\\0&1&0\\0&0&1\end{bmatrix}\to\begin{bmatrix}1&1&-1\\1&0&1\\0&1&0\\1&0&0\\1&1&0\\0&0&1\end{bmatrix}\to\begin{bmatrix}2&1&0\\1&0&1\\0&1&0\\1&0&0\\1&1&0\\0&0&1\end{bmatrix}\to\begin{bmatrix}2&0&0\\1&-1/2&1\\0&1&0\\1&-1/2&0\\1&1/2&0\\0&0&1\end{bmatrix}$$

$$\to\begin{bmatrix}2&0&0\\0&-1/2&1\\0&1&0\\1&-1/2&0\\1&1/2&0\\0&0&1\end{bmatrix}\to\begin{bmatrix}2&0&0\\0&-1/2&0\\0&1&2\\1&-1/2&-1\\1&1/2&1\\0&0&1\end{bmatrix}\to\begin{bmatrix}2&0&0\\0&-1/2&0\\0&0&2\\1&-1/2&-1\\1&1/2&1\\0&0&1\end{bmatrix}.$$

可见,经过坐标变换 $\boldsymbol{x}=\boldsymbol{P}\boldsymbol{y}$,则标准型为 $f(x_1,x_2,x_3)=2y_1^2-\frac{1}{2}y_2^2+2y_3^2$.其中

$$\boldsymbol{P}=\begin{bmatrix}1&-1/2&-1\\1&1/2&1\\0&0&1\end{bmatrix}.$$

(2)写出 f 的对应矩阵 $\boldsymbol{A}$,对 $\begin{bmatrix}\boldsymbol{A}\\ \boldsymbol{E}\end{bmatrix}$ 作相同的初等行、列变换,化 $\boldsymbol{A}$ 为对角阵.

$$\begin{bmatrix}\boldsymbol{A}\\ \boldsymbol{E}\end{bmatrix}=\begin{bmatrix}1&1&1\\1&2&4\\1&4&5\\1&0&0\\0&1&0\\0&0&1\end{bmatrix}\to\begin{bmatrix}1&0&0\\1&1&3\\1&3&4\\1&-1&-1\\0&1&0\\0&0&1\end{bmatrix}\to\begin{bmatrix}1&0&0\\0&1&3\\0&3&4\\1&-1&-1\\0&1&0\\0&0&1\end{bmatrix}\to\begin{bmatrix}1&0&0\\0&1&0\\0&3&-5\\1&-1&2\\0&1&-3\\0&0&1\end{bmatrix}$$

$$\rightarrow\begin{bmatrix}1&0&0\\0&1&0\\0&0&-5\\1&-1&2\\0&1&-3\\0&0&1\end{bmatrix}\rightarrow\begin{bmatrix}\boldsymbol{\Lambda}\\\boldsymbol{P}\end{bmatrix},\qquad \boldsymbol{P}=\begin{bmatrix}1&-1&2\\0&1&-3\\0&0&1\end{bmatrix},\boldsymbol{\Lambda}=\begin{bmatrix}1&0&0\\0&1&0\\0&0&-5\end{bmatrix}.$$

故标准型为 $f(x_1,x_2,x_3)=y_1^2+y_2^2-5y_3^2$.

注意 化 f 为标准型所使用的合同变换不唯一,因而 $\boldsymbol{P}$ 及 $\boldsymbol{\Lambda}$ 也不唯一.可用 $\boldsymbol{A},\boldsymbol{P},\boldsymbol{\Lambda}$ 三者关系来检验,如果 $\boldsymbol{P}^{\mathrm{T}}\boldsymbol{AP}=\boldsymbol{\Lambda}$,计算正确,否则计算有误.

例 10 用正交变换法化 $f(x_1,x_2,x_3)=x_1^2+4x_2^2+4x_3^2-4x_1x_2+4x_1x_3-8x_2x_3$ 为标准形.

解 二次型的矩阵为 $\boldsymbol{A}=\begin{bmatrix}1&-2&2\\-2&4&-4\\2&-4&4\end{bmatrix}$.

由于 $r(\boldsymbol{A})=1$,得 $|\lambda\boldsymbol{E}-\boldsymbol{A}|=\lambda^3-\sum a_{ii}\lambda^2=\lambda^2(\lambda-9)$,则 $\boldsymbol{A}$ 的特征值为 $\lambda_1=\lambda_2=0,\lambda_3=9$. 对于 $\boldsymbol{x}=\boldsymbol{0}$ 时,由 $(0\boldsymbol{E}-\boldsymbol{A})\boldsymbol{x}=\boldsymbol{0}$,得特征向量 $\boldsymbol{\xi}_1=(2,1,0)^{\mathrm{T}},\boldsymbol{\xi}_2=(-2,0,1)^{\mathrm{T}}$.

对于 $\lambda=9$ 时,由 $(9\boldsymbol{E}-\boldsymbol{A})\boldsymbol{x}=\boldsymbol{0}$, 得特征向量 $\boldsymbol{\xi}_3=(1,-2,2)^{\mathrm{T}}$.

将 $\boldsymbol{\xi}_1,\boldsymbol{\xi}_2$,正交化有

$$\boldsymbol{\beta}_1=\boldsymbol{\xi}_1,\boldsymbol{\beta}_2=\boldsymbol{\xi}_2-\frac{(\boldsymbol{\xi}_2,\boldsymbol{\beta}_1)}{(\boldsymbol{\beta}_1,\boldsymbol{\beta}_1)}\boldsymbol{\beta}_1=\frac{1}{5}\begin{bmatrix}-2\\4\\5\end{bmatrix},$$

再单位化有

$$\boldsymbol{\eta}_1=\frac{\boldsymbol{\xi}_1}{|\boldsymbol{\xi}_1|}=\frac{1}{\sqrt{5}}\begin{bmatrix}2\\1\\0\end{bmatrix},\boldsymbol{\eta}_2=\frac{\boldsymbol{\beta}_2}{|\boldsymbol{\beta}_2|}=\frac{1}{3\sqrt{5}}\begin{bmatrix}-2\\4\\5\end{bmatrix},\boldsymbol{\eta}_3=\frac{\boldsymbol{\xi}_3}{|\boldsymbol{\xi}_3|}=\frac{1}{3}\begin{bmatrix}1\\-2\\2\end{bmatrix}.$$

令 $\boldsymbol{P}=(\boldsymbol{\eta}_1,\boldsymbol{\eta}_2,\boldsymbol{\eta}_3)=\begin{bmatrix}2/\sqrt{5}&-2/3\sqrt{5}&1/3\\1/\sqrt{5}&4/3\sqrt{5}&-2/3\\0&\sqrt{5}/3&2/3\end{bmatrix}$,则 $\boldsymbol{P}$ 是正交矩阵. 且 $\boldsymbol{P}^{-1}\boldsymbol{AP}=\begin{bmatrix}0&&\\&0&\\&&9\end{bmatrix}$.

即经过正交变换 $\boldsymbol{x}=\boldsymbol{Py}$ 二次型化为标准型 $f(x_1,x_2,x_3)=9y_3^2$.

例 11 设 $\boldsymbol{A}=\begin{bmatrix}2&1&0&0\\1&2&0&0\\0&0&0&1\\0&0&1&0\end{bmatrix}$,求正交矩阵 $\boldsymbol{Q}$,使 $\boldsymbol{Q}^{\mathrm{T}}\boldsymbol{AQ}$ 为对角阵,并写出这个对角阵.

解 将矩阵 $\boldsymbol{A}$ 化为分块对角阵. 令 $\boldsymbol{A}=\begin{bmatrix}\boldsymbol{A}_1&\boldsymbol{O}\\\boldsymbol{O}&\boldsymbol{A}_2\end{bmatrix}$,其中 $\boldsymbol{A}_1=\begin{bmatrix}2&1\\1&2\end{bmatrix},\boldsymbol{A}_2=\begin{bmatrix}0&1\\1&0\end{bmatrix}$. 先分别求出化 $\boldsymbol{A}_1,\boldsymbol{A}_2$ 为对角阵的正交矩阵 $\boldsymbol{Q}_1,\boldsymbol{Q}_2$

由$|\lambda E-A_1|=(\lambda-1)(\lambda-3)$，得特征值为$\lambda_1=1,\lambda_2=3$.

解$(\lambda_1 E-A)x=0$，得其基础解系$\alpha_1=[1,-1]^T$，单位化得$\beta_1=[1/\sqrt{2},-1/\sqrt{2}]^T$.

解$(\lambda_2 E-A)x=0$，得其基础解系$\alpha_2=[1,1]^T$，单位化得$\beta_2=[1/\sqrt{2},1/\sqrt{2}]^T$. 故所求的正交矩阵$Q_1=[\beta_1,\beta_2]$.

下求Q_2. 由$|\lambda E-A_2|=\lambda^2-1$，得其特征值为$\lambda_3=-1,\lambda_4=1$.

解$(\lambda_3 E-A)x=0$，得其基础解系$\alpha_3=[1,-1]^T=\alpha_1$，单位化得$\beta_3=\beta_1$.

解$(\lambda_4 E-A)x=0$，得其基础解系$\alpha_4=[1,1]^T=\alpha_2$，单位化得$\beta_4=\beta_2$. 于是所求的正交阵$Q_2=[\beta_3,\beta_4]=[\beta_1,\beta_2]$.

令$Q=\begin{bmatrix}Q_1 & O\\ O & Q_2\end{bmatrix}$，则$Q$为所求的正交阵. 易验证有$Q^TAQ=\mathrm{diag}(1,3,-1,1)$.

例 12 设A,B为n阶正定矩阵，证明BAB也为正定矩阵.

证 B正定，故B为实对称矩阵，从而$BAB=B^TAB$，于是$BAB=B^TAB$为对称阵. 又$|B|\neq 0$，作可逆线性变换$y=Bx$，则由$x\neq 0$时，有$y\neq 0$. 于是由A正定，得到

$$x^TB^TABx=(Bx)^TA(Bx)=y^TAy>0.$$

故实二次型x^TB^TABx正定，从而BAB为正定矩阵.

例 13 设U为可逆实矩阵，$A=U^TU$，证明$f=x^TAx$为正定二次型.

证 因U可逆，故$Ux=0$只有零解，因而当$x\neq 0$时，x不是$Ux=0$的解，即$Ux\neq 0$. 又因U为实矩阵，故对任意$x\neq 0$时，有

$$f=x^TAx=x^TU^TUx=(Ux)^T(Ux)>0.$$

由定义知，f为正定二次型.

例 14 若A,B是n阶正定矩阵，则$A+B$也是正定矩阵.

证 (1)因$A^T=A,B^T=B$，故$(A+B)^T=A^T+B^T=A+B$，即$A+B$是实对称矩阵.

(2)因A,B正定，故对任一实n维列向量$x\neq 0$，均有$x^TAx>0,x^TBx>0$，从而$x^T(A+B)x=x^TAx+x^TBx>0$，即$A+B$为正定矩阵.

例 15 设A为$m\times n$实矩阵，且秩$(A)=n$，证明A^TA正定.

证法一 (1)因$(A^TA)^T=A^TA$，故A^TA为实对称矩阵；

(2)下证对任意$x\neq 0$，恒有$f=x^TAx>0$.

令$A=[\alpha_1,\alpha_2,\cdots,\alpha_n]$，其中$\alpha_i$为$A$的列向量，则

$$Ax=[\alpha_1,\alpha_2,\cdots,\alpha_n][x_1x_2\cdots x_n]^T=x_1\alpha_1+x_2\alpha_2+\cdots+x_n\alpha_n.$$

因秩$(A)=n$，故$\alpha_1,\alpha_2,\cdots,\alpha_n$线性无关. 根据线性无关的定义，对任一组不全为0的数$x_1,x_2,\cdots,x_n$，即任一$x\neq 0$，有$Ax=x_1\alpha_1+x_2\alpha_2+\cdots+x_n\alpha_n\neq 0$，从而

$$f=x^TA^TAx=(Ax)^T(Ax)>0,$$

即$f=x^TA^TAx$为正定二次型，A^TA为正定矩阵.

证法二 因秩$(A)=n$，A为$m\times n$矩阵，故$Ax=0$只有零解，于是对任意$x\neq 0$，x不是$Ax=0$的解，从而$Ax\neq 0$. 又A为实矩阵，所以对任意$x\neq 0$，有

$$x^T(A^TA)x=(Ax)^T(Ax)>0.$$

由定义知，$x^T(A^TA)x$ 为正定二次型，A^TA 为正定矩阵.

例 16 设 A 为正定矩阵，则 A^{-1} 也为正定矩阵.

证 因 A 正定，故 $A^T=A$，因而 $(A^{-1})^T=(A^T)^{-1}=A^{-1}$，即 A^{-1} 为实对称矩阵.

又因 A 正定，故存在可逆阵 P_1，使 $P_1^TAP_1=E$. 等式两边求逆，得 $P_1^{-1}A^{-1}(P_1^T)^{-1}=E$. 令 $(P_1^T)^{-1}=P$，则 P 为可逆矩阵，且使 $P^TA^{-1}P=E$，故 A^{-1} 正定.

例 17 如果 C 是可逆矩阵，A 是正定矩阵，证明 CAC^T 也是正定矩阵.

证 显然 CAC^T 是对称矩阵. 因 C^T 是可逆矩阵，且 $B=CAC^T=(C^T)^TA(C^T)$，因而 B 与 A 合同. 又因 A 是正定矩阵，故 A 与 E 合同. 于是由合同的传递性知 B 与 E 合同，从而 $B=CAC^T$ 是正定矩阵.

例 18 A 为正定阵，则 A^* 也为正定阵.

证法一 A 为正定，由例 17 知 A^{-1} 也正定，故存在实满秩矩阵 B，使 $A^{-1}=B^TB$. 又因 A 正定，故 $|A|>0$，从而 $\sqrt{|A|}$ 仍为实数，于是有 $A^*=|A|A^{-1}=|A|B^TB=(\sqrt{|A|}B)^T(\sqrt{|A|}B)$. 令 $\sqrt{|A|}B=C$，则 $A^*=C^TC$，C 为可逆阵. 下证 A^* 为实对称矩阵.

由 A 为正定阵，知 A 可逆且为实对称矩阵，于是有

$$(A^*)^T=(|A|A^{-1})^T=|A|(A^{-1})^T=|A|(A^T)^{-1}=|A|A^{-1}=A^*.$$

故 A^* 为实对称矩阵，因而 A^* 为正定阵.

证法二 A^* 为实对称矩阵，对任意非零向量 x，有

$$x^TA^*x=x^T|A|A^{-1}x=|A|x^TA^{-1}x,$$

因 A 正定，故 $|A|>0$；又 A^{-1} 也正定，故 $x^TA^*x>0$.

证法三 因 A^{-1} 为正定，故存在可逆阵 P_1，使 $P_1^TA^{-1}P_1=E$，两边乘以 $|A|$，得

$$P_1^T|A|A^{-1}P_1=P_1^TA^*P_1=|A|E.$$

因 A 正定，$|A|>0$，$\sqrt{|A|}$ 为实数，故 $[(1/\sqrt{|A|})P_1]^TA^*[(1/\sqrt{|A|})P_1]=E$.

令 $P=P_1/(\sqrt{|A|})$，则 P 为可逆阵，故 A^* 与 E 合同.

证法四 设 A 的特征值为 $\lambda_1,\lambda_2,\cdots,\lambda_n$. 因 A 正定，故 $\lambda_i>0(i=1,2,\cdots,n)$，且 $|A|>0$，而 A^* 的特征值为 $|A|/\lambda_i(i=1,2,\cdots,n)$，故 A^* 的所有特征值 $|A|/\lambda_i>0(i=1,2,\cdots,n)$. 所以 A^* 为正定阵.

例 19 设 A 为 n 阶实对称矩阵，且满足 $A^3-5A^2+A-5E=O$，证明 A 正定.

证 设 λ 为 A 的任一特征值，且 $A\alpha=\lambda\alpha$，α 为其对应特征向量. 下证 $\lambda>0$. 由所给矩阵等式得 $(A^3-5A^2+A-5E)\alpha=(\lambda^3-5\lambda^2+\lambda-5)\alpha=0$.

因 $\alpha\neq 0$，故 $\lambda^3-5\lambda^2+\lambda-5=\lambda^2(\lambda-5)+(\lambda-5)=(\lambda-5)(\lambda^2+1)=0$. 从而 $\lambda=5$ 或 $\lambda=\pm\sqrt{-1}=\pm i$. 因 A 为实对称矩阵，故其特征值全部为实数，因 $\lambda=5>0$，所以 A 为正定矩阵.

例 20 设 A 为正定矩阵，证明(1) A^m (m 为正整数)为正定阵；(2) $g(x)=a_mx^m+a_{m-1}x^{m-1}+\cdots+a_1x+a_0$，其中 $a_i\geqslant 0$，且至少有一为正，则 $g(A)$ 为正定矩阵.

证 (1)因 A 为正定矩阵，其特征值 $\lambda_i>0$，而 A^m 的特征值为 $\lambda_i^m(i=1,2,\cdots,n)$，故全为

正；又 $\boldsymbol{A}$ 为实对称，显然 $\boldsymbol{A}^m$ 为实对称，故 $\boldsymbol{A}^m$ 为正定阵.

(2)$\boldsymbol{A}$ 为实对称，$g(\boldsymbol{A})$ 也为实对称，又因 $g(\boldsymbol{A})$ 的全部特征值 $g(\lambda_1),\cdots,g(\lambda_n)$ 由题设知全为正，故 $g(\boldsymbol{A})$ 为正定矩阵.

例 21 t 取何值时，下列二次型为正定二次型

(1) $f(x_1,x_2,x_3)=x_1^2+x_2^2+5x_3^2+2tx_1x_2-2x_1x_3+4x_2x_3$；

(2) $f(x_1,x_2,x_3)=x_1^2+x_2^2+x_3^2+2x_1x_2+2tx_2x_3$.

解 (1)f 的矩阵为 $\boldsymbol{A}=\begin{bmatrix}1&t&-1\\t&1&2\\-1&2&5\end{bmatrix}$，$f$ 为正定的充要条件是

$$1>0,\begin{bmatrix}1&t\\t&1\end{bmatrix}=1-t^2>0,\quad |\boldsymbol{A}|=-5t^2-4t>0.$$

解不等式组 $\begin{cases}1-t^2>0;\\-5t^2-4t>0.\end{cases}$ 得 $-\dfrac{4}{5}<t<0$ 时 f 为正定二次型.

(2)f 的矩阵 $\boldsymbol{A}=\begin{bmatrix}1&1&0\\1&1&t\\0&t&1\end{bmatrix}$，由于 $\boldsymbol{A}$ 的二阶顺序主子式 $\begin{vmatrix}1&1\\1&1\end{vmatrix}=0$，故不论 t 为何值，f 都不是正定二次型.

例 22 已知两个正交单位向量 $\boldsymbol{\eta}_1=[1/9,-8/9,-4/9]^{\mathrm{T}}$，$\boldsymbol{\eta}_2=[-8/9,1/9,-4/9]^{\mathrm{T}}$. 试求列向量 $\boldsymbol{\eta}_3$ 使得以 $\boldsymbol{\eta}_1,\boldsymbol{\eta}_2,\boldsymbol{\eta}_3$ 为列向量组成的矩阵 $\boldsymbol{Q}$ 是正交矩阵.

解 由题设有 $\boldsymbol{Q}=[\boldsymbol{\eta}_1,\boldsymbol{\eta}_2,\boldsymbol{\eta}_3]$，且 $\boldsymbol{\eta}_i\boldsymbol{\eta}_j=\boldsymbol{0}(i,j=1,2,3,i\neq j)$，且 $|\boldsymbol{\eta}_i|=1(i=1,2,3)$，即 $\boldsymbol{Q}$ 的列向量是两两正交的单位向量，故所求的 $\boldsymbol{\eta}_3$ 应满足 $\boldsymbol{\eta}_1\cdot\boldsymbol{\eta}_3=\boldsymbol{\eta}_2\cdot\boldsymbol{\eta}_3=\boldsymbol{0}$，且 $|\boldsymbol{\eta}_3|=1$.

设 $\boldsymbol{\eta}_3=[x_1,x_2,x_3]^{\mathrm{T}}$，由 $\boldsymbol{\eta}_1\cdot\boldsymbol{\eta}_3=\boldsymbol{\eta}_2\cdot\boldsymbol{\eta}_3=\boldsymbol{0}$ 得

$$\begin{cases}(1/9)x_1-(8/9)x_2-(4/9)x_3=0;\\(-8/9)x_1+(1/9)x_2-(4/9)x_3=0.\end{cases}$$

解得 $x_1=-4x_3/7$，$x_2=-4x_3/7$. 将其代入 $|\boldsymbol{\eta}_3|^2=x_1^2+x_2^2+x_3^2=1$ 得 $x_3=\pm 7/9$. 于是所求列向量为 $\boldsymbol{\eta}_3=[-4/9,-4/9,7/9]^{\mathrm{T}}$，或 $\tilde{\boldsymbol{\eta}}_3=[4/9,4/9,-7/9]^{\mathrm{T}}$. 这时 $\boldsymbol{Q}=[\boldsymbol{\eta}_1,\boldsymbol{\eta}_2,\boldsymbol{\eta}_3]$ 及 $\tilde{\boldsymbol{Q}}=[\boldsymbol{\eta}_1,\boldsymbol{\eta}_2,\tilde{\boldsymbol{\eta}}_3]$ 均为正交阵.

例 23 a,b,c 为何值时，下列矩阵 $\boldsymbol{A}$ 为正交矩阵

$$\boldsymbol{A}=\begin{bmatrix}1/\sqrt{2}&a&0\\0&0&1\\b&c&0\end{bmatrix}.$$

解 根据正交矩阵的定义，由第 1 列向量长度等于 1，即由 $(1/\sqrt{2})^2+b^2=1$ 推出 $b=\pm(1/\sqrt{2})$；再由第 1、3 两行行向量长度等于 1，即由 $(1/\sqrt{2})^2+a^2=1$ 与 $b^2+c^2=1$，分别推出 $a=\pm(1/\sqrt{2})$；$c=\pm(1/\sqrt{2})$. 由列(或行)的正交性，可确定 a,b,c 的符号.

由第 1,2 列正交，得 $(1/\sqrt{2})a=-bc$，故当 $a=1/\sqrt{2}>0$ 时，b,c 异号，因而

$$b=\pm 1/\sqrt{2}, c=\mp(1/\sqrt{2}),$$

当 $a=-1/\sqrt{2}<0$ 时,b,c 同号,因而 $b=\pm 1/\sqrt{2}, c=\pm 1/(\sqrt{2})$,因此,相应的正交矩阵为下列 4 个:

$$\begin{bmatrix} 1/\sqrt{2} & 1/\sqrt{2} & 0 \\ 0 & 0 & 1 \\ 1/\sqrt{2} & -1/\sqrt{2} & 0 \end{bmatrix}, \begin{bmatrix} 1/\sqrt{2} & 1/\sqrt{2} & 0 \\ 0 & 0 & 1 \\ -1/\sqrt{2} & 1/\sqrt{2} & 0 \end{bmatrix}, \begin{bmatrix} 1/\sqrt{2} & -1/\sqrt{2} & 0 \\ 0 & 0 & 1 \\ 1/\sqrt{2} & 1/\sqrt{2} & 0 \end{bmatrix}, \begin{bmatrix} 1/\sqrt{2} & -1/\sqrt{2} & 0 \\ 0 & 0 & 1 \\ -1/\sqrt{2} & -1/\sqrt{2} & 0 \end{bmatrix}.$$

例 24 若 $\boldsymbol{A}$ 为正交矩阵,则 $\boldsymbol{A}^*$ 也是正交矩阵.

证 $\boldsymbol{A}$ 为正交矩阵,则 $\boldsymbol{A}^{\mathrm{T}}\boldsymbol{A}=\boldsymbol{A}\boldsymbol{A}^{\mathrm{T}}=\boldsymbol{E}, |\boldsymbol{A}|^2=1, \boldsymbol{A}^{-1}=\boldsymbol{A}^{\mathrm{T}}$. 又 $\boldsymbol{A}^*=|\boldsymbol{A}|\boldsymbol{A}^{-1}$,故

$$\boldsymbol{A}^*(\boldsymbol{A}^*)^{\mathrm{T}}=|\boldsymbol{A}|\boldsymbol{A}^{-1}(|\boldsymbol{A}|\boldsymbol{A}^{-1})^{\mathrm{T}}=|\boldsymbol{A}|^2\boldsymbol{A}^{-1}(\boldsymbol{A}^{-1})^{\mathrm{T}}=\boldsymbol{A}^{\mathrm{T}}\boldsymbol{A}=\boldsymbol{E}.$$

例 25 设 $|\boldsymbol{A}|=1$,证明 $\boldsymbol{A}$ 是正交阵的充要条件是 $\boldsymbol{A}=(\boldsymbol{A}^{\mathrm{T}})^*$.

证 因 $|\boldsymbol{A}|=1$,故 $|\boldsymbol{A}^{\mathrm{T}}|=1$,所以 $(\boldsymbol{A}^{\mathrm{T}})(\boldsymbol{A}^{\mathrm{T}})^*=(\boldsymbol{A}^{\mathrm{T}})^*\boldsymbol{A}^{\mathrm{T}}=\boldsymbol{E}$. 因而 $(\boldsymbol{A}^{\mathrm{T}})^{-1}=(\boldsymbol{A}^{\mathrm{T}})^*$. 于是有 $\boldsymbol{A}$ 是正交阵 $\Leftrightarrow \boldsymbol{A}\boldsymbol{A}^{\mathrm{T}}=\boldsymbol{A}^{\mathrm{T}}\boldsymbol{A}=\boldsymbol{E} \Leftrightarrow \boldsymbol{A}=(\boldsymbol{A}^{\mathrm{T}})^{-1} \Leftrightarrow \boldsymbol{A}=(\boldsymbol{A}^{\mathrm{T}})^*$.

例 26 若矩阵 $\boldsymbol{A},\boldsymbol{B}$ 都是 n 阶正交阵,证明分块矩阵 $\begin{bmatrix} \boldsymbol{A} & \boldsymbol{O} \\ \boldsymbol{O} & \boldsymbol{B} \end{bmatrix}$ 也是正交矩阵.

证 因 $\boldsymbol{A},\boldsymbol{B}$ 为正交阵,故 $\boldsymbol{A}^{\mathrm{T}}=\boldsymbol{A}^{-1}, \boldsymbol{B}^{\mathrm{T}}=\boldsymbol{B}^{-1}$,所以

$$\begin{bmatrix} \boldsymbol{A} & \boldsymbol{O} \\ \boldsymbol{O} & \boldsymbol{B} \end{bmatrix}^{\mathrm{T}}=\begin{bmatrix} \boldsymbol{A}^{\mathrm{T}} & \boldsymbol{O} \\ \boldsymbol{O} & \boldsymbol{B}^{\mathrm{T}} \end{bmatrix}=\begin{bmatrix} \boldsymbol{A}^{-1} & \boldsymbol{O} \\ \boldsymbol{O} & \boldsymbol{B}^{-1} \end{bmatrix}=\begin{bmatrix} \boldsymbol{A} & \boldsymbol{O} \\ \boldsymbol{O} & \boldsymbol{B} \end{bmatrix}^{-1}.$$

自测题

一、填空题

(1)已知二次型 $f(x_1,x_2,x_3)=5x_1^2+5x_2^2+cx_3^2-2x_1x_2+6x_1x_3-6x_2x_3$ 的秩为 2,则 $c=$________.

(2)已知三阶方阵 $\boldsymbol{A}=\boldsymbol{\alpha}\boldsymbol{\alpha}^{\mathrm{T}}+\boldsymbol{\beta}\boldsymbol{\beta}^{\mathrm{T}}+\boldsymbol{\gamma}\boldsymbol{\gamma}^{\mathrm{T}}$,其中 $\boldsymbol{\alpha},\boldsymbol{\beta},\boldsymbol{\gamma}$ 为两两正交的单位列向量,则 $\boldsymbol{A}=$________.

(3)设二次型 $f(x_1,x_2,x_3)=\boldsymbol{x}^{\mathrm{T}}\begin{bmatrix} 3 & 0 & 0 \\ 0 & t & 1 \\ 0 & 1 & t^2 \end{bmatrix}\boldsymbol{x}$ 是正定的,则 t 应满足的条件是________.

(4)设二次型 $f(x_1,x_2,x_3,x_4)=-(x_1+2x_2+x_3)^2+(x_1+x_2+2x_4)^2$,则 f 的正惯性指数 $p=$________,负惯性指数 $q=$________,f 的秩是________,符号差是________.

(5)设二次型 $f(x_1,x_2,x_3)=x_1^2+ax_2^2+x_3^2+2x_1x_2-2x_2x_3-2ax_1x_3$ 的正惯性指数和负惯性指数全为 1,则 $a=$________.

(6)四元二次型 $\boldsymbol{x}^{\mathrm{T}}\boldsymbol{A}\boldsymbol{x}$ 经正交变换化为标准型 $y_1^2+3y_2^2+4y_3^2$,$\boldsymbol{A}$ 的最小特征值为________.

(7)$\boldsymbol{A}$ 是实对称阵 $\boldsymbol{A}^3+7\boldsymbol{A}^2+16\boldsymbol{A}+10\boldsymbol{E}=\boldsymbol{O}$，$\boldsymbol{x}^{\mathrm{T}}\boldsymbol{A}\boldsymbol{x}$ 经正交变换标准型是________.

(8)若实对称矩阵 $\boldsymbol{A}$ 与矩阵 $\boldsymbol{B}=\begin{bmatrix}2&0&0\\0&0&1\\0&1&0\end{bmatrix}$ 合同，则二次型 $\boldsymbol{x}^{\mathrm{T}}\boldsymbol{A}\boldsymbol{x}$ 的规范型是________.

二、选择题

(1)已知 $\boldsymbol{A}=\begin{bmatrix}1&2&-1\\a+b&5&0\\-1&0&c\end{bmatrix}$ 是正定矩阵，则(　　).

(A)$a=1,b=2,c=1$；　　(B)$a=1,b=1,c=-1$；

(C)$a=3,b=-1,c=2$；　　(D)$a=-1,b=3,c=8$.

(2)实二次型 $f(x_1,x_2,\cdots,x_n)=\boldsymbol{x}^{\mathrm{T}}\boldsymbol{A}\boldsymbol{x}$ 为正定二次型的充要条件是(　　).

(A)负惯性指数全为 0；

(B)存在 n 阶矩阵 $\boldsymbol{T}$，使得 $\boldsymbol{A}=\boldsymbol{T}^{\mathrm{T}}\boldsymbol{T}$；

(C)$|\boldsymbol{A}|>0$；

(D)对任意向量 $\boldsymbol{x}=(x_1,x_2,\cdots,x_n)\neq\boldsymbol{0}$，均有 $\boldsymbol{x}^{\mathrm{T}}\boldsymbol{A}\boldsymbol{x}>0$.

(3)n 阶矩阵 $\boldsymbol{A}$ 正定的充分必要条件是(　　).

(A)$a_{ii}>0$(对角线元素)；

(B)$\boldsymbol{A}$ 的特征值全大于 0；

(C)存在 n 维列向量 $\boldsymbol{\alpha}\neq\boldsymbol{0}$，使得 $\boldsymbol{\alpha}^{\mathrm{T}}\boldsymbol{A}\boldsymbol{\alpha}>0$；

(D)存在 n 阶实矩阵 $\boldsymbol{C}$，使得 $\boldsymbol{A}=\boldsymbol{C}^{\mathrm{T}}\boldsymbol{C}$.

(4)设 $\boldsymbol{A}=\begin{bmatrix}3-k&2&2\\2&1&1\\2&1&k+1\end{bmatrix}$，则有(　　).

(A)$k<3$ 时，$\boldsymbol{A}$ 正定；　　(B)$k<1$ 时，$\boldsymbol{A}$ 正定；

(C)$0<k<1$ 时，$\boldsymbol{A}$ 正定；　　(D)无论 k 为何值，$\boldsymbol{A}$ 都不正定.

(5)n 元二次型 $\boldsymbol{x}^{\mathrm{T}}\boldsymbol{A}\boldsymbol{x}$ 是正定的充分必要条件是(　　).

(A)$|\boldsymbol{A}|>0$；　　(B)存在 n 维非零向量 $\boldsymbol{x}$，使得 $\boldsymbol{x}^{\mathrm{T}}\boldsymbol{A}\boldsymbol{x}>0$；

(C)f 的正惯性指数 $p=n$；　　(D)f 的负惯性指数 $q=0$.

(6)设 $\boldsymbol{A}$ 为 n 阶正定矩阵，如果矩阵 $\boldsymbol{B}$ 与矩阵 $\boldsymbol{A}$ 相似，则 $\boldsymbol{B}$ 必是(　　).

(A)实对称矩阵；　　(B)正交矩阵；

(C)可逆矩阵；　　(D)$\boldsymbol{B}$ 可为非正定矩阵.

(7)n 阶实对称矩阵 $\boldsymbol{A}$ 正定的充分必要条件是(　　).

(A)$r(\boldsymbol{A})=n$；　　(B)$\boldsymbol{A}$ 的所有特征值为非负；

(C)$\boldsymbol{A}^*$ 是正定的；　　(D)$\boldsymbol{A}^{-1}$ 是正定.

(8)矩阵 $\boldsymbol{A}=\begin{bmatrix}a&b+3&0\\a-1&a&0\\0&0&2\end{bmatrix}$ 为正定矩阵，则 a 必满足(　　).

(A)$a>2$；　　(B)$a<1/2$；　　(C)$a>1/2$；　　(D)与 b 有关，不能确定.

三、计算与证明题

(1)已知三元二次型 $\boldsymbol{x}^{\mathrm{T}}\boldsymbol{A}\boldsymbol{x}$ 经过正交变换化为 $2y_1^2-y_2^2-y_3^2$,又已知 $\boldsymbol{A}^*\boldsymbol{\alpha}=\boldsymbol{\alpha}$,其中 $\boldsymbol{\alpha}=(1,1,-1)^{\mathrm{T}}$,求此二次型的表达式.

(2)已知 $\boldsymbol{A}$ 是 n 阶实对称可逆矩阵,$\lambda_1,\lambda_2,\cdots,\lambda_n$ 是其特征值,求二次型 $\boldsymbol{P}^{\mathrm{T}}\boldsymbol{B}\boldsymbol{P}=\boldsymbol{P}^{\mathrm{T}}\begin{bmatrix}\boldsymbol{O} & \boldsymbol{A}\\ \boldsymbol{A} & \boldsymbol{O}\end{bmatrix}\boldsymbol{P}$的标准型及正负惯性指数.

(3)已知 $\boldsymbol{A}$ 是 $m\times n$ 矩阵,且 $n<m$,若非齐次线性方程组 $\boldsymbol{A}\boldsymbol{x}=\boldsymbol{b}$ 有唯一解,求二次型 $\boldsymbol{x}^{\mathrm{T}}\boldsymbol{A}^{\mathrm{T}}\boldsymbol{A}\boldsymbol{x}$的正惯性指数和负惯性指数.

(4)已知 n 元实二次型 $f=\boldsymbol{x}^{\mathrm{T}}\boldsymbol{A}\boldsymbol{x}$,其中 $\boldsymbol{x}=(x_1,x_2,\cdots,x_n)^{\mathrm{T}}$,证明 f 在条件 $x_1^2+x_2^2+\cdots+x_n^2=1$ 下的最大值恰为矩阵 $\boldsymbol{A}$ 的最大特征值.

(5)设 $\boldsymbol{A}$ 和 $\boldsymbol{B}$ 都是 $m\times n$ 实矩阵,并且 $r(\boldsymbol{A}+\boldsymbol{B})=n$,证明 $\boldsymbol{A}^{\mathrm{T}}\boldsymbol{A}+\boldsymbol{B}^{\mathrm{T}}\boldsymbol{B}$ 是正定矩阵.

(6)设 $\boldsymbol{A}$ 为 $m\times n$ 实矩阵,$\boldsymbol{B}=\lambda\boldsymbol{E}+\boldsymbol{A}^{\mathrm{T}}\boldsymbol{A}$,试证当 $\lambda>0$ 时,矩阵 $\boldsymbol{B}$ 为正定矩阵.

自测题参考答案

一、填空题

解 (1)$f(x_1,x_2,x_3)$的二次型矩阵为 $\boldsymbol{A}=\begin{bmatrix}5 & -1 & 3\\ -1 & 5 & -3\\ 3 & -3 & c\end{bmatrix}$,由于二次型的秩等于二次型矩阵的秩,故 $r(\boldsymbol{A})=2$. 由

$$|\boldsymbol{A}|=\begin{vmatrix}5 & -1 & 3\\ -1 & 5 & -3\\ 3 & -3 & c\end{vmatrix}=\begin{vmatrix}0 & 24 & -12\\ -1 & 5 & -3\\ 0 & 12 & c-9\end{vmatrix}=24(c-9)+144=0,$$

得 $c=3$.

(2)设 $\boldsymbol{B}=(\boldsymbol{\alpha},\boldsymbol{\beta},\boldsymbol{\gamma})$,由 $\boldsymbol{\alpha},\boldsymbol{\beta},\boldsymbol{\gamma}$ 为两两正交的单位列向量,故 $\boldsymbol{B}$ 为正交矩阵,从而有 $\boldsymbol{B}\boldsymbol{B}^{\mathrm{T}}=\boldsymbol{E}$,而 $\boldsymbol{A}=\boldsymbol{B}\boldsymbol{B}^{\mathrm{T}}$,故 $\boldsymbol{A}=\boldsymbol{E}$.

(3)二次型矩阵的顺序主子式分别为 $|\boldsymbol{A}_1|=3>0$,$|\boldsymbol{A}_2|=\begin{vmatrix}3 & 0\\ 0 & t\end{vmatrix}=3t>0$,即 $t>0$,

$|\boldsymbol{A}_3|=\begin{vmatrix}3 & 0 & 0\\ 0 & t & 1\\ 0 & 1 & t^2\end{vmatrix}=t^3-1>0$,即 $t>1$,故当 $t>1$ 时,二次型 f 为正定的.

(4)用配方法,将 f 化为标准型.

令$\begin{cases}y_1=x_1+2x_2+x_3;\\ y_2=x_2+2x_3+x_4;\\ y_3=x_1+x_3+2x_4;\\ y_4=x_4.\end{cases}$ 令 $\boldsymbol{C}=\begin{bmatrix}1 & 2 & 1 & 0\\ 0 & 1 & 2 & 1\\ 1 & 0 & 1 & 2\\ 0 & 0 & 0 & 1\end{bmatrix}$.

由于$\boldsymbol{C}$为可逆矩阵，故可通过线性变换$\boldsymbol{x}=\boldsymbol{C}^{-1}\boldsymbol{y}$，将二次型可化为标准形式$f(x_1,x_2,x_3,x_4)=-y_1^2+y_2^2+y_3^2$. 故$p=2$，$q=1$，$f$的秩为3，符号差是1.

(5)依题意得，二次型f的秩等于2. 对f的矩阵$\boldsymbol{A}$作初等变换，有

$$\boldsymbol{A}=\begin{bmatrix}1&1&-a\\1&a&-1\\-a&-1&a\end{bmatrix}\to\begin{bmatrix}1&1&-a\\0&a-1&a-1\\0&a-1&1-a^2\end{bmatrix}\to\begin{bmatrix}1&1&-a\\0&a-1&a-1\\0&0&2-a-a^2\end{bmatrix}$$

当$a=1$时，$r(\boldsymbol{A})=1$，不合题意，故$a\neq1$. 由$r(\boldsymbol{A})=2$，则必有$2-a-a^2=0$.

解得$a=1$或$a=-2$，由$a\neq1$，故只有$a=-2$满足题意.

(6)由于二次型经过正交变换化为标准型后，则标准型中平方项的系数就是$\boldsymbol{A}$的特征值，现在四元二次型的标准型是$y_1^2+3y_2^2+4y_3^2$，即为$y_1^2+3y_2^2+4y_3^2+0y_4^2$，故$\boldsymbol{A}$的特征值为1,3,4,0，最小特征值为0.

(7)设λ是$\boldsymbol{A}$的任一特征值，则有

$$\lambda^3+7\lambda^2+16\lambda+10=0，即(\lambda+1)(\lambda^2+6\lambda+10)=0.$$

由于实对称矩阵的特征值必为实数，故$\boldsymbol{A}$的特征值只能是-1，从而二次型$\boldsymbol{x}^{\mathrm{T}}\boldsymbol{A}\boldsymbol{x}$经正变换化为标准型是$-y_1^2-y_2^2-y_3^2$.

(8)由于合同矩阵有相同的正、负惯性指数，

$$|\lambda\boldsymbol{E}-\boldsymbol{B}|=\begin{vmatrix}\lambda-2&0&0\\0&\lambda&-1\\0&-1&\lambda\end{vmatrix}=(\lambda-2)(\lambda^2-1)=0,$$

故矩阵$\boldsymbol{B}$的特征值符号为+，+，−，即$p=2$，$q=1$，从而规范型为$y_1^2+y_2^2-y_3^2$.

二、选择题

(1)由于$\boldsymbol{A}$为正定矩阵，故$\boldsymbol{A}$必为对称矩阵，则$a+b=2$，故可排除(A).

正定矩阵的必要条件是$a_{ii}>0$，故$c>0$，可排除(B).

由正定矩阵的充分必要条件是它的顺序主子式必全大于0，

$$|\boldsymbol{A}|=\begin{vmatrix}1&2&-1\\2&5&0\\-1&0&c\end{vmatrix}=\begin{vmatrix}1&2&-1\\0&1&2\\0&2&c-1\end{vmatrix}=c-5>0,$$

故$c>5$，又可排除(C).

(2)(A)中负惯性指数全为0，可推出$f(x_1,x_2,\cdots,x_n)$为非负定二次型，排除(A).

(C)中$|\boldsymbol{A}|>0$是$f(x_1,x_2,\cdots,x_n)$为正定二次型的必要条件，但由$|\boldsymbol{A}|>0$不能推出$f(x_1,x_2,\cdots,x_n)$为正定二次型，而必须是它的所有顺序主子式全大于0，排除(C).

(B)中的n阶矩阵$\boldsymbol{T}$改为可逆矩阵$\boldsymbol{T}$，则可推出$f(x_1,x_2,\cdots,x_n)$为正定二次型，排除(B)，正确答案为(D).

(3)$\boldsymbol{A}$为正定矩阵，可以推出$a_{ii}>0$；但反之不成立，排除(A). $\boldsymbol{A}$正定的充要条件是对任意的n维列向量$\boldsymbol{\alpha}\neq0$，都有$\boldsymbol{\alpha}^{\mathrm{T}}\boldsymbol{A}\boldsymbol{\alpha}>0$，故排除(C). (D)中的$n$阶实矩阵$\boldsymbol{C}$应该指明为可逆矩

阵，故(D)也排除.(B)为矩阵正定的充分必要条件.正确答案为(B).

(4)$\boldsymbol{A}$ 正定的充要条件是 $\boldsymbol{A}$ 的顺序主子式全大于0，即

$$|\boldsymbol{A}_1|=3-k>0,\text{即 } k<3,\ |\boldsymbol{A}_2|=\begin{vmatrix}3-k & 2\\ 2 & 1\end{vmatrix}=-1-k>0,\text{即 } k<-1,$$

$$|\boldsymbol{A}_3|=\begin{vmatrix}3-k & 2 & 2\\ 2 & 1 & 1\\ 2 & 1 & k+1\end{vmatrix}=(-1-k)k>0,\text{即 } -1<k<0,$$

故不论 k 为何值，$\boldsymbol{A}$ 均不为正定矩阵，正确答案为(D).

(5)$|\boldsymbol{A}|>0$ 是 $\boldsymbol{A}$ 正定的必要条件，不是充分条件，必须保证 $\boldsymbol{A}$ 的所有顺序主子式全大于0，才能推出 $\boldsymbol{x}^{\mathrm{T}}\boldsymbol{A}\boldsymbol{x}$ 是正定的，排除(A).二次型 $\boldsymbol{x}^{\mathrm{T}}\boldsymbol{A}\boldsymbol{x}$ 正定的充分必要条件是对任意的 n 维非零向量 $\boldsymbol{x}$，均有 $\boldsymbol{x}^{\mathrm{T}}\boldsymbol{A}\boldsymbol{x}>0$，而并非仅仅是存在，排除(B).在(D)中，$f$ 的负惯性指数等于0，可保证 $\boldsymbol{x}^{\mathrm{T}}\boldsymbol{A}\boldsymbol{x}$ 为非负定，但不能确保是正定，排除(D).故正确答案为(C).

(6)由 $\boldsymbol{A}$ 与 $\boldsymbol{B}$ 相似，故存在可逆矩阵 $\boldsymbol{C}$，使得 $\boldsymbol{B}=\boldsymbol{C}^{-1}\boldsymbol{A}\boldsymbol{C}$.再由 $\boldsymbol{A}$ 是正定矩阵，则 $\boldsymbol{A}$ 必为可逆矩阵，从而 $\boldsymbol{B}$ 必为可逆矩阵，故(C)为正确答案.下面说明其他选项不正确，取

$$\boldsymbol{A}=\begin{bmatrix}2 & & \\ & 1 & \\ & & 3\end{bmatrix},\quad \boldsymbol{B}=\begin{bmatrix}1 & 2 & 3\\ -1 & 4 & 2\\ 0 & 0 & 1\end{bmatrix}$$

易知 $\boldsymbol{B}$ 与 $\boldsymbol{A}$ 相似，但 $\boldsymbol{B}$ 不是对称矩阵，也不是正交矩阵，故可排除(A)、(B).又因为相似矩阵有相同的特征值，故 $\boldsymbol{B}$ 的特征值也全大于0，从而 $\boldsymbol{B}$ 必为正定矩阵.正确答案为(C).

(7) $r(\boldsymbol{A})=n$ 是 $\boldsymbol{A}$ 正定的必要条件，非充分条件，而必须保证正惯性指标为 n，排除(A).$\boldsymbol{A}$ 正定的充要条件是 $\boldsymbol{A}$ 的所有特征值均大于0，排除(B).若 $\boldsymbol{A}$ 的特征值为 λ，则 $\boldsymbol{A}^*$ 的特征值为 $|\boldsymbol{A}|/\lambda$，反之，若已知 $\boldsymbol{A}^*$ 的特征值为 λ，则 $\boldsymbol{A}$ 的特征值为 $|\boldsymbol{A}|/\lambda$，即 $\boldsymbol{A}$ 为正定矩阵，则 $\lambda>0$，$|\boldsymbol{A}|>0$，故 $\boldsymbol{A}^*$ 的特征值全大于0.反之，$\boldsymbol{A}^*$ 正定，$\boldsymbol{A}^*$ 的特征值大于0，但并不能保证 $|\boldsymbol{A}|>0$，从而不能保证 $\boldsymbol{A}$ 的特征值全大于0，从而由 $\boldsymbol{A}^*$ 正定不能推出 $\boldsymbol{A}$ 正定，排除(C).(D)中由于 $\boldsymbol{A}$ 与 $\boldsymbol{A}^{-1}$ 的特征值为倒数关系，从而它们同正或同负，因而由 $\boldsymbol{A}$ 正定，则特征值 $\lambda>0$，从而 $1/\lambda>0$，故 $\boldsymbol{A}^{-1}$ 正定；反之，也成立.故正确答案为(D).

(8)由于正定矩阵必为对称矩阵，故有 $a-1=b+3$，即 $a=b+4$.

又由正定矩阵的充要条件是所有顺序主子式全大于0，

$$|\boldsymbol{A}_1|=a>0,\ |\boldsymbol{A}_2|=\begin{vmatrix}a & b+3\\ a-1 & a\end{vmatrix}=a^2-(a-1)(b+3)=a^2-(a-1)^2=2a-1,$$

则必有 $2a-1>0$，即 $a>1/2$.$|\boldsymbol{A}_3|=2|\boldsymbol{A}_2|=2(2a-1)>0$，即 $a>1/2$.故当 $a>1/2$ 时，矩阵 $\boldsymbol{A}$ 为正定矩阵.选(C).

三、计算与证明题

解 (1)由于用正交变换化二次型 $\boldsymbol{x}^{\mathrm{T}}\boldsymbol{A}\boldsymbol{x}$ 为标准型，它的平方项的系数就是 $\boldsymbol{A}$ 的特征值，故由 $\boldsymbol{x}^{\mathrm{T}}\boldsymbol{A}\boldsymbol{x}=2y_1^2-y_2^2-y_3^2$，得 $\boldsymbol{A}$ 的特征值为 $2,-1,-1$，从而得 $|\boldsymbol{A}|=2\times(-1)\times(-1)=2$.

由 $\boldsymbol{A}^*=|\boldsymbol{A}|\boldsymbol{A}^{-1}$，故 $\boldsymbol{A}^*$ 的特征值为 $2/2, 2/-1, 2/-1$，即为 $1,-2,-2$. 由已知 $\boldsymbol{A}^*\boldsymbol{\alpha}=\boldsymbol{\alpha}$，知 $\boldsymbol{\alpha}$ 是 $\boldsymbol{A}^*$ 属于 $\lambda=1$ 的特征向量，也就是 $\boldsymbol{A}$ 的属于 $\lambda=2$ 的特征向量.

设 $\boldsymbol{A}$ 属于 $\lambda=-1$ 的特征向量为 $\boldsymbol{x}=(x_1,x_2,x_3)^{\mathrm{T}}$，则由 $\boldsymbol{A}$ 是实对称矩阵，$\boldsymbol{\alpha}$ 与 $\boldsymbol{x}$ 正交，故有 $x_1+x_2-x_3=0$，解得 $\boldsymbol{x}_1=(1,-1,0)^{\mathrm{T}}$，$\boldsymbol{x}_2=(1,0,1)^{\mathrm{T}}$. $\boldsymbol{x}_1,\boldsymbol{x}_2$ 是 $\boldsymbol{A}$ 属于 $\lambda=-1$ 的特征向量.

令 $\boldsymbol{P}=(\boldsymbol{\alpha},\boldsymbol{x}_1,\boldsymbol{x}_2)=\begin{bmatrix}1&1&1\\1&-1&0\\-1&0&1\end{bmatrix}$，则 $\boldsymbol{P}^{-1}\boldsymbol{AP}=\begin{bmatrix}2&0&0\\0&-1&0\\0&0&-1\end{bmatrix}$，从而

$$\boldsymbol{A}=\boldsymbol{P}\begin{bmatrix}2&0&0\\0&-1&0\\0&0&-1\end{bmatrix}\boldsymbol{P}^{-1}=\begin{bmatrix}0&1&-1\\1&0&-1\\-1&-1&0\end{bmatrix}.$$

故 $\boldsymbol{x}^{\mathrm{T}}\boldsymbol{Ax}=2x_1x_2-2x_1x_3-2x_2x_3$

解 (2)由 $\boldsymbol{B}=\begin{bmatrix}\boldsymbol{O}&\boldsymbol{A}\\\boldsymbol{A}&\boldsymbol{O}\end{bmatrix}$，故 $\boldsymbol{B}$ 为实对称阵，则 $\boldsymbol{B}$ 的特征值就是二次型标准形的系数.

$$|\lambda\boldsymbol{E}-\boldsymbol{B}|=\begin{vmatrix}\lambda\boldsymbol{E}&-\boldsymbol{A}\\-\boldsymbol{A}&\lambda\boldsymbol{E}\end{vmatrix}=\begin{vmatrix}\lambda\boldsymbol{E}-\boldsymbol{A}&\lambda\boldsymbol{E}-\boldsymbol{A}\\-\boldsymbol{A}&\lambda\boldsymbol{E}\end{vmatrix}=\begin{vmatrix}\lambda\boldsymbol{E}-\boldsymbol{A}&\boldsymbol{O}\\-\boldsymbol{A}&\lambda\boldsymbol{E}+\boldsymbol{A}\end{vmatrix}$$
$$=|\lambda\boldsymbol{E}-\boldsymbol{A}||\lambda\boldsymbol{E}+\boldsymbol{A}|,$$

而又由 $\boldsymbol{A}$ 的特征值为 $\lambda_1,\lambda_2,\cdots,\lambda_n$，故 $-\boldsymbol{A}$ 的特征值为 $-\lambda_1,-\lambda_2,\cdots,-\lambda_n$，因而 $\boldsymbol{B}$ 的特征值为 $\pm\lambda_1,\pm\lambda_2,\cdots,\pm\lambda_n$. 故经正交变换，可得标准型

$$\boldsymbol{P}^{\mathrm{T}}\boldsymbol{BP}=\lambda_1y_1^2+\lambda_2y_2^2+\cdots+\lambda_ny_n^2-\lambda_1y_{n+1}^2-\cdots-\lambda_ny_{2n}^2.$$

由 $\boldsymbol{A}$ 为可逆矩阵，故 $\lambda_1,\lambda_2,\cdots,\lambda_n$ 全不为 0，因而 $\pm\lambda_1,\pm\lambda_2,\cdots,\pm\lambda_n$ 中必有 n 个正数，n 个负数，故 $\boldsymbol{P}^{\mathrm{T}}\boldsymbol{BP}$ 的正惯性指数和负惯性指数相等，均为 n.

解 (3)由 $\boldsymbol{A}$ 是 $m\times n$ 矩阵，故 $\boldsymbol{A}^{\mathrm{T}}\boldsymbol{A}$ 是 $n\times n$ 矩阵，且 $(\boldsymbol{A}^{\mathrm{T}}\boldsymbol{A})^{\mathrm{T}}=\boldsymbol{A}^{\mathrm{T}}(\boldsymbol{A}^{\mathrm{T}})^{\mathrm{T}}=\boldsymbol{A}^{\mathrm{T}}\boldsymbol{A}$. 故 $\boldsymbol{A}^{\mathrm{T}}\boldsymbol{A}$ 是对称矩阵，因而是二次型 $\boldsymbol{x}^{\mathrm{T}}(\boldsymbol{A}^{\mathrm{T}}\boldsymbol{A})\boldsymbol{x}$ 的对应矩阵.

由 $\boldsymbol{Ax}=\boldsymbol{b}$ 只有唯一解，得 $\boldsymbol{Ax}=\boldsymbol{0}$ 只有零解，即对任何 $\boldsymbol{x}\neq\boldsymbol{0}$，必有 $\boldsymbol{Ax}\neq\boldsymbol{0}$. 于是由 $\boldsymbol{x}^{\mathrm{T}}(\boldsymbol{A}^{\mathrm{T}}\boldsymbol{A})\boldsymbol{x}=(\boldsymbol{Ax})^{\mathrm{T}}(\boldsymbol{Ax})>0$. 该二次型正定. 故正惯性指数为 n，负惯性指数为 0.

证 (4)由于 n 元二次型 $f=\boldsymbol{x}^{\mathrm{T}}\boldsymbol{Ax}$，一定存在正交变换 $\boldsymbol{x}=\boldsymbol{Ty}$，使二次型 f 化为平方和，即 $f=\boldsymbol{x}^{\mathrm{T}}\boldsymbol{Ax}=\boldsymbol{y}^{\mathrm{T}}\boldsymbol{T}^{\mathrm{T}}\boldsymbol{ATy}=\lambda_1y_1^2+\lambda_2y_2^2+\cdots+\lambda_ny_n^2$，其中 $\lambda_1,\lambda_2,\cdots,\lambda_n$ 是 $\boldsymbol{A}$ 的特征值且 λ_i 均为实数. 设它们的最大值为 λ_M，由 $\boldsymbol{x}^{\mathrm{T}}\boldsymbol{x}=x_1^2+x_2^2+\cdots+x_n^2=1$，有 $\boldsymbol{x}^{\mathrm{T}}\boldsymbol{x}=\boldsymbol{y}^{\mathrm{T}}\boldsymbol{T}^{\mathrm{T}}\boldsymbol{Ty}=\boldsymbol{y}^{\mathrm{T}}\boldsymbol{T}^{-1}\boldsymbol{Ty}=\boldsymbol{y}^{\mathrm{T}}\boldsymbol{y}=y_1^2+y_2^2+\cdots+y_n^2=1$. 因而有 $f=\lambda_1y_1^2+\lambda_2y_2^2+\cdots+\lambda_ny_n^2\leqslant\lambda_M(y_1^2+y_2^2+\cdots+y_n^2)=\lambda_M$. 故 f 在条件 $x_1^2+x_2^2+\cdots+x_n^2=1$ 下的最大值不大于矩阵 $\boldsymbol{A}$ 的最大特征值.

下面再证 λ_M 是二次型 $f=\boldsymbol{x}^{\mathrm{T}}\boldsymbol{Ax}$ 在 $\boldsymbol{x}^{\mathrm{T}}\boldsymbol{x}=1$ 上的最大值. 由上面的证明知，当 $\boldsymbol{x}^{\mathrm{T}}\boldsymbol{x}=1$ 时，$f=\boldsymbol{x}^{\mathrm{T}}\boldsymbol{Ax}\leqslant\lambda_M$. 为证 λ_M 是 f 在 $\boldsymbol{x}^{\mathrm{T}}\boldsymbol{x}=1$ 上的最大值，只需证明在 $\boldsymbol{x}^{\mathrm{T}}\boldsymbol{x}=1$ 上存在点 $\boldsymbol{x}$，使得 $f=\boldsymbol{x}^{\mathrm{T}}\boldsymbol{Ax}\leqslant\lambda_M$. 因此，在 $\boldsymbol{y}^{\mathrm{T}}\boldsymbol{y}=1$ 上取一点 y_0 且 $\boldsymbol{y}_0^{\mathrm{T}}=(0,0,\cdots,1,0,\cdots,0)$，于是 $f=\lambda_1y_1^2+\cdots+\lambda_My_M^2+\cdots+\lambda_ny_n^2=\lambda_M$

令 $\boldsymbol{x}_0=\boldsymbol{Ty}_0$，则有 $\boldsymbol{x}_0^{\mathrm{T}}\boldsymbol{x}_0=\boldsymbol{y}_0^{\mathrm{T}}\boldsymbol{y}_0=1$，并且 $f_0=\boldsymbol{x}_0^{\mathrm{T}}\boldsymbol{Ax}_0=\lambda_M$. 故 λ_M 是二次型 $f=\boldsymbol{x}^{\mathrm{T}}\boldsymbol{Ax}$ 在

$x^{T}x=1$ 上的最大值.

因而 n 元实二次型 $f=x^{T}Ax$ 在条件 $x_1^2+x_2^2+\cdots+x_n^2=1$ 下的最大值恰为矩阵 A 的最大特征值.

证 (5)任取 n 维非零向量 x，只须证明 $x^{T}(A^{T}A+B^{T}B)x>0$ 即可.

$$x^{T}(A^{T}A+B^{T}B)x=x^{T}A^{T}Ax+x^{T}B^{T}Bx=(Ax)^{T}Ax+(Bx)^{T}Bx.$$

若 Ax,Bx 不全为0，则就有 $x^{T}(A^{T}A+B^{T}B)x>0$，下面只需证 Ax,Bx 不全为0.

由 $r(A+B)=n$，显然有$(A+B)x\neq 0$. 若$(A+B)x=0$，则说明$(A+B)x=0$ 有非零解，从而 $r(A+B)<n$，与题设矛盾. 因此$(A+B)x\neq 0$，则 Ax,Bx 不全为0. 从而对任意非零向量 x，均有 $x^{T}(A^{T}A+B^{T}B)x>0$. 故 $A^{T}A+B^{T}B$ 是正定矩阵.

证 (6)由于 $B^{T}=(\lambda E+A^{T}A)^{T}=(\lambda E)^{T}+(A^{T}A)^{T}=\lambda E+A^{T}A=B$. 故 B 为实对称矩阵. 当 $\alpha\neq 0$ 时，有 $\alpha^{T}\alpha>0$，$(A\alpha)^{T}(A\alpha)\geqslant 0$，故当 $\lambda>0$ 时，则对任意的 $\alpha\neq 0$，有 $\alpha^{T}B\alpha=\lambda\alpha^{T}\alpha+(A\alpha)^{T}(A\alpha)>0$. 即 B 为正定矩阵.

考研题解析

1. 设 $A=(a_{ij})_{3\times 3}$ 是实正交矩阵，且 $a_{11}=1$，$b=(1,0,0)^{T}$，则 $Ax=b$ 的解是________.

解 根据正交矩阵的几何意义，其列(行)向量坐标的平方和必为1，现 $a_{11}=1$，故必有 $a_{12}=a_{13}=0$，$a_{21}=a_{31}=0$，即

$$A=\begin{bmatrix}1&0&0\\0&a_{22}&a_{23}\\0&a_{32}&a_{33}\end{bmatrix}.$$

又由正交矩阵$|A|=1$ 或 -1，知 $\begin{vmatrix}a_{22}&a_{23}\\a_{32}&a_{33}\end{vmatrix}\neq 0$，所以方程组 $\begin{bmatrix}1&0&0\\0&a_{22}&a_{23}\\0&a_{32}&a_{33}\end{bmatrix}\begin{bmatrix}x_1\\x_2\\x_3\end{bmatrix}=\begin{bmatrix}1\\0\\0\end{bmatrix}$ 有唯一解$(1,0,0)^{T}$.

2. 求一个正交变换，化 $f=x_1^2+4x_2^2+4x_3^2-4x_1x_2+4x_1x_3-8x_2x_3$ 为标准型.

解 二次型的矩阵是 $A=\begin{bmatrix}1&-2&2\\-2&4&-4\\2&-4&4\end{bmatrix}$，其特征多项式为

$$|\lambda E-A|=\begin{bmatrix}\lambda-1&2&-2\\2&\lambda-4&4\\-2&4&\lambda-4\end{bmatrix}=\lambda^2(\lambda-9),$$

所以 A 的特征值是 $\lambda_1=\lambda_2=0$，$\lambda_3=9$.

对于 $\lambda_1=\lambda_2=0$，由$(0E-A)x=0$ 得基础解系 $\alpha_1=(2,1,0)^{T}$，$\alpha_2=(-2,0,1)^{T}$，对 $\lambda_3=9$，由$(9E-A)x=0$ 得基础解系 $\alpha_3=(1,-2,2)^{T}$. 即为分别属于特征值 $\lambda_1=0$ 和 $\lambda_3=9$ 的特征向量.

由于不同特征值的特征向量已经正交，只需对 $\boldsymbol{\alpha}_1,\boldsymbol{\alpha}_2$ 正交化.

$$\boldsymbol{\beta}_1=\boldsymbol{\alpha}_1=(2,1,0)^{\mathrm{T}},\boldsymbol{\beta}_2=\boldsymbol{\alpha}_2-\frac{(\boldsymbol{\alpha}_2\boldsymbol{\beta}_1)}{(\boldsymbol{\beta}_1\boldsymbol{\beta}_1)}\boldsymbol{\beta}_1=\frac{1}{5}(-2,4,5)^{\mathrm{T}}.$$

把 $\boldsymbol{\beta}_1,\boldsymbol{\beta}_2,\boldsymbol{\alpha}_3$ 单位化，有 $\boldsymbol{\gamma}_1=\begin{bmatrix}2/\sqrt{5}\\1/\sqrt{5}\\0\end{bmatrix},\boldsymbol{\gamma}_2=\begin{bmatrix}-2/3\sqrt{5}\\-4/3\sqrt{5}\\-5/3\sqrt{5}\end{bmatrix},\boldsymbol{\gamma}_3=\begin{bmatrix}1/3\\-2/3\\2/3\end{bmatrix}$.

因此，经正交变换 $\begin{bmatrix}x_1\\x_2\\x_3\end{bmatrix}=\begin{bmatrix}2/\sqrt{5}&-2/3\sqrt{5}&1/3\\1/\sqrt{5}&4/3\sqrt{5}&-2/3\\0&5/3\sqrt{5}&2/3\end{bmatrix}\begin{bmatrix}y_1\\y_2\\y_3\end{bmatrix}$，$f$ 化为标准型 $f=9y_3^2$.

3. 设矩阵 $\boldsymbol{A}=\begin{bmatrix}1&1&a\\1&a&1\\a&1&1\end{bmatrix},\boldsymbol{\beta}=\begin{bmatrix}1\\1\\-2\end{bmatrix}$，已知线性方程组 $\boldsymbol{Ax}=\boldsymbol{\beta}$ 有解但不唯一. 试求(1)a 的值；(2)正交矩阵 $\boldsymbol{Q}$，使 $\boldsymbol{Q}^{\mathrm{T}}\boldsymbol{AQ}$ 为对角矩阵.

分析 方程组有解且不唯一，即方程组有无穷多解，故可由 $r(\boldsymbol{A})=r(\widetilde{\boldsymbol{A}})<3$ 来求 a 的值. 而 $\boldsymbol{Q}^{\mathrm{T}}\boldsymbol{AQ}=\boldsymbol{\Lambda}$ 即 $\boldsymbol{Q}^{-1}\boldsymbol{AQ}=\boldsymbol{\Lambda}$ 为此应当求出 $\boldsymbol{A}$ 的特征值与特征向量再构造正交矩阵 $\boldsymbol{Q}$.

解 对方程组 $\boldsymbol{Ax}=\boldsymbol{\beta}$ 的增广矩阵作初等行变换，有

$$\widetilde{\boldsymbol{A}}=\left[\begin{array}{ccc:c}1&1&a&1\\1&a&1&1\\a&1&1&-2\end{array}\right]\rightarrow\left[\begin{array}{ccc:c}1&1&a&1\\0&a-1&1-a&0\\0&1-a&1-a^2&-a-2\end{array}\right]$$

$$\rightarrow\left[\begin{array}{ccc:c}1&1&a&1\\0&a-1&1-a&0\\0&0&(a-1)(a+2)&a+2\end{array}\right].$$

因为方程组有无穷多解，所以 $r(\boldsymbol{A})=r(\widetilde{\boldsymbol{A}})<3$. 故 $a=-2$.

$$|\lambda\boldsymbol{E}-\boldsymbol{A}|=\begin{vmatrix}\lambda-1&-1&2\\-1&\lambda+2&-1\\2&-1&\lambda-1\end{vmatrix}=\lambda(\lambda+3)(\lambda-3),$$

故矩阵 $\boldsymbol{A}$ 的特征值为 $\lambda_1=3,\lambda_2=0,\lambda_3=-3$.

当 $\lambda_1=3$ 时，由 $(3\boldsymbol{E}-\boldsymbol{A})\boldsymbol{x}=\boldsymbol{0}$ 得属于特征值 $\lambda=3$ 的特征向量 $\boldsymbol{\alpha}_1=(1,0,-1)^{\mathrm{T}}$.

当 $\lambda_2=0$ 时，由 $(0\boldsymbol{E}-\boldsymbol{A})\boldsymbol{x}=\boldsymbol{0}$ 得属于特征值 $\lambda=0$ 的特征向量 $\boldsymbol{\alpha}_2=(1,1,1)^{\mathrm{T}}$.

当 $\lambda_3=-3$ 时，由 $(-3\boldsymbol{E}-\boldsymbol{A})\boldsymbol{x}=\boldsymbol{0}$ 得属于特征值 $\lambda=-3$ 的特征向量 $\boldsymbol{\alpha}_3=(1,-2,1)^{\mathrm{T}}$.

实对称矩阵的特征值不同时，其对应的特征向量已经正交，故只需单位化.

$$\boldsymbol{\beta}_1=\frac{1}{\sqrt{2}}\begin{bmatrix}1\\0\\-1\end{bmatrix},\boldsymbol{\beta}_2=\frac{1}{\sqrt{3}}\begin{bmatrix}1\\1\\1\end{bmatrix},\boldsymbol{\beta}_3=\frac{1}{\sqrt{6}}\begin{bmatrix}1\\-2\\1\end{bmatrix}.$$

令 $Q=(\boldsymbol{\beta}_1\boldsymbol{\beta}_2\boldsymbol{\beta}_3)=\begin{bmatrix}1/\sqrt{2} & 1/\sqrt{3} & 1/\sqrt{6}\\ 0 & 1/\sqrt{3} & -2/\sqrt{6}\\ -1/\sqrt{2} & 1/\sqrt{3} & 1/\sqrt{6}\end{bmatrix}$，得 $Q^{\mathrm{T}}AQ=Q^{-1}AQ=\Lambda=\begin{bmatrix}3 & & \\ & 0 & \\ & & -3\end{bmatrix}$.

4. 已知二次型 $f(x_1,x_2,x_3)=2x_1^2+3x_2^2+3x_3^2+2ax_2x_3\ (a>0)$，通过正交变换化成标准型 $f=y_1^2+2y_2^2+5y_3^2$，求参数 a 及所用的正交变换矩阵.

解 二次型 f 的矩阵为 $A=\begin{bmatrix}2 & 0 & 0\\ 0 & 3 & a\\ 0 & a & 3\end{bmatrix}$，它的特征方程是

$$|\lambda E-A|=\begin{vmatrix}\lambda-2 & 0 & 0\\ 0 & \lambda-3 & -a\\ 0 & -a & \lambda-3\end{vmatrix}=(\lambda-2)(\lambda^2-6\lambda+9-a^2)=0,$$

f 经正交变换化为标准型，那么标准型中平方项的系数 1,2,5 就是 A 的特征值.

把 $\lambda=1$ 代入特征方程，得 $a^2-4=0,\Rightarrow a=\pm 2$. 因 $a>0$，故知 $a=2$.

这时 $A=\begin{bmatrix}2 & 0 & 0\\ 0 & 3 & 2\\ 0 & 2 & 3\end{bmatrix}$.

对 $\lambda_1=1$，由 $(E-A)x=\mathbf{0}$ 得 $x_1=(0,1,-1)^{\mathrm{T}}$. 对 $\lambda_2=2$，由 $(2E-A)x=\mathbf{0}$ 得 $x_2=(1,0,0)^{\mathrm{T}}$. 对 $\lambda_3=5$，由 $(5E-A)x=\mathbf{0}$ 得 $x_3=(0,1,1)^{\mathrm{T}}$.

将 x_1,x_2,x_3 单位化，得 $\gamma_1=\frac{1}{\sqrt{2}}\begin{bmatrix}0\\ 1\\ -1\end{bmatrix}$，$\gamma_2=\begin{bmatrix}1\\ 0\\ 0\end{bmatrix}$，$\gamma_3=\frac{1}{\sqrt{2}}\begin{bmatrix}0\\ 1\\ 1\end{bmatrix}$. 故所用的正交变换矩阵为

$$P=(\gamma_1,\gamma_2,\gamma_3)=\begin{bmatrix}0 & 1 & 0\\ 1/\sqrt{2} & 0 & 1/\sqrt{2}\\ -1/\sqrt{2} & 0 & 1/\sqrt{2}\end{bmatrix}.$$

5. 设二次型 $f=x_1^2+x_2^2+x_3^2+2\alpha x_1x_2+2\beta x_2x_3+2x_1x_3$ 经正交变换 $x=Py$ 化成 $f=y_2^2+2y_3^2$，其中 $x=(x_1,x_2,x_3)^{\mathrm{T}}$，$y=(y_1,y_2,y_3)^{\mathrm{T}}$ 是 3 维列向量，P 是 3 阶正交矩阵，试求常数 α,β.

解 经正交变换二次型矩阵分别为 $A=\begin{bmatrix}1 & \alpha & 1\\ \alpha & 1 & \beta\\ 1 & \beta & 1\end{bmatrix}$ 与 $B=\begin{bmatrix}0 & & \\ & 1 & \\ & & 2\end{bmatrix}$. 由于 P 是正交矩阵，有 $P^{-1}AP=B$，知矩阵 A 的特征值是 0,1,2. 那么

$$\begin{cases}|A|=2\alpha\beta-\alpha^2-\beta^2=0;\\ |E-A|=-2\alpha\beta=0.\end{cases}$$

解得 $\alpha=\beta=0$.

6. 已知二次型 $f(x_1,x_2,x_3)=4x_2^2-3x_3^2+4x_1x_2-4x_1x_3+8x_2x_3$.

(1)写出二次型 f 的矩阵表达式.

(2)用正交变换把二次型 f 化为标准型,并写出相应的正交矩阵.

解 (1)f 的矩阵表示为 $f(x_1,x_2,x_3)=\boldsymbol{x}^{\mathrm{T}}\boldsymbol{A}\boldsymbol{x}=[x_1,x_2,x_3]\begin{bmatrix}0&2&-2\\2&4&4\\-2&4&-3\end{bmatrix}\begin{bmatrix}x_1\\x_2\\x_3\end{bmatrix}$.

(2)$|\lambda\boldsymbol{E}-\boldsymbol{A}|==\begin{vmatrix}\lambda+4&-10&0\\-2&\lambda-4&0\\2&-4&\lambda-1\end{vmatrix}=(\lambda-1)(\lambda^2-36)=0$,得 $\boldsymbol{A}$ 的特征值为 $\lambda_1=1,\lambda_2=6,\lambda_3=-6$.

由 $(\boldsymbol{E}-\boldsymbol{A})\boldsymbol{x}=\boldsymbol{0}$ 得基础解系 $\boldsymbol{x}_1=(2,0,-1)^{\mathrm{T}}$,即属于 $\lambda=1$ 的特征向量.

由 $(6\boldsymbol{E}-\boldsymbol{A})\boldsymbol{x}=\boldsymbol{0}$ 得基础解系 $\boldsymbol{x}_2=(1,5,2)^{\mathrm{T}}$,即属于 $\lambda=6$ 的特征向量.

由 $(-6\boldsymbol{E}-\boldsymbol{A})\boldsymbol{x}=\boldsymbol{0}$ 得基础解系 $\boldsymbol{x}_3=(1,-1,2)^{\mathrm{T}}$,即属于 $\lambda=-6$ 的特征向量.

对于实对称矩阵,不同特征值对应的特征向量已正交,故只须单位化.

$$\boldsymbol{\gamma}_1=\frac{\boldsymbol{x}_1}{|\boldsymbol{x}_1|}=\frac{1}{\sqrt{5}}\begin{bmatrix}2\\0\\-1\end{bmatrix},\boldsymbol{\gamma}_2=\frac{\boldsymbol{x}_2}{|\boldsymbol{x}_2|}=\frac{1}{\sqrt{30}}\begin{bmatrix}1\\5\\2\end{bmatrix},\boldsymbol{\gamma}_3=\frac{\boldsymbol{x}_3}{|\boldsymbol{x}_3|}=\frac{1}{\sqrt{6}}\begin{bmatrix}1\\-1\\2\end{bmatrix}.$$

令 $\boldsymbol{Q}=(\boldsymbol{\gamma}_1,\boldsymbol{\gamma}_2,\boldsymbol{\gamma}_3)=\begin{bmatrix}2/\sqrt{5}&1/\sqrt{30}&1/\sqrt{6}\\0&5/\sqrt{30}&-1/\sqrt{6}\\-1/\sqrt{5}&2/\sqrt{30}&2/\sqrt{6}\end{bmatrix}$,即经正交变换 $\begin{bmatrix}x_1\\x_2\\x_3\end{bmatrix}=\boldsymbol{Q}\begin{bmatrix}y_1\\y_2\\y_3\end{bmatrix}$,二次型化为标准型 $f(x_1,x_2,x_3)=\boldsymbol{x}^{\mathrm{T}}\boldsymbol{A}\boldsymbol{x}=\boldsymbol{y}^{\mathrm{T}}\boldsymbol{\Lambda}\boldsymbol{y}=y_1^2+6y_2^2-6y_3^2$.

7. 已知 $f(x_1,x_2,x_3)=5x_1^2+5x_2^2+cx_3^2-2x_1x_2+6x_1x_3-6x_2x_3$ 的秩为 2.

(1)求参数 c 及此二次型对应矩阵的特征值;

(2)指出方程 $f(x_1,x_2,x_3)=1$ 表示何种二次曲面.

解 (1)二次型矩阵 $\boldsymbol{A}=\begin{bmatrix}5&-1&3\\-1&5&-3\\3&-3&c\end{bmatrix}$. 因为二次型秩 $r(f)=r(\boldsymbol{A})=2$,由

$$\begin{bmatrix}5&-1&3\\-1&5&-3\\3&-3&c\end{bmatrix}\to\begin{bmatrix}4&4&0\\-1&5&-3\\3&-3&c\end{bmatrix}\to\begin{bmatrix}4&4&0\\0&6&-3\\0&-6&c\end{bmatrix},$$

解得 $c=3$.

由 $\boldsymbol{A}$ 的特征多项式 $|\lambda\boldsymbol{E}-\boldsymbol{A}|=\begin{bmatrix}\lambda-5&1&-3\\1&\lambda-5&3\\-3&3&\lambda-3\end{bmatrix}=\lambda(\lambda-4)(\lambda-9)$,求得二次型矩阵的特征值为 0,4,9.

(2)因为二次型经正交变换可化 $4y_2^2+9y_3^2$,故 $f(x_1,x_2,x_3)=1$,即 $4y_2^2+9y_3^2=1$. $f(x_1,x_2,x_3)=1$ 表示椭圆柱面.

8. 已知二次曲面方程 $x^2+ay^2+z^2+2bxy+2xz+2yz=4$ 可以经过正交变换 $\begin{bmatrix}x\\y\\z\end{bmatrix}=\boldsymbol{P}\begin{bmatrix}\xi\\\eta\\\zeta\end{bmatrix}$ 化为椭圆柱面方程 $\eta^2+4\xi^2=4$，求 a,b 的值和正交矩阵 $\boldsymbol{P}$.

解 经正交变换化二次型为标准型，二次型矩阵与标准型矩阵既合同又相似，故

$$\boldsymbol{A}=\begin{bmatrix}1&b&1\\b&a&1\\1&1&1\end{bmatrix}\sim\boldsymbol{B}=\begin{bmatrix}0&&\\&1&\\&&4\end{bmatrix}.$$

从而 $\begin{cases}1+a+1=0+1+4;\\|\boldsymbol{A}|=(b-1)^2=|\boldsymbol{B}|=0.\end{cases}$ 解得 $a=3,b=1$.

由 $(0\boldsymbol{E}-\boldsymbol{A})\boldsymbol{x}=\boldsymbol{0}$ 解得 $\lambda=0$ 对应的特征向量 $\boldsymbol{\alpha}_1=(1,0,-1)^{\mathrm{T}}$.

由 $(\boldsymbol{E}-\boldsymbol{A})\boldsymbol{x}=\boldsymbol{0}$ 解得 $\lambda=1$ 对应的特征向量 $\boldsymbol{\alpha}_2=(1,-1,1)^{\mathrm{T}}$.

由 $(4\boldsymbol{E}-\boldsymbol{A})\boldsymbol{x}=\boldsymbol{0}$ 解得 $\lambda=4$ 对应的特征向量 $\boldsymbol{\alpha}_3=(1,2,1)^{\mathrm{T}}$.

不同特征值对应的特征向量已正交，将其单位化有

$$\boldsymbol{\gamma}_1=\frac{1}{\sqrt{2}}(1,0,-1)^{\mathrm{T}},\boldsymbol{\gamma}_2=\frac{1}{\sqrt{3}}(1,-1,1)^{\mathrm{T}},\boldsymbol{\gamma}_3=\frac{1}{\sqrt{6}}(1,2,1)^{\mathrm{T}}.$$

令 $\boldsymbol{P}=(\boldsymbol{\gamma}_1,\boldsymbol{\gamma}_2,\boldsymbol{\gamma}_3)=\begin{bmatrix}1/\sqrt{2}&1/\sqrt{3}&1/\sqrt{6}\\0&-1/\sqrt{3}&2/\sqrt{6}\\-1/\sqrt{2}&1/\sqrt{3}&1/\sqrt{6}\end{bmatrix}$，即为所求正交矩阵.

注意 利用相似的必要条件求参数时，$\sum a_{ii}=\sum b_{ii}$ 是比较好用的一个关系式. 亦可用 $|\lambda\boldsymbol{E}-\boldsymbol{A}|=|\lambda\boldsymbol{E}-\boldsymbol{B}|$ 比较 λ 同次方的系数来求参数.

9. 已知实二次型 $f(x_1,x_2,x_3)=a(x_1^2+x_2^2+x_3^2)+4x_1x_2+4x_1x_3+4x_2x_3$ 经正交变换 $\boldsymbol{x}=\boldsymbol{P}\boldsymbol{y}$ 可化成标准型 $f=6y_1^2$，则 $a=$________.

解 因为二次型 $\boldsymbol{x}^{\mathrm{T}}\boldsymbol{A}\boldsymbol{x}$ 经正交变换化为标准型时，标准形中平方项的系数就是二次型矩阵 $\boldsymbol{A}$ 的特征值，所以 6,0,0 是 $\boldsymbol{A}$ 的特征值.

又因 $\sum a_{ii}=\sum\lambda_i$，故 $a+a+a=6+0+0,\Rightarrow a=2$.

注意 由于经正交变换化二次型为标准型时，二次型矩阵与标准型矩阵不仅合同而且还相似，亦可由

$$\begin{bmatrix}a&2&2\\2&a&2\\2&2&a\end{bmatrix}\sim\begin{bmatrix}6&&\\&0&\\&&0\end{bmatrix}$$

来求 a.

10. 设二次型 $f(x_1,x_2,x_3)=\boldsymbol{x}^{\mathrm{T}}\boldsymbol{A}\boldsymbol{x}=ax_1^2+2x_2^2-2x_3^2+2bx_1x_3\,(b>0)$，其中二次型的矩阵 $\boldsymbol{A}$ 的特征值之和为 1，特征值之积为 -12. (1) 求 a,b 的值；(2) 利用正交变换将二次型 f 化为标准型，并写出所用的正交变换和对应的正交矩阵.

解 (1)二次型 f 的矩阵为 $A=\begin{bmatrix}a & 0 & b\\ 0 & 2 & 0\\ b & 0 & -2\end{bmatrix}$. 设 A 的特征值为 $\lambda_i(i=1,2,3)$,由题设,有

$$\begin{cases}\lambda_1+\lambda_2+\lambda_3=a+2+(-2)=1;\\ \lambda_1\lambda_2\lambda_3=|A|=2(-2a-b^2)=-12.\end{cases}$$

解得 $a=1,b=2$(已知 $b>0$).

(2)由矩阵 A 的特征多项式

$$|\lambda E-A|=\begin{vmatrix}\lambda-1 & 0 & -2\\ 0 & \lambda-2 & 0\\ -2 & 0 & \lambda+2\end{vmatrix}=(\lambda-2)\begin{vmatrix}\lambda-1 & -2\\ -2 & \lambda+2\end{vmatrix}=(\lambda-2)^2(\lambda+3),$$

得 A 的特征值 $\lambda_1=\lambda_2=2,\lambda_3=-3$.

对于 $\lambda=2$,由 $(2E-A)x=0$ 得属于 $\lambda=2$ 的线性无关的特征向量 $\alpha_1=(0,1,0)^{\mathrm T},\alpha_2=(2,0,1)^{\mathrm T}$. 对于 $\lambda=-3$,由 $(-3E-A)x=0$ 得属于 $\lambda=-3$ 的特征向量 $\alpha_3=(1,0,-2)^{\mathrm T}$.

由于 $\alpha_1,\alpha_2,\alpha_3$ 已两两正交,故单位化,有

$$\gamma_1=(0,1,0)^{\mathrm T},\gamma_2=\frac{1}{\sqrt5}(2,0,1)^{\mathrm T},\gamma_3=\frac{1}{\sqrt5}(1,0,-2)^{\mathrm T}.$$

令 $P=(\gamma_1,\gamma_2,\gamma_3)=\begin{bmatrix}0 & 2/\sqrt5 & 1/\sqrt5\\ 1 & 0 & 0\\ 0 & 1/\sqrt5 & -2/\sqrt5\end{bmatrix}$,$P$ 为正交矩阵,在正交变换 $x=Py$ 下,有 $P^{\mathrm T}AP=P^{-1}AP=\begin{bmatrix}2 & & \\ & 2 & \\ & & -3\end{bmatrix}$. 二次型的标准型为 $f=2y_1^2+2y_2^2-3y_3^2$.

11. 二次型 $f(x_1,x_2,x_3)=(x_1+x_2)^2+(x_2-x_3)^2+(x_3+x_1)^2$ 的秩为________.

解 因为 $f(x_1,x_2,x_3)=2x_1^2+2x_2^2+2x_3^2+2x_1x_2-2x_2x_3+2x_3x_1$,二次型 f 的矩阵是

$$A=\begin{bmatrix}2 & 1 & 1\\ 1 & 2 & -1\\ 1 & -1 & 2\end{bmatrix}.$$

易见 $r(A)=2$,故二次型的秩为 2.

12. 设 A 为 3 阶实对称矩阵,且满足条件 $A^2+2A=O$,已知 A 的秩 $r(A)=2$.

(1)求 A 的全部特征值;

(2)当 k 为何值时,矩阵 $A+kE$ 为正定矩阵,其中 E 为 3 阶单位矩阵.

分析 矩阵 A 的元素没有具体给出,故应用定义法求特征值,然后再用正定的充分必要条件是特征值全大于零来求 k 的值.

解 (1)设 λ 是矩阵 A 的任一特征值,α 是属于特征值 λ 的特征向量,即 $A\alpha=\lambda\alpha,\alpha\neq 0$.

则 $\boldsymbol{A}^2\boldsymbol{\alpha}=\lambda^2\boldsymbol{\alpha}$，于是由 $\boldsymbol{A}^2+2\boldsymbol{A}=\boldsymbol{0}$ 得

$$(\boldsymbol{A}^2+2\boldsymbol{A})\boldsymbol{\alpha}=(\lambda^2+2\lambda)\boldsymbol{\alpha}=\boldsymbol{0}.$$

又因 $\boldsymbol{\alpha}\neq\boldsymbol{0}$，故 $\lambda=-2$ 或 $\lambda=0$.

因为 $\boldsymbol{A}$ 是实对称矩阵，必可相似对角化，且 $r(\boldsymbol{\Lambda})=r(\boldsymbol{A})=2$. 所以

$$\boldsymbol{A}\sim\boldsymbol{\Lambda}=\begin{bmatrix}-2 & & \\ & -2 & \\ & & 0\end{bmatrix}.$$

即矩阵 $\boldsymbol{A}$ 的特征值为 $\lambda_1=\lambda_2=-2,\lambda_3=0$.

(2)由于$(\boldsymbol{A}+k\boldsymbol{E})$是对称矩阵，且由(1)知$(\boldsymbol{A}+k\boldsymbol{E})$的特征值为 $k-2,k-2,k$. 那么

$$\boldsymbol{A}+k\boldsymbol{E}\ \text{正定}\Leftrightarrow\begin{cases}k-2>0;\\ k>0.\end{cases}$$

因此，$k>2$ 时，矩阵 $\boldsymbol{A}+k\boldsymbol{E}$ 为正定矩阵.

13. 已知二次型 $f(x_1,x_2,x_3)=(1-a)x_1^2+(1-a)x_2^2+2x_3^2+2(1+a)x_1x_2$ 的秩为 2.

(1)求 a 的值；

(2)求正交变换 $\boldsymbol{x}=\boldsymbol{Q}\boldsymbol{y}$，把 $f(x_1,x_2,x_3)$化成标准型；

(3)求方程 $f(x_1,x_2,x_3)=0$ 的解.

解 (1)二次型 f 的矩阵$\boldsymbol{A}=\begin{bmatrix}1-a & 1+a & 0\\ 1+a & 1-a & 0\\ 0 & 0 & 2\end{bmatrix}$，由秩为 2 知 $a=0$.

(2)由$|\lambda\boldsymbol{E}-\boldsymbol{A}|=\begin{vmatrix}\lambda-1 & -1 & 0\\ -1 & \lambda-1 & 0\\ 0 & 0 & \lambda-2\end{vmatrix}=\lambda(\lambda-2)^2=0$，得矩阵 $\boldsymbol{A}$ 的特征值是 2,2,0.

对 $\lambda=2$，由$(2\boldsymbol{E}-\boldsymbol{A})\boldsymbol{x}=\boldsymbol{0}$ 得特征向量 $\boldsymbol{\alpha}_1=(1,1,0)^{\mathrm{T}},\boldsymbol{\alpha}_2=(0,0,1)^{\mathrm{T}}$.

对 $\lambda=0$，由$(0\boldsymbol{E}-\boldsymbol{A})\boldsymbol{x}=\boldsymbol{0}$ 得特征向量 $\boldsymbol{\alpha}_3=(1,-1,0)^{\mathrm{T}}$.

由于特征向量已经两两正交，故单位化，有

$$\boldsymbol{\gamma}_1=\frac{1}{\sqrt{2}}(1,1,0)^{\mathrm{T}},\boldsymbol{\gamma}_2=(0,0,1)^{\mathrm{T}},\boldsymbol{\gamma}_3=\frac{1}{\sqrt{2}}(1,-1,0)^{\mathrm{T}}.$$

令 $\boldsymbol{Q}=(\boldsymbol{\gamma}_1,\boldsymbol{\gamma}_2,\boldsymbol{\gamma}_3)=\begin{bmatrix}1/\sqrt{2} & 0 & 1/\sqrt{2}\\ 1/\sqrt{2} & 0 & -1/\sqrt{2}\\ 0 & 1 & 0\end{bmatrix}$，则经正交变换 $\boldsymbol{x}=\boldsymbol{Q}\boldsymbol{y}$ 有 $f(x_1,x_2,x_3)=2y_1^2+2y_2^2$.

(3)方程 $f(x_1,x_2,x_3)=x_1^2+x_2^2+2x_3^2+2x_1x_2=(x_1+x_2)^2+2x_3^2=0$，即$\begin{cases}x_1+x_2=0;\\ 2x_3=0.\end{cases}$

所以方程的解是 $k(1,-1,0)^{\mathrm{T}}$.

14. 设 $\boldsymbol{A}$ 是 n 阶正定阵，$\boldsymbol{E}$ 为 n 阶单位阵，证明 $\boldsymbol{A}+\boldsymbol{E}$ 的行列式大于 1.

证法一 因为 $\boldsymbol{A}$ 是正定矩阵，故存在正交矩阵 $\boldsymbol{Q}$，使

$$\boldsymbol{Q}^{\mathrm{T}}\boldsymbol{A}\boldsymbol{Q}=\boldsymbol{Q}^{-1}\boldsymbol{A}\boldsymbol{Q}=\boldsymbol{\Lambda}=\begin{bmatrix}\lambda_1 & & & \\ & \lambda_2 & & \\ & & \ddots & \\ & & & \lambda_n\end{bmatrix},$$

其中 $\lambda_i>0(i=1,2,\cdots,n)$，$\lambda_i$ 是 $\boldsymbol{A}$ 的特征值. 因此 $\boldsymbol{Q}^{\mathrm{T}}(\boldsymbol{A}+\boldsymbol{E})\boldsymbol{Q}=\boldsymbol{Q}^{\mathrm{T}}\boldsymbol{A}\boldsymbol{Q}+\boldsymbol{Q}^{\mathrm{T}}\boldsymbol{Q}=\boldsymbol{\Lambda}+\boldsymbol{E}$. 两端取行列式得 $|\boldsymbol{A}+\boldsymbol{E}|=|\boldsymbol{Q}^{\mathrm{T}}||\boldsymbol{A}+\boldsymbol{E}||\boldsymbol{Q}|=|\boldsymbol{Q}^{\mathrm{T}}(\boldsymbol{A}+\boldsymbol{E})\boldsymbol{Q}|=|\boldsymbol{\Lambda}+\boldsymbol{E}|=\prod(\lambda_i+1)$. 从而 $|\boldsymbol{A}+\boldsymbol{E}|>1$.

证法二 设 $\boldsymbol{A}$ 的 n 个特征值是 $\lambda_1,\lambda_2,\cdots,\lambda_n$. 由于 $\boldsymbol{A}$ 是正定矩阵，故特征值全大于 0. 因为 $\boldsymbol{A}+\boldsymbol{E}$ 的特征值是 $\lambda_1+1,\lambda_2+1,\cdots,\lambda_n+1$，它们全大于 1，根据 $|\boldsymbol{A}|=\prod\lambda_i$，知

$$|\boldsymbol{A}+\boldsymbol{E}|=\prod(\lambda_i+1)>1.$$

15. 考虑二次型 $f=x_1^2+4x_2^2+4x_3^2+2\lambda x_1x_2-2x_1x_3+4x_2x_3$，问 λ 取何值时，f 为正定二次型.

解 二次型 f 的矩阵为 $\boldsymbol{A}=\begin{bmatrix}1 & \lambda & -1\\ \lambda & 4 & 2\\ -1 & 2 & 4\end{bmatrix}$，其顺序主子式为

$$\Delta_1=1,\Delta_2=\begin{vmatrix}1 & \lambda\\ \lambda & 4\end{vmatrix}=4-\lambda^2,\Delta_3=|\boldsymbol{A}|=-4^2-4\lambda+8.$$

正定的充要条件是 $\Delta_1>0,\Delta_2=(2-\lambda)(2+\lambda)>0,\Delta_3=-4(\lambda-1)(\lambda+2)>0$，解得其交集为 $(-2,1)$. 故 $\lambda\in(-2,1)$ 时，f 是正定二次型.

注意 这一类题目用“顺序主子式全大于 0”为简捷. 如果配方法方便，也可考虑用配方法化其为标准形，利用“正惯性指数 $p=n$”，若特征值易求，亦可用“特征值全大于 0”.

16. 设 $\boldsymbol{A},\boldsymbol{B}$ 分别为 m 阶，n 阶正定矩阵，试判定分块矩阵 $\boldsymbol{C}=\begin{bmatrix}\boldsymbol{A} & \boldsymbol{O}\\ \boldsymbol{O} & \boldsymbol{B}\end{bmatrix}$ 是否为正定矩阵.

解法一 因为 $\boldsymbol{A},\boldsymbol{B}$ 均为正定矩阵，故 $\boldsymbol{A}^{\mathrm{T}}=\boldsymbol{A},\boldsymbol{B}^{\mathrm{T}}=\boldsymbol{B}$. 则

$$\boldsymbol{C}^{\mathrm{T}}=\begin{bmatrix}\boldsymbol{A} & \boldsymbol{O}\\ \boldsymbol{O} & \boldsymbol{B}\end{bmatrix}^{\mathrm{T}}=\begin{bmatrix}\boldsymbol{A}^{\mathrm{T}} & \boldsymbol{O}\\ \boldsymbol{O} & \boldsymbol{B}^{\mathrm{T}}\end{bmatrix}=\begin{bmatrix}\boldsymbol{A} & \boldsymbol{O}\\ \boldsymbol{O} & \boldsymbol{B}\end{bmatrix}=\boldsymbol{C},$$

即 $\boldsymbol{C}$ 是对称矩阵.

设 $m+n$ 维列向量 $\boldsymbol{z}^{\mathrm{T}}=(\boldsymbol{x}^{\mathrm{T}},\boldsymbol{y}^{\mathrm{T}})$，其中 $\boldsymbol{x}^{\mathrm{T}}=(x_1,x_2,\cdots,x_m)$，$\boldsymbol{y}^{\mathrm{T}}=(y_1,y_2,\cdots,y_n)$.

若 $\boldsymbol{z}\neq\boldsymbol{0}$，则 $\boldsymbol{x},\boldsymbol{y}$ 不同时为 $\boldsymbol{0}$，不妨设 $\boldsymbol{x}\neq\boldsymbol{0}$，因为 $\boldsymbol{A}$ 是正定矩阵，所以 $\boldsymbol{x}^{\mathrm{T}}\boldsymbol{A}\boldsymbol{x}>0$. 又因 $\boldsymbol{B}$ 是正定矩阵，故对任意 n 维向量 $\boldsymbol{y}$，恒有 $\boldsymbol{y}^{\mathrm{T}}\boldsymbol{B}\boldsymbol{y}\geqslant 0$.

于是 $\boldsymbol{z}^{\mathrm{T}}\boldsymbol{C}\boldsymbol{z}=(\boldsymbol{x}^{\mathrm{T}},\boldsymbol{y}^{\mathrm{T}})\begin{bmatrix}\boldsymbol{A} & \boldsymbol{O}\\ \boldsymbol{O} & \boldsymbol{B}\end{bmatrix}\begin{bmatrix}\boldsymbol{x}\\ \boldsymbol{y}\end{bmatrix}=\boldsymbol{x}^{\mathrm{T}}\boldsymbol{A}\boldsymbol{x}+\boldsymbol{y}^{\mathrm{T}}\boldsymbol{B}\boldsymbol{y}>0$，即 $\boldsymbol{z}^{\mathrm{T}}\boldsymbol{C}\boldsymbol{z}$ 是正定二次型，因此 $\boldsymbol{C}$ 是正定矩阵.

解法二 $C^T=C$ 同解法一，略.

设 A 的特征值是 $\lambda_1,\lambda_2,\cdots,\lambda_m$，$B$ 的特征值是 $\mu_1,\mu_2,\cdots,\mu_n$. 由 A,B 均正定，知 $\lambda_i>0$，$\mu_j>0(i=1,2,\cdots,m_m,j=1,2,\cdots,n)$. 因为

$$|\lambda E-C|=\begin{vmatrix}\lambda E_m-A & O\\ O & \lambda E_n-B\end{vmatrix}=|\lambda E_m-A|\cdot|\lambda E_n-B|$$
$$=(\lambda-\lambda_1)\cdots(\lambda-\lambda_m)(\lambda-\mu_1)\cdots(\lambda-\mu_n),$$

于是矩阵 C 的特征值为 $\lambda_1,\lambda_2,\cdots,\lambda_m,\mu_1,\mu_2,\cdots\mu_n$. 因 C 的特征值全大于 0，故矩阵 C 正定.

解法三 C 是实对称矩阵的证明同前.

因为 A,B 均是正定矩阵，故存在可逆矩阵 C_1 与 C_2，使 $C_1^TAC_1=E_m,C_2^TBC_2=E_n$. 那么

$$\begin{bmatrix}C_1 & O\\ O & C_2\end{bmatrix}^T\begin{bmatrix}A & O\\ O & B\end{bmatrix}\begin{bmatrix}C_1 & O\\ O & C_2\end{bmatrix}=\begin{bmatrix}C_1^TAC_1 & O\\ O & C_2^TBC_2\end{bmatrix}=\begin{bmatrix}E_m & O\\ O & E_n\end{bmatrix},$$

且 $\begin{vmatrix}C_1 & O\\ O & C_2\end{vmatrix}=|C_1|\cdot|C_2|\neq0$. 即 $\begin{bmatrix}A & O\\ O & B\end{bmatrix}$ 与 E 合同. 故 $\begin{bmatrix}A & O\\ O & B\end{bmatrix}$ 正定.

17. 设矩阵 $A=\begin{bmatrix}1 & 0 & 1\\ 0 & 2 & 0\\ 1 & 0 & 1\end{bmatrix}$，矩阵 $B=(kE+A)^2$，其中 k 为实数，E 为单位矩阵. 求对角矩阵 Λ，使 B 与 Λ 相似，并求 k 为何值时，B 为正定矩阵.

分析 由于 B 是实对称矩阵，B 必可相似对角化，而对角矩阵 Λ 的对角线上的元素即 B 的特征值，只要求出 B 的特征值即知 Λ，又因正定的充分必要条件是特征值全大于 0，k 的取值亦可求出.

解 由于 A 是实对称矩阵，有

$$B^T=[(kE+A)^2]^T=[(kE+A)^T]^2=(kE+A)^2=B.$$

即 B 是实对称矩阵，故 B 必可相似对角化.

由 $|\lambda E-A|=\lambda(\lambda-2)^2$，得 A 的特征值是 $\lambda_1=\lambda_2=2$，$\lambda_3=0$. $kE+A$ 的特征值是 $k+2$，$k+2,k$，而 $(kE+A)^2$ 的特征值是 $(k+2)^2,(k+2)^2,k^2$. 故

$$B\sim\Lambda=\begin{bmatrix}(k+2)^2 & & \\ & (k+2)^2 & \\ & & k^2\end{bmatrix}.$$

因为矩阵 B 正定的充分必要条件是特征值全大于 0，故当 $k\neq-2$ 且 $k\neq0$ 时，矩阵 B 正定.

18. 设 A 为 m 阶实对称矩阵，B 为 $m\times n$ 实矩阵，B^T 为 B 的转置矩阵，试证 B^TAB 为正定矩阵的充分必要条件是 B 的秩 $r(B)=n$.

证 必要性. 设 B^TAB 为正定矩阵，按定义 $\forall x\neq0$，恒有 $x^T(B^TAB)x>0$. 即 $\forall x\neq0$，恒有 $(Bx)^TA(Bx)>0$. 即 $\forall x\neq0$，恒有 $Bx\neq0$. 因此，$Bx=0$ 只有零解，从而 $r(B)=n$.

充分性. 由 $(B^TAB)^T=B^TA^T(B^T)^T=B^TAB$，知 B^TAB 为实对称矩阵.

若 $r(\boldsymbol{B})=n$，则齐次方程组 $\boldsymbol{Bx}=\boldsymbol{0}$ 只有零解，那么 $\forall\, \boldsymbol{x}\neq\boldsymbol{0}$ 必有 $\boldsymbol{Bx}\neq\boldsymbol{0}$.

又 $\boldsymbol{A}$ 为正定矩阵，所以对于 $\boldsymbol{Bx}\neq\boldsymbol{0}$，恒有 $(\boldsymbol{Bx})^{\mathrm{T}}\boldsymbol{A}(\boldsymbol{Bx})>0$. 即当 $\boldsymbol{x}\neq\boldsymbol{0}$ 时，$\boldsymbol{x}^{\mathrm{T}}(\boldsymbol{B}^{\mathrm{T}}\boldsymbol{AB})\boldsymbol{x}>0$，故 $\boldsymbol{B}^{\mathrm{T}}\boldsymbol{AB}$ 为正定矩阵.

19. 设 $\boldsymbol{A}$ 为 $m\times n$ 实矩阵，$\boldsymbol{E}$ 为 n 阶单位矩阵，已知矩阵 $\boldsymbol{B}=\lambda\boldsymbol{E}+\boldsymbol{A}^{\mathrm{T}}\boldsymbol{A}$，试证当 $\lambda>0$ 时，矩阵 $\boldsymbol{B}$ 为正定矩阵.

证 因为 $\boldsymbol{B}^{\mathrm{T}}=(\lambda\boldsymbol{E}+\boldsymbol{A}^{\mathrm{T}}\boldsymbol{A})^{\mathrm{T}}=\lambda\boldsymbol{E}+\boldsymbol{A}^{\mathrm{T}}\boldsymbol{A}=\boldsymbol{B}$，所以 $\boldsymbol{B}$ 是 n 阶实对称矩阵. 构造二次型 $\boldsymbol{x}^{\mathrm{T}}\boldsymbol{Bx}$，则 $\boldsymbol{x}^{\mathrm{T}}\boldsymbol{Bx}=\boldsymbol{x}^{\mathrm{T}}(\lambda\boldsymbol{E}+\boldsymbol{A}^{\mathrm{T}}\boldsymbol{A})\boldsymbol{x}=\lambda\boldsymbol{x}^{\mathrm{T}}\boldsymbol{x}+\boldsymbol{x}^{\mathrm{T}}\boldsymbol{A}^{\mathrm{T}}\boldsymbol{Ax}=\lambda\boldsymbol{x}^{\mathrm{T}}\boldsymbol{x}+(\boldsymbol{Ax})^{\mathrm{T}}(\boldsymbol{Ax})$.

$\forall\, \boldsymbol{x}\neq\boldsymbol{0}$，恒有 $\boldsymbol{x}^{\mathrm{T}}\boldsymbol{x}>0$，$(\boldsymbol{Ax})^{\mathrm{T}}(\boldsymbol{Ax})\geqslant 0$. 因此，当 $\lambda>0$ 时，$\forall\, \boldsymbol{x}\neq\boldsymbol{0}$，有

$$\boldsymbol{x}^{\mathrm{T}}\boldsymbol{Bx}=\lambda\boldsymbol{x}^{\mathrm{T}}\boldsymbol{x}+(\boldsymbol{Ax})^{\mathrm{T}}(\boldsymbol{Ax})>0.$$

二次型为正定二次型. 故 $\boldsymbol{B}$ 为正定矩阵.

20. 设有 n 元实二次型

$$f(x_1,x_2,\cdots,x_n)=(x_1+a_1x_2)^2+(x_2+a_2x_3)^2+\cdots+(x_{n-1}+a_{n-1}x_n)^2+(x_n+a_nx_1)^2,$$

其中 $a_i(i=1,2,\cdots,n)$ 为实数. 试问当 $a_1,a_2,\cdots,a_n$ 满足何种条件时，二次型 $f(x_1,x_2,\cdots,x_n)$ 为正定二次型.

解 由已知条件知，对任意的 $x_1,x_2,\cdots,x_n$，恒有 $f(x_1,x_2,\cdots,x_n)\geqslant 0$，其中等号成立的充分必要条件是

$$\begin{cases} x_1+a_1x_2=0; \\ x_2+a_2x_3=0; \\ \cdots\cdots \\ x_{n-1}+a_{n-1}x_n=0; \\ x_n+a_nx_1=0. \end{cases} \tag{1}$$

根据正定的定义，只要 $\boldsymbol{x}\neq\boldsymbol{0}$，恒有 $\boldsymbol{x}^{\mathrm{T}}\boldsymbol{Ax}>\boldsymbol{0}$，则 $\boldsymbol{x}^{\mathrm{T}}\boldsymbol{Ax}$ 是正定二次型. 为此，只要方程组(1)仅有零解，就必有当 $\boldsymbol{x}\neq\boldsymbol{0}$ 时，$x_1+a_1x_2,x_2+a_2x_3,\cdots$ 恒不全为 0，从而 $f(x_1,x_2,\cdots,x_n)>0$，亦即 f 是正定二次型.

而方程组(1)只有零解的充分必要条件是系数行列式

$$\begin{vmatrix} 1 & a_1 & 0 & \cdots & 0 & 0 \\ 0 & 1 & a_2 & \cdots & 0 & 0 \\ 0 & 0 & 1 & \cdots & 0 & 0 \\ \vdots & \vdots & \vdots & & \vdots & \vdots \\ 0 & 0 & 0 & \cdots & 1 & a_{n-1} \\ a_n & 0 & 0 & \cdots & 0 & 1 \end{vmatrix}=1+(-1)^{n+1}a_1a_2\cdots a_n\neq 0, \tag{2}$$

即当 $a_1a_2\cdots a_n\neq(-1)^n$ 时，二次型 $f(x_1,x_2,\cdots,x_n)$ 为正定二次型.

21. 设 $\boldsymbol{D}=\begin{bmatrix}\boldsymbol{A} & \boldsymbol{C}\\ \boldsymbol{C}^{\mathrm{T}} & \boldsymbol{B}\end{bmatrix}$ 为正定矩阵，其中 $\boldsymbol{A},\boldsymbol{B}$ 分别为 m 阶，n 阶对称矩阵，$\boldsymbol{C}$ 为 $m\times n$ 矩阵.

(1) 计算 $\boldsymbol{P}^{\mathrm{T}}\boldsymbol{DP}$，其中 $\boldsymbol{P}=\begin{bmatrix}\boldsymbol{E}_m & -\boldsymbol{A}^{-1}\boldsymbol{C}\\ \boldsymbol{O} & \boldsymbol{E}_n\end{bmatrix}$；

(2)利用(1)的结果判断矩阵 $B-C^{T}A^{-1}C$ 是否为正定矩阵,并证明你的结论.

解 (1)因为 $P^{T}=\begin{bmatrix}E_m & -A^{-1}C\\ O & E_n\end{bmatrix}^{T}=\begin{bmatrix}E_m & O\\ -C^{T}A^{-1} & E_n\end{bmatrix}$,所以

$$P^{T}DP=\begin{bmatrix}E_m & O\\ -C^{T}A^{-1} & E_n\end{bmatrix}\begin{bmatrix}A & C\\ C^{T} & B\end{bmatrix}\begin{bmatrix}E_m & -A^{-1}C\\ O & E_n\end{bmatrix}$$

$$=\begin{bmatrix}A & C\\ O & B-C^{T}A^{-1}C\end{bmatrix}\begin{bmatrix}E_m & -A^{-1}C\\ O & E_n\end{bmatrix}=\begin{bmatrix}A & O\\ O & B-C^{T}A^{-1}C\end{bmatrix}.$$

(2)因为 D 是对称矩阵,知 $P^{T}DP$ 是对称矩阵,所以 $B-C^{T}A^{-1}C$ 为对称矩阵. 又因矩阵 D 与 $\begin{bmatrix}A & O\\ O & B-C^{T}A^{-1}C\end{bmatrix}$ 合同,且 D 正定,知矩阵 $\begin{bmatrix}A & O\\ O & B-C^{T}A^{-1}C\end{bmatrix}$ 正定,那么,$\forall \begin{bmatrix}O\\ Y\end{bmatrix}\neq 0$,恒有 $(O,Y^{T})\begin{bmatrix}A & O\\ O & B-C^{T}A^{-1}C\end{bmatrix}\begin{bmatrix}O\\ Y\end{bmatrix}=Y^{T}(B-C^{T}A^{-1}C)Y>0$,所以矩阵 $B-C^{T}A^{-1}C$ 正定.

22. 设矩阵

$$A=\begin{bmatrix}0 & 1 & 0 & 0\\ 1 & 0 & 0 & 0\\ 0 & 0 & y & 1\\ 0 & 0 & 1 & 2\end{bmatrix}.$$

(1)已知 A 的一个特征值为 3,试求 y;

(2)求可逆矩阵 P,使 $(AP)^{T}(AP)$ 为对角矩阵.

解 (1)因为 $\lambda=3$ 是 A 的特征值,故

$$|3E-A|=\begin{vmatrix}3 & -1 & 0 & 0\\ -1 & 3 & 0 & 0\\ 0 & 0 & 3-y & -1\\ 0 & 0 & -1 & 1\end{vmatrix}=\begin{vmatrix}3 & -1\\ -1 & 3\end{vmatrix}\cdot\begin{vmatrix}3-y & -1\\ -1 & 1\end{vmatrix}=8(2-y)=0,$$

所以 $y=2$.

(2)由于 $A^{T}=A$,要 $(AP)^{T}(AP)=P^{T}A^{2}P=\Lambda$,而

$$A^{2}=\begin{bmatrix}1 & 0 & 0 & 0\\ 0 & 1 & 0 & 0\\ 0 & 0 & 5 & 4\\ 0 & 0 & 4 & 5\end{bmatrix}$$

是对称矩阵,故可构造二次型 $x^{T}A^{2}x$,将其化为标准型 $y^{T}\Lambda y$. 即有 A^{2} 与 Λ 合同. 亦即 $P^{T}A^{2}P=\Lambda$.

由于

$$\begin{aligned}\boldsymbol{x}^{\mathrm{T}}\boldsymbol{A}^2\boldsymbol{x}&=x_1^2+x_2^2+5x_3^2+5x_4^2+8x_3x_4\\&=x_1^2+x_2^2+5\left(x_3^2+\frac{8}{5}x_3x_4+\frac{16}{25}x_4^2\right)+5x_4^2-\frac{16}{5}x_4^2\\&=x_1^2+x_2^2+5\left(x_3+\frac{4}{5}x_4\right)^2+\frac{9}{5}x_4^2,\end{aligned}$$

令 $y_1=x_1,y_2=x_2,y_3=x_3+\frac{4}{5}x_4,y_4=x_4$，即经坐标变换

$$\begin{bmatrix}x_1\\x_2\\x_3\\x_4\end{bmatrix}=\begin{bmatrix}1&0&0&0\\0&1&0&0\\0&0&1&-4/5\\0&0&0&1\end{bmatrix}\begin{bmatrix}y_1\\y_2\\y_3\\y_4\end{bmatrix},$$

有 $\boldsymbol{x}^{\mathrm{T}}\boldsymbol{A}^2\boldsymbol{x}=y_1^2+y_2^2+5y_3^2+\frac{9}{5}y_4^2$.

所以，取 $\boldsymbol{P}=\begin{bmatrix}1&0&0&0\\0&1&0&0\\0&0&1&-4/5\\0&0&0&1\end{bmatrix}$，有 $(\boldsymbol{AP})^{\mathrm{T}}(\boldsymbol{AP})=\boldsymbol{P}^{\mathrm{T}}\boldsymbol{A}^2\boldsymbol{P}=\begin{bmatrix}1&&&\\&1&&\\&&5&\\&&&9/5\end{bmatrix}$.

23. 设 $\boldsymbol{A},\boldsymbol{B}$ 为同阶可逆矩阵，则________.

(A) $\boldsymbol{AB}=\boldsymbol{BA}$； (B)存在可逆矩阵 $\boldsymbol{P}$，使 $\boldsymbol{P}^{-1}\boldsymbol{AP}=\boldsymbol{B}$；

(C)存在可逆矩阵 $\boldsymbol{C}$，使 $\boldsymbol{C}^{\mathrm{T}}\boldsymbol{AC}=\boldsymbol{B}$； (D)存在可逆矩阵 $\boldsymbol{P}$ 和 $\boldsymbol{Q}$，使 $\boldsymbol{PAQ}=\boldsymbol{B}$.

解 矩阵乘法没有交换律，故(A)不正确.

两个可逆矩阵不一定相似，因为特征值可以不一样. 故(B)不正确.

两个可逆矩阵所对应的二次型的正、负惯性指数可以不同，因而不一定合同. 例如 $\boldsymbol{A}=\begin{bmatrix}1&0\\0&2\end{bmatrix}$ 与 $\boldsymbol{B}=\begin{bmatrix}-1&0\\0&3\end{bmatrix}$，既不相似也不合同.

$\boldsymbol{A}$ 与 $\boldsymbol{B}$ 等价，即 $\boldsymbol{A}$ 经初等变换可得到 $\boldsymbol{B}$，即有初等矩阵 $\boldsymbol{P}_1,\boldsymbol{P}_2,\cdots,\boldsymbol{P}_s,\boldsymbol{Q}_1,\boldsymbol{Q}_2,\cdots,\boldsymbol{Q}_t$，使 $\boldsymbol{P}_s,\cdots,\boldsymbol{P}_2\boldsymbol{P}_1\boldsymbol{A}\boldsymbol{Q}_1\boldsymbol{Q}_2,\cdots,\boldsymbol{Q}_t=\boldsymbol{B}$，亦即有可逆矩阵 $\boldsymbol{P}$ 和 $\boldsymbol{Q}$ 使 $\boldsymbol{PAQ}=\boldsymbol{B}$.

另一方面，$\boldsymbol{A}$ 与 $\boldsymbol{B}$ 等价 $\Leftrightarrow r(\boldsymbol{A})=r(\boldsymbol{B})$，从而知(D)正确. 故应选(D).

24. 设 $\boldsymbol{A}=\begin{bmatrix}1&1&1&1\\1&1&1&1\\1&1&1&1\\1&1&1&1\end{bmatrix}$，$\boldsymbol{B}=\begin{bmatrix}4&0&0&0\\0&0&0&0\\0&0&0&0\\0&0&0&0\end{bmatrix}$，则 $\boldsymbol{A}$ 与 $\boldsymbol{B}$ ________.

(A)合同且相似； (B)合同但不相似；

(C)不合同但相似； (D)不合同且不相似.

解 由 $|\lambda\boldsymbol{E}-\boldsymbol{A}|=\lambda^4-4\lambda^3=0$，知矩阵的 $\boldsymbol{A}$ 的特征值是 4，0，0，0. 又因 $\boldsymbol{A}$ 是实对称矩阵，$\boldsymbol{A}$ 必能相似对角化，所以 $\boldsymbol{A}$ 与对角矩阵 $\boldsymbol{B}$ 相似.

作为实对称矩阵，当 $\boldsymbol{A}\sim\boldsymbol{B}$ 时，知 $\boldsymbol{A}$ 与 $\boldsymbol{B}$ 有相同的特征值，从而二次型 $\boldsymbol{x}^{\mathrm{T}}\boldsymbol{Ax}$ 与 $\boldsymbol{x}^{\mathrm{T}}\boldsymbol{Bx}$ 有相同的正负惯性指数，因此 $\boldsymbol{A}$ 与 $\boldsymbol{B}$ 合同. 所以应当选(A).

注意 实对称矩阵合同时，它们不一定相似，但相似时一定合同. 例如

$$A=\begin{bmatrix}1&0\\0&2\end{bmatrix},\quad B=\begin{bmatrix}1&0\\0&3\end{bmatrix},$$

它们的特征值不同，故 $\boldsymbol{A}$ 与 $\boldsymbol{B}$ 不相似，但它们的正惯性指数均为 2，负惯性指数均为 0. 所以 $\boldsymbol{A}$ 与 $\boldsymbol{B}$ 合同.

25. 设矩阵 $A=\begin{bmatrix}2&-1&-1\\-1&2&-1\\-1&-1&2\end{bmatrix}$，$B=\begin{bmatrix}1&0&0\\0&1&0\\0&0&0\end{bmatrix}$，则 $\boldsymbol{A}$ 与 $\boldsymbol{B}$ ________.

(A)合同，且相似；　　(B)合同，但不相似；

(C)不合同，但相似；　　(D)既不合同，也不相似.

解 根据相似的必要条件：$\sum a_{ii}=\sum b_{ii}$，易见 $\boldsymbol{A}$ 和 $\boldsymbol{B}$ 肯定不相似. 由此可排除(A)与(C).

而合同的充分必要条件是有相同的正惯性指数、负惯性指数，为此可以用特征值来加以判断. 由

$$|\lambda E-A|=\begin{bmatrix}\lambda-2&1&1\\1&\lambda-2&1\\1&1&\lambda-2\end{bmatrix}=\begin{bmatrix}\lambda&\lambda&\lambda\\1&\lambda-2&1\\1&1&\lambda-2\end{bmatrix}=\lambda(\lambda-3)^2$$

知矩阵 $\boldsymbol{A}$ 的特征值为 3,3,0. 故二次型 $\boldsymbol{x}^{\mathrm{T}}\boldsymbol{A}\boldsymbol{x}$ 的正惯性指数 $p=2$，负惯性指数 $q=0$. 而二次型 $\boldsymbol{x}^{\mathrm{T}}\boldsymbol{B}\boldsymbol{x}$ 的正惯性指数 $p=2$，负惯性指数 $q=0$，所以 $\boldsymbol{A}$ 与 $\boldsymbol{B}$ 合同. 故应选(B).

26. 设 $\boldsymbol{A}$ 为 n 阶实对称矩阵，秩$(\boldsymbol{A})=n$，A_{ij} 是 $\boldsymbol{A}=(a_{ij})_{n\times n}$ 中元素 a_{ij} 的代数余子式$(i,j=1,2,\cdots,n)$，二次型

$$f(x_1,x_2,\cdots,x_n)=\sum_{i=1}^{n}\sum_{j=1}^{n}\frac{A_{ij}}{|A|}x_ix_j.$$

(1)记 $\boldsymbol{x}=(x_1,x_2,\cdots,x_n)^{\mathrm{T}}$，把 $f(x_1,x_2,\cdots,x_n)$写成矩阵形式，并证明二次型 $f(\boldsymbol{x})$的矩阵为 $\boldsymbol{A}^{-1}$；

(2)二次型与 $f(\boldsymbol{x})$的规范形是否相同？说明理由.

分析 如果 $f(\boldsymbol{x})=\boldsymbol{x}^{\mathrm{T}}\boldsymbol{A}\boldsymbol{x}$，其中 $\boldsymbol{A}$ 是实对称矩阵，那么 $\boldsymbol{x}^{\mathrm{T}}\boldsymbol{A}\boldsymbol{x}$ 就是二次型 $f(\boldsymbol{x})$的矩阵表示，为此应读出双和号的含义. 两个二次型如果其正负惯性指数相同，它们的规范形就一样，反之亦然. 而根据惯性定理，经坐标变换二次型的正负惯性指数不变，因而规范形相同.

解 (1) $f(x_1,x_2,\cdots,x_n)=\sum_{i=1}^{n}\sum_{j=1}^{n}\frac{A_{ij}}{|A|}x_ix_j$

$$=(x_1,x_2,\cdots,x_n)\frac{1}{|A|}\begin{bmatrix}A_{11}&A_{12}&\cdots&A_{1n}\\A_{21}&A_{22}&\cdots&A_{2n}\\\vdots&\vdots&&\vdots\\A_{n1}&A_{n2}&\cdots&A_{nn}\end{bmatrix}\begin{bmatrix}x_1\\x_2\\\vdots\\x_n\end{bmatrix},$$

因为 $r(\boldsymbol{A})=n$，知 $\boldsymbol{A}$ 可逆. 又因 $\boldsymbol{A}$ 是实对称的，有$(\boldsymbol{A}^{-1})^{\mathrm{T}}=(\boldsymbol{A}^{\mathrm{T}})^{-1}=\boldsymbol{A}^{-1}$，得知 $\boldsymbol{A}^{-1}=$

$\frac{A^*}{|A|}$是实对称矩阵，于是 A^* 是对称的，故二次型 $f(x)$的矩阵是 A^{-1}.

(2)经坐标变换 $x=A^{-1}y$，有

$$g(x)=x^{T}Ax=(A^{-1}y)^{T}A(A^{-1}y)=y^{T}(A^{-1})^{T}y=y^{T}A^{-1}y=f(y),$$

即 $g(x)$与 $f(x)$有相同的规范形.

27. 设 A 为 3 阶实对称矩阵，如果二次曲面方程$(x,y,z)A\begin{bmatrix}x\\y\\z\end{bmatrix}=1$ 在正交变换下的标准方程的图形如图所示，则 A 的正特征值的个数为________.

(A)0；　(B)1；　(C)2；　(D)3.

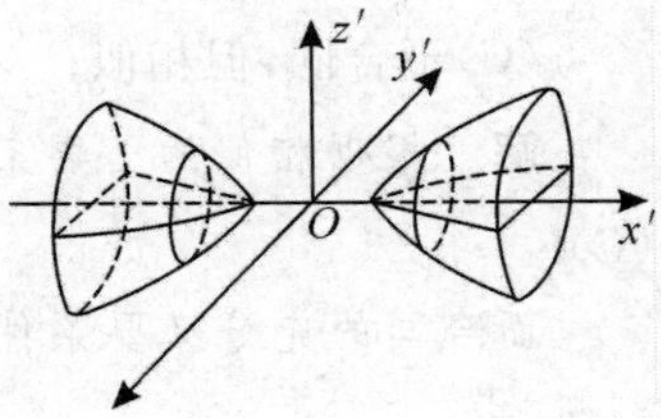

解　由图知曲面为旋转双叶双曲面，其方程为$\frac{x^2}{a^2}-\frac{y^2+z^2}{c^2}=1$.

对于二次型$\frac{x^2}{a^2}-\frac{y^2+z^2}{c^2}$，其特征值为$\frac{1}{a^2},-\frac{1}{c^2},-\frac{1}{c^2}$. 故应选(B).

28. 设二次型

$$f(x_1,x_2,x_3)=ax_1^2+ax_2^2+(a-1)x_3^2+2x_1x_3-2x_2x_3.$$

(1) 求二次型 f 的矩阵的所有特征值；

(2) 若二次型 f 的规范形为 $y_1^2+y_2^2$，求 a 的值.

解　(1) 二次型矩阵 $A=\begin{bmatrix}a&0&1\\0&a&-1\\1&-1&a-1\end{bmatrix}$，由特征多项式

$$|\lambda E-A|=\begin{vmatrix}\lambda-a&0&-1\\0&\lambda-a&1\\-1&1&\lambda-a+1\end{vmatrix}=\begin{vmatrix}\lambda-a&\lambda-a&0\\0&\lambda-a&1\\-1&1&\lambda-a+1\end{vmatrix}$$
$$=(\lambda-a)(\lambda-a-1)(\lambda-a+2),$$

可知二次型矩阵 A 的 3 个特征值为：$a,a+1,a-2$.

(2)若二次型的规范形为 $y_1^2+y_2^2$，说明正惯性指数 $p=2$，负惯性指数 $q=0$. 那么二次型矩阵 A 的特征值中应当 2 个特征值为正，1 个特征值为 0，所以必有 $a=2$.

29. 已知二次型 $f(x_1,x_2,x_3)=x^{T}Ax$ 在正交变换 $x=Qy$ 下的标准型为 $y_1^2+y_2^2$，且 Q 的第 3 列为$\left(\frac{\sqrt{2}}{2},0,\frac{\sqrt{2}}{2}\right)^{T}$.

(1)求矩阵 A；

(2)证明 $A+E$ 为正定矩阵，其中 E 为 3 阶单位矩阵.

解　(1) 二次型 $x^{T}Ax$ 在正交变换 $x=Qy$ 下的标准型为 $y_1^2+y_2^2$，说明二次型矩阵 A 的特征值是 1,1,0，又因 Q 的第 3 列为$\left(\frac{\sqrt{2}}{2},0,\frac{\sqrt{2}}{2}\right)^{T}$，说明 $\alpha_3=(1,0,1)^{T}$是矩阵 A 关于特征值

$\lambda=0$ 的特征向量. 因为 $\boldsymbol{A}$ 是实对称矩阵,特征值不同,特征向量相互正交. 设 $\boldsymbol{A}$ 关于 $\lambda_1=\lambda_2=1$ 的特征向量为 $\boldsymbol{\alpha}=(x_1,x_2,x_3)^{\mathrm{T}}$,则 $\boldsymbol{\alpha}^{\mathrm{T}}\boldsymbol{\alpha}_3=0$,即

$$x_1+x_3=0$$

取 $\boldsymbol{\alpha}_1=(0,1,0)^{\mathrm{T}}$,$\boldsymbol{\alpha}_2=(-1,0,1)^{\mathrm{T}}$,那么 $\boldsymbol{\alpha}_1,\boldsymbol{\alpha}_2$ 是 $\lambda_1=\lambda_2=1$ 的特征向量.
由 $\boldsymbol{A}(\boldsymbol{\alpha}_1,\boldsymbol{\alpha}_2,\boldsymbol{\alpha}_3)=(\boldsymbol{\alpha}_1,\boldsymbol{\alpha}_2,\boldsymbol{0})$ 有

$$\boldsymbol{A}=(\boldsymbol{\alpha}_1,\boldsymbol{\alpha}_2,\boldsymbol{0})(\boldsymbol{\alpha}_1,\boldsymbol{\alpha}_2,\boldsymbol{\alpha}_3)^{-1}=\begin{bmatrix}0&-1&0\\1&0&0\\0&1&0\end{bmatrix}\begin{bmatrix}0&-1&1\\1&0&0\\0&1&1\end{bmatrix}^{-1}$$

$$=\begin{bmatrix}0&-1&0\\1&0&0\\0&1&0\end{bmatrix}\begin{bmatrix}0&1&0\\-\frac{1}{2}&0&\frac{1}{2}\\\frac{1}{2}&0&\frac{1}{2}\end{bmatrix}=\begin{bmatrix}\frac{1}{2}&0&-\frac{1}{2}\\0&1&0\\-\frac{1}{2}&0&\frac{1}{2}\end{bmatrix}$$

(2)由于矩阵 $\boldsymbol{A}$ 的特征值 1,1,0,那么 $\boldsymbol{A}+\boldsymbol{E}$ 的特征值是 2,2,1. 因为 $\boldsymbol{A}+\boldsymbol{E}$ 的特征值全大于 0,所以 $\boldsymbol{A}+\boldsymbol{E}$ 正定.

注意 本题也可把 $\boldsymbol{\alpha}_1,\boldsymbol{\alpha}_2$ 单位化处理(它们已经正交)构造出正交矩阵 $\boldsymbol{Q}$,即

$$\boldsymbol{Q}=\begin{bmatrix}0&-\frac{1}{\sqrt{2}}&\frac{1}{\sqrt{2}}\\1&0&0\\0&\frac{1}{\sqrt{2}}&\frac{1}{\sqrt{2}}\end{bmatrix},$$

则 $\boldsymbol{Q}^{-1}\boldsymbol{A}\boldsymbol{Q}=\boldsymbol{Q}^{\mathrm{T}}\boldsymbol{A}\boldsymbol{Q}=\begin{bmatrix}1&&\\&1&\\&&0\end{bmatrix}$,于是有 $\boldsymbol{A}=\boldsymbol{Q}\boldsymbol{\Lambda}\boldsymbol{Q}^{\mathrm{T}}=\cdots$

参考文献

References

[1] 梁保松,苏本堂.线性代数及其应用.北京:中国农业出版社,2004.

[2] 同济大学应用数学系. 线性代数.4 版.北京:高等教育出版社,1999.

[3] 华中科技大学数学系.线性代数.北京:高等教育出版社,1999.

[4] 梁保松,等.应用数学.北京:气象出版社,1999.

[5] 毛纲源. 线性代数解题方法技巧归纳. 武汉:华中科技大学出版社,2002.

[6] 张学元. 线性代数能力试题题解. 武汉:华中理工大学出版社,2001.

[7] 金圣才. 线性代数考研题详解. 北京:中国石化出版社,2005.

[8] 李永乐,等.考研数学试题解析.北京:国家行政学院出版社,2005.

[9] 李永乐,等.考研数学试题解析.北京:国家行政学院出版社,2010.